westermann

Herausgegeben von
Benno Burbat
Daniel Frohn
Andreas Gundlach

E

Einführungsphase

ELEMENTE der Mathematik

ELEMENTE der Mathematik

Herausgegeben von
Benno Burbat, Dr. Daniel Frohn, Dr. Andreas Gundlach

Bearbeitet von
Karin Benecke, Sibylle Brinkmann, Martin Brüning, Benno Burbat, Roman Deeken, Gabriele Denkhaus, Gabriele Dybowski, Thorsten Eßeling, Dr. Daniel Frohn, Dr. Andreas Gundlach, Stephan Hoffeld, Jakob Langenohl, Kyra Meirich, Dr. Holger Reeker, Sigrid Schwarz, Gudrun Sobotka, Klaas Wiggers

Für Lehrerinnen und Lehrer:

Lösungen	Best.-Nr. 978-3-14-135806-3
Online-Diagnose zu EdM Einführungsphase	www.onlinediagnose.de

Für Schülerinnen und Schüler:

Arbeitsheft mit Lösungen	Best.-Nr. 978-3-14-135807-0
Digitales Arbeitsheft mit Lösungen	Best.-Nr. 978-3-14-135808-7

Das digitale Schulbuch und digitale Unterrichtsmaterialien für Schülerinnen und Schüler und für Lehrkräfte finden Sie in der BiBox - dem digitalen Unterrichtssystem passend zum Lehrwerk.
Mehr Informationen über aktuelle Lizenzen finden Sie auf www.bibox.schule.

Druck A[1] / Jahr 2025
Alle Drucke der Serie A sind im Unterricht parallel verwendbar.

Redaktion: Manjing Bi, Björn Deling
Umschlagentwurf: Lio Designagentur, Braunschweig
Innenlayout: Janssen Kahlert Design & Kommunikation GmbH, Hannover
Druck und Bindung: Westermann Druck GmbH, Georg-Westermann-Allee 66, 38104 Braunschweig

ISBN 978-3-14-**135805**-6

1 Funktionen

2 Differenzialrechnung

3 Ableitungen anwenden

4 Exponentialfunktionen

5 Trigonometrische Funktionen

6 Folgen und Reihen

Vorbereiten und Wiederholen

Ergänzende digitale Inhalte

Passende Lernvideos und weitere digitale Materialien stehen an Stellen mit **QR-Code** zur Verfügung.

Um auf diese Inhalte zuzugreifen, können Sie:

- den QR-Code scannen oder
- die Seite **https://www.westermann.de/webcode** aufrufen und anschließend den jeweiligen Webcode eingeben

WES-135805-201

Webcode

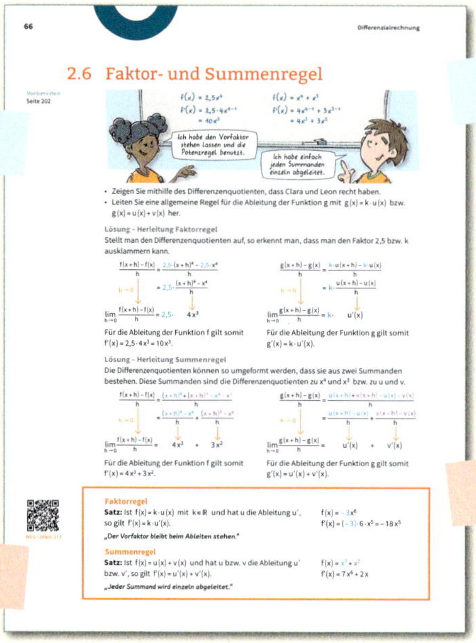

2.6 Faktor- und Summenregel

Vorbereiten

Grundlagen nachschlagen und üben

Einstieg

Neugierig werden, Neues kennenlernen

Information

Neues kurz erklärt und zusammengefasst

QR-Code

Link auf Videos und weitere Materialien

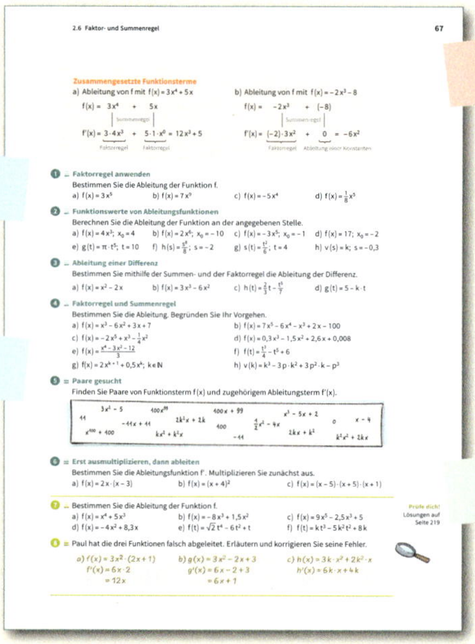

Beispiele

Neues Wissen konkret angewendet

Aufgaben

Trainieren, verstehen, vertiefen

Überschriften

Weisen auf den Inhalt der Aufgaben hin

Prüfe dich! Etappenziel

Erst rechnen, dann kontrollieren

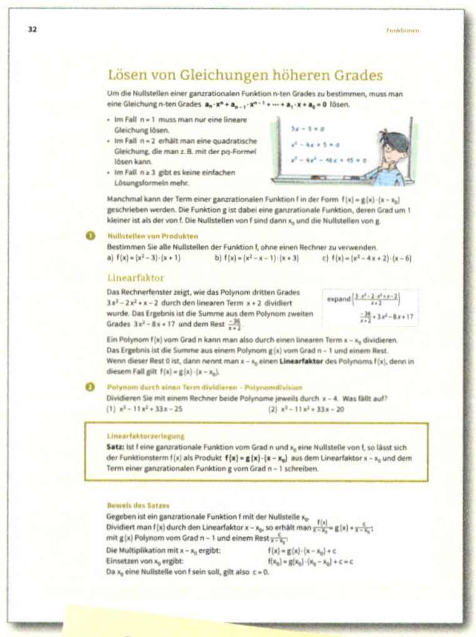

Lösen von Gleichungen höheren Grades

Sonderseite

Themen, Methoden, Ausblicke
Was gibt es zu entdecken?

Ausgezeichnete Aufgaben

- Grundlegendes Niveau
- Mittleres Niveau
- Erhöhtes Niveau
- Zweierarbeit
- Gruppenarbeit

Aufgabe mit Lupe

Prüfen, forschen, Fehler finden

Bei einer Aufgabe mit Lupe werden typische Fehler angesprochen.

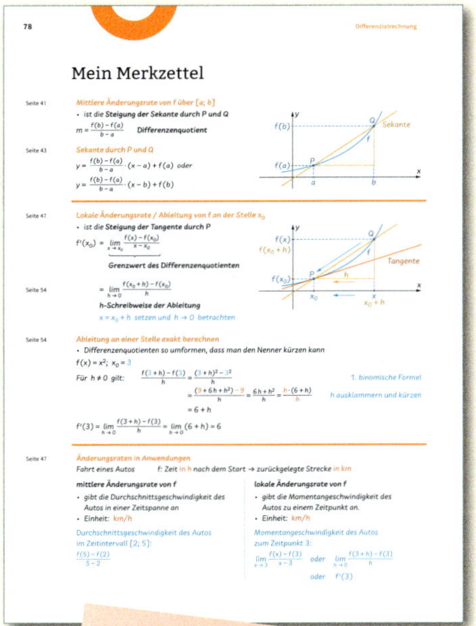

Mein Merkzettel

Fasst zusammen, was man für die Klausur braucht.

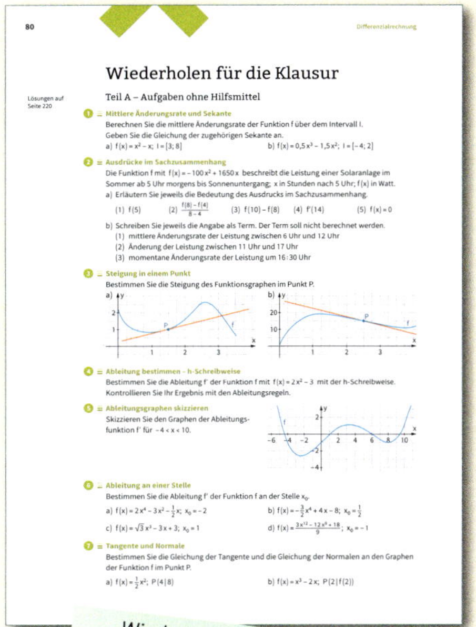

Wiederholen für die Klausur

Eine Sammlung von möglichen Klausuraufgaben, unterteilt in Aufgaben ohne und mit Hilfsmitteln

3-Minuten-Runden

Grundwissen immer wieder üben und wachhalten

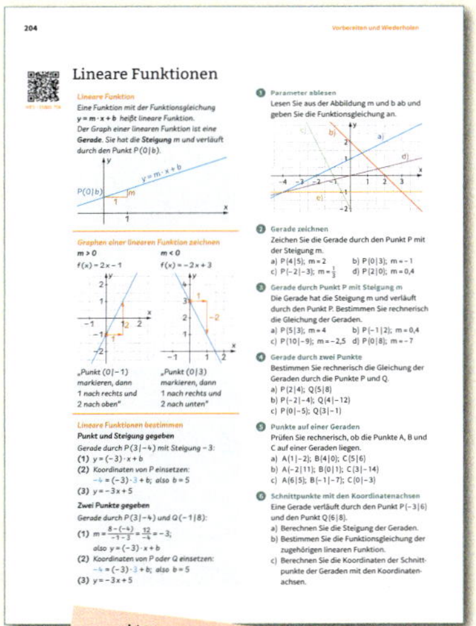

Wissensspeicher mit Aufgaben

Angebot zum Wiederholen und Vorbereiten auf ein neues Thema

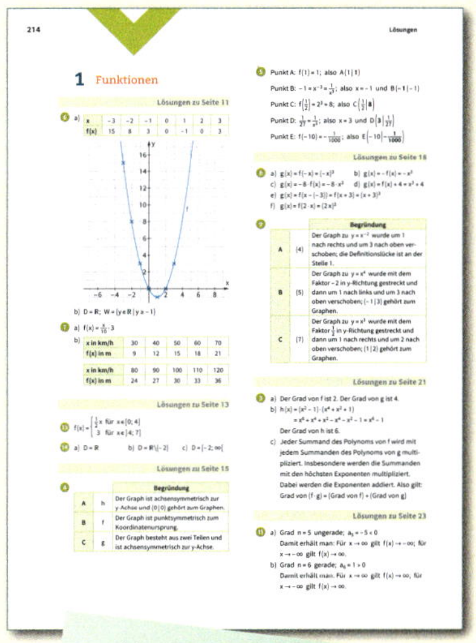

Lösungen

Prüfe dich! Wiederholen für die Klausur

1 Funktionen

Die Masia Freixa war ursprünglich eine Textilfabrik in Terrassa in Spanien. Die auffällige Form mit vielen parabelförmigen Bögen wurde 1907 von dem Architekten Lluis Muncunill entworfen.

- **Was sind Funktionen und wie stellt man sie dar?**
- **Wie ändert sich der Funktionsterm, wenn man den Graphen der Funktion verschiebt, streckt oder spiegelt?**
- **Was sind ganzrationale Funktionen und wie bestimmt man ihre Nullstellen?**
- **Wie kann man die Symmetrie eines Graphen am Funktionsterm erkennen?**

1.1 Funktionen und ihre Darstellungen

Vorbereiten
Seite 204
Seite 206

Luise hat auf ihrem Rechner eine App, mit der sie Graphen zeichnen kann. Sie hat folgende Terme eingegeben:

(1) $y = 0{,}5x + 1$ (2) $x = y^2 - 3y$ (3) $y = (x - 1)^2$

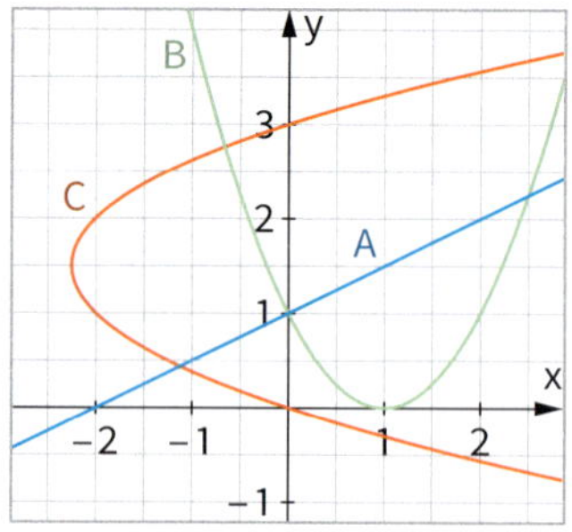

- Welcher Term gehört zu welchem Graphen? Begründen Sie Ihre Zuordnung.
- Geben Sie für die Funktionen jeweils den Definitionsbereich und den Wertebereich an. Warum ist Graph C kein Funktionsgraph?

Lösung – Zuordnung der Terme zu den Graphen

Der Term (1) $y = 0{,}5x + 1$ ist der Funktionsterm einer linearen Funktion, also gehört hierzu Graph A.
Der Graph zu (2) $x = y^2 - 3y$ muss durch den Koordinatenursprung verlaufen, denn für $y = 0$ gilt $x = 0^2 - 3 \cdot 0 = 0$.
Der Term (3) $y = (x - 1)^2$ beschreibt eine quadratische Funktion, also gehört hierzu Graph B.

Lösung – Definitionsbereich und Wertebereich

(1) Als x-Wert kann jede beliebige reelle Zahl eingesetzt werden, also $D = \mathbb{R}$.
Jede reelle Zahl kann auch als y-Wert angenommen werden, also $W = \mathbb{R}$.
(2) Graph C kann nicht Graph einer Funktion sein, da es x-Werte gibt, denen mehrere y-Werte zugeordnet sind.
(3) Als x-Wert kann jede beliebige reelle Zahl eingesetzt werden, also $D = \mathbb{R}$.
Der Graph ist eine nach oben geöffnete Parabel mit dem Scheitelpunkt $S(1 \mid 0)$, also $W = \{y \in \mathbb{R} \mid y \geq 0\}$.

WES-135805-101

Funktion

Eine **Funktion** f ordnet jeder Zahl x, für die sie definiert ist, genau eine Zahl y zu. Für y schreibt man dann f(x) und bezeichnet dies als **Funktionswert** an der Stelle x.
Die Menge D aller Zahlen, für die eine Funktion f definiert ist, heißt **Definitionsbereich** von f. Alle Funktionswerte von f bilden den **Wertebereich** W von f.

$y = f(x) = 1{,}5x - 6$
$D = \mathbb{R};\ W = \mathbb{R}$

$y = f(x) = \sqrt{x}$
$D = \{x \in \mathbb{R} \mid x \geq 0\}$;
$W = \{y \in \mathbb{R} \mid y \geq 0\}$

Bei Modellierungen können Definitionsbereich und Wertebereich durch die Sachsituation eingeschränkt werden, obwohl der Funktionsterm weitere Werte zulässt.

Darstellungen einer Funktion

Verbale Beschreibung
„Jeder reellen Zahl x wird ihr Quadrat vermindert um x zugeordnet.“

Funktionsterm $x^2 - x$

Funktionsgleichung $f(x) = x^2 - x$

Wertetabelle

x	−2	−1	0	0,5	1
f(x)	6	2	0	−0,25	0

Funktionsgraph

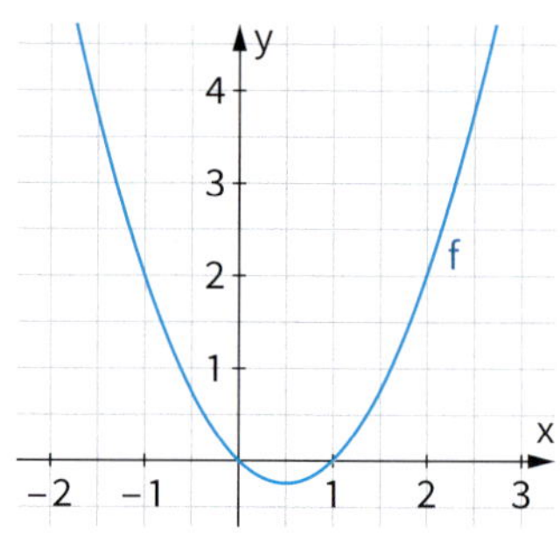

Durch Wertetabelle und Funktionsgraph lassen sich meist nur Teile der Funktion darstellen.

1 Lineare Funktion

Die Wertetabelle gehört zu einer linearen Funktion f. Vervollständigen Sie die Wertetabelle und geben Sie den Funktionsterm an. Zeichnen Sie den Graphen in ein Koordinatensystem.

x	−2	−1			2	3
f(x)	−5		0	1		5

2 Stromtarife

ÖKO-Real	extraWATT
Jährlicher Grundpreis: 60 €	Jährlicher Grundpreis: 120 €
Preis pro kWh: 44,64 Cent	Preis pro kWh: 40,36 Cent

a) Vergleichen Sie die beiden Stromtarife miteinander. Stellen Sie dazu die jährlichen Kosten in Abhängigkeit vom Stromverbrauch in kWh grafisch dar.

b) Untersuchen Sie, bei welchem Jahresverbrauch welcher Tarif günstiger ist.

3 Mit linearer Funktion modellieren

Eine Regentonne der Höhe 82 cm wird gleichmäßig mit Wasser gefüllt. Jede halbe Minute steigt der Wasserstand um 45 cm. Zum Zeitpunkt $t = 2\,s$ stand das Wasser 8,5 cm hoch.

a) Beschreiben Sie den Füllvorgang durch eine Funktion.

b) Wie hoch steht das Wasser nach 15 s?

c) Bestimmen Sie den Zeitpunkt, zu dem das Gefäß voll ist.

4 Passenden Graphen finden

In ein Schwimmbecken wird gleichmäßig Wasser eingelassen. Welcher der Graphen (1) bis (3) passt zum Füllvorgang? Begründen Sie.

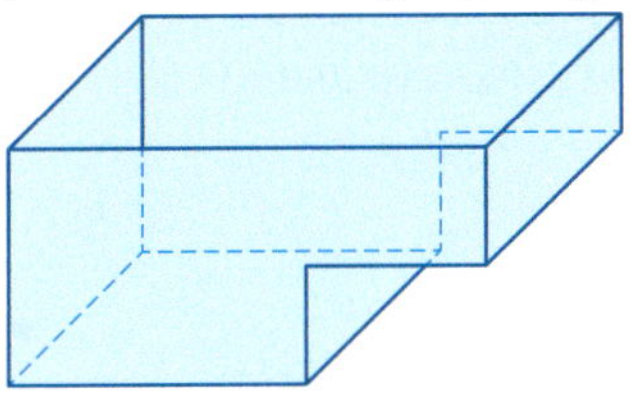

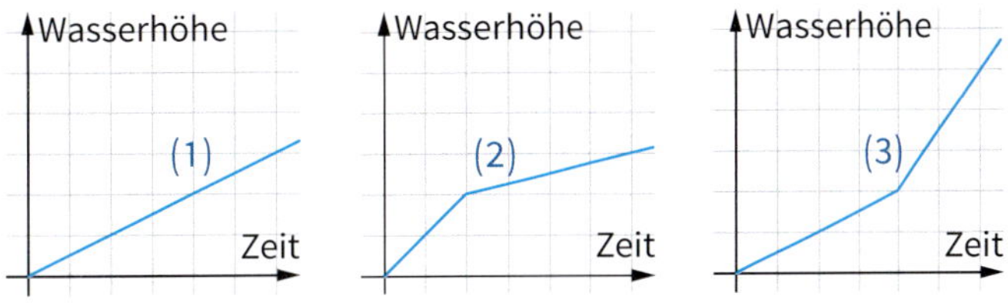

5 Quadratische Funktionen

Gegeben sind die Funktionen f und g mit $f(x) = (x-1)^2 + 3$ und $g(x) = 3 - (x-1)^2$.

a) Die zugehörigen Graphen sind beides Parabeln. Bestimmen Sie jeweils den Scheitelpunkt der Parabeln und zeichnen Sie beide Graphen in ein Koordinatensystem.

b) Geben Sie für beide Funktionen jeweils den Definitionsbereich und den Wertebereich an.

Prüfe dich! Lösungen auf Seite 214

6 Gegeben ist die Funktion f mit $f(x) = x^2 - 2x$.

a) Erstellen Sie eine Wertetabelle für die x-Werte −3; −2; −1; 0; 1; 2; 3 und zeichnen Sie den Graphen in ein Koordinatensystem, ohne einen Rechner zu verwenden.

b) Geben Sie den Definitionsbereich und den Wertebereich von f an.

7 Als *Reaktionsweg* bezeichnet man in der Fahrschule den Weg, den ein Fahrzeug vom Erkennen eines Hindernisses bis zum Betätigen des Bremspedals zurücklegt. Es gilt folgende Faustregel für den Reaktionsweg in m und die Geschwindigkeit in km/h:

„Reaktionsweg ist gleich Geschwindigkeit durch 10 mal 3.“

a) Geben Sie für die Funktion, die jeder Geschwindigkeit einen Reaktionsweg zuordnet, einen Funktionsterm an.

b) Erstellen Sie für die Geschwindigkeiten 30 km/h, 40 km/h, 50 km/h, ..., 120 km/h eine Wertetabelle für diese Funktion.

Abschnittsweise definierte Funktion

8 Abschnittsweise definierte Funktion

a) Eine Heizöl-Firma wirbt mit einem Vorteilspreis. Die Funktion f beschreibt die Kosten in € für das Heizöl in Abhängigkeit vom Tankvolumen in Liter.

Bis zu 2000 Liter 1,25 € pro Liter.
Ab 2000 Liter nur noch 1,05 € pro Liter.

$$f(x) = \begin{cases} 1{,}25x & \text{für } 0 \le x \le 2000 \\ 2500 + 1{,}05 \cdot (x - 2000) & \text{für } x > 2000 \end{cases}$$

Erläutern Sie, warum die Funktion aus zwei Termen besteht und man hier von einer *abschnittsweise definierten Funktion* spricht. Skizzieren Sie den Graphen.

b) Eine andere Heizöl-Firma macht folgendes Angebot:

Bis zu 1000 Liter 1,35 € pro Liter. Ab 1000 Liter nur noch 1,10 € pro Liter.

Geben Sie dafür eine abschnittsweise definierte Funktion an und vergleichen Sie die beiden Angebote.

WES-135805-102

Mengen in Intervallschreibweise

Zahlenmengen, die durch eine oder zwei reelle Zahlen begrenzt werden, schreibt man oft als Intervalle. Dabei werden eckige Klammern in unterschiedlichen Bedeutungen verwendet.

abgeschlossenes Intervall	linksoffenes Intervall	rechtsoffenes Intervall	offenes Intervall
$[a; b] = \{x \in \mathbb{R} \mid a \le x \le b\}$	$]a; b] = \{x \in \mathbb{R} \mid a < x \le b\}$ $]-\infty; b] = \{x \in \mathbb{R} \mid x \le b\}$	$[a; b[= \{x \in \mathbb{R} \mid a \le x < b\}$ $[a; \infty[= \{x \in \mathbb{R} \mid a \le x\}$	$]a; b[= \{x \in \mathbb{R} \mid a < x < b\}$ $]a; \infty[= \{x \in \mathbb{R} \mid a < x\}$ $]-\infty; b[= \{x \in \mathbb{R} \mid x < b\}$

9 Intervall- und Mengenschreibweise

a) Schreiben Sie das Intervall in der Mengenschreibweise.

(1) $[-3; 5]$ (2) $]8; 12]$ (3) $]-4; 4[$ (4) $]-\infty; 5[$

b) Schreiben Sie die Menge als Intervall.

(1) $\{x \in \mathbb{R} \mid -2 \le x < 5\}$ (2) $\{x \in \mathbb{R} \mid x > 4\}$ (3) $\{x \in \mathbb{R} \mid 0 \le x\}$ (4) $\mathbb{R}$

c) Der Definitionsbereich der Funktion f bei (1) ist $D = [a; b[$. Geben Sie jeweils den Definitionsbereich für (2), (3) und (4) an.

(1) (2) (3) (4)

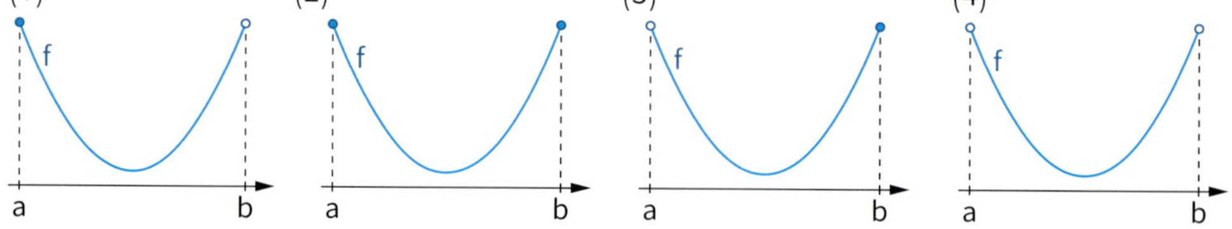

10 Briefporto

Henry muss einen Brief versenden und hat im Internet eine Kostenübersicht gefunden.

Format	Preis (2025)	Gewicht
Standardbrief	0,95 €	bis 20 g
Kompaktbrief	1,10 €	bis 50 g
Großbrief	1,80 €	bis 500 g

Henry überlegt, ob zu dieser Tabelle auch ein Funktionsterm und ein Graph gehören. Beschreiben Sie die Tabelle als eine abschnittsweise definierte Funktion mithilfe der Intervallschreibweise. Zeichnen Sie den Graphen dieser Funktion.

11 ≡ **Exponentialfunktionen**

Die Grafik zeigt die Graphen der Funktionen f und g mit $f(x) = 2^x$ und $g(x) = 2^x + 1$.

a) Ordnen Sie den Graphen die passenden Funktionsterme zu. Begründen Sie Ihre Entscheidung.

b) Geben Sie den Definitionsbereich und den Wertebereich von f und g an.

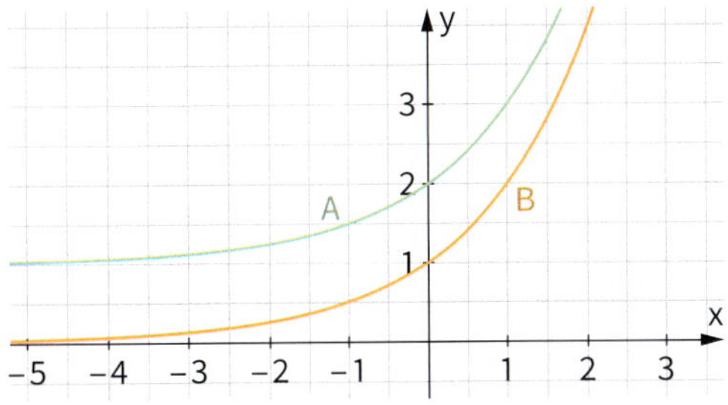

Funktionen mit eingeschränktem Definitionsbereich

Es gibt Funktionsterme, die nicht für alle x aus ℝ definiert sind.

$f(x) = \frac{5}{x+3}$

Für $x = -3$ wird der Nenner 0.
Die Division durch 0 ist nicht definiert.

Definitionsbereich von f: $D = \mathbb{R} \setminus \{-3\}$

$g(x) = \sqrt{(x+1)\cdot(x-3)}$

Für alle Werte $-1 < x < 3$ wird der Term unter der Wurzel negativ. Die Quadratwurzel aus einer negativen Zahl ist nicht definiert.

Definitionsbereich von g: $D = \mathbb{R} \setminus]-1; 3[$

WES-135805-103

12 ≡ **Definitionsbereich bestimmen**

Untersuchen Sie, für welche Werte der Funktionsterm nicht definiert ist. Geben Sie jeweils den Definitionsbereich der Funktion an.

a) (1) $f(x) = \frac{1}{x}$ (2) $f(x) = \frac{1}{x-2}$ (3) $f(x) = \frac{1}{x^2-4}$ (4) $\frac{1}{x\cdot(x-1)}$

b) (1) $f(x) = \sqrt{x}$ (2) $f(x) = \sqrt{x-2}$ (3) $f(x) = \sqrt{x^2-4}$ (4) $\sqrt{x\cdot(x-1)}$

13 ≡ Beschreiben Sie die dargestellte Funktion mithilfe geeigneter Terme. Verwenden Sie dabei die Intervallschreibweise.

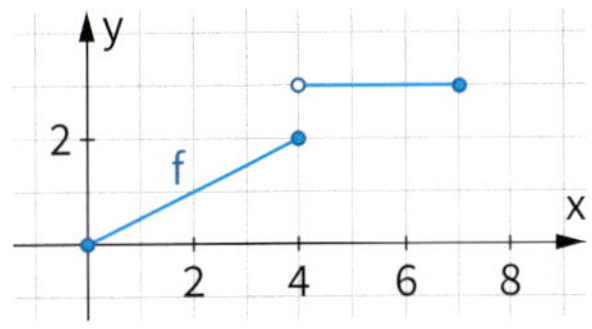

14 ≡ Geben Sie den Definitionsbereich der Funktion an.

a) $f(x) = x + 2$ b) $f(x) = \frac{1}{x+2}$ c) $f(x) = \sqrt{x+2}$

Prüfe dich!
Lösungen auf Seite 214

15 ≡ **Segelflugzeug**

Für ein bestimmtes Segelflugzeug kann die Sinkgeschwindigkeit w in m/s näherungsweise durch die Funktion $w(v) = -0{,}00041\,v^2 + 0{,}054\,v - 2{,}3$ beschrieben werden. Hierbei ist v die Fluggeschwindigkeit in km/h. Der Flugzeughersteller weist darauf hin, dass diese Näherung nur für Fluggeschwindigkeiten von mindestens 50 km/h bis höchstens 100 km/h gültig ist.

a) Geben Sie den Definitionsbereich und den Wertebereich der Funktion w an.

b) Untersuchen Sie, bei welcher Fluggeschwindigkeit die Sinkgeschwindigkeit den kleinsten Betrag hat.

16 ≡ **Berliner Bogen**

Der „Berliner Bogen“ in Hamburg ist ein preisgekröntes Bürogebäude aus Glas und Stahl. Er hat 9 Stockwerke und ist 72 m breit und 36 m hoch.

a) Modellieren Sie den Bogen durch eine quadratische Funktion der Form $y = a x^2 + b$.

b) Stellen Sie den Graphen der Funktion mit einem Rechner dar. Untersuchen Sie anhand des Graphen, wie breit das Gebäude im 5. Geschoss bzw. im obersten Geschoss ungefähr ist.

1.2 Potenzfunktionen

Vorbereiten
Seite 201

Stellen Sie mit einem Rechner die Graphen der Potenzfunktionen zu $f(x) = x^n$ mit ganzzahligen Exponenten n dar.

Untersuchen Sie auf Gemeinsamkeiten und Unterschiede für verschiedene n.

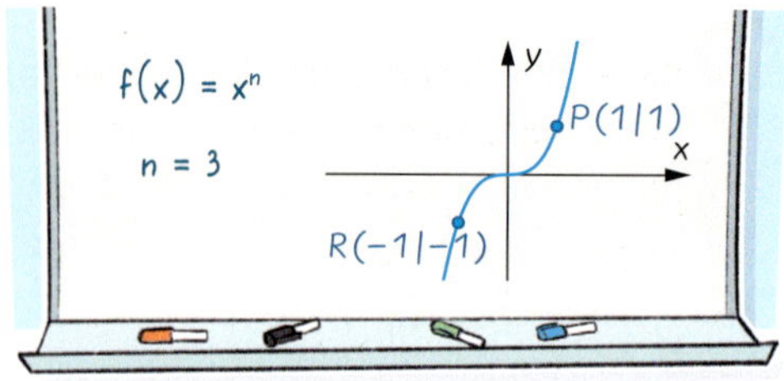

WES-135805-104

Potenzfunktionen

Eine Funktion f mit der Gleichung $f(x) = x^q$ für $x \in \mathbb{R}$ und $q \in \mathbb{Z}$ heißt **Potenzfunktion**. Der Exponent q bestimmt das Aussehen des Graphen.

Natürlicher Exponent: $f(x) = x^n$; $n \in \mathbb{N}\backslash\{0\}$

n gerade $D = \mathbb{R}$; $W = \mathbb{R}_+ = [0; \infty[$	**n ungerade** $D = \mathbb{R}$; $W = \mathbb{R}$
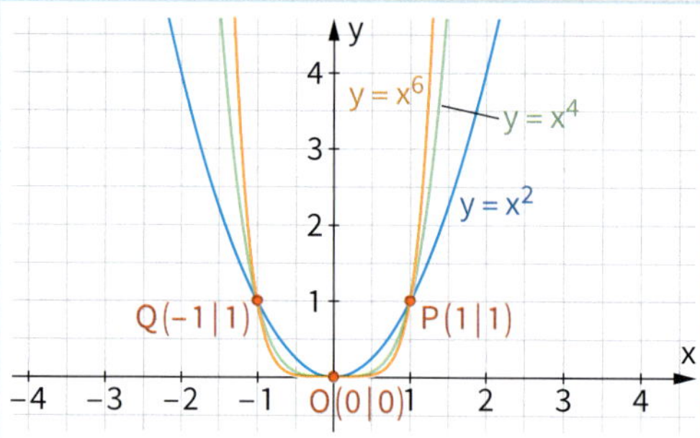	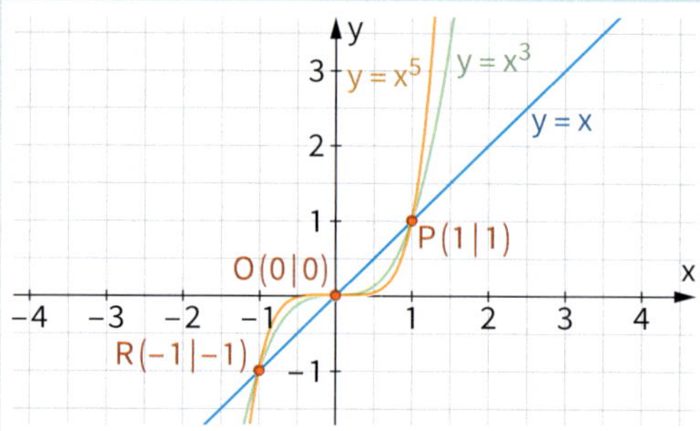
Der Graph ist achsensymmetrisch zur y-Achse. Er fällt für $x \leq 0$ und steigt für $x \geq 0$ und verläuft durch die Punkte $(-1\,|\,1)$, $(0\,|\,0)$ und $(1\,|\,1)$.	Der Graph ist punktsymmetrisch zum Koordinatenursprung. Er steigt überall und verläuft durch die Punkte $(-1\,|\,-1)$, $(0\,|\,0)$ und $(1\,|\,1)$.

Negativer ganzzahliger Exponent: $f(x) = x^{-n} = \frac{1}{x^n}$; $n \in \mathbb{N}\backslash\{0\}$

Die Funktion f hat an der Stelle $x = 0$ eine **Definitionslücke**: $D = \mathbb{R}\backslash\{0\} = \{x \in \mathbb{R}\,|\,x \neq 0\}$
Der Graph besteht aus zwei Teilen, die sich jeweils den Koordinatenachsen anschmiegen.

n gerade $W = \mathbb{R}_+\backslash\{0\} =]0; \infty[$	**n ungerade** $W = \mathbb{R}\backslash\{0\} = \{y \in \mathbb{R}\,|\,y \neq 0\}$
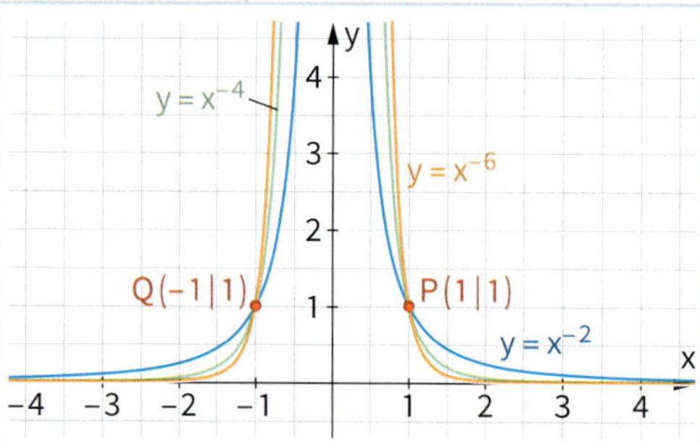	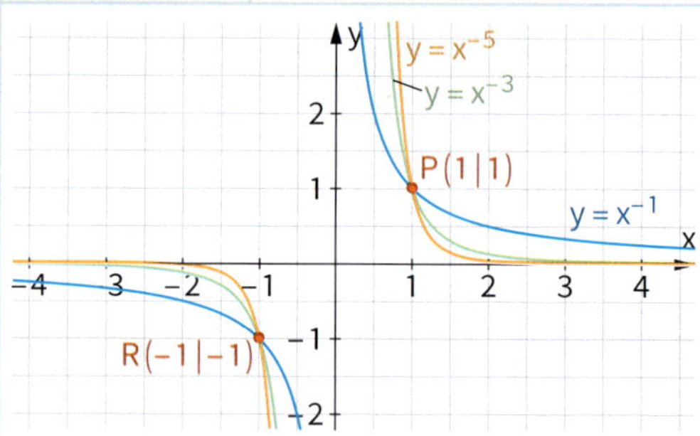
Der Graph ist achsensymmetrisch zur y-Achse. Er steigt für $x < 0$ und fällt für $x > 0$ und verläuft durch die Punkte $(-1\,|\,1)$ und $(1\,|\,1)$.	Der Graph ist punktsymmetrisch zum Koordinatenursprung. Er fällt sowohl für $x < 0$ als auch für $x > 0$ und verläuft durch die Punkte $(-1\,|\,-1)$ und $(1\,|\,1)$.

1 ≡ **Punkte auf dem Graphen**

Die Punkte liegen auf dem Graphen der Funktion f. Bestimmen Sie jeweils die fehlende Koordinate, ohne einen Rechner zu verwenden.

a) $f(x) = x^3$	$P_1(4 \mid ■)$	$P_2(■ \mid 27)$	$P_3(■ \mid -27)$	$P_4(■ \mid 0{,}125)$	$P_5(-0{,}5 \mid ■)$
b) $f(x) = x^4$	$P_1(-3 \mid ■)$	$P_2(■ \mid 16)$	$P_3(■ \mid 0)$	$P_4\left(■ \mid \frac{1}{625}\right)$	$P_5(■ \mid 8)$
c) $f(x) = x^{-2}$	$P_1\left(-\frac{1}{3} \mid ■\right)$	$P_2\left(■ \mid \frac{1}{625}\right)$	$P_3(■ \mid 16)$	$P_4(■ \mid 1)$	$P_5(■ \mid 5)$
d) $f(x) = \frac{1}{x^3}$	$P_1(2 \mid ■)$	$P_2(■ \mid 27)$	$P_3\left(■ \mid \frac{1}{64}\right)$	$P_4\left(-\frac{1}{8} \mid ■\right)$	$P_5(■ \mid -27)$
e) $f(x) = x^{-4}$	$P_1(-1 \mid ■)$	$P_2(-2 \mid ■)$	$P_3(■ \mid 0{,}0625)$	$P_4(■ \mid 0{,}0001)$	$P_5\left(■ \mid \frac{1}{81}\right)$

2 ≡ **Graphen zuordnen – natürliche Exponenten**

Jan hat mit seinem Rechner die Graphen zu den Potenzfunktionen $f(x) = x^4$, $f(x) = x^5$, $f(x) = x^6$ und $f(x) = x^7$ gezeichnet.
Ordnen Sie die Graphen den Funktionsgleichungen zu, ohne einen Rechner zu verwenden. Begründen Sie Ihre Entscheidung.

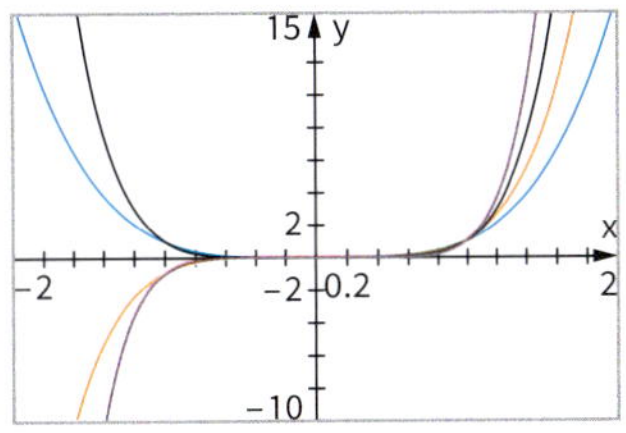

3 ≡ **Graphen zuordnen – negative ganzzahlige Exponenten**

Julia hat mit ihrem Rechner die Graphen zu den Potenzfunktionen f mit $f(x) = \frac{1}{x^4}$, $f(x) = \frac{1}{x^5}$, $f(x) = \frac{1}{x^6}$ und $f(x) = \frac{1}{x^7}$ gezeichnet.
Entscheiden Sie ohne Rechner, welcher Graph zu welcher Funktion gehört. Begründen Sie Ihre Entscheidung.

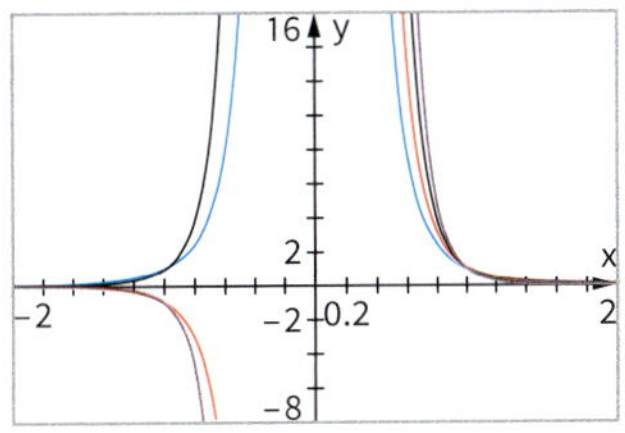

4 ≡ Ordnen Sie den dargestellten Graphen die passenden Funktionsgleichungen zu, ohne einen Rechner zu verwenden.

$f(x) = x^5$ $\qquad$ $g(x) = x^{-4}$ $\qquad$ $h(x) = -x^4$

Begründen Sie Ihre Zuordnung.

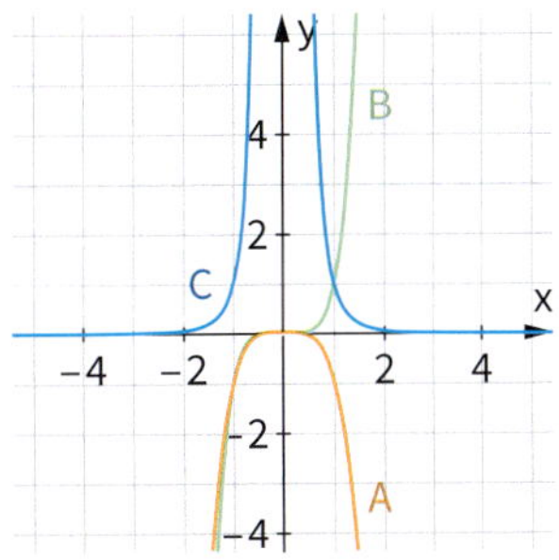

Prüfe dich!
Lösungen auf Seite 214

5 ≡ Bestimmen Sie die fehlenden Koordinaten der Punkte auf dem Graphen der Funktion f mit $f(x) = x^{-3}$.

$A(1 \mid ■)$ $\quad$ $B(■ \mid -1)$ $\quad$ $C\left(\frac{1}{2} \mid ■\right)$ $\quad$ $D\left(■ \mid \frac{1}{27}\right)$ $\quad$ $E(-10 \mid ■)$

6 ≡ **Welcher Graph „gewinnt"?**

Dominik hat die Graphen zu $y = 100x^2$ und $y = x^4$ mit einem Funktionenplotter gezeichnet.
Er behauptet: *„Der Graph zu $y = 100x^2$ verläuft immer oberhalb vom Graphen zu $y = x^4$."*
Nehmen Sie Stellung.

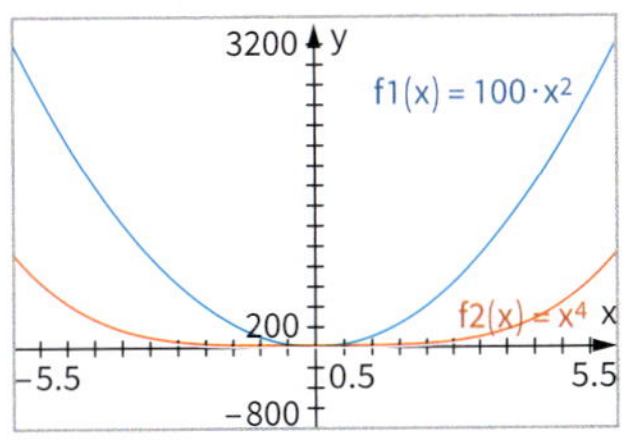

7 ≡ **Potenzielles Wachstum**

Die Kantenlänge eines Würfels wird verdoppelt bzw. verdreifacht. Untersuchen Sie, wie sich dabei das Volumen, der Oberflächeninhalt und die Gesamtkantenlänge des Würfels ändern.

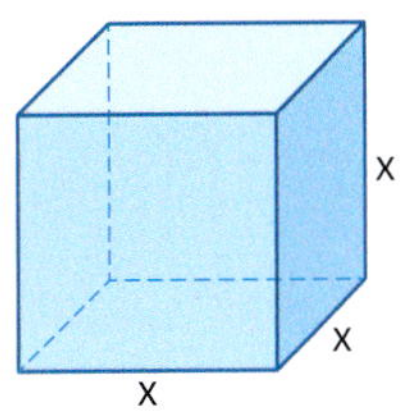

1.3 Funktionsgraphen verschieben und strecken

Wie geht der Graph der Funktion g aus dem Graphen einer Funktion f hervor?

(1) $g(x) = f(x) + d$ (2) $g(x) = k \cdot f(x)$

(3) $g(x) = f(x - c)$ (4) $g(x) = f(k \cdot x)$

Untersuchen Sie dies systematisch mit einem Rechner und verwenden Sie dafür verschiedene Funktionen f.
Präsentieren Sie Ihre Ergebnisse.

WES-135805-105

Funktionsgraphen verschieben und strecken

Ist eine Funktion f gegeben, so kann man ihren Graphen verschieben und strecken.
Dies erreicht man mit verschiedenen Parametern im Funktionsterm.

$g(x) = f(x) + d$

Der Graph von f wird um d Einheiten in Richtung der y-Achse verschoben.

$f(x) = x^2$ $g(x) = x^2 + 1$

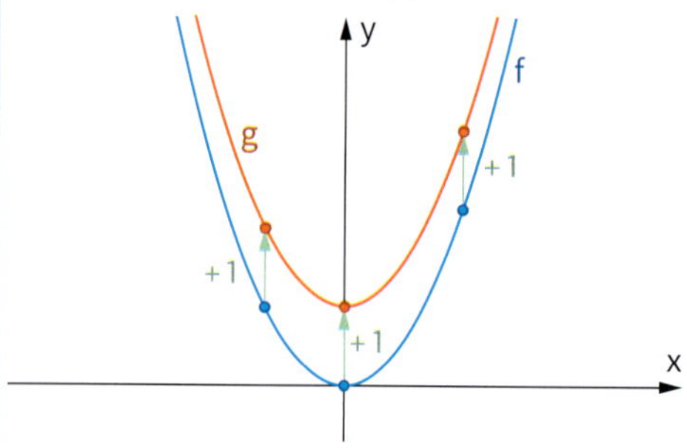

$g(x) = f(x - c)$

Der Graph von f wird um c Einheiten in Richtung der x-Achse verschoben.

$f(x) = x^2$ $g(x) = (x + 2)^2 = (x - (-2))^2$

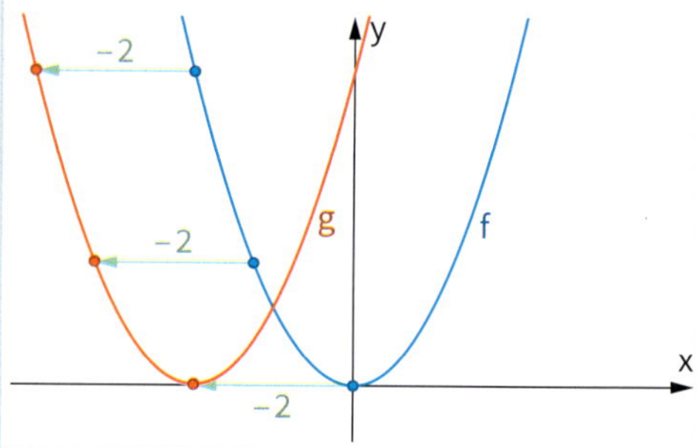

$g(x) = k \cdot f(x)$

Der Graph von f wird mit dem Faktor k in Richtung der y-Achse gestreckt.
Ist $k < 0$, so wird dabei an der x-Achse gespiegelt.

$f(x) = x^2 - x^4$ $g(x) = 2 \cdot (x^2 - x^4)$

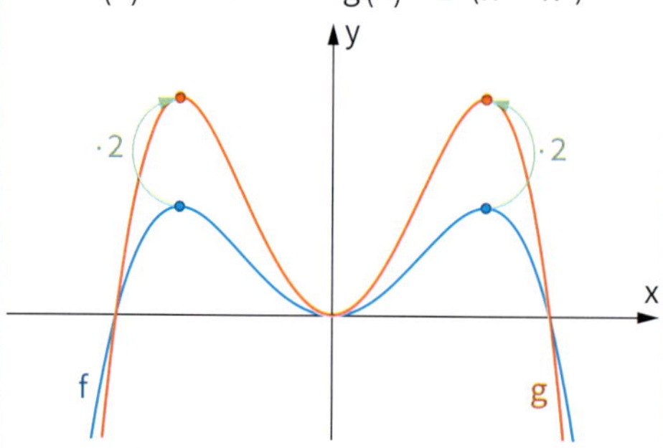

„y-Wert mit k multiplizieren"

$g(x) = f(k \cdot x)$

Der Graph von f wird mit dem Faktor $\frac{1}{k}$ in Richtung der x-Achse gestreckt.
Ist $k < 0$, so wird dabei an der y-Achse gespiegelt.

$f(x) = x^2 - x^4$ $g(x) = (2 \cdot x)^2 - (2 \cdot x)^4$

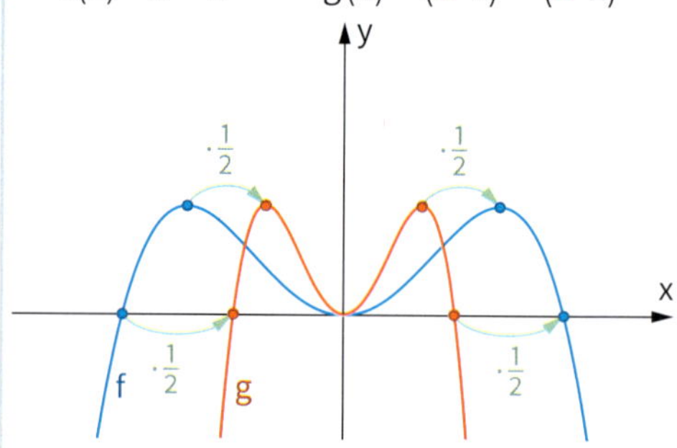

„x-Wert mit $\frac{1}{k}$ multiplizieren"

Funktionsterme angeben

Der Graph der Funktion f mit $f(x) = x^2 - 3x$ wird verschoben bzw. gestreckt.

Transformation	Funktionsgleichung für die neue Funktion g
um 2 Einheiten nach oben verschieben	$g(x) = x^2 - 3x + 2$
um 4 Einheiten nach links verschieben	$g(x) = (x - (-4))^2 - 3 \cdot (x - (-4)) = (x + 4)^2 - 3 \cdot (x + 4)$
mit dem Faktor 2 in y-Richtung strecken	$g(x) = 2 \cdot (x^2 - 3x)$
mit dem Faktor 5 in x-Richtung strecken	$g(x) = \left(\frac{1}{5} \cdot x\right)^2 - 3 \cdot \left(\frac{1}{5} \cdot x\right) = \left(\frac{x}{5}\right)^2 - 3 \cdot \left(\frac{x}{5}\right)$

1 Funktionsterme bei Verschiebung

Geben Sie den Funktionsterm der Funktion an, deren Graphen man durch die angegebene Verschiebung aus dem Graphen der Funktion f mit $f(x) = (x + 2)^2$ erhält.

a) um 3 nach unten b) um 1 nach rechts c) um 1 nach links d) um 9 nach oben

2 Verschobene Graphen

Welcher Graph gehört zur Funktion f mit $f(x) = x^{-3}$?

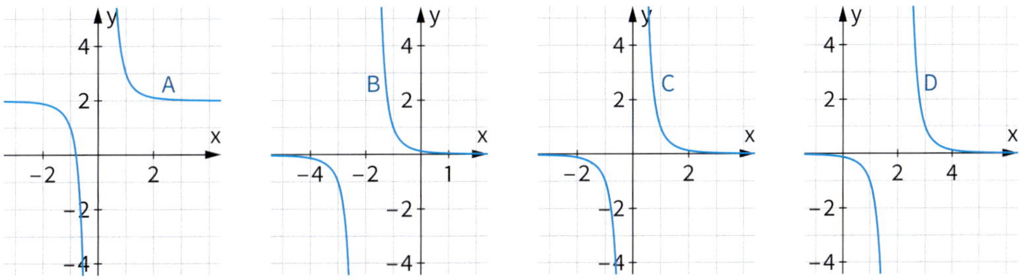

Die anderen Graphen sind durch eine Verschiebung aus dem Graphen von f entstanden. Geben Sie jeweils den zugehörigen Funktionsterm an.

3 Funktionsterme bei Streckung

Geben Sie den Funktionsterm der Funktion an, deren Graphen man durch die angegebene Streckung aus dem Graphen der Funktion f mit $f(x) = (x - 2)^2 + 1$ erhält.

a) mit dem Faktor −3 in Richtung der y-Achse b) mit dem Faktor $\frac{1}{4}$ in Richtung der x-Achse

4 Gestreckte Graphen

Der Graph der Funktion ist durch Strecken aus dem Graphen der Funktion f mit $f(x) = x^2 - 4$ hervorgegangen. Geben Sie den Funktionsterm an.

a)

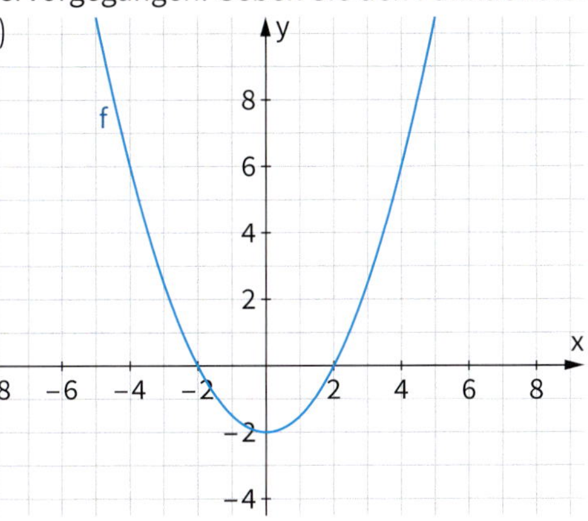

b)

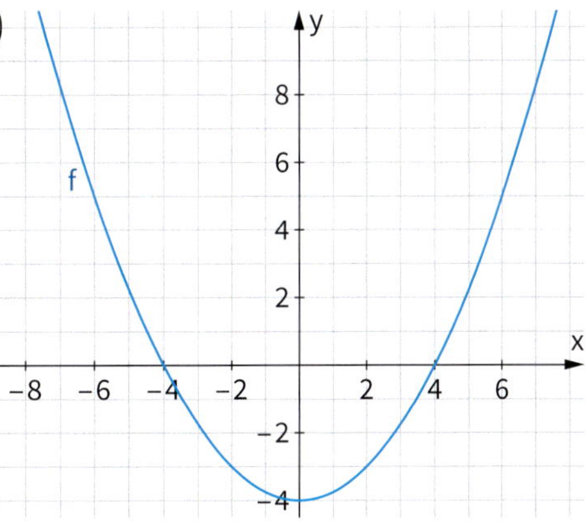

5 ≡ **Funktionsterme bei zweifacher Verschiebung**

Der Graph der Funktion f soll um c Einheiten in x-Richtung und um d Einheiten in y-Richtung verschoben werden. Geben Sie den Funktionsterm zum verschobenen Funktionsgraphen an.

a) $f(x) = x^2$; $c = 0$; $d = 2$
b) $f(x) = 2x$; $c = 2$; $d = 4$
c) $f(x) = x^{-2}$; $c = 1$; $d = 1$
d) $f(x) = x^3$; $c = 3$; $d = 2$

6 ≡ **Parameter gesucht**

Der rote Graph ist aus dem blauen Graphen entstanden. Bestimmen Sie die Parameter der Funktionsgleichung für den roten Graphen.

a)
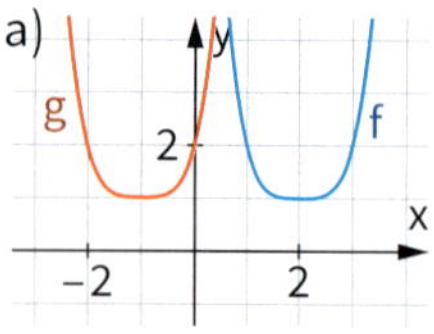

b)
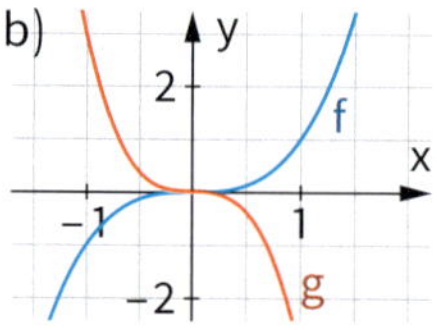

c)
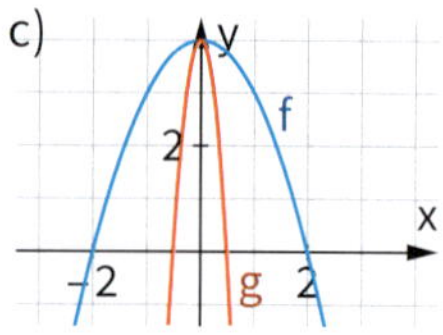

Beispiel

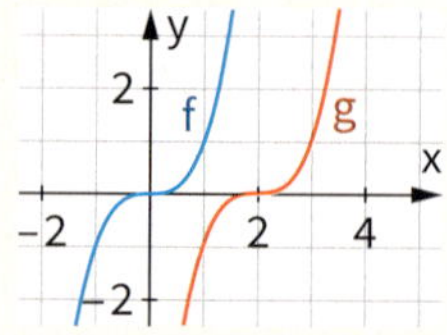

$g(x) = f(x - 2)$

7 ≡ **Strecken einer Funktion in Richtung der x-Achse**

Henry hat den Graphen der Funktion f mit $f(x) = \sqrt{x - 2}$ gezeichnet. Nun soll er den Graphen der Funktion g mit $g(x) = \sqrt{2x - 2}$ zeichnen. Er sagt:

„Das ist nicht schwierig. Der Graph sieht aus wie der Graph von f, der mit dem Faktor 2 in Richtung der x-Achse gestreckt wurde."

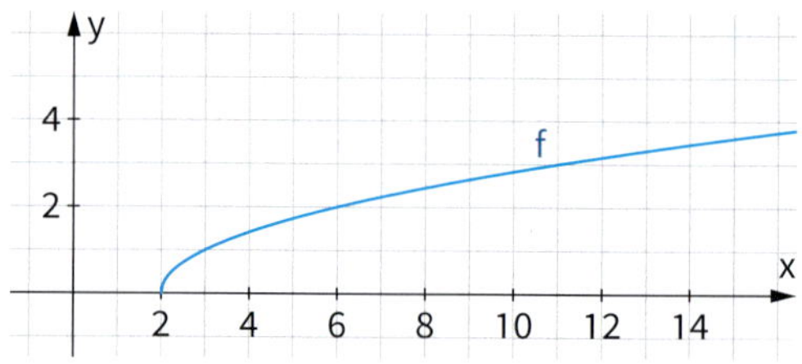

Was meinen Sie dazu? Überprüfen Sie die Behauptung ohne einen Rechner zu verwenden.

Prüfe dich!
Lösungen auf Seite 214

8 ≡ Bestimmen Sie die Funktionsgleichung für den Graphen, der wie folgt aus dem Graphen der Funktion f mit $f(x) = x^3$ entsteht:

a) Spiegeln an der y-Achse
b) Spiegeln an der x-Achse
c) Strecken mit dem Faktor −8 in y-Richtung
d) Verschieben um 4 Einheiten nach oben
e) Verschieben um 3 Einheiten nach links
f) Strecken mit dem Faktor 0,5 in x-Richtung

9 ≡ Ordnen Sie den Graphen die passende Funktionsgleichung begründet zu.

(1) $f(x) = -2 \cdot (x - 1)^4 + 3$
(2) $f(x) = -2 \cdot (x + 1)^2 + 3$
(3) $f(x) = \frac{1}{2} \cdot (x + 2)^3 - 1$
(4) $f(x) = (x - 1)^{-2} + 3$
(5) $f(x) = -2 \cdot (x + 1)^4 + 3$
(6) $f(x) = (x + 1)^{-2} + 3$
(7) $f(x) = \frac{1}{2} \cdot (x - 1)^3 + 2$

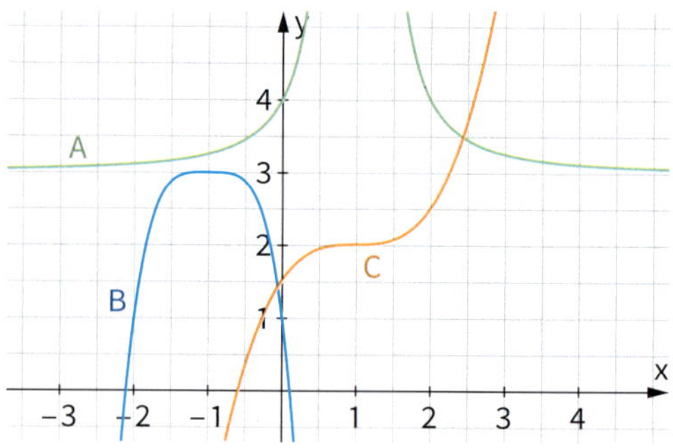

10 ≡ **Reihenfolge beim Verschieben und Strecken**

Verschiebt man den Graphen zu $y = x^2$ um 1 nach rechts, so erhält man den Graphen zu $y = (x - 1)^2$. Streckt man diesen neuen Graphen mit dem Faktor 2 in Richtung der x-Achse, so erhält man den Graphen zu $y = (0{,}5x - 1)^2$.

Nun wird die Reihenfolge geändert: Der Graph zu $y = x^2$ wird zuerst mit dem Faktor 2 in Richtung der x-Achse gestreckt. Der neue Graph wird dann um 1 nach rechts verschoben.

Geben Sie jeweils die zugehörigen Terme zu den Graphen an und vergleichen Sie die beiden letzten Graphen miteinander.

11 ≡ **Geradengleichung aufstellen**

Die Gleichung einer Geraden mit der Steigung 3 durch den Punkt $P(5\,|\,8)$ soll bestimmt werden. Clara und Joris gehen dabei unterschiedlich vor.

Clara:
Ansatz: $y = 3x + b$
Koordinaten von $P(5\,|\,8)$ *einsetzen:*
$8 = 3 \cdot 5 + b$; *also* $b = 8 - 15 = -7$
Geradengleichung: $y = 3x - 7$

Joris:
Gleichung der Geraden g mit Steigung 3 durch den Ursprung: $y = 3x$
Verschieben von g in $P(5\,|\,8)$ *ergibt:*
$y = 3 \cdot (x - 5) + 8$

Erläutern Sie, wie Clara und Joris die Gleichung bestimmt haben, und zeigen Sie, dass beide Gleichungen zur selben Gerade gehören.

Alternative Form der Geradengleichung

Satz: Die Gerade mit der Steigung m durch den Punkt $P(x_0\,|\,y_0)$ hat die Gleichung
$\mathbf{y = m \cdot (x - x_0) + y_0}$.

WES-135805-106

12 ≡ **Geradengleichungen bestimmen**

Bestimmen Sie mithilfe des Satzes die Gleichung der Geraden mit der Steigung m durch den Punkt P. Schreiben Sie dann die Gleichung in der Form $y = mx + b$.

a) $m = 2$; $P(4\,|\,1)$ b) $m = -4$; $P(3\,|\,-7)$ c) $m = 0{,}5$; $P(-6\,|\,10)$ d) $m = -0{,}2$; $P(8\,|\,-6)$

13 ≡ **Satz begründen**

Begründen Sie den Satz zur alternativen Form der Geradengleichung.

14 ≡ **Parameter bestimmen**

Eine Funktion hat die Gleichung der Form $y = (x + d)^3 + e$. Bestimmen Sie d und e so, dass der Graph der Funktion punktsymmetrisch zum Punkt P ist.

a) $P(3\,|\,4)$ b) $P(-5\,|\,-3)$ c) $P(2{,}5\,|\,1{,}6)$ d) $P\left(2\frac{1}{3}\,\middle|\,-3\frac{2}{3}\right)$

15 ≡ **Funktionsgleichungen für Exponentialfunktionen**

Bestimmen Sie die Funktionsgleichung für den Graphen, der wie folgt aus dem Graphen der Funktion f mit $f(x) = 2^x$ entsteht:

a) Spiegeln an der y-Achse
b) Verschieben um 3 Einheiten nach rechts
c) Verschieben um eine Einheit nach unten
d) Spiegeln an der x-Achse, dann Verschieben um eine Einheit nach links
e) Spiegeln an der y-Achse, dann Verschieben um eine Einheit nach links und um drei Einheiten nach oben

16 ≡ **Graphen von Exponentialfunktionen**

Ayfer hat den Graphen der Funktion g mit $g(x) = 0{,}5^x$ gezeichnet und dann den Graphen verschoben. Für die verschobenen Graphen findet sie folgende Vorschriften:

Funktion f mit $f(x) = 0{,}5^{x+2}$
Funktion h mit $h(x) = 0{,}5^{x-2}$
Funktion k mit $k(x) = -0{,}5^x$

Überprüfen Sie Ayfers Zuordnungen und korrigieren Sie ihre Fehler.

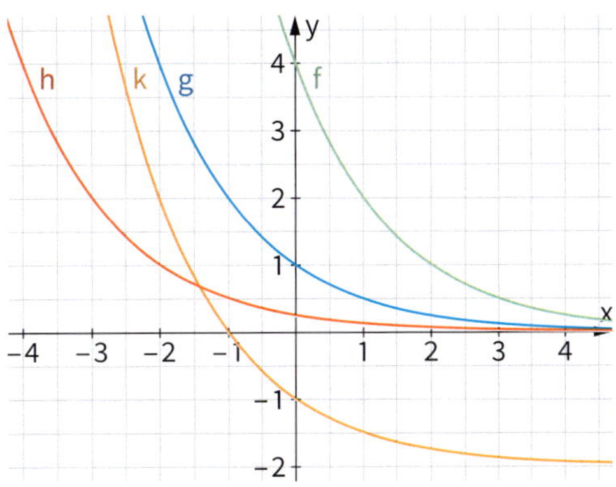

1.4 Ganzrationale Funktionen

In einer Autowerkstatt wird zum Auffangen und Aufbewahren von Altöl eine Wanne in Form eines Pyramidenstumpfs verwendet. Das Volumen V des eingefüllten Altöls in m^3 hängt von der Einfüllhöhe x in m ab und lässt sich mit folgender Formel bestimmen: $V(x) = 3x^3 + 1{,}5x^2 + 0{,}25x$

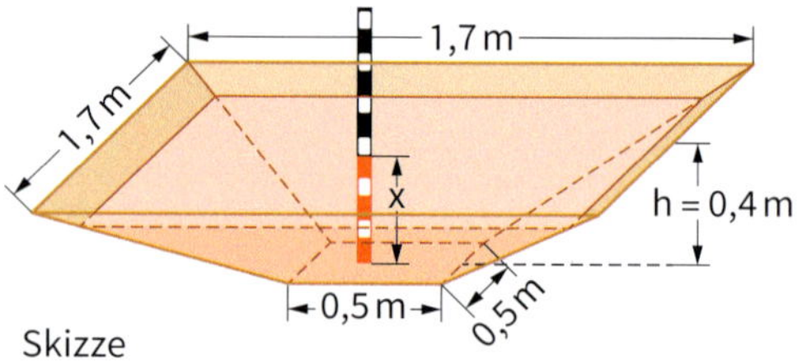

Skizze

Bei einer Einfüllhöhe von z. B. 0,2 m ergibt sich $V(0{,}2) = 3 \cdot 0{,}2^3 + 1{,}5 \cdot 0{,}2^2 + 0{,}25 \cdot 0{,}2 = 0{,}134$, also ein Volumen von $0{,}134\,m^3$.

Der Term $3x^3 + 1{,}5x^2 + 0{,}25x$ ist ein Beispiel für ein *Polynom*. Solche Terme werden in vielen Bereichen der Technik und Wirtschaft zur Berechnung von Größen verwendet.

WES-135805-107

Ganzrationale Funktion

Eine Funktion, deren Term sich in der Form

$$\mathbf{a_n x^n + a_{n-1} x^{n-1} + \ldots + a_2 x^2 + a_1 x + a_0} \quad \text{mit } n \in \mathbb{N};\ a_0, a_1, a_2, \ldots, a_n \in \mathbb{R} \text{ und } a_n \neq 0$$

schreiben lässt, heißt **ganzrationale Funktion n-ten Grades** oder **vom Grad n**. Ein solcher Term wird **Polynom** genannt. Die Zahlen $a_0, a_1, a_2, \ldots, a_n$ nennt man **Koeffizienten**.

ganzrationale Funktion 5. Grades

$f(x) = -\frac{1}{2}x^5 + 3x^4 - x^2 + \sqrt{2}x + 4$

$= \underbrace{-\frac{1}{2}}_{a_5}x^5 + \underbrace{3}_{a_4}x^4 + \underbrace{0}_{a_3} \cdot x^3 + \underbrace{(-1)}_{a_2} \cdot x^2 + \underbrace{\sqrt{2}}_{a_1}x + \underbrace{4}_{a_0}$

keine ganzrationalen Funktionen

$g(x) = 2x^3 + \frac{1}{x} = 2 \cdot x^3 + 1 \cdot x^{-1}$

$h(x) = x + \sqrt{x}$

$k(x) = x^2 + 2^x$

Ganzrationale Funktionen sind stets für alle reellen Zahlen definiert.

1 **Ganzrationale Funktionen erkennen**

a) Entscheiden Sie, welche der Funktionen ganzrationale Funktionen sind. Bestimmen Sie gegebenenfalls den Grad der Funktion und geben Sie die Koeffizienten an.

$f_1(x) = 5x - 3$	$f_2(x) = -2{,}5$	$f_3(x) = x^4 - 4x^2 + 1$	$f_4(x) = -2x + \frac{1}{4}x^2 - 5$
$f_5(x) = -3x^2 - \sqrt{x} + 12$	$f_6(x) = 2^x - 5$	$f_7(x) = \frac{x^2 + 2x + 2}{2}$	$f_8(x) = \frac{2}{x^2 + 2x + 2}$

b) Geben Sie eigene Beispiele und Gegenbeispiele zu ganzrationalen Funktionen an. Lassen Sie die andere Person entscheiden, welche der Funktionen ganzrational sind.

2 **Grad bestimmen**

Bestimmen Sie den Grad der ganzrationalen Funktion f.

a) $f(x) = (x - 2) \cdot (x + 3)$

b) $f(x) = (5 - 3x) \cdot (x + 2)$

c) $f(x) = (2x^2 + 1) \cdot (-x + 3x^3)$

d) $f(x) = x \cdot (3 - x^2) \cdot (3 - x)$

e) $f(x) = (x - 4) \cdot (x + 2) \cdot (x - 1)$

f) $f(x) = (2 - x^3 + x^2) \cdot (x^3 + 1)$

Grad bei Produkten von Polynomen

$f(x) = (\mathbf{x} - 4) \cdot (\mathbf{x^2} - 2x + 3)$

- x und x^2 sind jeweils die Summanden mit dem größten Exponenten.
- $x \cdot x^2 = x^3$ f ist also eine ganzrationale Funktion 3. Grades.

Prüfe dich!
Lösungen auf
Seite 214

3 a) Bestimmen Sie den Grad der ganzrationalen Funktionen f und g mit $f(x) = x^2 - 1$ und $g(x) = x^4 + x^2 + 1$.

b) Bestimmen Sie die Gleichung der ganzrationalen Funktion h mit $h(x) = f(x) \cdot g(x)$ und geben Sie den Grad von h an.

c) Begründen Sie: Werden zwei ganzrationale Funktionen f und g multipliziert, so ist der Grad von $f(x) \cdot g(x)$ gleich der Summe aus dem Grad von f und dem Grad von g.

4 **Verschobener Graph der Kubikfunktion**

a) Erläutern Sie, wie der Graph der Funktion g mit $g(x) = (x-1)^3 + 2$ aus dem Graphen der Kubikfunktion f mit $f(x) = x^3$ hervorgeht.

b) Lösen Sie im Funktionsterm von g die Klammern auf und schreiben Sie g(x) als Polynom. Geben Sie alle Koeffizienten des Polynoms an.

5 **Graph einer Summenfunktion**

Die Abbildung zeigt die Graphen der Funktionen f, g und h mit $g(x) = \frac{1}{4}x^3$ und $h(x) = 4 - x^2$.

a) Beschreiben Sie anhand der Abbildung, wie der Graph von f aus den Graphen von g und h hervorgeht.

b) Zeigen Sie dies an einer Wertetabelle.

c) Skizzieren Sie die Graphen der Funktionen f, g und h mit $g(x) = \frac{1}{4}x^2$, $h(x) = -x + 1$ und $f(x) = g(x) + h(x)$.

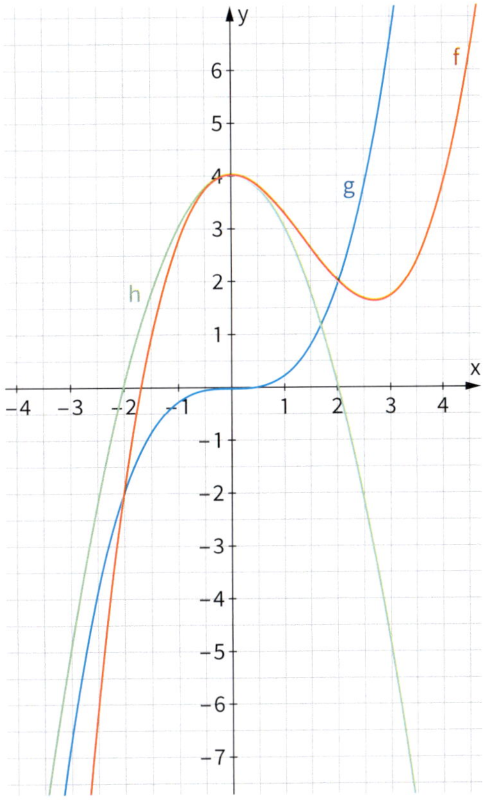

6 **Polynom und Produkt**

a) Schreiben Sie den Funktionsterm als Polynom. Überprüfen Sie Ihr Ergebnis mit einem Rechner.

(1) $f(x) = (x-1) \cdot (x-2)$

(2) $g(x) = (x-3) \cdot x \cdot (x+3)$

(3) $h(x) = (x^2 - x + 1) \cdot (x^2 + x + 1)$

b) Schreiben Sie mithilfe eines Rechners den Funktionsterm als Produkt.

(1) $f(x) = x^2 - 3x + 2$

(2) $g(x) = x^3 + x^2 - 6x$

(3) $h(x) = x^4 - 8x^2 + 16$

7 **Funktionsdiktat**

Wählen Sie eine der Funktionen und zeichnen Sie den Graphen mit einem Rechner, ohne dass Ihr Gegenüber das Display sehen kann. Beschreiben Sie dann den Verlauf des Graphen in Worten, sodass Ihr Gegenüber ihn skizzieren kann.
Vergleichen Sie Zeichnung und Rechner-Display und tauschen Sie dann die Rollen. Notieren Sie Gemeinsamkeiten und Unterschiede der vier Terme und ihrer Graphen.

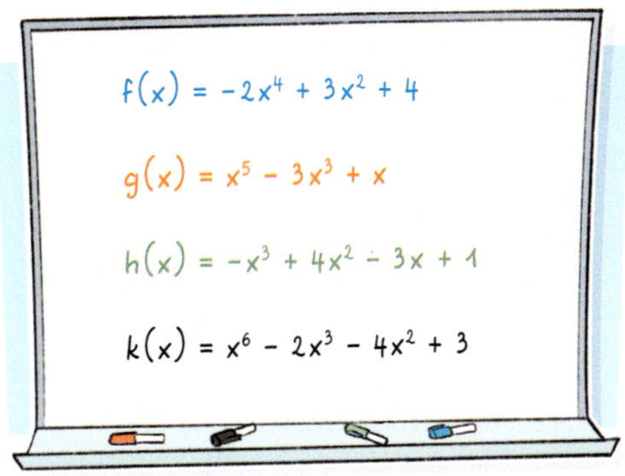

Einstieg

Globalverlauf ganzrationaler Funktionen

Mila, Joris und Luise haben die Graphen der Funktionen f und g mit $f(x) = 2x^3 - 4x^2 + x - 5$ und $g(x) = 2x^3$ mit ihren Rechnern gezeichnet.

Mila

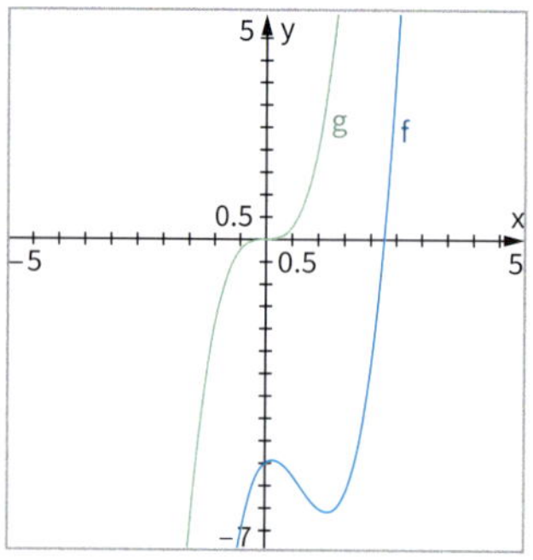

Joris

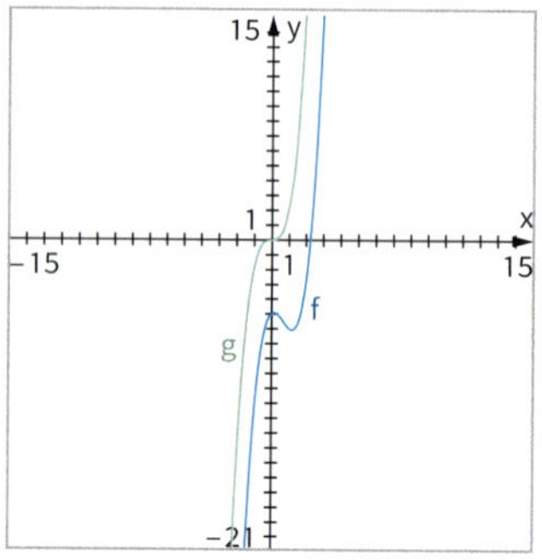

Luise

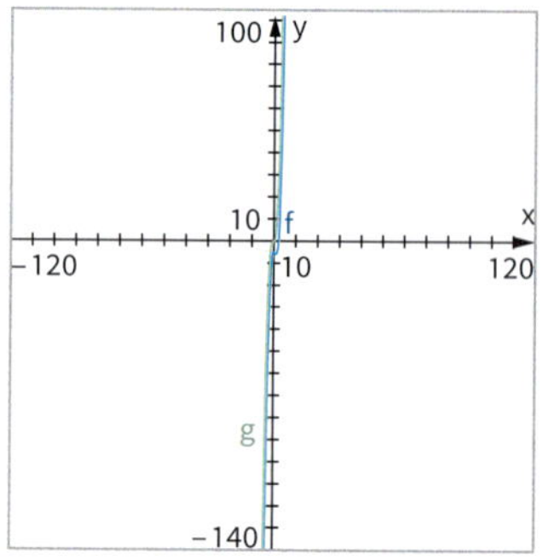

Joris sagt: *„Bei Mila kann man die Graphen deutlich voneinander unterscheiden, bei mir noch gerade so, aber bei Luise sehen die Graphen fast gleich aus."*

Luise sagt: *„Je größer man den Zeichenbereich wählt, desto weniger unterscheiden sich die Graphen in ihrem Verlauf."*

Begründung

Für $x \neq 0$ kann man die höchste Potenz ausklammern: $f(x) = x^3 \cdot \left(2 - \frac{4}{x} + \frac{1}{x^2} - \frac{5}{x^3}\right)$

Die Terme $\frac{4}{x}$, $\frac{1}{x^2}$ und $\frac{5}{x^3}$ nähern sich für betragsmäßig größer werdende x-Werte immer mehr dem Wert 0 an. Der Term in der Klammer kommt damit dem Wert 2 beliebig nahe. Deshalb verhalten sich die Funktionswerte von f bei betragsmäßig großen x-Werten wie die Funktionswerte von g mit $g(x) = 2x^3$.

WES-135805-108

Globalverlauf einer Funktion

Das Verhalten der Funktionswerte f(x) für betragsmäßig große x-Werte bezeichnet man als **Globalverlauf** der Funktion f.

Satz: Bei einer ganzrationalen Funktion f mit $f(x) = a_n x^n + a_{n-1} x^{n-1} + \ldots + a_2 x^2 + a_1 x + a_0$, $n \neq 0$ und $a_n \neq 0$ bestimmt der Summand $a_n x^n$ den Globalverlauf von f.

a_n ***positiv:*** *vgl. den Verlauf der Potenzfunktionen*
a_n ***negativ:*** *„Graph wird gespiegelt"*

$a_n > 0$ und $n \neq 0$		$a_n < 0$ und $n \neq 0$	
n gerade	**n ungerade**	**n gerade**	**n ungerade**
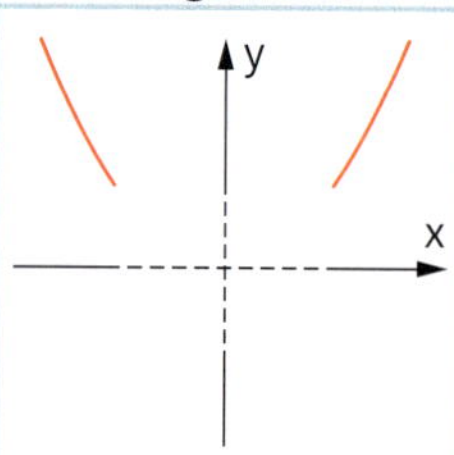	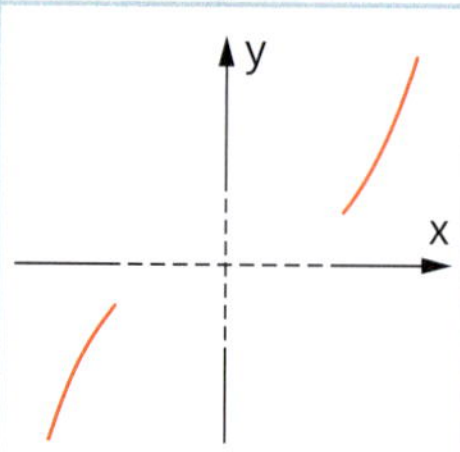	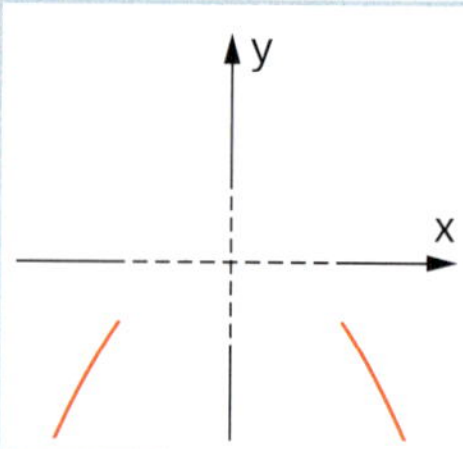	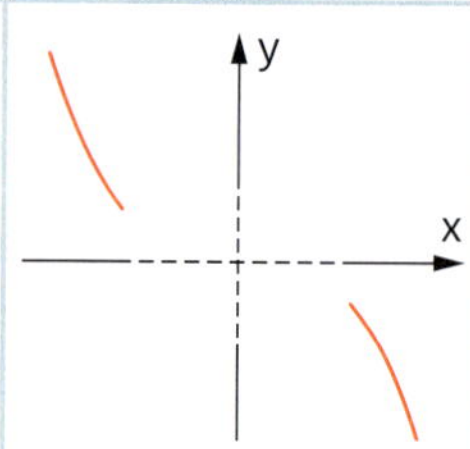
Für $x \to \infty$ gilt $f(x) \to \infty$. Für $x \to -\infty$ gilt $f(x) \to \infty$.	Für $x \to \infty$ gilt $f(x) \to \infty$. Für $x \to -\infty$ gilt $f(x) \to -\infty$.	Für $x \to \infty$ gilt $f(x) \to -\infty$. Für $x \to -\infty$ gilt $f(x) \to -\infty$.	Für $x \to \infty$ gilt $f(x) \to -\infty$. Für $x \to -\infty$ gilt $f(x) \to \infty$.

Sprechweise: *„Für x gegen (minus) unendlich gilt f von x gegen (minus) unendlich."*

Globalverlauf einer ganzrationalen Funktion erkennen

Untersuchen Sie den Globalverlauf der Funktion f mit $f(x) = -0{,}5\,x^5 + 3\,x^4 - x^2 + \sqrt{2}\,x + 4$.

Lösung

Der Grad von f ist 5. Also bestimmt der Summand $-0{,}5\,x^5$ den Globalverlauf von f.

$n = 5$ ungerade; $a_5 = -0{,}5 < 0$

Damit erhält man: Für $x \to \infty$ gilt $f(x) \to -\infty$; für $x \to -\infty$ gilt $f(x) \to \infty$.

8 **Die vier Typen des Globalverlaufs**

a) Ordnen Sie die ganzrationalen Funktionen jeweils den einzelnen Typen begründet zu.

$f(x) = -3x^5 + 12x^3 - 8$ $\quad h(x) = 4x^3 + 2x^2 - 7x + 12$

$g(x) = \frac{1}{2}x^4 - 28x^3 + 6x^2 - 34$ $\quad i(x) = -2x^4 + x^3 + 21x^2 + 45x + 205$

b) Geben Sie zu jedem Typ des Globalverlaufs zwei weitere ganzrationale Funktionen an.

9 **Globalverlauf bestimmen**

Bestimmen Sie ohne Hilfsmittel den Globalverlauf von f.

a) $f(x) = x^3 + 2\,x^2 + 5$ b) $f(x) = 3\,x^4 - 2\,x^2 + 1$ c) $f(x) = 2^6\,x^2 - 2^2\,x^6$

d) $f(x) = 7 - x^5 + 0{,}01\,x^3$ e) $f(x) = 200\,x^2 - 4\,x^4 + \frac{1}{10}x^{10}$ f) $f(x) = (x^3 + 1)^2$

10 **Graphen zuordnen**

Ordnen Sie den Graphen die Funktionsgleichungen zu, ohne einen Rechner zu verwenden. Begründen Sie Ihre Entscheidung.

$f(x) = -\frac{1}{4}x^4 + 2x^2 + 1$ $\quad g(x) = \frac{1}{4}x^3 - 2x$ $\quad h(x) = \frac{1}{9}x^4 - \frac{1}{4}x^3 + 1$ $\quad k(x) = -\frac{1}{6}x^3 + 3x$

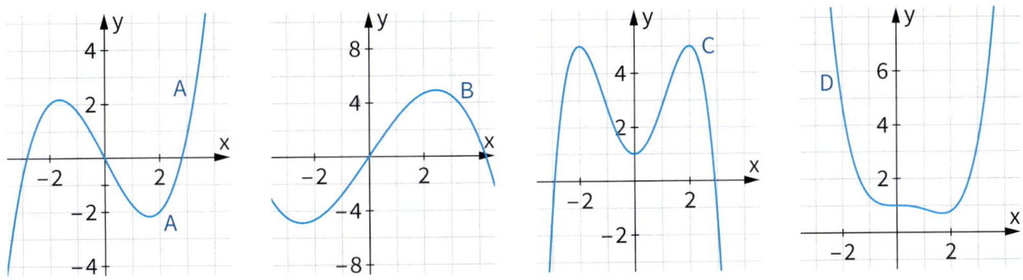

11 Geben Sie den Grad der ganzrationalen Funktion f und den Globalverlauf von f an.

a) $f(x) = -5\,x^5 + x^3 + 10\,x^2$ b) $f(x) = x^6 - 5\,x^5 - 100$

Prüfe dich!
Lösungen auf Seite 214

12 Ordnen Sie den Graphen die Funktionsgleichungen zu, ohne einen Rechner zu verwenden. Begründen Sie Ihre Entscheidung.

$f(x) = x^3 - 4\,x^2 + 3\,x$ $\quad g(x) = (x^3 - 1)^2$ $\quad h(x) = 4\,x^2 - x^4$ $\quad i(x) = x^4 - 0{,}5\,x^5$

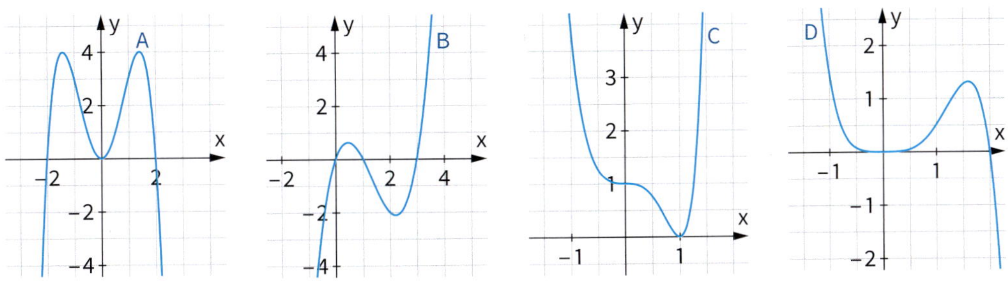

1.5 Symmetrien von Funktionsgraphen

Noah hat mit seinem Rechner die Graphen der Funktionen f_1, f_2 und f_3 gezeichnet und jeweils eine dazugehörige Wertetabelle erstellt.

$f_1(x) = \frac{1}{2}x^4 - 2x^2 - 1$

$f_2(x) = x^5 + 2x^3 - 4x$

$f_3(x) = -\frac{4}{3}x^4 + x^3 + 2x^2$

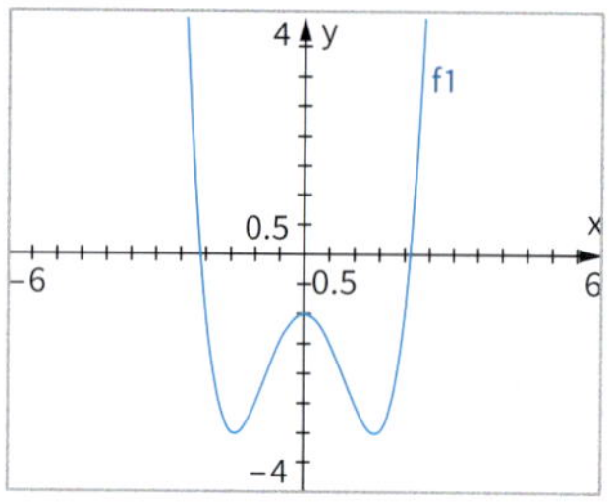

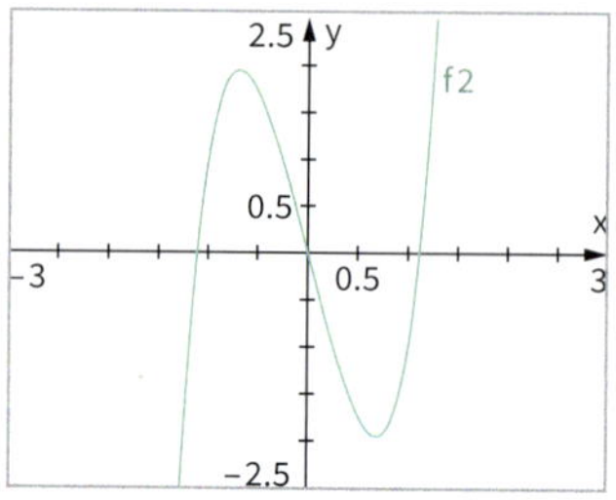

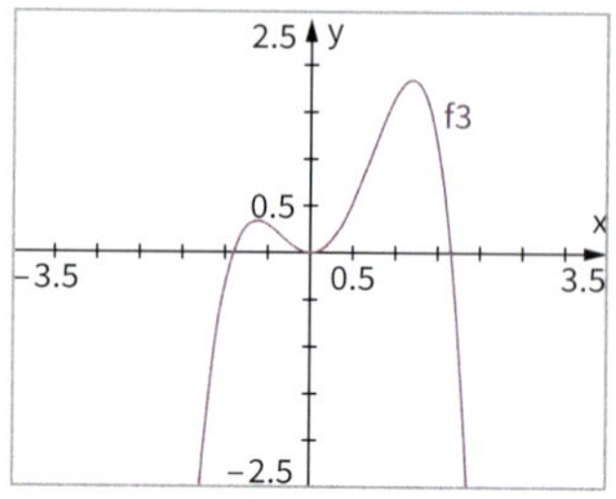

x	f1(x):= 1/2*x^4-2*x^2-1
-2.	-1.
-1.	-2.5
0.	-1.
1.	-2.5
2.	-1.

x	f2(x):= x^5+2*x^3-4*x
-2.	-40.
-1.	1.
0.	0.
1.	-1.
2.	40.

x	f3(x):= -4/3*x^4+x^3+2*x^2
-2.	-21.3333
-1.	-0.333333
0.	0.
1.	1.66667
2.	-5.33333

- Welche Symmetrieeigenschaften lassen sich erkennen?
- Wie kann man diese Eigenschaften anhand des Funktionsterms begründen?

Lösung

Der Graph von f_1 scheint achsensymmetrisch zur y-Achse zu sein.
Die Wertetabelle bestätigt dies: An allen Stellen, die symmetrisch zur y-Achse liegen, sind die Funktionswerte gleich. Zum Beispiel ist $f_1(-2) = -1 = f_1(2)$.

Allgemein erhält man:

$$f_1(-x) = \frac{1}{2}\cdot(-x)^4 - 2\cdot(-x)^2 - 1$$
$$= \frac{1}{2}\cdot\ x^4\ - 2\cdot\ x^2\ - 1 = f_1(x)$$

Die Funktionswerte stimmen überein, da der Funktionsterm $f_1(x)$ nur Potenzen von x mit geraden Exponenten enthält. Der Graph von f_1 ist somit achsensymmetrisch zur y-Achse.

Der Graph von f_2 scheint punktsymmetrisch zum Koordinatenursprung zu sein.
Die Wertetabelle bestätigt dies: An allen Stellen, die symmetrisch zur y-Achse liegen, haben die Funktionswerte den gleichen Betrag, aber ein entgegengesetztes Vorzeichen.
Zum Beispiel ist $f_2(-2) = -40$ und $f_2(2) = 40$ und damit $f_2(-2) = -f_2(2)$.

Allgemein erhält man:

$$f_2(-x) = (-x)^5 + 2\cdot(-x)^3 - 4\cdot(-x)$$
$$= -x^5 + 2\cdot(-x^3) - 4\cdot(-x)$$
$$= -(x^5 + 2\cdot\ x^3\ - 4\cdot\ x\ ) = -f_2(x)$$

Die Funktionswerte $f_2(-x)$ und $f_2(x)$ unterscheiden sich nur durch ihr Vorzeichen, da der Funktionsterm $f_2(x)$ nur Potenzen von x mit ungeraden Exponenten enthält. Der Graph von f_2 ist somit punktsymmetrisch zum Koordinatenursprung.

Der Graph von f_3 ist weder achsensymmetrisch zur y-Achse noch punktsymmetrisch zum Koordinatenursprung. Zum Beispiel ist $f_3(-1) \neq f_3(1)$ und auch $f_3(-1) \neq -f_3(1)$.
Der Funktionsterm $f_3(x)$ enthält sowohl Potenzen von x mit geraden als auch Potenzen von x mit ungeraden Exponenten.

Achsensymmetrie zur y-Achse

Der Graph einer Funktion f ist **achsensymmetrisch zur y-Achse**, falls $f(-x) = f(x)$ für alle x gilt, sonst nicht.

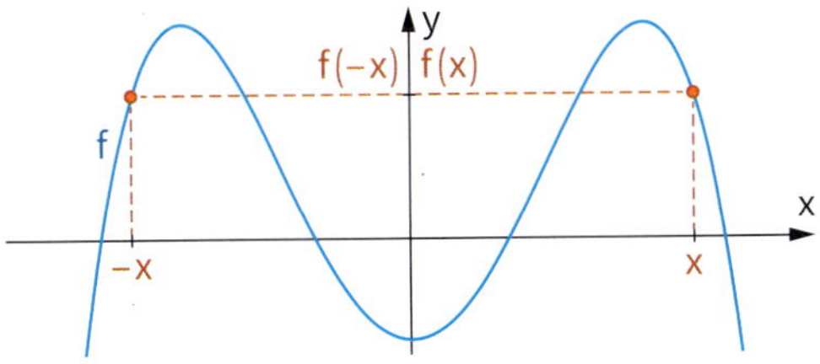

Ist f eine ganzrationale Funktion, so gilt $f(-x) = f(x)$, falls das Polynom nur Potenzen von x mit geraden Exponenten enthält, sonst nicht.

Punktsymmetrie zum Ursprung

Der Graph einer Funktion f ist **punktsymmetrisch zum Koordinatenursprung**, falls $f(-x) = -f(x)$ für alle x gilt, sonst nicht.

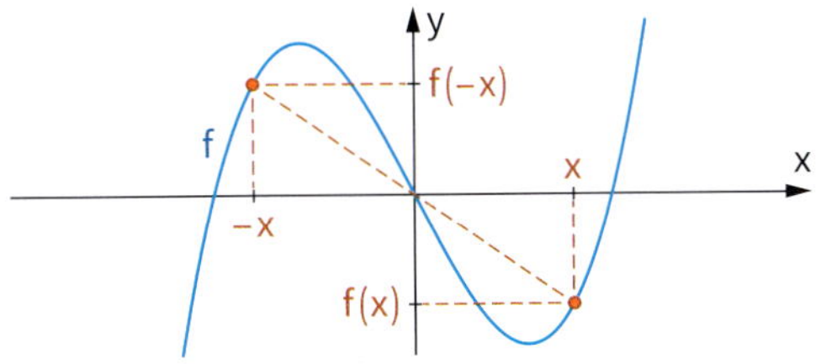

Ist f eine ganzrationale Funktion, so gilt $f(-x) = -f(x)$, falls das Polynom nur Potenzen von x mit ungeraden Exponenten enthält, sonst nicht.

WES-135805-109

Funktionswerte ergänzen

Vervollständigen Sie die Wertetabelle so, dass der Graph der Funktion f
a) achsensymmetrisch zur y-Achse ist;
b) punktsymmetrisch zum Ursprung ist.

x	−3	−2	−1	0	1	2	3
f(x)	−7		0	0		4	

Lösung

a) Es muss gelten: $f(-x) = f(x)$

x	−3	−2	−1	0	1	2	3
f(x)	−7	4	0	0	0	4	−7

b) Es muss gelten: $f(-x) = -f(x)$

x	−3	−2	−1	0	1	2	3
f(x)	−7	−4	0	0	0	4	7

Graphen auf Symmetrie untersuchen

- $g(x) = -0{,}5x^3 + 2x$

Definition anwenden:

$g(-x) = -0{,}5 \cdot (-x)^3 + 2 \cdot (-x)$
$= -0{,}5 \cdot (-x^3) + 2 \cdot (-x)$
$= -(-0{,}5x^3 + 2x) = -g(x)$

Der Graph von g ist punktsymmetrisch zum Koordinatenursprung.

- $h(x) = 0{,}5x^4 - 4{,}5x^2 + 8$

Mit den Exponenten begründen:

$0{,}5x^4 - 4{,}5x^2 + 8 = 0{,}5x^4 - 4{,}5x^2 + 8x^0$

Der Funktionsterm von h enthält nur gerade Exponenten von x.

Der Graph von h ist achsensymmetrisch zur y-Achse.

$x^0 = 1$
0 ist gerade.

1 **Wertetabelle vervollständigen**

Vervollständigen Sie die Wertetabelle so, dass der Graph der Funktion f
a) punktsymmetrisch zum Koordinatenursprung ist,
b) achsensymmetrisch zur y-Achse ist.

x	−4	−3	−2	−1	0	1	2	3	4
f(x)	10		2	0	0			2	

2 **Funktionswert an der Stelle 0**

a) Begründen Sie: Ist der Graph einer ganzrationalen Funktion f punktsymmetrisch zum Koordinatenursprung, so gilt immer $f(0) = 0$.
b) Untersuchen Sie, ob dies auch für eine ganzrationale Funktion gilt, deren Graph achsensymmetrisch zur y-Achse ist.

3 ≡ **Symmetrie am Term erkennen**

Ist der Graph der Funktion f achsensymmetrisch zur y-Achse oder punktsymmetrisch zum Koordinatenursprung? Begründen Sie.

a) $f(x) = \frac{1}{2}x^2 + 5$ b) $f(x) = -x^5 + \frac{3}{4}x^3 - 2x$ c) $f(x) = x^3 - 3x + 1$
d) $f(x) = -2x^4 - x^2 + 4$ e) $f(x) = x^2 + 2x$ f) $f(x) = x^5 - x$
g) $f(x) = x^3 - 3x^2 + 3x$ i) $f(x) = (x^4 - 2)\cdot(x^2 - 4)$ j) $f(x) = (x - 3)\cdot(x + 3)$

4 ≡ **Symmetrie durch Termumformung erkennen**

Untersuchen Sie durch Termumformung, ob $f(-x) = -f(x)$ bzw. $f(-x) = -f(x)$ für alle x gilt, und folgern Sie daraus die entsprechende Symmetrieeigenschaft des Graphen.

a) $f(x) = \frac{1}{2}x^4 - 3x^2 + 1$ b) $f(x) = x^5 - 7x^3$ c) $f(x) = x^6 - 2x^2$
d) $f(x) = x\cdot(x^3 - x)$ e) $f(x) = \frac{x^3}{x^2 + 1}$ f) $f(x) = \frac{x^2 - 5}{x^2 + 5}$

5 ≡ **Graphen zuordnen**

Ordnen Sie die Graphen den Funktionsgleichungen zu, ohne einen Rechner zu verwenden. Begründen Sie die Symmetrieeigenschaften des Graphen am Funktionsterm.

$f(x) = \frac{1}{4}x^3 - 3x$ | $g(x) = \frac{1}{4}x^4 - \frac{1}{3}x^3 - x^2$ | $h(x) = \frac{1}{32}x^5 - \frac{1}{2}x^2 + 1$ | $i(x) = \frac{1}{81}x^4 - \frac{1}{9}x^2$

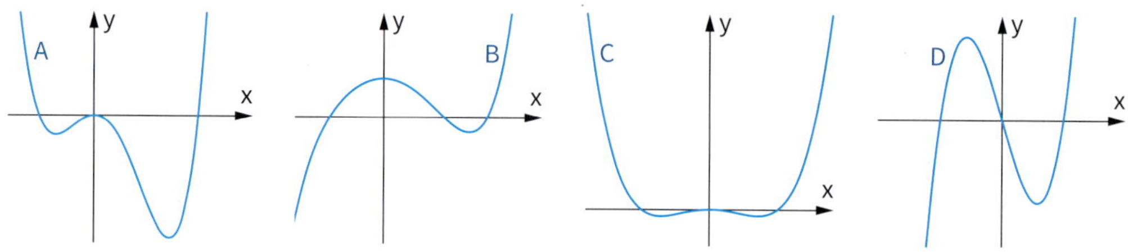

6 ≡ **Fehler finden**

Mila hat Graphen auf Symmetrien untersucht. Erläutern Sie, welche Fehler Mila gemacht hat.

(1) $f(x) = 2x^3 + 2x + 1$

Der Term von f enthält nur Potenzen von x mit ungeraden Exponenten. Also ist der Graph von f punktsymmetrisch zum Ursprung.

(2) $g(x) = (x^3 + x)\cdot(x^3 - x)$

Der Term von g enthält nur Potenzen von x mit ungeraden Exponenten. Also ist der Graph von g punktsymmetrisch zum Ursprung.

Prüfe dich!
Lösungen auf Seite 215

7 ≡ Untersuchen Sie, ob der Graph der Funktion f achsensymmetrisch zur y-Achse oder punktsymmetrisch zum Koordinatenursprung ist.

a) $f(x) = -x^3 + 2x^2$ b) $f(x) = x^6 + 2x^2 - 5$ c) $f(x) = 2x^3 + 5x + 2$ d) $f(x) = x^7 - x$

8 ≡ Zeigen Sie durch Termumformung, dass
a) der Graph der Funktion f mit $f(x) = 2x^4 - x^2$ achsensymmetrisch zur y-Achse ist;
b) der Graph der Funktion g mit $g(x) = -3x^3 + 2x$ punktsymmetrisch zum Ursprung ist.

9 ≡ **Parameter bestimmen**

Geben Sie alle möglichen Werte für den Parameter a an, sodass der Graph der Funktion f entweder achsensymmetrisch zur y-Achse oder punktsymmetrisch zum Koordinatenursprung ist. Nennen Sie die Art der Symmetrie.

a) $f(x) = \frac{1}{4}x^3 + a$ b) $f(x) = (x - a)^2$ c) $f(x) = a + x^4$ d) $f(x) = x^2\cdot(x^3 - ax)$
e) $f(x) = (x - 9)\cdot(x + a)$ f) $f(x) = x^2 + ax$ g) $f(x) = ax^2 + ax - x$ h) $f(x) = x^a + x$

10 ≡ **Symmetrie beim Graphen einer Produktfunktion**

Das Produkt $h = f \cdot g$ zweier Funktionen f und g definiert man als das Produkt ihrer Funktionsterme: $h(x) = f(x) \cdot g(x)$

a) Zeigen Sie, dass der Graph von h achsensymmetrisch zur y-Achse ist, wenn die Graphen von f und g beide punktsymmetrisch zum Ursprung sind.

b) Untersuchen Sie, ob der Graph von h eine Symmetrie aufweist, wenn die Graphen von f und g beide achsensymmetrisch zur y-Achse sind.

c) Untersuchen Sie, ob der Graph von h eine Symmetrie aufweist, wenn der Graph von f achsensymmetrisch zur y-Achse und der Graph von g punktsymmetrisch zum Ursprung ist.

11 ≡ **Achsensymmetrie zu einer Parallelen zur y-Achse**

Der Graph der Funktion g geht durch Verschieben aus dem Graphen der Funktion f mit $f(x) = -0{,}125\,x^4 + x^3 - 2\,x^2 + 3$ hervor.

a) Bestimmen Sie den Funktionsterm von g mit einem Rechner.

b) Zeigen Sie, dass der Graph von g achsensymmetrisch zur y-Achse ist.
Was bedeutet dies für das Symmetrieverhalten des Graphen von f?

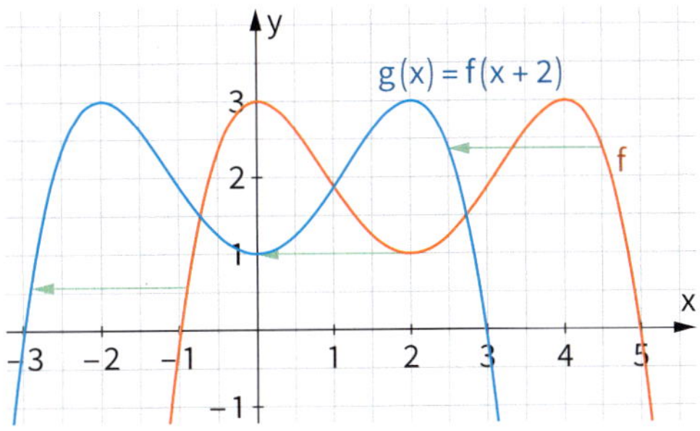

12 ≡ **Punktsymmetrie zu einem beliebigen Punkt**

Der Graph der Funktion h geht durch zweimaliges Verschieben aus dem Graphen der Funktion f mit $f(x) = x^3 - 3\,x^2$ hervor.

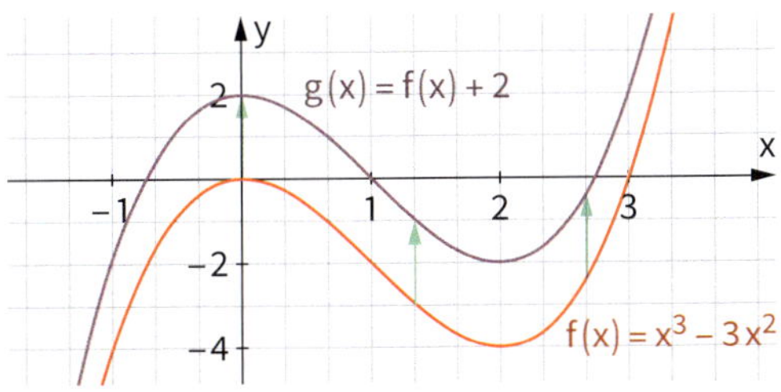

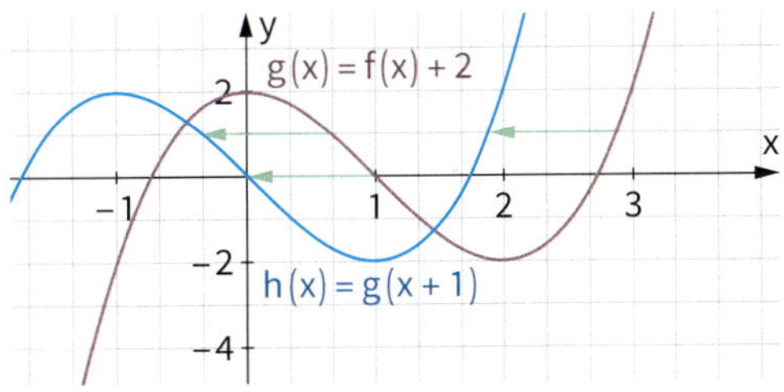

a) Bestimmen Sie den Funktionsterm von h mit einem Rechner.

b) Zeigen Sie, dass der Graph von h punktsymmetrisch zum Koordinatenursprung ist.
Welche Schlussfolgerungen ergeben sich daraus für das Symmetrieverhalten der Graphen von g und f?

c) Zeigen Sie, dass sich der Term der Funktion k mit $k(x) = x^3 - 6\,x^2 + 12\,x - 11$ in der Form $k(x) = (x-2)^3 - 3$ schreiben lässt. Treffen Sie eine Aussage zum Symmetrieverhalten des Graphen von k und skizzieren Sie den Graphen.

13 ≡ **Symmetrie zu einem Punkt nachweisen**

Zeigen Sie, dass der Graph der Funktion f mit $f(x) = x^3 - 6\,x^2 + 8\,x + 1$ punktsymmetrisch zum Punkt $P(2\,|\,1)$ ist.

14 ≡ **Symmetrie zu einer Parallelen zur y-Achse nachweisen**

Zeigen Sie, dass der Graph der Funktion f mit $f(x) = -x^4 - 4\,x^3 - 2\,x^2 + 4\,x + 5$ achsensymmetrisch zur Geraden zu $x = -1$ ist.

15 ≡ **Funktionsterm bestimmen**

Geben Sie den Funktionsterm einer ganzrationalen Funktion f an, deren Graph

a) achsensymmetrisch zur Geraden zu $x = 1$ ist,

b) punktsymmetrisch zum Punkt $P(1\,|\,-3)$ ist.

1.6 Nullstellen

Vorbereiten
Seite 207

- Warum ist es einfach, die Nullstellen der Funktion f zu berechnen?
- Wie kann man die Nullstellen der Funktion g ohne Rechner berechnen?
- Welche Möglichkeiten bietet ein Rechner, um die Nullstellen der Funktion h zu bestimmen?

WES-135805-110

Nullstelle einer Funktion

Eine Stelle x_0 heißt **Nullstelle** einer Funktion f, falls $\mathbf{f(x_0) = 0}$ gilt.

Nullstellen ganzrationaler Funktionen bestimmen

Bei ganzrationalen Funktionen höheren Grades können die Nullstellen nur in speziellen Fällen exakt berechnet werden.

- **mithilfe von Faktoren**

Ist der Funktionsterm ein Produkt, so setzt man jeden Faktor einzeln gleich 0.

$f(x) = \underbrace{(x^2 - 1)}_{=0} \cdot \underbrace{(x - 3)}_{=0}$

Aus $x^2 - 1 = 0$ folgt $x = -1$ oder $x = 1$;
aus $x - 3 = 0$ folgt $x = 3$.
Die Nullstellen von f sind −1, 1 und 3.

Ein Faktor der Form $(x - x_1)$ heißt Linearfaktor. Die Zahl x_1 ist dann eine Nullstelle von f.

- **durch Ausklammern**

Wenn möglich, klammert man eine Potenz von x aus und untersucht die einzelnen Faktoren.

$g(x) = x^4 - 24x^3 - 25x^2$
$= \underbrace{x^2}_{=0} \cdot \underbrace{(x^2 - 24x - 25)}_{=0}$

Aus $x^2 = 0$ folgt $x = 0$;
aus $x^2 - 24x - 25 = 0$ ergibt sich
$x = 12 + \sqrt{144 + 25} = 25$ oder $x = 12 - \sqrt{144 + 25} = -1$.
Die Nullstellen von g sind −1, 0 und 25.

Trifft keiner der Fälle zu, ermittelt man die Nullstellen näherungsweise **mit einem Rechner**.

$h(x) = x^3 - x^2 - 3x + 3$

```
solve(x^3-x^2-3·x+3=0,x)
        x=-1.732 or x=1. or x=1.732
```

Die Nullstellen von h sind ≈ −1,732; 1 und ≈ 1,732.

Satz: Eine ganzrationale Funktion vom Grad n kann höchstens n Nullstellen haben.

Beweis siehe Seite 33

1 **Nullstellen mithilfe von Faktoren berechnen**

Geben Sie alle Nullstellen der Funktion f an und begründen Sie Ihr Vorgehen.

a) $f(x) = (x - 4) \cdot (x + 2) \cdot (x + 1)$ b) $f(x) = (x^2 - 9) \cdot (x^2 + 9)$ c) $f(x) = (x - 3)^2 \cdot \left(x + \frac{1}{2}\right) \cdot x$

2 **Nullstellen durch Ausklammern berechnen**

Berechnen Sie die Nullstellen der Funktion f, ohne einen Rechner zu verwenden.

a) $f(x) = 2x^3 - 6x^2$ b) $f(x) = -x^3 - 6x^2 + 3x$ c) $f(x) = x^4 - 20x^3 + 64x^2$

d) $f(x) = \frac{1}{2}x^4 - \frac{7}{2}x^2$ e) $f(x) = \frac{1}{3}x^5 + 2x^3$ f) $f(x) = -\frac{1}{3}x^5 + 2x^4 - 3x^3$

Biquadratische Gleichungen lösen

Bestimmen Sie alle Nullstellen der Funktion f mit $f(x) = x^4 - 6x^2 - 7$.

Lösung

- $x^2 = u$ in die Gleichung einsetzen
  Das führt zu der Gleichung $u^2 - 6u - 7 = 0$ mit den Lösungen $u_1 = 7$ und $u_2 = -1$
- $u = x^2$ einsetzen und die Lösungen x bestimmen
  $x^2 = 7$ führt zu $x_1 = -\sqrt{7}$ und $x_2 = \sqrt{7}$; $x^2 = -1$ hat keine Lösung;
- Somit sind $x_1 = -\sqrt{7}$ und $x_2 = \sqrt{7}$ die einzigen Nullstellen der Funktion f.

3 Vermischte Aufgaben

Berechnen Sie die Nullstellen der Funktion f und prüfen Sie Ihr Ergebnis mit einem Rechner.

a) $f(x) = 2x^3 - 2x^2 - 4x$
b) $f(x) = 3x^4 - 6x^3$
c) $f(x) = (x^2 + 5) \cdot (x^3 - 8x)$
d) $f(x) = -\frac{1}{2}x^5 + 2x^4 - 2x^3$
e) $f(x) = x^4 - 13x^2 + 36$
f) $f(x) = 2x^4 - 13x^2 - 45$
g) $f(x) = -5x^4 + 15x^2$
h) $f(x) = (x^2 - 16) \cdot (x^2 + x - 6)$
i) $f(x) = 3x^3 - 24x^2 - 27x$

4 Berechnen Sie die Nullstellen der Funktion f.

a) $f(x) = (2x - 4) \cdot (x + 5)$
b) $f(x) = x^3 - 7x^2 + 12x$
c) $f(x) = x^3 - x$
d) $f(x) = \frac{1}{2}x^4 - 3x^3 + 4x^2$
e) $f(x) = (x^2 - 4) \cdot (x + 4)^2$
f) $f(x) = (x^2 - 16) \cdot (x^2 + x - 6)$

Prüfe dich!
Lösungen auf Seite 215

5 Ballonfahrt

Die Höhe eines Heißluftballons über dem Startpunkt wird durch die Funktion h mit $h(t) = 0{,}1\, t^4 - 4t^3 + 40t^2$ beschrieben, mit t in Minuten und h(t) in Metern. Berechnen Sie die Dauer der Ballonfahrt unter der Annahme, dass der Ballon ebenes Gelände überfliegt.

6 Fischfarm

Um das Becken einer Fischfarm mit frischem Wasser zu versorgen, wird regelmäßig für 9 Stunden altes Wasser abgelassen und an einer anderen Stelle frisches Wasser zugeführt. Zufluss- und Abflussgeschwindigkeit werden dabei so reguliert, dass ihre Summe in m^3/h durch die Funktion f mit $f(t) = 0{,}1t^3 - 1{,}3t^2 + 3{,}6t$; t in h; beschrieben wird.

a) Berechnen Sie die Nullstellen von f.
b) Skizzieren Sie den Graphen von f und deuten Sie seinen Verlauf für diesen Sachzusammenhang. Gehen Sie dabei auch auf die Bedeutung der Nullstellen ein.

7 Mindestens eine Nullstelle?

a) Beurteilen Sie mithilfe des Globalverlaufs, ob die Funktion f mindestens eine Nullstelle haben muss.
(1) $f(x) = -x^5 - x^2 - 3$ (2) $f(x) = 2x^5 - 7x$ (3) $f(x) = -2x^2 + 3$ (4) $f(x) = x^4 - 2x^2 - 2$
b) Begründen Sie die folgende Aussage:

Eine ganzrationale Funktion f vom Grad n hat mindestens eine Nullstelle, wenn n eine ungerade Zahl ist.

c) Beurteilen Sie, ob die Aussage wahr oder falsch ist.
„Eine ganzrationale Funktion f vom Grad n hat mindestens eine Nullstelle, wenn n eine gerade Zahl ist.“

Einstieg

Verhalten des Graphen in der Nähe von Nullstellen

- Wie verhalten sich die Graphen der Funktionen jeweils in der Nähe der Nullstellen? Vergleichen Sie Ihre Ergebnisse miteinander.

WES-135805-111

Mehrfache Nullstellen

Bei einer ganzrationalen Funktion können Linearfaktoren mit beliebigen natürlichen Exponenten im Funktionsterm vorkommen.

$f(x) = 0{,}01 \cdot (x-1) \cdot (x-4)^2 \cdot (x+2)^3$

- **einfache Nullstelle** an der Stelle $x = 1$
- **doppelte Nullstelle** an der Stelle $x = 4$
- **dreifache Nullstelle** an der Stelle $x = -2$

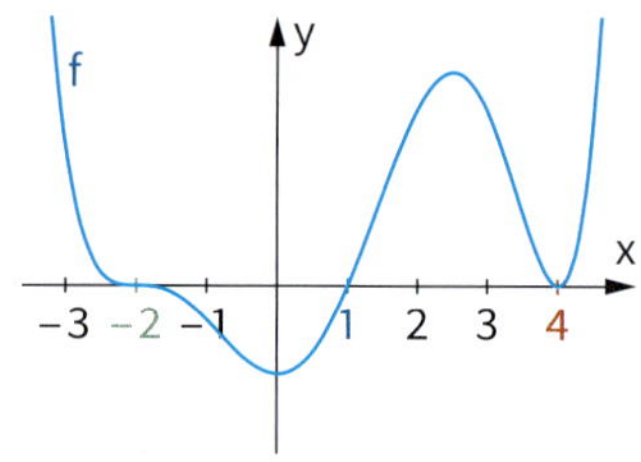

Verhalten des Funktionsgraphen in der Nähe von Nullstellen

- An einfachen, dreifachen, fünffachen … Nullstellen hat f(x) einen Vorzeichenwechsel. Der Funktionsgraph schneidet die x-Achse.
- An zweifachen, vierfachen, sechsfachen … Nullstellen hat f(x) keinen Vorzeichenwechsel. Der Funktionsgraph berührt die x-Achse.

einfache Nullstelle	doppelte Nullstelle	dreifache Nullstelle

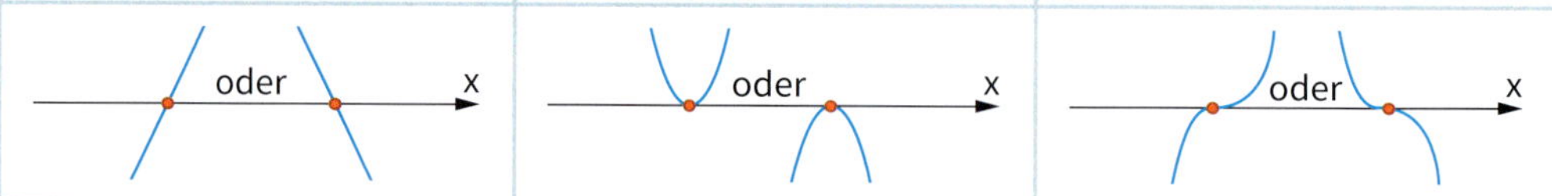

8 ≡ **Mehrfache Nullstellen am Term erkennen**

Geben Sie alle Nullstellen der ganzrationalen Funktion f an und notieren Sie jeweils, ob es sich um eine einfache, doppelte oder dreifache Nullstelle handelt. Geben Sie auch jeweils an, ob an der Nullstelle ein Vorzeichenwechsel der Funktionswerte auftritt.

a) $f(x) = (x-4) \cdot (x+3)^2$
b) $f(x) = x^3 \cdot (x-0{,}6) \cdot (x+1)^2$
c) $f(x) = \left(x - \frac{2}{3}\right)^2 \cdot \left(x + \sqrt{2}\right)$
d) $f(x) = (x^2 - 6x + 9) \cdot (x+3)$
e) $f(x) = x^4 - x^3$
f) $f(x) = 4x^4 - 4x^2$

9 ≡ **Mehrfache Nullstellen am Graphen erkennen**

Lesen Sie die Nullstellen der Funktion f am Graphen ab und entscheiden Sie, ob es sich um eine einfache, doppelte oder dreifache Nullstelle handelt.

a)

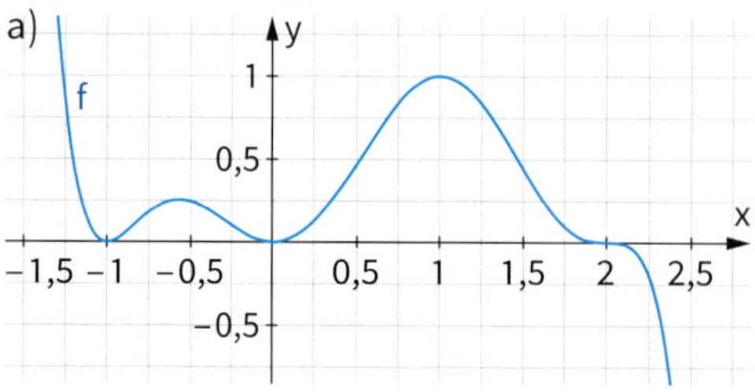

b)

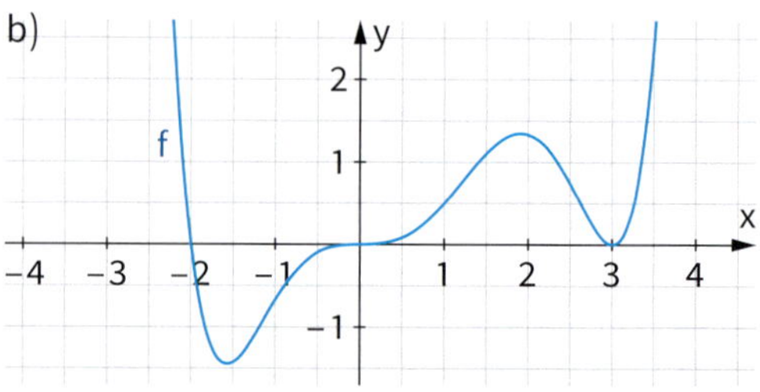

10 ≡ **Graphen skizzieren**

Skizzieren Sie den Graphen der Funktion f nur mithilfe von Globalverlauf und Nullstellen. Stellen Sie dann den Graphen mit einem Rechner dar und vergleichen Sie.

a) $f(x) = -2\cdot(x-2)^2\cdot(x+3)$ b) $f(x) = x^3\cdot(x-1{,}5)\cdot(x+2)$ c) $f(x) = (x^2-4)\cdot(x^2+1)$

11 ≡ **Graphen zuordnen**

Ordnen Sie den Graphen die passenden Funktionen zu. Begründen Sie Ihre Entscheidung.

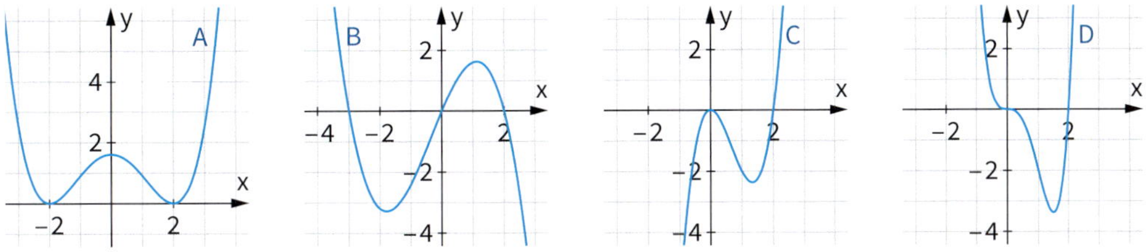

$f_1(x) = \frac{2}{5}\cdot(x+3)\cdot x\cdot(x-2)$ $f_2(x) = -\frac{2}{5}\cdot(x+3)\cdot x\cdot(x-2)$

$f_3(x) = 2x^2\cdot(x-2)$ $f_4(x) = -2x^2\cdot(x-2)$ $f_5(x) = 2x^3\cdot(x-2)$ $f_6(x) = -2x^3\cdot(x-2)$

$f_7(x) = \frac{1}{10}\cdot(x+2)^2\cdot(x-2)^2$ $f_8(x) = -\frac{1}{10}\cdot(x+2)^2\cdot(x-2)^2$

12 ≡ **Funktionsterme angeben**

Der Graph der Funktion f mit $f(x) = (x+2)^2\cdot x^3\cdot(x-2)$ ist abgebildet.
Geben Sie einen möglichen Funktionsterm für die Funktion f_1, f_2 bzw. f_3 an.
Erläutern Sie, wie der Graph von f_1, f_2 bzw. f_3 aus dem Graphen von f hervorgeht.

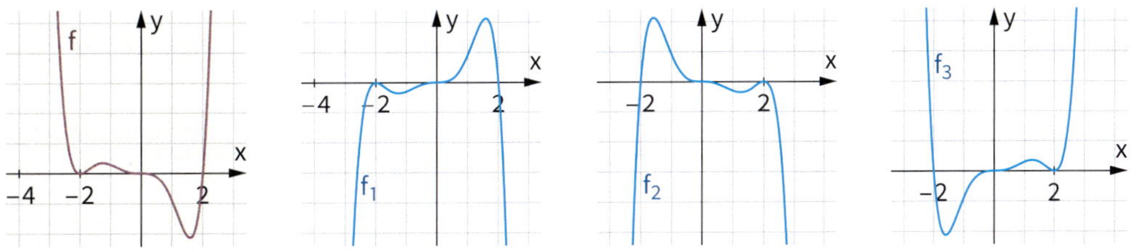

13 ≡ Lesen Sie die Nullstellen der Funktion f am Graphen ab und entscheiden Sie, ob es sich um eine einfache, doppelte oder dreifache Nullstelle handelt.

14 ≡ Skizzieren Sie den Graphen der Funktion f nur mithilfe von Globalverlauf und Nullstellen.

a) $f(x) = (x+5)^2\cdot x\cdot(x+2)^2$
b) $f(x) = (x-2)^3\cdot(x+1)$

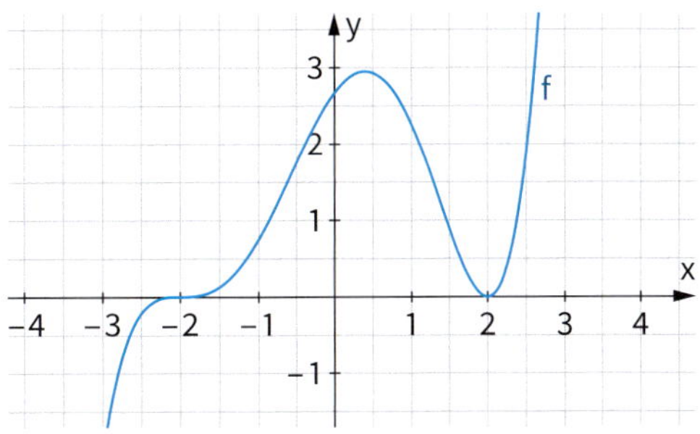

Prüfe dich!
Lösungen auf Seite 215

15 ≡ **Funktionen mit vorgegebener Nullstellenanzahl**

Geben Sie jeweils eine ganzrationale Funktion dritten, vierten und fünften Grades an, die genau die Nullstellen 1, 2 und 3 hat. Zeichnen Sie die Graphen mit einem Rechner.

16 ≡ **Mehrfache Nullstellen mit einem Rechner bestimmen**

Bestimmen Sie die Nullstellen der Funktion f mit einem Rechner. Geben Sie außerdem an, ob die Nullstellen einfach bzw. mehrfach sind.

(1) $f(x) = x^3 - 6x^2 + 4x + 2$ (2) $f(x) = x^4 - 4x^3 + 5x^2 - 4x + 4$
(3) $f(x) = x^4 - 2x^2 + 1$ (4) $f(x) = x^6 - 8x^5 + 25x^4$

Lösen von Gleichungen höheren Grades

Um die Nullstellen einer ganzrationalen Funktion n-ten Grades zu bestimmen, muss man eine Gleichung n-ten Grades $\mathbf{a_n \cdot x^n + a_{n-1} \cdot x^{n-1} + \dots + a_1 \cdot x + a_0 = 0}$ lösen.

- Im Fall $n = 1$ muss man nur eine lineare Gleichung lösen.
- Im Fall $n = 2$ erhält man eine quadratische Gleichung, die man z. B. mit der pq-Formel lösen kann.
- Im Fall $n \geq 3$ gibt es keine einfachen Lösungsformeln mehr.

Manchmal kann der Term einer ganzrationalen Funktion f in der Form $f(x) = g(x) \cdot (x - x_0)$ geschrieben werden. Die Funktion g ist dabei eine ganzrationale Funktion, deren Grad um 1 kleiner ist als der von f. Die Nullstellen von f sind dann x_0 und die Nullstellen von g.

1 **Nullstellen von Produkten**
Bestimmen Sie alle Nullstellen der Funktion f, ohne einen Rechner zu verwenden.
a) $f(x) = (x^2 - 3) \cdot (x + 1)$ b) $f(x) = (x^2 - x - 1) \cdot (x + 3)$ c) $f(x) = (x^2 - 4x + 2) \cdot (x - 6)$

Linearfaktor

Das Rechnerfenster zeigt, wie das Polynom dritten Grades $3x^3 - 2x^2 + x - 2$ durch den linearen Term $x + 2$ dividiert wurde. Das Ergebnis ist die Summe aus dem Polynom zweiten Grades $3x^2 - 8x + 17$ und dem Rest $\frac{-36}{x+2}$.

expand $\left(\frac{3 \cdot x^3 - 2 \cdot x^2 + x - 2}{x+2}\right)$

$\frac{-36}{x+2} + 3x^2 - 8x + 17$

Ein Polynom $f(x)$ vom Grad n kann man also durch einen linearen Term $x - x_0$ dividieren. Das Ergebnis ist die Summe aus einem Polynom $g(x)$ vom Grad $n - 1$ und einem Rest. Wenn dieser Rest 0 ist, dann nennt man $x - x_0$ einen **Linearfaktor** des Polynoms $f(x)$, denn in diesem Fall gilt $f(x) = g(x) \cdot (x - x_0)$.

2 **Polynom durch einen Term dividieren – Polynomdivision**
Dividieren Sie mit einem Rechner beide Polynome jeweils durch $x - 4$. Was fällt auf?
(1) $x^3 - 11x^2 + 33x - 25$ (2) $x^3 - 11x^2 + 33x - 20$

Linearfaktorzerlegung
Satz: Ist f eine ganzrationale Funktion vom Grad n und x_0 eine Nullstelle von f, so lässt sich der Funktionsterm $f(x)$ als Produkt $\mathbf{f(x) = g(x) \cdot (x - x_0)}$ aus dem Linearfaktor $x - x_0$ und dem Term einer ganzrationalen Funktion g vom Grad $n - 1$ schreiben.

Beweis des Satzes
Gegeben ist ein ganzrationale Funktion f mit der Nullstelle x_0.
Dividiert man $f(x)$ durch den Linearfaktor $x - x_0$, so erhält man $\frac{f(x)}{x - x_0} = g(x) + \frac{c}{x - x_0}$;
mit $g(x)$ Polynom vom Grad $n - 1$ und einem Rest $\frac{c}{x - x_0}$.
Die Multiplikation mit $x - x_0$ ergibt: $f(x) = g(x) \cdot (x - x_0) + c$
Einsetzen von x_0 ergibt: $f(x_0) = g(x_0) \cdot (x_0 - x_0) + c = c$
Da x_0 eine Nullstelle von f sein soll, gilt also $c = 0$.

3 Eine Gleichung höheren Grades lösen

Gegeben ist die Funktion f mit $f(x) = x^3 - 4x^2 - 16x + 15$.
Zeigen Sie zunächst, dass -3 eine Nullstelle von f ist. Dividieren Sie dann mit einem Rechner das Polynom $f(x)$ durch den Linearfaktor $x + 3$ und bestimmen Sie alle Nullstellen von f.

Anzahl von Nullstellen bei ganzrationalen Funktionen n-ten Grades

Satz: Eine ganzrationale Funktion f vom Grad n hat höchstens n Nullstellen.

Beweis des Satzes

Angenommen, f hat mindestens $n + 1$ Nullstellen $x_1, x_2, \ldots, x_{n+1}$.

- Da x_1 eine Nullstelle von f ist, gilt $f(x) = f_1(x) \cdot (x - x_1)$.
- Da x_2 eine weitere Nullstelle von f ist, muss x_2 auch eine Nullstelle von f_1 sein und es gilt $f_1(x) = f_2(x) \cdot (x - x_2)$ und damit $f(x) = f_2(x) \cdot (x - x_1) \cdot (x - x_2)$.
- Setzt man dies fort bis hin zu mindestens $n + 1$ Linearfaktoren, so erhält man $f(x) = f_{n+1}(x) \cdot (x - x_1) \cdot (x - x_2) \cdot \ldots \cdot (x - x_{n+1})$.

Ausmultiplizieren liefert die Potenz x^{n+1} oder sogar eine höhere Potenz. Damit hätte $f(x)$ aber einen höheren Grad als n. Dies steht im Widerspruch dazu, dass f vom Grad n ist.

Historisches

Mit dem Problem des Lösens von Gleichungen höheren Grades haben sich viele Menschen befasst. Geronimo Cardano (1501-1576) veröffentlichte als Erster Lösungsformeln für Gleichungen dritten und vierten Grades. Diese Formeln werden deshalb auch als **Cardanische Formeln** bezeichnet.

Drei Jahrhunderte später konnte Nils Henrik Abel (1802-1829) beweisen, dass es für Gleichungen fünften Grades und höher im allgemeinen Fall keine Lösungsformeln mit Wurzeln geben kann.

Die Mathematiker versuchten nun herauszufinden, unter welchen Bedingungen Gleichungen höheren Grades durch Formeln lösbar sind oder nicht. Dazu schrieb 1832 der zwanzigjährige Evariste Galois (1811-1832) in der Nacht vor einem Duell eine Theorie nieder. Galois wurde bei dem Duell tödlich verletzt. Seine Theorie heißt heute Galois-Theorie und wird in mathematischen Vorlesungen gelehrt.

Norman Wildberger und Dean Rubine stellten 2025 eine völlig neue Methode zum Lösen von Gleichungen höheren Grades vor, mit der sich auch unlösbare Polynomgleichungen lösen lassen. Sie verwenden dabei jedoch keine Wurzeln, sondern arbeiten mit einer neuen Zahlenfolge, die sie Geode nennen.

Geronimo Cardano

Nicolo Tartaglia

Nils Henrik Abel

Evariste Galois

Mein Merkzettel

Seite 14

Potenzfunktionen – Verlauf der Graphen

<table>
<tr><th colspan="2">$f(x) = x^n;\ n \in \mathbb{N}$</th><th colspan="2">$f(x) = x^{-n};\ n \in \mathbb{N}$</th></tr>
<tr><th>n gerade</th><th>n ungerade</th><th>n gerade</th><th>n ungerade</th></tr>
<tr>
<td>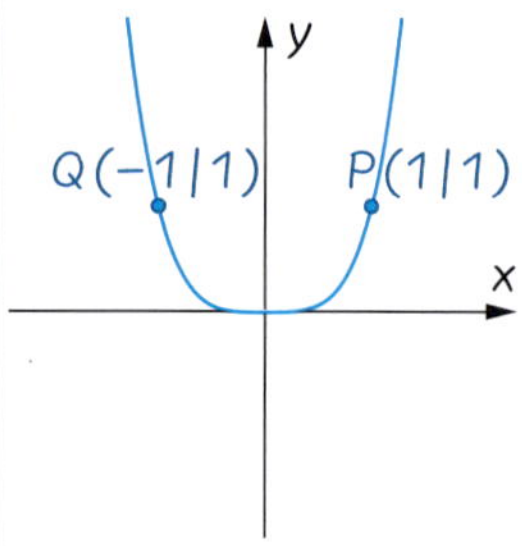</td>
<td>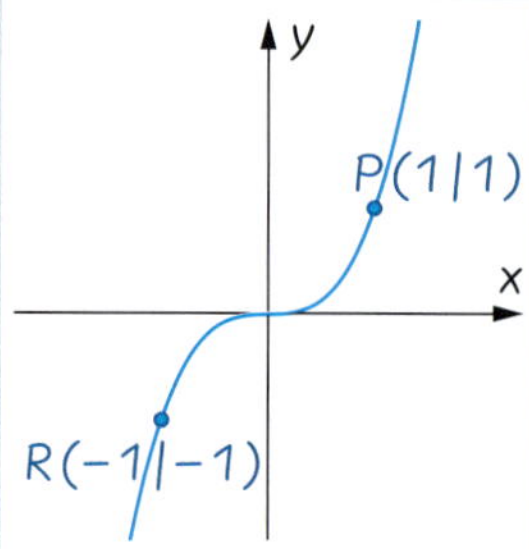</td>
<td>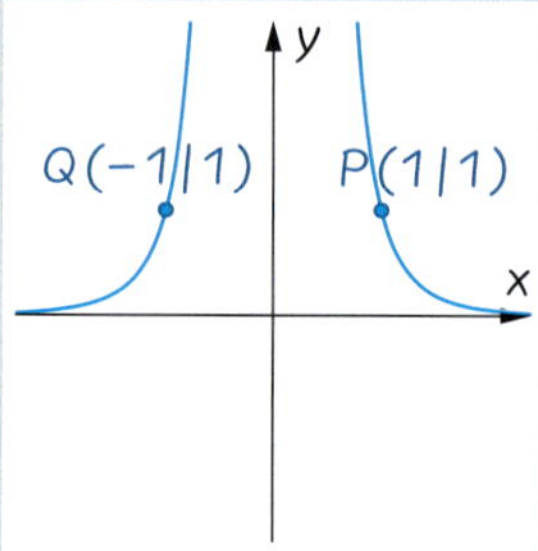</td>
<td>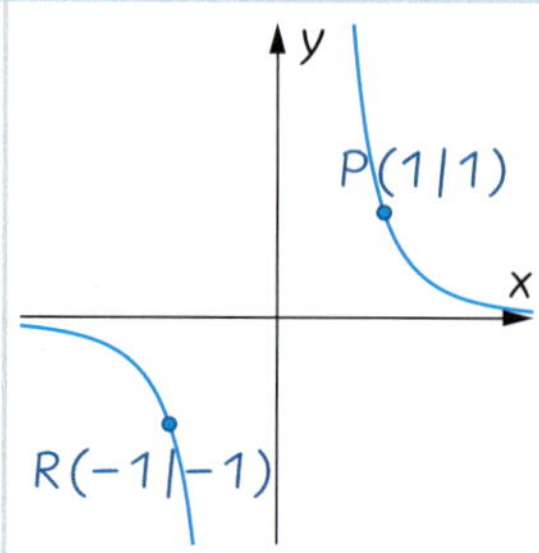</td>
</tr>
<tr>
<td>$x \in \mathbb{R};\ f(x) \geq 0$
Graph ist achsensymmetrisch zur y-Achse</td>
<td>$x \in \mathbb{R};\ f(x) \in \mathbb{R}$
Graph ist punktsymmetrisch zum Ursprung</td>
<td>$x \in \mathbb{R}\setminus\{0\};\ f(x) > 0$
Graph ist achsensymmetrisch zur y-Achse</td>
<td>$x \in \mathbb{R}\setminus\{0\};\ f(x) \in \mathbb{R}\setminus\{0\}$
Graph ist punktsymmetrisch zum Ursprung</td>
</tr>
</table>

Seite 16

Funktionsgraphen verschieben und strecken

$f(x) + d$	*Verschieben in y-Richtung um d Einheiten*	
$f(x - c)$	*Verschieben in x-Richtung um c Einheiten*	
$k \cdot f(x)$	*Strecken in y-Richtung mit dem Faktor k*	*$k < 0$: dabei an x-Achse spiegeln*
$f(k \cdot x)$	*Strecken in x-Richtung mit dem Faktor $\frac{1}{k}$*	*$k < 0$: dabei an y-Achse spiegeln*

<table>
<tr><th colspan="2">$f(x) = x^3 - x^2$</th></tr>
<tr>
<td>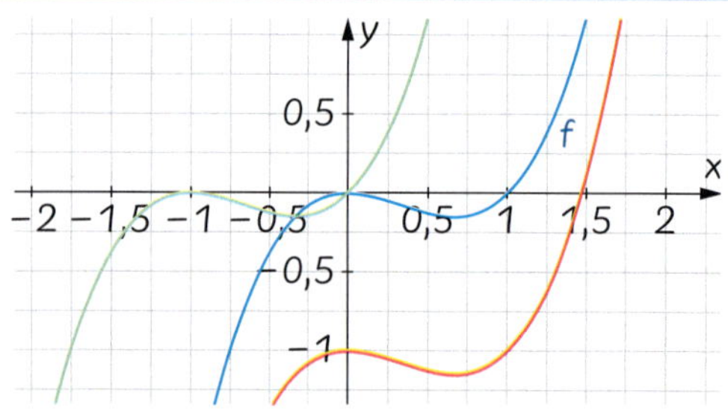</td>
<td>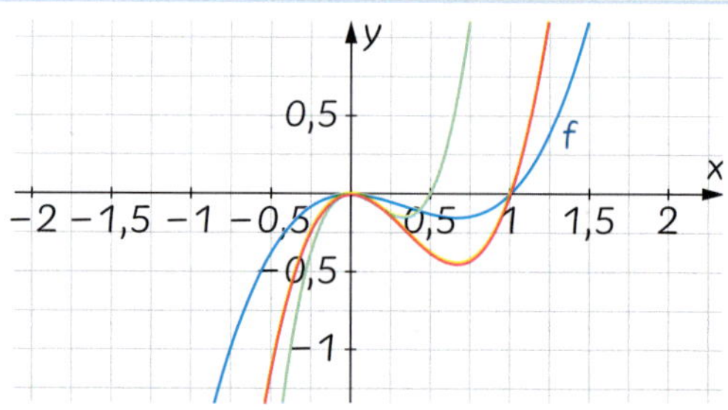</td>
</tr>
<tr>
<td>$f(x) - 1 = x^3 - x^2 - 1$ $d = -1$
$f(x + 1) = (x + 1)^3 - (x + 1)^2$ $c = -1$</td>
<td>$3 \cdot f(x) = 3 \cdot (x^3 - x^2)$ $k = 3$
$f(2x) = (2x)^3 - (2x)^2$ $k = 2$</td>
</tr>
</table>

Seite 20

Ganzrationale Funktionen

- *als* **Polynom**:

  $f(x) = a_n x^n + a_{n-1} x^{n-1} + \ldots + a_1 x + a_0 \qquad a_n \neq 0$

  Koeffizienten

  $f(x) = \underbrace{-2}_{a_4} x^4 \underbrace{+3}_{a_2} x^2 \underbrace{-0{,}5}_{a_1} x \underbrace{+1{,}3}_{a_0}$

- ***Grad*** *von f: größter Exponent von x*

  Der Grad von f ist 4.

- *als Produkte von Polynomen:*

  $g(x) = (x^3 + 3) \cdot (2x^2 - 4x + 1)$

- *Der Grad bei einem Produkt ist die Summe der größten Exponenten von x der einzelnen Faktoren.*

  Der Grad von g ist 5.

Globalverlauf

Seite 22

- ist das Verhalten der Funktionswerte $f(x)$ für betragsmäßig große x-Werte

$f(x) = \underbrace{a_n x^n}_{\text{bestimmt den Globalverlauf von f}} + a_{n-1}x^{n-1} + \ldots + a_1 x + a_0 \qquad a_n \neq 0$

$a_n > 0$ und $n \neq 0$		$a_n < 0$ und $n \neq 0$	
n gerade	**n ungerade**	**n gerade**	**n ungerade**
$f(x) \to \infty$ für $x \to -\infty$ $f(x) \to \infty$ für $x \to \infty$	$f(x) \to -\infty$ für $x \to -\infty$ $f(x) \to \infty$ für $x \to \infty$	$f(x) \to -\infty$ für $x \to -\infty$ $f(x) \to -\infty$ für $x \to \infty$	$f(x) \to \infty$ für $x \to -\infty$ $f(x) \to -\infty$ für $x \to \infty$
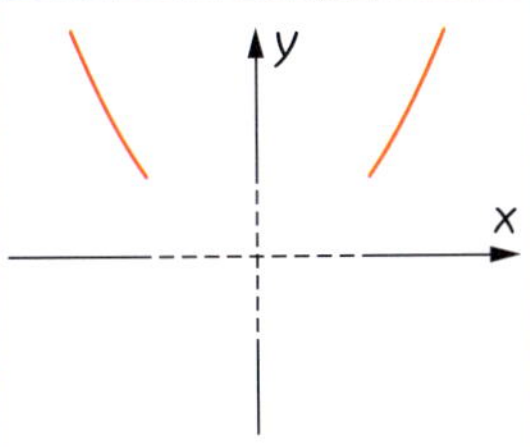	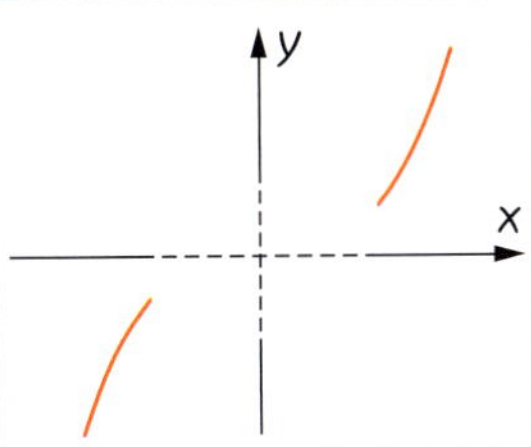	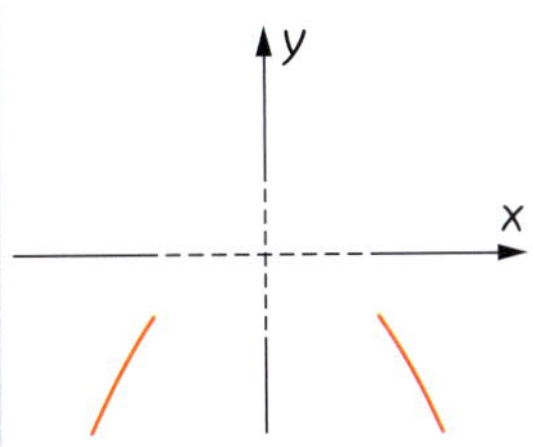	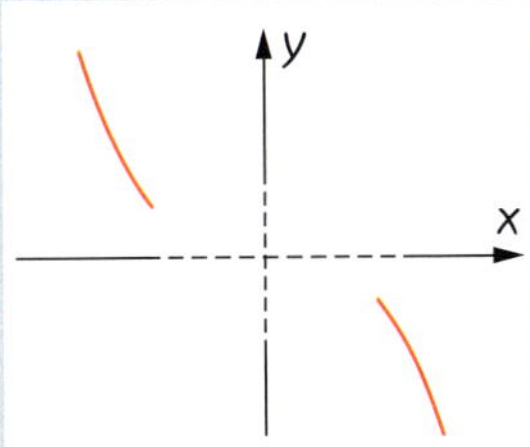

Symmetrien bei Graphen

Seite 25

Achsensymmetrie zur y-Achse: $\mathbf{f(-x) = f(x)}$

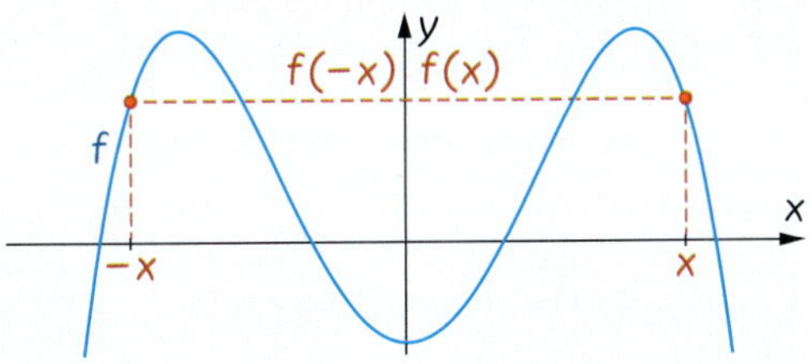

- im Polynom von f nur **gerade Exponenten** von x

Punktsymmetrie zum Ursprung: $\mathbf{f(-x) = -f(x)}$

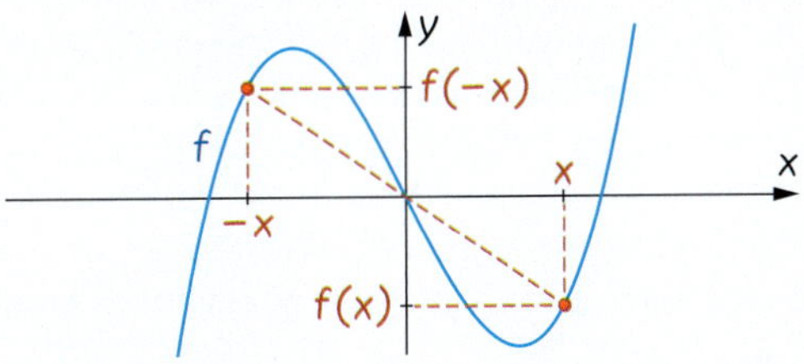

- im Polynom von f nur **ungerade Exponenten** von x

Achtung bei Exponenten:
- Ist der Funktionsterm ein Produkt, muss man zunächst ausmultiplizieren!
- 0 ist gerade und $x^0 = 1$ $\qquad 3 = 3 \cdot x^0$

Nullstellen bestimmen

Seite 28

- mithilfe von Faktoren
  $f(x) = x \cdot (x-2)$
  Die Nullstellen von f sind 0 und 2.
- durch Ausklammern
  $f(x) = 2x^3 - 6x^2 = 2x^2 \cdot (x-3)$
  Die Nullstellen von f sind 0 und 3.
- sonst Rechner verwenden

Mehrfache Nullstellen

$f(x) = -x \cdot (x-2)^2$

- $x = 0$ ist eine einfache Nullstelle.
  $f(x)$ hat dort einen Vorzeichenwechsel.
- $x = 2$ ist eine doppelte Nullstelle.
  $f(x)$ hat dort keinen Vorzeichenwechsel.

Graphen mithilfe der Nullstellen skizzieren

Seite 30

Auf Vielfachheit der Nullstellen und Globalverlauf achten!

$f(x) = (x-2) \cdot (x+1)^2$

- Nullstellen: −1 (doppelt); 2
- Globalverlauf wie x^3

Ungefährer Verlauf des Graphen:

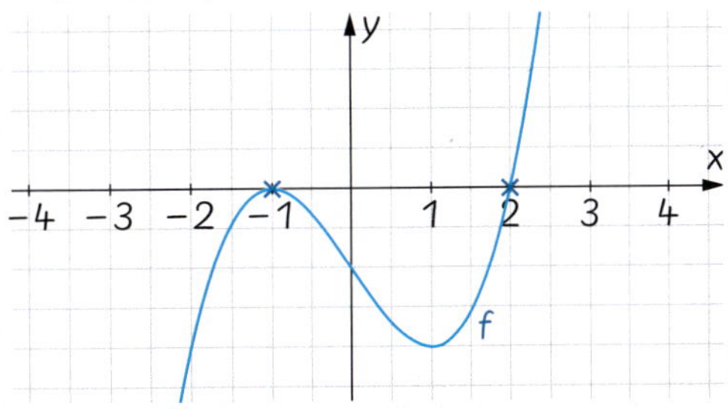

Wiederholen für die Klausur

Lösungen auf Seite 215

Teil A – Aufgaben ohne Hilfsmittel

1 Geradengleichungen

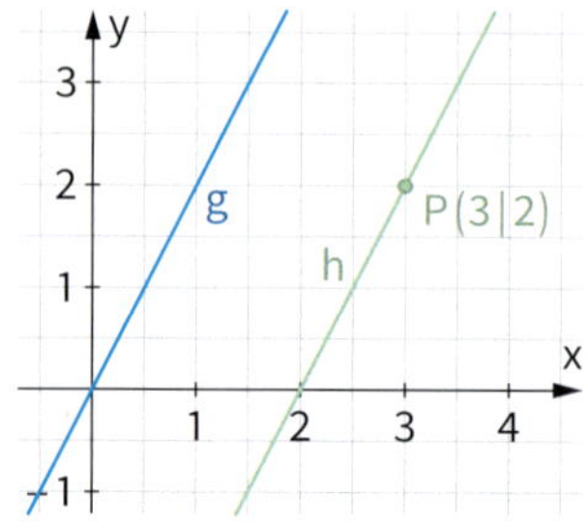

a) Bestimmen Sie die Gleichung der Geraden g.

b) Beschreiben Sie, wie die Gerade h aus der Geraden g hervorgeht, und bestimmen Sie die Gleichung der Geraden h.

c) Bestimmen Sie die Gleichung der Geraden durch den Punkt P mit der Steigung m.

(1) $m = -4$; $P(3|-5)$ (2) $m = 0{,}3$; $P(-2|6)$

2 Graphen verschieben und strecken

Zeichnen Sie den Graphen der Funktion und beschreiben Sie, wie er aus dem Graphen der Potenzfunktion mit $y = x^4$ hervorgeht.

a) $y = x^4 - 3$ b) $y = -\frac{1}{2}x^4$ c) $y = (x + 3)^4$ d) $y = (x - 1)^4 + 2$

3 Funktionsterm bestimmen

Bestimmen Sie den Funktionsterm für den Graphen, der wie folgt aus dem Graphen der Potenzfunktion mit $y = x^3$ entsteht:

a) Verschieben um 4 Einheiten nach oben

b) Spiegeln an der y-Achse

c) Verschieben um 2 Einheiten nach links

d) Strecken mit dem Faktor 5 in y-Richtung

e) Strecken mit dem Faktor $\frac{1}{3}$ in x-Richtung

f) Strecken mit dem Faktor 2 in y-Richtung, dann Verschieben um eine Einheit nach rechts

4 Wertetabelle vervollständigen

a) Der Graph von f ist achsensymmetrisch zur y-Achse. Ergänzen Sie die Wertetabelle.

x	−4	−3	−2	−1	1	2	3	4
f(x)		6		10		7		9

b) Der Graph von f ist punktsymmetrisch zum Ursprung. Ergänzen Sie die Wertetabelle.

x	−40	−11	−8	−4	4	8	11	40
f(x)	32			15		−10	−17	

5 Funktionsgraphen auf Symmetrie untersuchen

Untersuchen Sie, ob der Graph der Funktion f achsensymmetrisch zur y-Achse oder punktsymmetrisch zum Koordinatenursprung ist. Begründen Sie Ihre Entscheidung.

a) $f(x) = -2x^5 + x^3 - 6x$ b) $f(x) = x^4 - 8x^2 + 9$ c) $f(x) = -x^3 + 7x + 5$

6 Graphen zuordnen

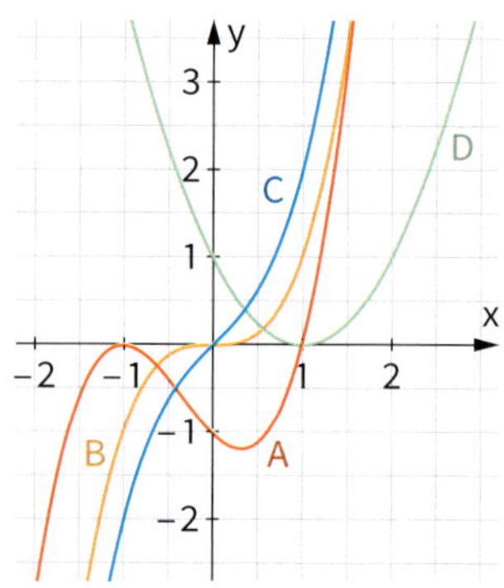

Ordnen Sie den Funktionsgraphen die passenden Terme begründet zu.

(1) $y = x^3$ (2) $y = (x - 1)^2 \cdot (x + 1)$

(3) $y = (x - 1)^2$ (4) $y = x^2 \cdot (x + 1)$

(5) $y = (x - 1) \cdot (x + 1)^2$ (6) $y = (x^2 + 1) \cdot x$

7 Graphen skizzieren

Skizzieren Sie den Graphen der Funktion f mit $f(x) = (x - 2) \cdot (x + 1)^2$ nur mithilfe von Globalverlauf und Vielfachheit der Nullstellen.

Lösungen auf Seite 216

8 **Nullstellen berechnen**

Ermitteln Sie die Nullstellen der Funktion f.

a) $f(x) = (x+3)\cdot(x-4)^2\cdot x$ b) $f(x) = (x+3)\cdot\left(x^2+\frac{2}{3}x-\frac{1}{3}\right)$ c) $f(x) = x^3+5x^2+6x$

Teil B – Aufgaben mit Hilfsmitteln

9 **Volumen einer Schachtel**

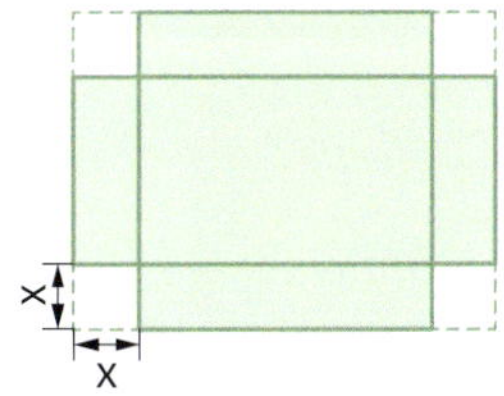

Aus einem rechteckigen Karton mit den Seitenlängen 30 cm und 40 cm soll eine oben offene Schachtel hergestellt werden. Dazu werden aus allen vier Ecken gleich große Quadrate ausgeschnitten. Die vier verbleibenden Randstücke werden dann nach oben gebogen und zusammengeklebt.

a) Bestimmen Sie eine Formel für das Volumen V der Schachtel in Abhängigkeit von x.

b) Begründen Sie, dass V eine ganzrationale Funktion ist. Schreiben Sie den Funktionsterm als Polynom und geben Sie den Grad dieser Funktion an.

c) Bestimmen Sie für diesen Sachverhalt den Definitionsbereich von V.

d) Zeichnen Sie den Graphen von V und beschreiben Sie seinen Verlauf im Sachkontext.

10 **Volumen eines Kegels**

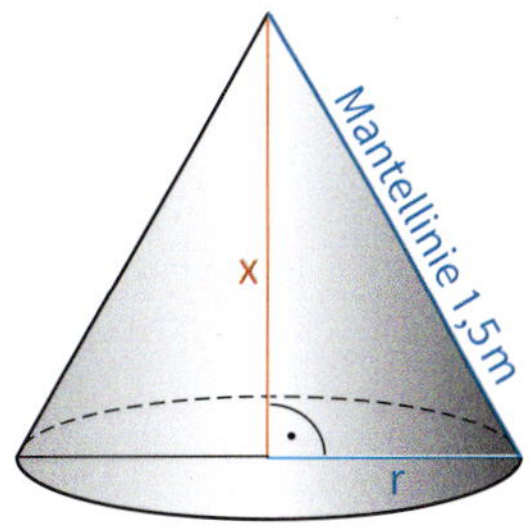

Ein stahlverarbeitender Betrieb fertigt für die Industrie kegelförmige Bleche. Die Mantellinie eines solchen Kegels hat die Länge 1,5 m.

a) Bestimmen Sie das Volumen V des Kegels in m^3 in Abhängigkeit von der Höhe x des Kegels in m.

b) Begründen Sie, dass V eine ganzrationale Funktion ist, und geben Sie den Grad dieser Funktion an.

c) Bestimmen Sie für diesen Sachverhalt den Definitionsbereich von V.

d) Zeichnen Sie den Graphen von V und beschreiben Sie seinen Verlauf im Sachkontext.

e) Bestimmen Sie, wie hoch der Kegel mindestens sein muss, damit er 500 Liter Wasser beinhalten kann.

11 **Müngstener Brücke**

Die Müngstener Brücke über die Wupper ist die höchste Eisenbahnbrücke Deutschlands. Sie wurde im Jahr 1897 fertiggestellt und verband erstmals die Städte Solingen und Remscheid. Der untere Brückenbogen hat die Spannweite $w = 160$ m und die Höhe $h = 69$ m.

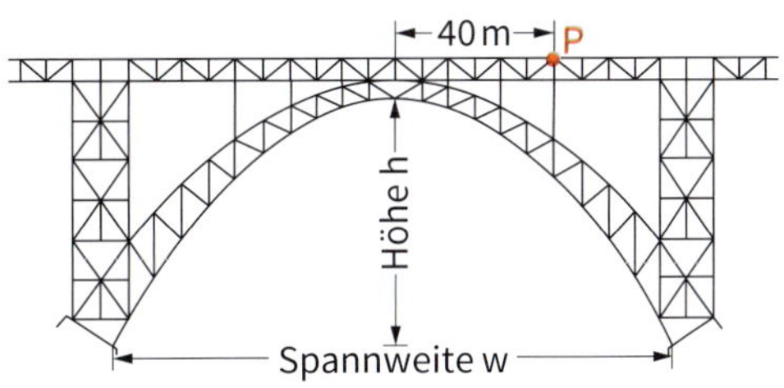

a) Modellieren Sie diesen Brückenbogen mithilfe einer Funktion. Geben Sie den Definitionsbereich und den Wertebereich dieser Funktion an.

b) Die Schienen verlaufen 10 m über dem höchsten Punkt des unteren Brückenbogens. Für Sanierungsarbeiten am unteren Brückenbogen wird eine Arbeitsbühne vom Punkt P aus an einem Seil herabgelassen.
Bestimmen Sie die Höhe über dem Erdboden, in der die Sanierungsarbeiten durchgeführt werden. Berechnen Sie, wie weit die Arbeitsbühne abgeseilt werden muss.

c) Ermitteln Sie die Breite des Brückenbogens in 35 m Höhe.

2 Differenzial-rechnung

Gabelböcke leben im westlichen Teil Nordamerikas und bevorzugen Gebiete mit gutem Sichtfeld. Entfernungen von 10 km können Gabelböcke mit einer Durchschnittsgeschwindigkeit von 65 km/h bewältigen. Dabei können sie eine Höchstgeschwindigkeit von 86 km/h erreichen.

- **Wie kann man Geschwindigkeiten berechnen?**
- **Was sind Änderungsraten?**
- **Welche Steigung hat ein gekrümmter Graph in einem Punkt?**
- **Welche Regeln gelten beim Ableiten?**

2.1 Mittlere Änderungsrate

Vorbereiten
Seite 204

Clara stellt Daten für ihren Vortrag „Mobilfunkanschlüsse in Deutschland" zusammen.

Jahr	1995	2000	2010	2015	2019	2021
Anschlüsse in Mio.	3,8	48,3	108,9	113,8	140,7	161,3

- Wie kann Clara den Anstieg in den jeweiligen Zeiträumen vergleichen? In welchem Zeitraum ist die Anzahl am stärksten, in welchem am geringsten gewachsen?
- Clara möchte eine Prognose für das Jahr 2030 erstellen. Sie kann hierfür verschiedene Zeiträume verwenden. Stellen Sie zwei Möglichkeiten grafisch dar.

Lösung – mittlere Zunahme

Die Zeiträume sind unterschiedlich lang. Daher sollte Clara für jeden Zeitraum die *durchschnittliche* oder *mittlere Zunahme pro Jahr* betrachten. Hierzu berechnet man zunächst, um wie viel die Anzahl in einem Zeitraum gestiegen ist. Diese *absolute Zunahme* dividiert man dann durch die Länge des Zeitraums.

Zeitraum	absolute Zunahme in Mio.	Länge des Zeitraums in Jahren	mittlere Zunahme in Mio. pro Jahr
1995 bis 2000	$48{,}3 - 3{,}8 = 44{,}5$	$2000 - 1995 = 5$	$\frac{44{,}5}{5} = 8{,}9$
2000 bis 2010	$108{,}9 - 48{,}3 = 60{,}6$	$2010 - 2000 = 10$	$\frac{60{,}6}{10} = 6{,}06$
2010 bis 2015	$113{,}8 - 108{,}9 = 4{,}9$	$2015 - 2010 = 5$	$\frac{4{,}9}{5} = 0{,}98$
2015 bis 2019	$140{,}7 - 113{,}8 = 26{,}9$	$2019 - 2015 = 4$	$\frac{26{,}9}{4} = 6{,}725$
2019 bis 2021	$161{,}3 - 140{,}7 = 20{,}6$	$2021 - 2019 = 2$	$\frac{20{,}6}{2} = 10{,}3$

Die Anzahl der Mobilfunkanschlüsse ist im Mittel von 2019 bis 2021 mit 10,3 Mio. pro Jahr am stärksten und von 2010 bis 2015 mit 0,98 Mio. pro Jahr am geringsten gewachsen.

Lösung – geometrische Darstellung

- Prognose, wenn Clara die mittlere Zunahme von 2019 bis 2021 verwendet:

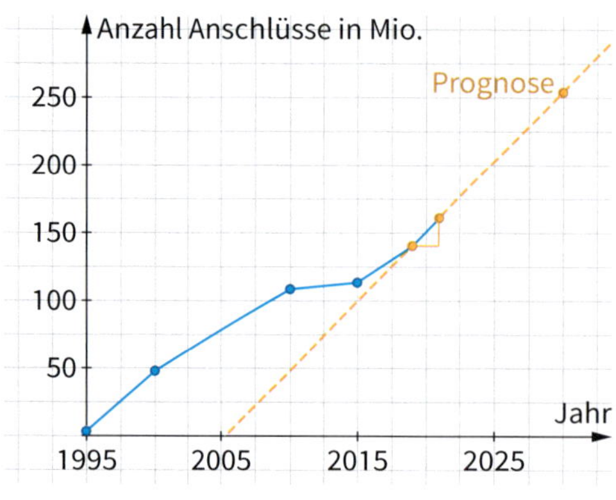

Zunahme pro Jahr: 10,3

Anzahl Anschlüsse in Mio.:
$161{,}3 + (2030 - 2021) \cdot 10{,}3 = 254{,}0$

- Prognose, wenn Clara die mittlere Zunahme von 2010 bis 2021 verwendet:

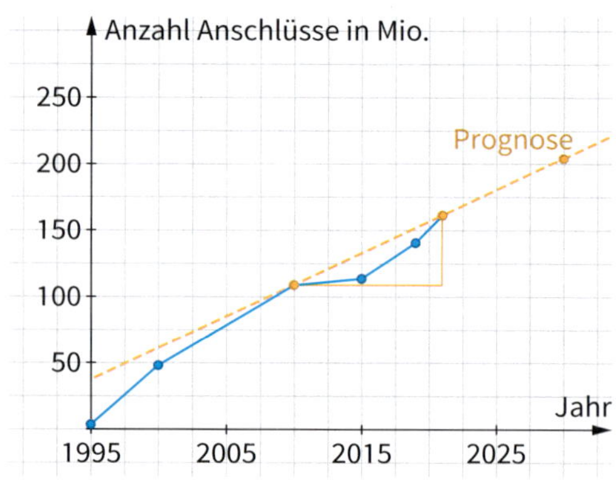

Zunahme pro Jahr: $\frac{161{,}3 - 108{,}9}{2021 - 2010} = \frac{52{,}4}{11} \approx 4{,}76$

Anzahl Anschlüsse in Mio.:
$161{,}3 + (2030 - 2021) \cdot 4{,}76 = 204{,}14$

Mittlere Änderungsrate

Die **mittlere Änderungsrate** einer Funktion f über einem Intervall [a; b] berechnet man mit dem Term $\frac{\mathbf{f(b) - f(a)}}{\mathbf{b - a}}$. Dieser Bruch heißt **Differenzenquotient**, da Zähler und Nenner Differenzen sind.

Geometrische Deutung als Sekantensteigung

Der Differenzenquotient gibt die Steigung der Geraden durch die Punkte P (a | f (a)) und Q (b | f (b)) an. Diese Gerade heißt **Sekante** durch P und Q.

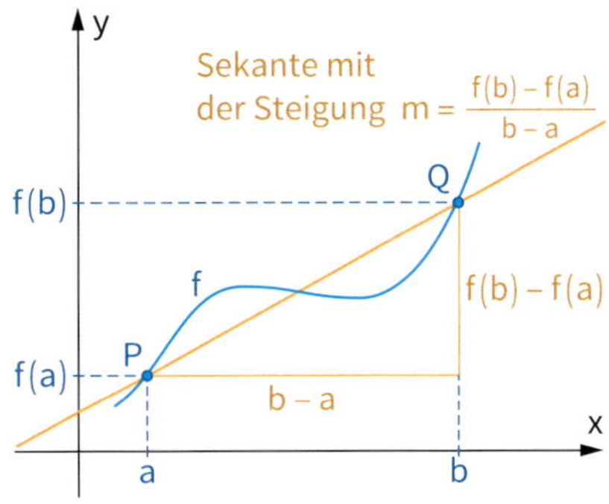

WES-135805-201

Auch: durchschnittliche Änderungsrate

Durchschnittsgeschwindigkeit berechnen

Flug eines Segelflugzeugs:

Flugzeit in min	10	30	60	90
Flughöhe in m	50	300	600	150

Durchschnittliche Steiggeschwindigkeit im Zeitintervall [60; 90] berechnen:

Gesucht — mittlere Änderungsrate von f: *Flugzeit* → *Flughöhe* über [60; 90]

Angaben zuordnen — $a = 60;\ f(a) = 600$ $\quad b = 90;\ f(b) = 150$

Einsetzen und berechnen — $\frac{f(b) - f(a)}{b - a} = \frac{150 - 600}{90 - 60} = \frac{-450}{30} = -15$

Die durchschnittliche Steiggeschwindigkeit im Zeitintervall [60; 90] beträgt – 15 Meter pro Minute. Das heißt, dass das Segelflugzeug mit durchschnittlich 15 Metern pro Minute sinkt.

1 Mittlere Änderungsraten aus einer Wertetabelle bestimmen

Lennart misst an verschiedenen Tagen bei einer Sonnenblume, wie groß sie ist.

Zeit in Tagen	0	20	24	30	39	50	75
Höhe in cm	2	20	39	64	105	156	192

a) Bestimmen Sie die mittleren Änderungsraten in cm pro Tag für die jeweiligen Zeitintervalle. In welchem dieser Intervalle ist die Sonnenblume am stärksten gewachsen?

b) Nehmen Sie Stellung zu Lennarts Notiz.

> Die Sonnenblume ist zwischen Tag 39 und Tag 50 mit 51 cm Zunahme am stärksten gewachsen.

c) Verdeutlichen Sie Ihre Ergebnisse aus Teilaufgabe a), indem Sie den Graphen der Funktion *Zeit* → *Höhe* zeichnen.

2 Negative mittlere Änderungsraten

Die Tabelle gibt die Bevölkerungsentwicklung der Stadt Bochum an.

Jahr	1987	1995	2001	2011	2017
Einwohnerzahl	386 271	400 395	390 087	362 286	365 529

a) Geben Sie ohne Rechnung die Zeitintervalle an, in denen die mittleren Änderungsraten negativ sind. Welche Bedeutung hat eine negative mittlere Änderungsrate in diesem Sachzusammenhang?

b) Bestimmen Sie die mittleren Änderungsraten in Einwohnerzahl pro Jahr für die jeweiligen Zeitintervalle. In welchem dieser Intervalle erfolgte die stärkste Änderung pro Jahr?

3 Änderungsverhalten quadratischer Funktionen

Berechnen Sie die mittlere Änderungsrate der Funktion f über dem Intervall.

a) $f(x) = x^2$; Intervall $[1; 5]$
b) $f(x) = x^2 + 3$; Intervall $[0; 3]$
c) $f(x) = (x-2)^2 - 4$; Intervall $[-1; 2]$
d) $f(x) = x^2 + 5x - 3$; Intervall $[-4; 2]$

Funktionsterm gegeben

$f(x) = (x-1)^2$; Intervall $[2; 4]$

Als mittlere Änderungsrate ergibt sich:

$$\frac{f(4)-f(2)}{4-2} = \frac{(4-1)^2-(2-1)^2}{4-2} = \frac{9-1}{2} = \frac{8}{2} = 4$$

4 Änderungsverhalten weiterer Funktionen

Berechnen Sie die mittlere Änderungsrate der Funktion f über dem Intervall.

a) $f(x) = x + 2$; $[-3; 1]$
b) $f(x) = 3x - 5$; $[-5; 0]$
c) $f(x) = x^3$; $[-2; 2]$
d) $f(x) = x^4 - 2$; $[2; 4]$
e) $f(x) = 2^x$; $[0; 1]$
f) $f(x) = (x-1)^2$; $[0; 3]$
g) $f(x) = x^3 - x$; $[-1; 1]$
h) $f(x) = 4$; $[-4; 3]$

5 Mittlere Änderungsraten aus einem Diagramm bestimmen

In einer Zeitung ist die (geplante) Neuverschuldung der Bundesrepublik Deutschland von 2008 bis 2025 dargestellt.

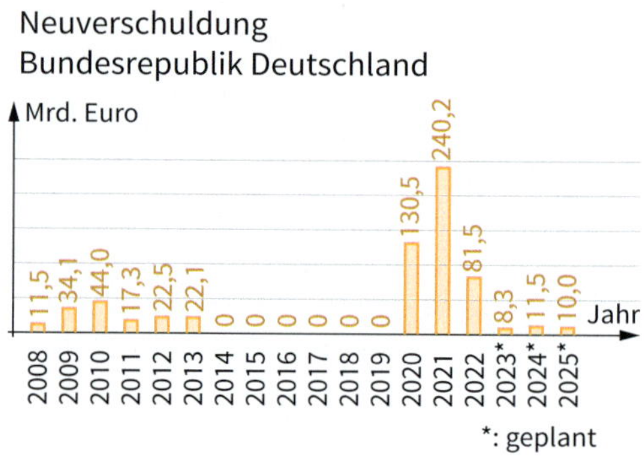

a) Bestimmen Sie die mittlere Änderungsrate der Neuverschuldung in Mrd. Euro pro Jahr im Zeitraum
(1) 2008 bis 2010; (2) 2010 bis 2013;
(3) 2010 bis 2019; (4) 2014 bis 2022.
Erläutern Sie den Unterschied zum arithmetischen Mittel der Neuverschuldung in diesen Zeiträumen.

b) Recherchieren Sie Gründe für die Aufnahme von Schulden in den Zeiträumen 2008 bis 2013 und 2020 bis 2025.

6 Mittlere Änderungsraten aus einem Graphen bestimmen

Die Grafik zeigt das Körpergewicht einer heranwachsenden Person in Abhängigkeit von der Körpergröße.

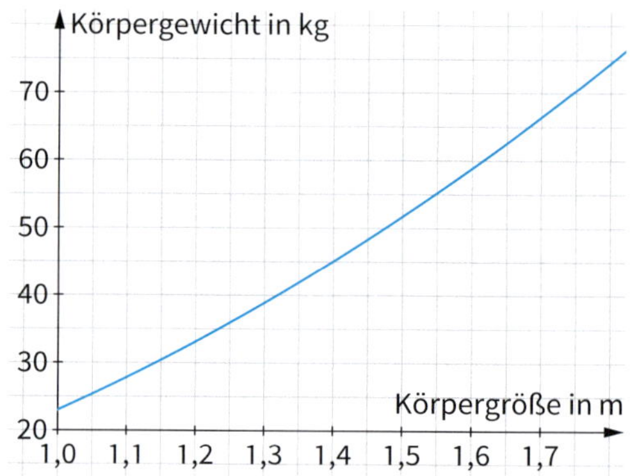

a) Berechnen Sie die mittlere Änderungsrate des Körpergewichts für eine Körpergröße
(1) zwischen 1,00 m und 1,30 m;
(2) zwischen 1,30 m und 1,60 m;
(3) zwischen 1,60 m und 1,80 m.

b) Überlegen Sie, aus welchen Gründen die mittleren Änderungsraten mit zunehmender Körpergröße anwachsen.

7 Mittlere Änderungsraten bei Geschwindigkeiten deuten

Das liebt der Biker: Gasgeben ohne Runterschalten!
Durchzug: Beschleunigung im letzten Gang, von 60 km/h auf maximal 180 km/h

- von 60 km/h auf 100 km/h in 5,3 s
- von 100 km/h auf 140 km/h in 6,3 s
- von 140 km/h auf 180 km/h in 7,6 s

Bestimmen Sie jeweils die mittlere Änderungsrate für die angegebenen Zeitspannen. Erläutern Sie, welche Bedeutung sie in diesem Kontext hat.

8 Bei einer Überschwemmung wurden folgende Wasserstände eines Flusses gemessen:

Prüfe dich! Lösungen auf Seite 217

Uhrzeit	6:00	8:00	9:00	12:00	16:00	20:00
Wasserstand in m	2,0	2,2	2,4	3,3	4,1	3,8

a) Bestimmen Sie die mittleren Änderungsraten für die jeweiligen Zeitintervalle. Begründen Sie damit, in welchem dieser Intervalle der Wasserstand am stärksten gestiegen ist.
b) Geben Sie ein Zeitintervall an, in dem die mittlere Änderungsrate negativ ist. Erläutern Sie, welche Bedeutung eine negative Änderungsrate in diesem Sachzusammenhang hat.
c) In den Nachrichten um 17 Uhr wurde gesagt:
„Das Schlimmste ist wohl überstanden. Der Wasserstand steigt nicht mehr so schnell."
Erläutern Sie diese Aussage an einem Graphen.

9 Die Grafik zeigt den zurückgelegten Weg eines Radfahrers in Abhängigkeit von der Zeit für ca. 60 Sekunden.
a) Bestimmen Sie die Durchschnittsgeschwindigkeit des Radfahrers im Zeitintervall [20; 50].
b) Bestimmen Sie, in welchem der Zeitintervalle [20; 30], [30; 40] und [40; 50] der Radfahrer die höchste Durchschnittsgeschwindigkeit gefahren ist.

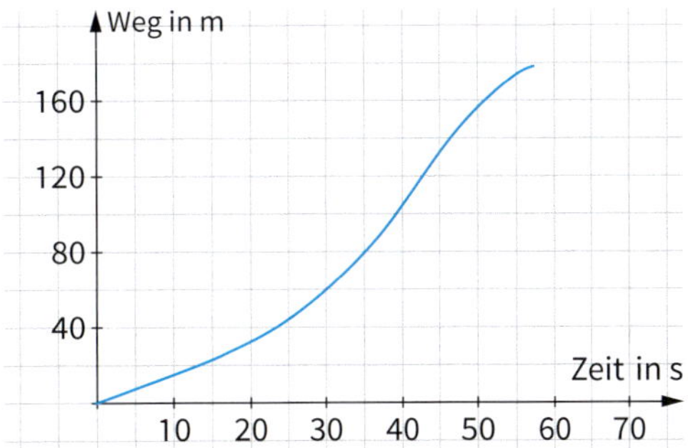

c) Die Funktion g mit $g(t) = 0{,}05\,t^2$ beschreibt den zurückgelegten Weg eines anderen Radfahrers in Abhängigkeit von der Zeit. Berechnen Sie die mittlere Änderungsrate im Zeitintervall [20; 50] und vergleichen Sie das Ergebnis mit dem von Teilaufgabe a).

Gleichung einer Sekante

Gegeben ist die Funktion f mit $f(x) = x^2 - 1$.
Bestimmen Sie die Gleichung der Sekante durch die Punkte $P(-2\,|\,f(-2))$ und $Q(1\,|\,f(1))$.

Lösung

Nachschlagen Seite 18

Gleichung der Geraden mit Steigung m durch den Punkt $(x_0\,|\,y_0)$	$y = m \cdot (x - x_0) + y_0$
y-Koordinaten von P und Q berechnen	$f(-2) = (-2)^2 - 1 = 3$; also $P(-2\,|\,3)$ $f(1) = 1^2 - 1 = 0$; also $Q(1\,|\,0)$
Steigung der Sekante	$m = \frac{f(1) - f(-2)}{1 - (-2)} = \frac{0 - 3}{1 - (-2)} = \frac{-3}{3} = -1$
Koordinaten von P oder Q einsetzen	$Q(1\,|\,0)$; damit $y = (-1) \cdot (x - 1) + 0 = -x + 1$

10 **Sekantengleichung bestimmen**
Bestimmen Sie die Gleichung der Sekante durch die Punkte P und Q.
a) $f(x) = x^2 - 2$; $P(0\,|\,f(0))$; $Q(1\,|\,f(1))$
b) $f(x) = -0{,}5x^2 + 2$; $P(3\,|\,f(3))$; $Q(5\,|\,f(5))$
c) $f(x) = x^3$; $P(-1\,|\,f(-1))$; $Q(2\,|\,f(2))$
d) $f(x) = \frac{1}{x}$; $P(10\,|\,f(10))$; $Q(80\,|\,f(80))$

11 **Flächeninhalt eines Dreiecks**
Gegeben ist die Funktion f mit $f(x) = -x^2 + 5$. Die Sekante durch die Punkte $P(1\,|\,f(1))$ und $Q(2\,|\,f(2))$ schließt mit den Koordinatenachsen ein Dreieck ein. Bestimmen Sie den Flächeninhalt dieses Dreiecks.

12 Reihenfolge egal?

a) Luise und Joris bestimmen die Steigung der Sekante durch die Punkte P (4 | 1) und Q (2 | 3). Vergleichen Sie die Rechnungen der beiden. Was fällt auf?

Luise: $m = \frac{3-1}{2-4} = \frac{2}{-2} = -1$ *Joris:* $m = \frac{1-3}{4-2} = \frac{-2}{2} = -1$

b) Zeigen Sie allgemein, dass die nebenstehende Aussage richtig ist, also dass bei der Berechnung des Differenzenquotienten die Reihenfolge der Intervallgrenzen a und b keine Rolle spielt.

Für zwei Punkte P (a | f(a)) und Q (b | f(b)) auf dem Graphen einer Funktion f gilt:

$$\frac{f(a)-f(b)}{a-b} = \frac{f(b)-f(a)}{b-a}$$

Prüfe dich!
Lösungen auf Seite 218

13

Gegeben ist die Funktion f mit $f(x) = -(x-2)^2 + 3$.

a) Durch den Scheitelpunkt S der Parabel und den Punkt P (0 | −1) verläuft eine Sekante. Eine zweite Sekante verläuft durch S und den Punkt Q (4 | −1). Bestimmen Sie die Gleichungen der Sekanten.

b) Beide Sekanten schließen mit der x-Achse ein Dreieck ein. Bestimmen Sie den Flächeninhalt dieses Dreiecks.

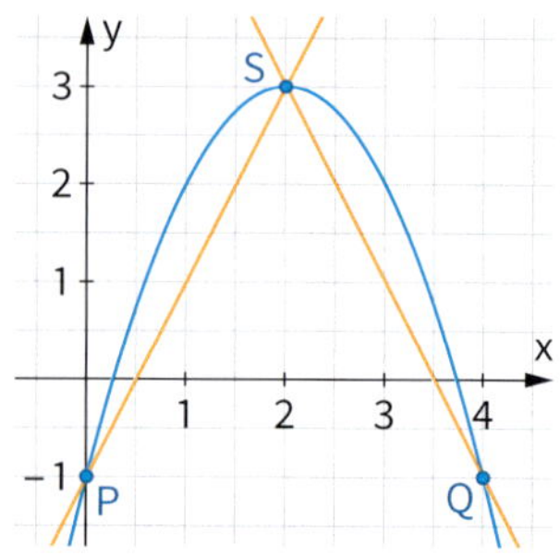

14 Rotbauchunken

Rotbauchunken, oft auch Feuerkröten genannt, leben bevorzugt in kleinen nassen Absenkungen im Gelände. Die Männchen sind bekannt für ihre melancholisch klingenden Paarungsrufe. Rotbauchunken sind in Deutschland stark gefährdet.

In einem Naturschutzgebiet ermittelte man im Jahr 2007 etwa 130 Rotbauchunken, im Jahr 2012 etwa 200, im Jahr 2016 etwa 240 und im Jahr 2019 etwa 260.
Eine Lokalzeitung berichtet:

> *Die Anzahl der Rotbauchunken ist im Mittel um fast 11 Tiere pro Jahr gestiegen. Man kann deshalb in vier Jahren mit über 300 Rotbauchunken rechnen.*

Untersuchen Sie diese Behauptung mithilfe der Daten.

15 Space-Shuttle

Die Tabelle enthält Daten eines startenden Space-Shuttles der NASA.

Zeit in s	0	5	10	20	40	60	120
Höhe in m	0	92,5	370	1480	5920	13 320	53 280

a) Stellen Sie die Tabellendaten in einem Koordinatensystem dar und beschreiben Sie den Startverlauf.

b) Berechnen Sie die Durchschnittsgeschwindigkeit in km/h über den Zeiträumen [0; 5], [5; 10], …, [60; 120].

c) Nehmen Sie Stellung zu der Behauptung:
„Man kann die Durchschnittsgeschwindigkeit des Shuttles über den gesamten Zeitraum als arithmetisches Mittel der einzelnen Durchschnittsgeschwindigkeiten berechnen.“

16 ≡ Änderungsverhalten linearer Funktionen

a) Wählen Sie zwei verschiedene Punkte P und Q auf dem Graphen von f mit $f(x) = 2x + 3$ und berechnen Sie damit die mittlere Änderungsrate.
Begründen Sie, dass dieser Wert unabhängig von den gewählten Punkten ist.

b) Eine lineare Funktion f hat die allgemeine Gleichung $f(x) = m \cdot x + b$.
Zeigen Sie durch eine Termumformung, dass der Differenzenquotient $\frac{f(x_2) - f(x_1)}{x_2 - x_1}$ für zwei Punkte $P(x_1 \mid f(x_1))$ und $Q(x_2 \mid f(x_2))$ immer den Wert m hat.

17 ≡ Schlagzeilen richtig deuten

In einer Vereinszeitung wird über verschiedene Entwicklungen in den letzten Jahren berichtet. Zur Veranschaulichung sind auch grafische Darstellungen angefertigt worden.

a) Ordnen Sie die Schlagzeilen den Diagrammen zu. Begründen Sie Ihre Zuordnung.

(A) Beitragserhöhungen werden geringer

(B) Schuldenberg schmilzt mit steigendem Tempo

(C) Mitgliederanzahlen wachsen schneller

(D) Durchschnittsalter sinkt immer langsamer

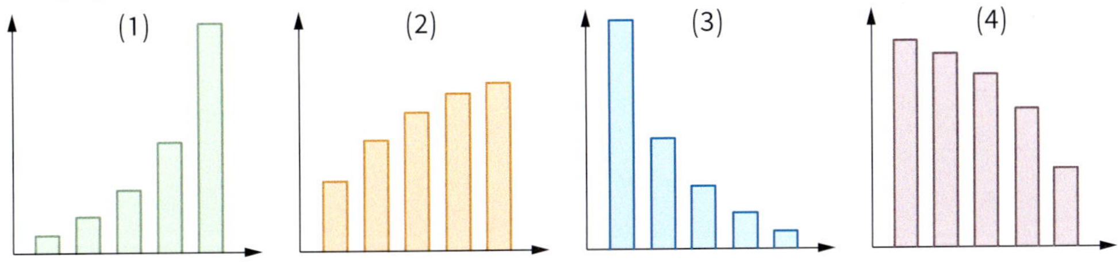

b) Erstellen Sie selbst geeignete grafische Darstellungen wie in Teilaufgabe a).
Tauschen Sie Ihre Darstellungen untereinander aus und lassen Sie Ihrer Partnerin bzw. Ihren Partner die passenden Schlagzeilen finden.

18 ≡ Schiefe Ebene

Lässt man eine Kugel auf einer schiefen Ebene rollen, so kann der zurückgelegte Weg in cm nach t Sekunden durch eine Funktion s der Form $s(t) = a \cdot t^2$ angenähert werden. Der Parameter a hängt dabei von der Neigung und von anderen Eigenschaften ab.

a) Bestimmen Sie für $a = 0{,}1$ die Durchschnittsgeschwindigkeit der Kugel in der ersten, zweiten, dritten ... Sekunde.

b) Formulieren Sie eine Gesetzmäßigkeit für ein beliebiges a.

19 ≡ Sekantensteigungen der Quadratfunktion

Sekantensteigungen der Quadratfunktion weisen besondere Regelmäßigkeiten auf.

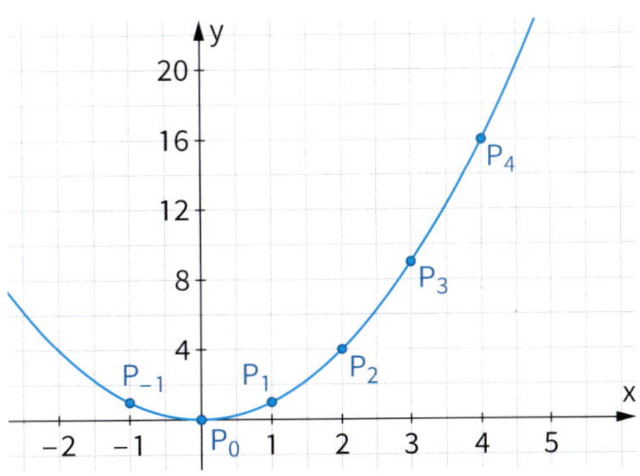

a) Berechnen Sie die Sekantensteigungen beim Graphen der Funktion f mit $f(x) = x^2$ durch je zwei benachbarte der abgebildeten Punkte P_n.

b) Formulieren Sie eine Vermutung für die Sekantensteigung durch die Punkte $P_n(n \mid f(n))$ und $P_{n+1}(n+1 \mid f(n+1))$. Begründen Sie dies durch eine Rechnung.

2.2 Lokale Änderungsrate

Ein Auto startet mit konstanter Beschleunigung. Seine Entfernung f(x) vom Startpunkt kann in Abhängigkeit von der Zeit x berechnet werden. In den ersten 12 Sekunden gilt näherungsweise $f(x) = x^2$, mit x in Sekunden und f(x) in Metern.

- Wie kann man die Momentangeschwindigkeit des Autos 10 s nach dem Start näherungsweise mithilfe von Durchschnittsgeschwindigkeiten berechnen?
- Deuten Sie diese Durchschnittgeschwindigkeiten geometrisch als Steigungen von Sekanten. Lässt sich die Momentangeschwindigkeit auch als Steigung einer Geraden deuten?

Lösung – Momentangeschwindigkeit

Man betrachtet Durchschnittsgeschwindigkeiten für sehr kleine Zeitspannen, die bei 10 s beginnen und kurz danach enden bzw. die kurz vor 10 s beginnen und bei 10 s enden. Diese Durchschnittsgeschwindigkeiten müssen nah bei der Momentangeschwindigkeit 10 s nach dem Start liegen.

Zeitspannen von 10 s bis kurz nach 10 s:

Zeitspanne [10; x]	Entfernung f(x) in m	Durchschnittsgeschwindigkeit $\frac{f(x) - f(10)}{x - 10}$ in m/s
[10; 10,1]	$(10{,}1)^2 = 102{,}01$	$\frac{102{,}01 - 100}{10{,}1 - 10} = \frac{2{,}01}{0{,}1} = 20{,}1$
[10; 10,01]	$(10{,}01)^2 = 100{,}2001$	$\frac{100{,}2001 - 100}{10{,}01 - 10} = \frac{0{,}2001}{0{,}01} = 20{,}01$
[10; 10,001]	$(10{,}001)^2 = 100{,}020001$	$\frac{100{,}020001 - 100}{10{,}001 - 10} = \frac{0{,}020001}{0{,}001} = 20{,}001$

Zeitspannen von kurz vor 10 s bis 10 s:

Zeitspanne [x; 10]	Entfernung f(x) in m	Durchschnittsgeschwindigkeit $\frac{f(10) - f(x)}{10 - x}$ in m/s
[9,9; 10]	$(9{,}9)^2 = 98{,}01$	$\frac{100 - 98{,}01}{10 - 9{,}9} = \frac{1{,}99}{0{,}1} = 19{,}9$
[9,99; 10]	$(9{,}99)^2 = 99{,}8001$	$\frac{100 - 99{,}8001}{10 - 9{,}99} = \frac{0{,}1999}{0{,}01} = 19{,}99$
[9,999; 10]	$(9{,}999)^2 = 99{,}980001$	$\frac{100 - 99{,}980001}{10 - 9{,}999} = \frac{0{,}019999}{0{,}001} = 19{,}999$

$1\,\frac{km}{h} = \frac{1}{3{,}6}\,\frac{m}{s}$

Also: $1\,\frac{m}{s} = 3{,}6\,\frac{km}{h}$

Je kleiner die Zeitspanne, umso näher liegt die Durchschnittsgeschwindigkeit bei 20 m/s. Die Momentangeschwindigkeit des Autos 10 s nach dem Start beträgt also vermutlich 20 m/s bzw. 72 km/h.

WES-135805-202

Lösung – geometrische Deutung

Zu jeder Durchschnittsgeschwindigkeit gehört eine Sekante durch den Punkt P(10 | 100) und einen weiteren Punkt Q auf dem Graphen der Funktion f.

Wählt man die Zeitspannen beliebig klein, so kommt Q beliebig nah an P heran.
Die Sekante durch P und Q nähert sich dabei einer Geraden nur durch P mit der Steigung 20 an.

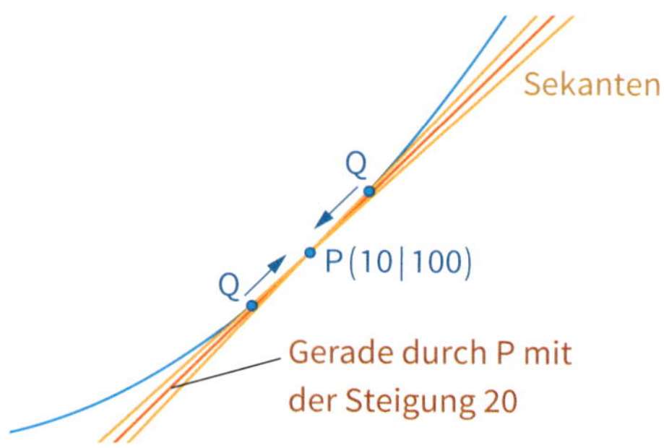

Lokale Änderungsrate – Ableitung an einer Stelle

Wenn bei der Annäherung von x gegen x_0 der Differenzenquotient $\frac{f(x) - f(x_0)}{x - x_0}$ einer Funktion f einer Zahl beliebig nah kommt, so heißt diese Zahl **Grenzwert des Differenzenquotienten**.

Schreibweise: $\lim\limits_{x \to x_0} \frac{f(x) - f(x_0)}{x - x_0}$ Sprechweise: *„Limes x gegen x_0 …“*

Man nennt diese Zahl auch die **lokale Änderungsrate** oder **Ableitung von f an der Stelle x_0**.

Kurzschreibweise: $f'(x_0) = \lim\limits_{x \to x_0} \frac{f(x) - f(x_0)}{x - x_0}$ Sprechweise: *„f Strich von x_0“*

Einen guten Näherungswert für die lokale Änderungsrate von f an der Stelle x_0 liefert schon der Differenzenquotient, wenn x und x_0 nah genug beieinander liegen.

WES-135805-203

limes (lat.): Grenze

Geometrische Deutung als Tangentensteigung

$f'(x_0)$ kann als Steigung einer Geraden interpretiert werden, der die Sekanten durch $P(x_0 | f(x_0))$ und Q beliebig nah kommen. Diese Gerade heißt **Tangente** an den Graphen von f im Punkt P bzw. an der Stelle x_0.

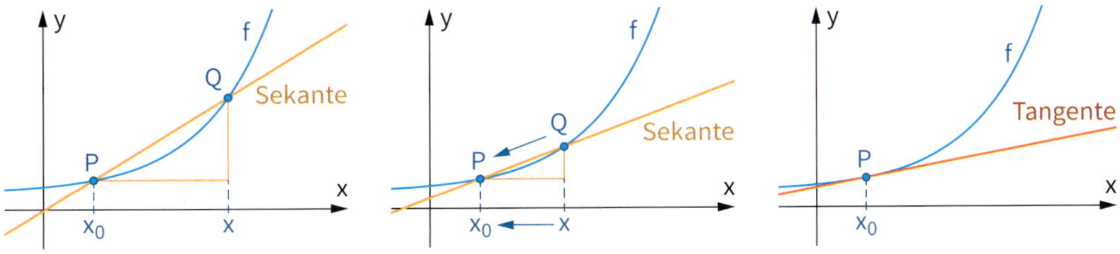

Inhaltliche Interpretation von Änderungsraten in Anwendungen

Änderungsraten sind insbesondere in Anwendungssituationen von Bedeutung.

funktionaler Zusammenhang	mittlere Änderungsrate	lokale Änderungsrate
Zeit → zurückgelegter Weg	Durchschnittsgeschwindigkeit	Momentangeschwindigkeit
Zeit → Geschwindigkeit	Durchschnittsbeschleunigung	Momentanbeschleunigung
Weg → Benzinverbrauch	durchschnittlicher Benzinverbrauch	momentaner Benzinverbrauch
Zeit → Wassermenge in einer Badewanne, die gefüllt wird	durchschnittliche Zuflussgeschwindigkeit	momentane Zuflussgeschwindigkeit

Beschreibt eine Funktion $f: x \mapsto f(x)$ den Zusammenhang zweier Größen und gehört zu x und f(x) jeweils eine Einheit, so haben die mittlere Änderungsrate und die lokale Änderungsrate dieselbe Einheit: $\frac{\text{Einheit von } f(x)}{\text{Einheit von } x}$

1 Änderungen und Änderungsraten

Beschreiben Sie für eine feste Stelle x_0 die Bedeutung der Terme

(1) $f(x) - f(x_0)$ (2) $\frac{f(x) - f(x_0)}{x - x_0}$ (3) $\lim\limits_{x \to x_0} \frac{f(x) - f(x_0)}{x - x_0}$

Geben Sie mögliche sinnvolle Einheiten an.

a) f(x) gibt die Wassermenge an, die sich zum Zeitpunkt x in einem Stausee befindet.
b) f(x) gibt die Höhe an, die ein Hubschrauber zum Zeitpunkt x hat.
c) f(x) gibt den Kurs einer Aktie zum Zeitpunkt x an.
d) f(x) gibt die Anzahl der Bakterien in einer Petrischale zum Zeitpunkt x an.
e) f(x) gibt die momentane Geschwindigkeit eines Autos zum Zeitpunkt x an.

Exakte Berechnung von $f'(x_0)$ siehe Abschnitt 2.3

Differenzenquotient als Näherung für die lokale Änderungsrate an einer Stelle x_0

$f(x) = 3x^2$; $x_0 = 6$

Werte von x nah bei x_0 wählen und Differenzenquotienten berechnen

links von 6: z. B. $x = 5{,}999$

$$\frac{f(x)-f(x_0)}{x-x_0} = \frac{3x^2 - 3\cdot 6^2}{x-6} = \frac{3\cdot 5{,}999^2 - 108}{5{,}999-6} = \frac{-0{,}035997}{-0{,}001} = 35{,}997$$

rechts von 6: z. B. $x = 6{,}001$

$$\frac{f(x)-f(x_0)}{x-x_0} = \frac{3x^2 - 3\cdot 6^2}{x-6} = \frac{3\cdot 6{,}001^2 - 108}{6{,}001-6} = \frac{0{,}036003}{0{,}001} = 36{,}003$$

Daraus erhält man die Näherung: $f'(6) \approx 36$

2 **Momentangeschwindigkeit bestimmen**

Ein Motorrad wird gleichmäßig beschleunigt. Seine Entfernung $f(t)$ vom Startpunkt in Abhängigkeit von der Zeit t kann in den ersten 10 Sekunden durch $f(t) = 3t^2$ angegeben werden; mit t in Sekunden und $f(t)$ in Metern. Bestimmen Sie die Momentangeschwindigkeit des Motorrads näherungsweise mithilfe von Durchschnittsgeschwindigkeiten.

a) 2 s nach dem Start b) 5 s nach dem Start c) 8 s nach dem Start

3 **Abflussgeschwindigkeiten**

Ein Flüssigkeitsbehälter wird durch ein Ventil entleert. Zum Zeitpunkt t befindet sich das Volumen $V(t)$ im Behälter. Der Graph veranschaulicht diesen Vorgang.

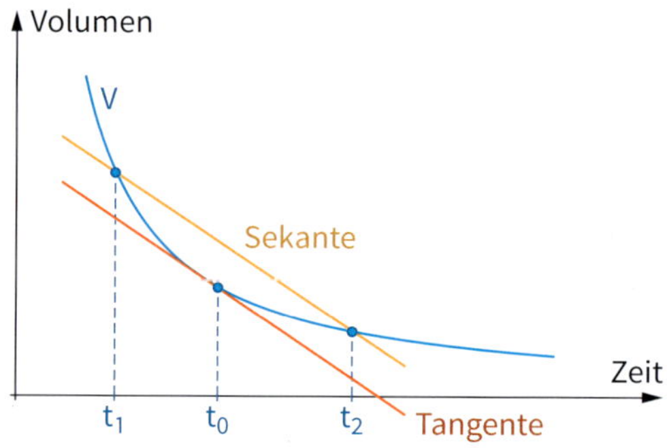

a) Beschreiben Sie die Begriffe „durchschnittliche Abflussgeschwindigkeit im Zeitintervall $[t_1; t_2]$" und „momentane Abflussgeschwindigkeit zum Zeitpunkt t_0" jeweils durch einen Term.

b) Erläutern Sie die Begriffe am Graphen. Verwenden Sie auch den Begriff „Änderungsrate".

Prüfe dich! Lösungen auf Seite 218

4 Anna und Max beginnen eine Bergwanderung in 700 m Höhe. Ihr Ziel liegt in 1130 m Höhe. Max sagt: *„Mit der Höhe nimmt der Luftdruck ab."*
„Ja," meint Anna. *„Und zu jeder Höhe h gehört ein Luftdruck p."*

a) Erläutern Sie bezogen auf die Wanderung jeweils die Bedeutung des Ausdrucks.
(1) $p(1\,130) - p(700)$ (2) $\frac{p(1130)-p(700)}{1130-700}$ (3) $p'(1130)$

b) Schreiben Sie jeweils die Angabe als Term.
(1) Luftdruckänderung von 800 m bis 1000 m
(2) durchschnittliche Luftdruckänderung von 800 m bis 1000 m
(3) momentane Luftdruckänderung bei 900 m

5 Bei einem Deichbruch kann das Wasservolumen, das innerhalb von x Minuten nach dem Deichbruch durch die Bruchstelle geflossen ist, durch die Funktion w mit $w(x) = 15x^2 + 150x$; $0 \le x \le 60$; w in m^3; beschrieben werden.

a) Berechnen Sie die momentane Durchflussgeschwindigkeit in der 10. Minute nach dem Deichbruch näherungsweise mithilfe von Durchschnittsgeschwindigkeiten.

b) Im Radio wird gemeldet: *„Bereits 30 Minuten nach dem Deichbruch war eine momentane Durchflussrate von 1050 Kubikmeter pro Minute erreicht."*
Überprüfen Sie diesen Wert.

Einstieg

Steigung eines Graphen in einem Punkt

- Warum muss man bei gekrümmten Graphen von der Steigung in einem Punkt sprechen? Erklären Sie dies am Höhenprofil der Straße in der Abbildung.
- Wie könnte man die Steigungen in den Punkten A, B, C und D näherungsweise bestimmen? Entwickeln Sie eine Strategie.

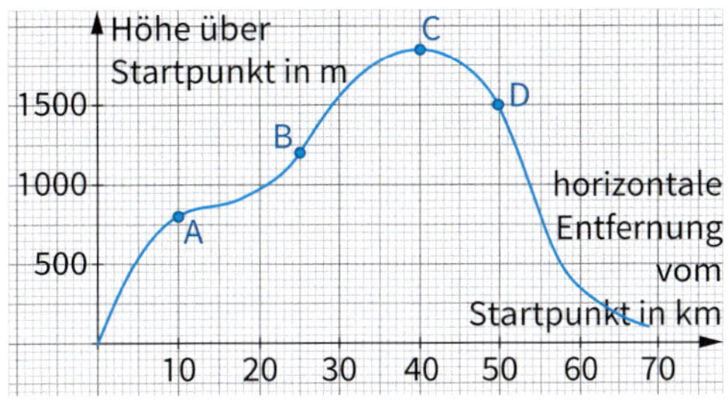

Tangente und Steigung eines Graphen in einem Punkt

Anders als bei einer Geraden ändert sich die Steigung bei einem gekrümmten Funktionsgraphen in jedem Punkt.
Die **Steigung des Graphen** einer Funktion f **im Punkt** $\mathbf{P(x_0 \mid f(x_0))}$ bzw. **an der Stelle** $\mathbf{x_0}$ ist die Steigung der Tangente an den Graphen von f im Punkt P, also $f'(x_0)$.

WES-135805-204

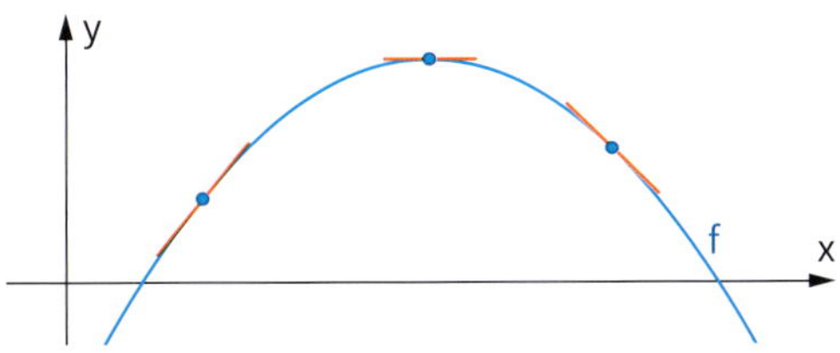

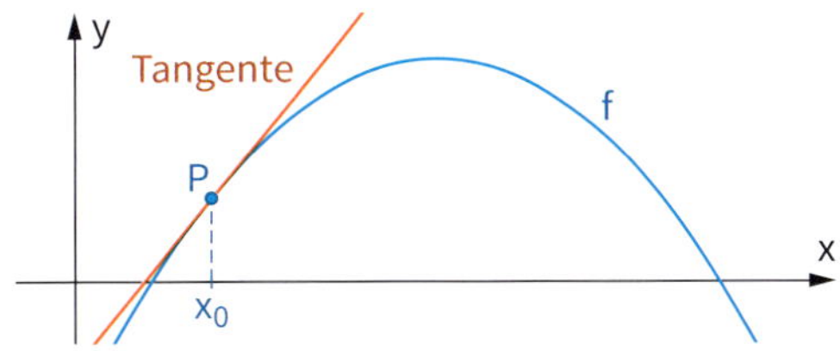

Steigung eines Graphen in einem Punkt näherungsweise bestimmen

- Tangente nach Augenmaß an den Graphen durch den Punkt zeichnen
- Steigung der Tangente aus einem geeigneten Steigungsdreieck ermitteln

Steigung des Graphen von f in P(3 | 2):
$f'(3) \approx \frac{-2}{1} = -2$

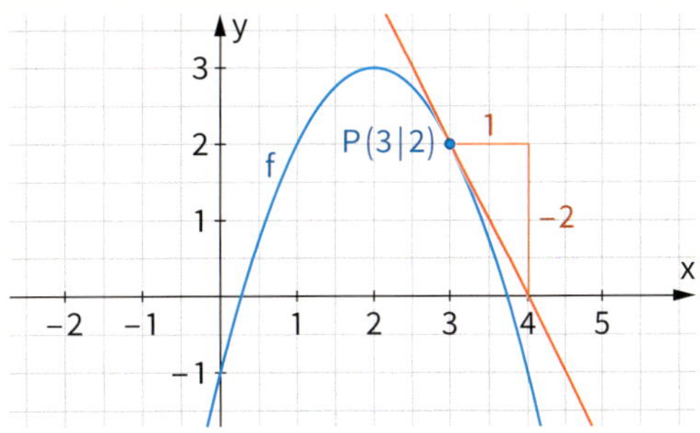

In der Nähe des Punktes soll sich die Tangente möglichst gut an den Graphen anschmiegen.

6 ≡ **Steigungen abschätzen**
Beschaffen Sie sich einen Ausdruck von dem Graphen der Funktion f oder nutzen Sie den QR-Code. Zeichnen Sie die Tangente nach Augenmaß an der Stelle x_0 ein und bestimmen Sie damit näherungsweise die Ableitung von f an der Stelle x_0.

a) $f(x) = x^2$; $x_0 = 1$
b) $f(x) = 0{,}5\,x^2 + x$; $x_0 = -1$
c) $f(x) = x^3$; $x_0 = -0{,}5$
d) $f(x) = x^3 - 3\,x$; $x_0 = 0$

WES-135805-205

7 ≡ **Steigungen vergleichen**
Vergleichen Sie die Steigungen des Graphen in den angegebenen Punkten.
In welchem Punkt ist sie größer? Achten Sie auf das Vorzeichen.

A und B | C und D | E und F

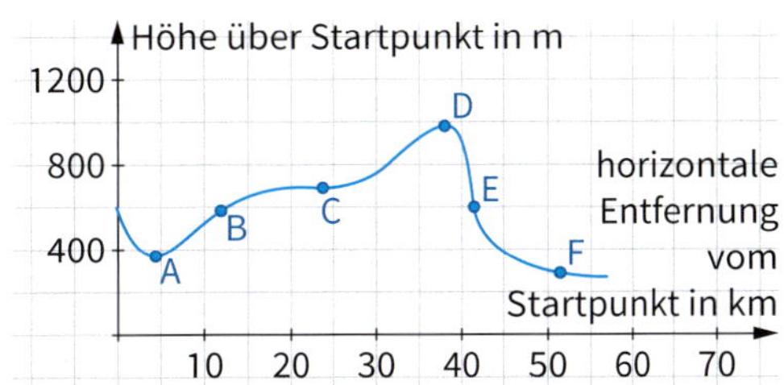

8 ≡ **Fehlersuche**

Lara, Jana und Timo haben die Steigung des Graphen einer Funktion im Punkt P mit dem eingezeichneten Steigungsdreieck ermittelt.
Wer hat die Steigung richtig bestimmt?
Was haben die anderen falsch gemacht?

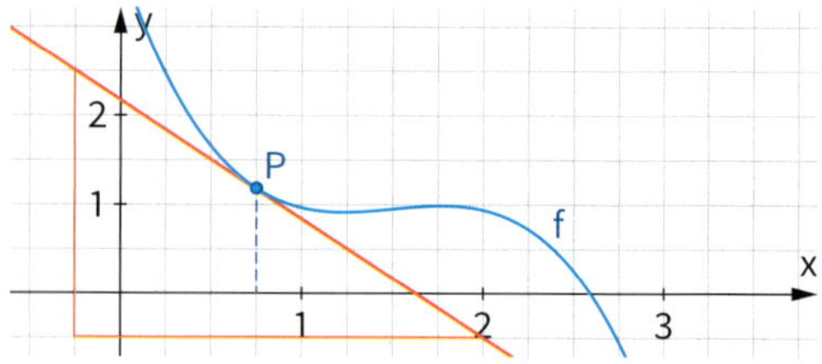

Lara: $m \approx \frac{-6}{9} = -\frac{2}{3}$ *Jana:* $m \approx \frac{-3}{2{,}25} = -1{,}\overline{3}$ *Timo:* $m \approx \frac{2{,}25}{3} = 0{,}75$

9 ≡ **Tangentensteigungen ermitteln**

In der Grafik ist die Tangente an den Graphen der Funktion f im Punkt $P(x_0 | f(x_0))$ eingezeichnet. Bestimmen Sie die Ableitung $f'(x_0)$, indem Sie ein geeignetes Steigungsdreieck suchen.

a)
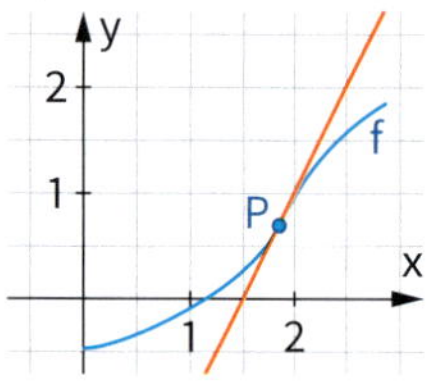

b)
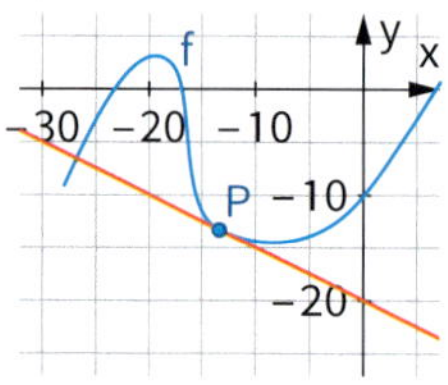

c)
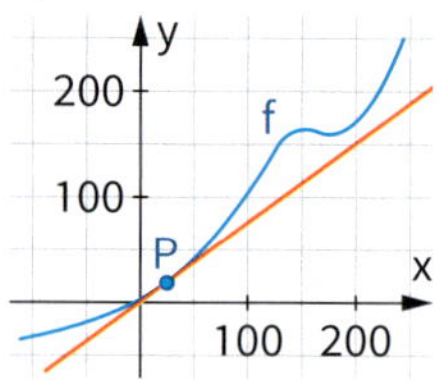

d)
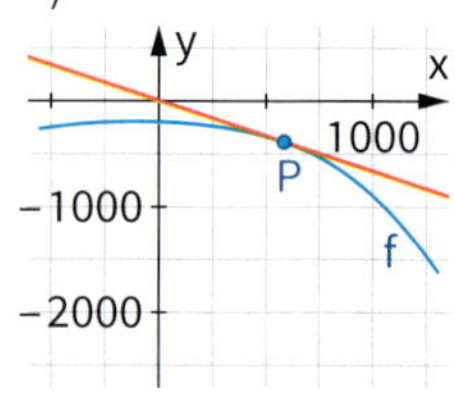

Prüfe dich!
Lösungen auf Seite 218

10 ≡ Bestimmen Sie die Steigung der Tangente in der Abbildung.

11 ≡ Skizzieren Sie den Graphen der Funktion f mit $f(x) = 2x^2 - 1$ und zeichnen Sie nach Augenmaß eine Tangente an der Stelle $x_0 = 0{,}5$ ein. Geben Sie einen Näherungswert für die Ableitung von f an der Stelle 0,5 an.

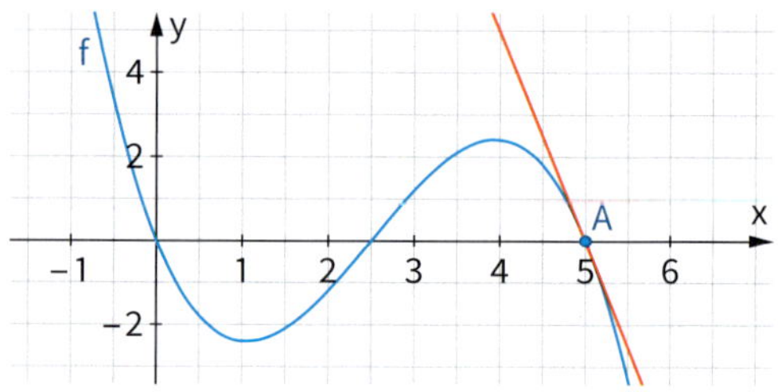

12 ≡ **Lagebeziehungen zwischen Tangente und Graph**

Eine Tangente an einen Kreis hat mit diesem nur einen einzigen Punkt gemeinsam. Bei einer Tangente an einen Funktionsgraphen in einem Punkt P sind mehrere Fälle möglich.
Beschreiben Sie die Besonderheiten der Lage der Tangente zum Funktionsgraphen.

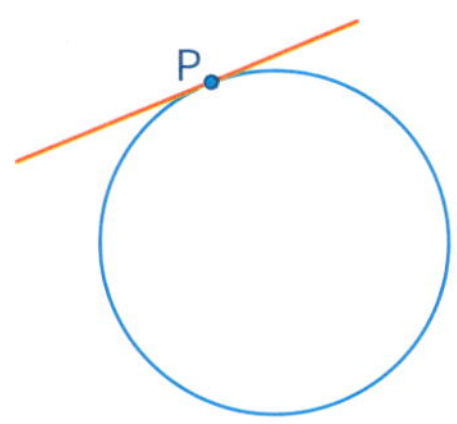

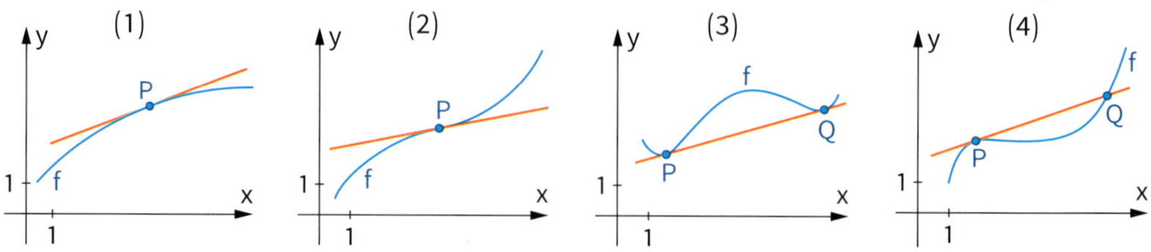

13 ≡ **Graphen skizzieren**

Skizzieren Sie einen Graphen und einen Punkt P auf dem Graphen, sodass gilt:

a) Die Steigung im Punkt P ist 1. Der Graph verläuft oberhalb der Tangente in P.
b) Die Steigung im Punkt P ist −1. Die Tangente durchsetzt den Graphen.
c) Die Steigung im Punkt P ist $-\frac{1}{3}$. Die Tangente schneidet den Graphen noch in einem weiteren Punkt.

durchsetzen:

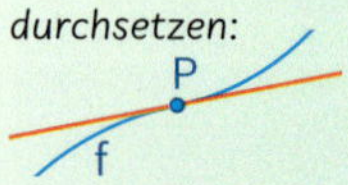

14 Geschwindigkeiten am Graphen deuten

Nico schreibt zu der Abbildung:

Am Graphen und an der Sekante erkenne ich, dass in den Zeitintervallen [0; 2] und [4; 4,5] die Momentangeschwindigkeiten unter der Durchschnittsgeschwindigkeit liegen und im Zeitintervall [2; 4] darüber.

Nehmen Sie Stellung.

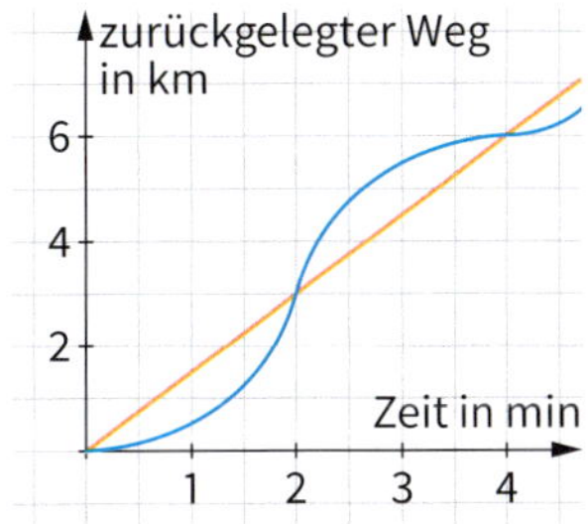

15 Zoom-Befehl

Zeichnen Sie mit einem Rechner die Funktion f mit $f(x) = 0{,}25\,x^2$ und markieren Sie den Punkt $P(4\,|\,4)$. Mit dem Befehl „Zoom" können Sie wie mit einer Lupe immer näher an den Punkt P heranzoomen.

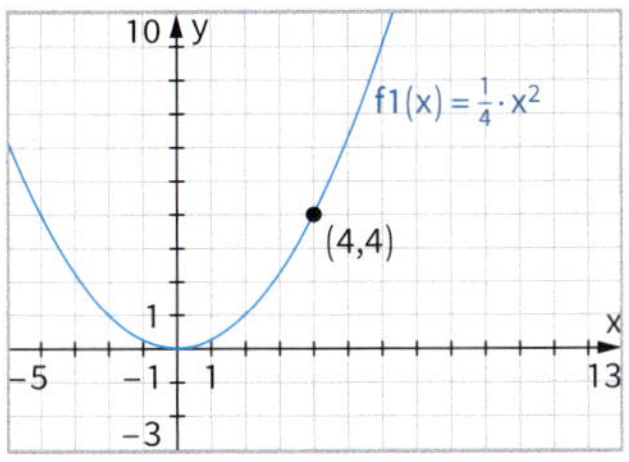

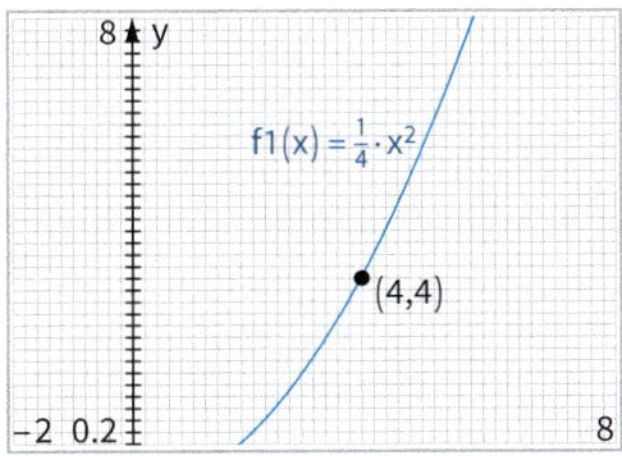

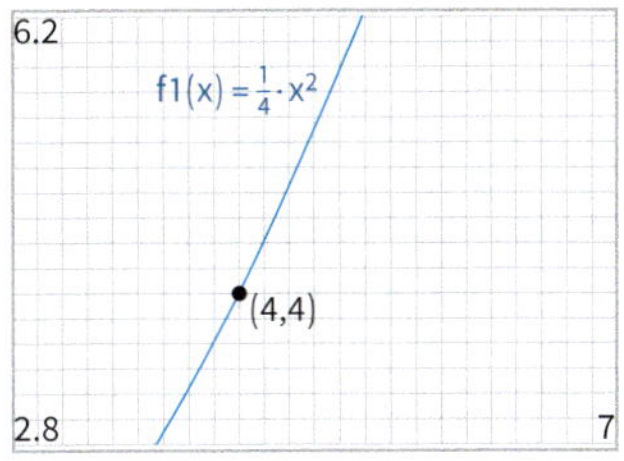

a) Was stellen Sie fest?

b) Schätzen Sie mithilfe eines Koordinatengitters, wie groß die Steigung des Graphen von f im Punkt P ist. Berechnen Sie näherungsweise die Tangentensteigung und vergleichen Sie.

16 Steigung in einem Punkt näherungsweise mit einem Rechner bestimmen

Bestimmen Sie mit Ihrem Rechner und dem Zoom-Befehl näherungsweise die Steigung des Graphen der Funktion f an der Stelle x_0.

a) $f(x) = 2x^2$; $x_0 = -0{,}5$

b) $f(x) = x^3$; $x_0 = 0$

c) $f(x) = x^3 + 2x^2$; $x_0 = -1$

17 Ableitung an einer Stelle näherungsweise mit einem Rechner bestimmen

Die Abbildung zeigt eine Möglichkeit, die Ableitung der Funktion f mit $f(x) = x^3$ an der Stelle $x_0 = 1$ näherungsweise mit einer Tabellenkalkulation zu berechnen.

a) Erklären Sie die Vorgehensweise und führen Sie dies mit größerer Genauigkeit durch.

b) Berechnen Sie wie in Teilaufgabe a) näherungsweise die Ableitung der Funktion f an anderen Stellen x_0.

c) Berechnen Sie auf diese Weise näherungsweise die Ableitungen für andere Funktionen f an selbst gewählten Stellen x_0.

x	**d(x):=**
	(1−x^3)/(1−x)
0.999	2.997
0.9999	2.9997
1	#UNDEF
1.0001	3.0003
1.001	3.003
2.99970001	

18 Näherungsformel

Man kann die Ableitung einer Funktion f an einer Stelle x_0 näherungsweise mit der Formel $f'(x_0) \approx \frac{f(x_0 + 0{,}001) - f(x_0 - 0{,}001)}{0{,}002}$ berechnen.

a) Zum Differenzenquotienten in dieser Formel gehört die Steigung einer Sekante. Machen Sie sich anhand einer Skizze die Lage dieser Sekante und die Lage der Tangente im Punkt $P(x_0\,|\,f(x_0))$ an den Graphen einer Funktion f klar und erläutern Sie, warum diese Formel eine gute Näherung für $f'(x_0)$ liefert.

b) Machen Sie einen Vorschlag, wie man eine noch bessere Näherung für die Ableitung von f an der Stelle x_0 erhalten kann.

2.3 Ableitung an einer Stelle berechnen

Vorbereiten
Binomische Formeln
Seite 202

Für die Quadratfunktion f mit $f(x) = x^2$ soll die Ableitung an der Stelle $x_0 = 0{,}5$ exakt berechnet werden. Dies ist die Steigung der Tangente an den Graphen von f im Punkt $P(0{,}5 \mid f(0{,}5))$. Daher kann man wie folgt vorgehen:

Man bestimmt die Steigung der Sekante durch den Punkt $P(0{,}5 \mid f(0{,}5))$ und einen zweiten Punkt $Q(x \mid f(x))$ mit $x \neq 0{,}5$ auf dem Graphen von f mit dem Differenzenquotienten. Diesen Differenzenquotienten formt man dann so um, dass man den Nenner kürzen kann.

$$\frac{f(x) - f(0{,}5)}{x - 0{,}5} = \frac{x^2 - 0{,}5^2}{x - 0{,}5} \qquad \text{3. binomische Formel}$$

$$= \frac{(x - 0{,}5) \cdot (x + 0{,}5)}{x - 0{,}5} \qquad \text{kürzen}$$

$$= x + 0{,}5$$

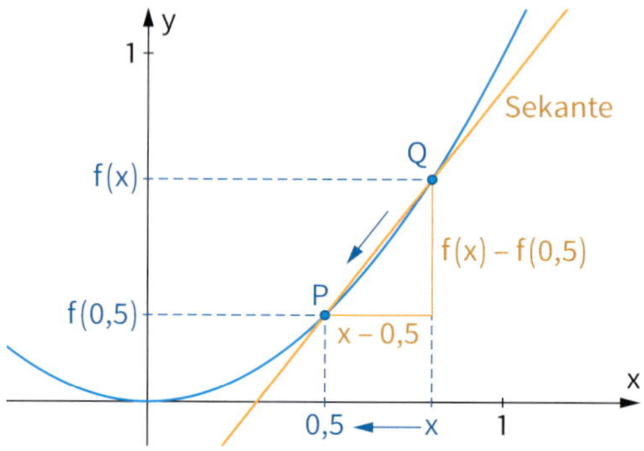

Kommt der Wert von x beliebig nah an 0,5, so kommt Punkt Q beliebig nah an Punkt P und der Wert von $x + 0{,}5$ kommt dem Wert $0{,}5 + 0{,}5 = 1$ beliebig nah.

Kurzschreibweise:
Für $x \to 0{,}5$ gilt
$x + 0{,}5 \to 1$.

Somit gilt: $f'(0{,}5) = \lim\limits_{x \to 0{,}5} \frac{f(x) - f(0{,}5)}{x - 0{,}5} = \lim\limits_{x \to 0{,}5} (x + 0{,}5) = 1$

- Bestimmen Sie auf die gleiche Weise die Ableitung von f an verschiedenen selbst gewählten Stellen x_0. Was fällt auf? Formulieren Sie eine Vermutung.

WES-135805-206

Ableitung der Quadratfunktion an einer Stelle

Satz: Die Funktion f mit $f(x) = x^2$ hat an einer beliebigen Stelle x_0 die Ableitung **$f'(x_0) = 2\,x_0$.**

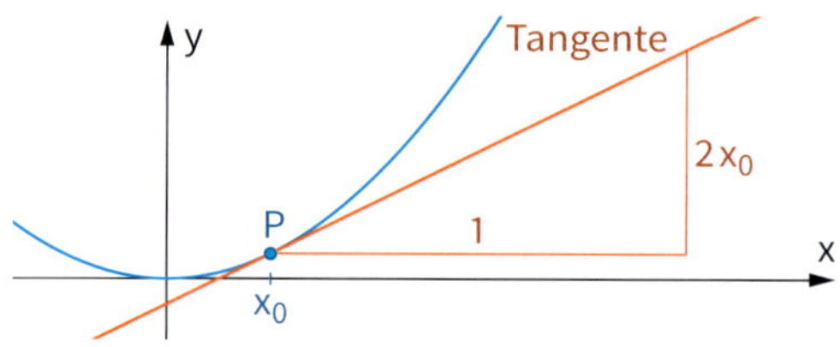

Beweis des Satzes

Man bestimmt für eine beliebige Stelle x_0 die Steigung der Sekante durch die Punkte $P(x_0 \mid f(x_0))$ und $Q(x \mid f(x))$ mit $x \neq x_0$ auf dem Graphen von f.

Für den Differenzenquotienten gilt:

$$\frac{f(x) - f(x_0)}{x - x_0} = \frac{x^2 - x_0^2}{x - x_0} \qquad \text{3. binomische Formel}$$

$$= \frac{(x - x_0) \cdot (x + x_0)}{x - x_0} \qquad \text{kürzen}$$

$$= x + x_0$$

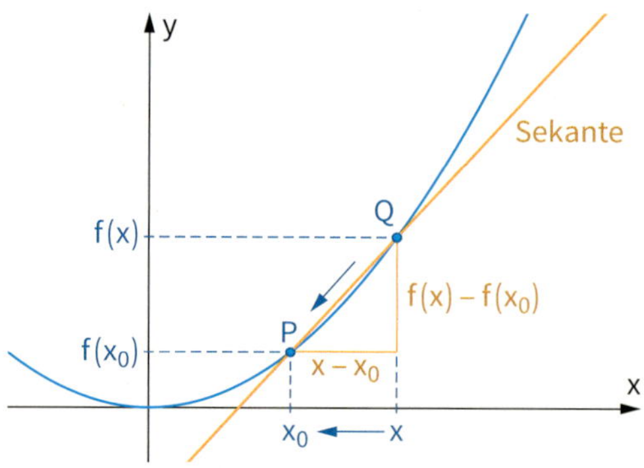

Kommt der Wert von x beliebig nah an x_0, so kommt der Wert von $x + x_0$ dem Wert $2\,x_0$ beliebig nah.

Somit gilt: $f'(x_0) = \lim\limits_{x \to x_0} \frac{f(x) - f(x_0)}{x - x_0} = \lim\limits_{x \to x_0} (x + x_0) = 2\,x_0$

1 **Formel anwenden**
Für die Funktion f mit $f(x) = x^2$ gilt $f'(x_0) = 2x_0$ für eine beliebige Stelle x_0.
a) Geben Sie an: (1) $f'(5)$ (2) $f'(-5)$ (3) $f'\left(\frac{1}{2}\right)$ (4) $f'\left(-\frac{1}{2}\right)$
b) An welcher Stelle x_0 gilt (1) $f'(x_0) = 3$; (2) $f'(x_0) = -3$; (3) $f'(x_0) = 0$; (4) $f'(x_0) = 1{,}8$?

2 **Momentangeschwindigkeit bestimmen**
Lässt man eine Kugel auf einer schiefen Ebene mit einer Neigung von etwa 5,86° rollen, so kann der zurückgelegte Weg in cm nach t Sekunden durch die Funktion s mit $s(t) = t^2$ angenähert werden. Bestimmen Sie die Momentangeschwindigkeit der Kugel zum Zeitpunkt t_0.
a) $t_0 = 1{,}8\,s$ b) $t_0 = 2{,}5\,s$ c) $t_0 = 4{,}3\,s$ d) $t_0 = 5{,}2\,s$

3 **Verschobene Normalparabel**
Gegeben sind die Funktionen f, g und h mit $f(x) = x^2$, $g(x) = x^2 - 1$ und $h(x) = (x+3)^2$.
a) Beschreiben Sie, wie die Graphen von g und h jeweils aus dem Graphen von f hervorgehen.
b) Bestimmen Sie für eine beliebige Stelle x_0 die Ableitungen $g'(x_0)$ und $h'(x_0)$, indem Sie Ihr Ergebnis aus Teilaufgabe a) und die Formel $f'(x_0) = 2x_0$ verwenden.
c) Geben Sie eine Regel für die Ableitung der Funktionen vom Typ $g(x) = x^2 + d$ mit $d \in \mathbb{R}$ und $h(x) = (x-c)^2$ mit $c \in \mathbb{R}$ an einer beliebigen Stelle x_0 an.

---

4 Für die Funktion f mit $f(x) = x^2$ gilt $f'(x_0) = 2x_0$ für eine beliebige Stelle x_0.
a) Bestimmen Sie: (1) $f'(3)$ (2) $f'(-4)$ (3) $f'\left(\frac{1}{3}\right)$ (4) $f'(\sqrt{5})$
b) Geben Sie die Stelle x_0 an, für die gilt: (1) $f'(x_0) = 1$ (2) $f'(x_0) = \frac{1}{9}$ (3) $f'(x_0) = -5$

Prüfe dich!
Lösungen auf Seite 219

5 Gegeben ist die Funktion g mit $g(x) = -x^2$.
a) Beschreiben Sie, wie der Graph von g aus der Normalparabel hervorgeht.
b) Bestimmen Sie die Ableitung von g an der Stelle $x_0 = 2$, indem Sie Ihr Ergebnis aus Teilaufgabe a) und die Formel für die Ableitung der Quadratfunktion an einer Stelle verwenden.

---

h-Schreibweise

Einstieg

Oft lässt sich der Differenzenquotient leichter vereinfachen, wenn im Nenner statt der Differenz $x - x_0$ nur eine einzelne Variable steht. Hierzu verwendet man eine andere Schreibweise der Ableitung.

Die Abbildung zeigt dies für die Ableitung der Quadratfunktion f an der Stelle $x_0 = 0{,}5$.

Man nennt die zweite Stelle $0{,}5 + h$.
Die Steigung der Sekante durch die Punkte $P(0{,}5 \mid f(0{,}5))$ und $Q(0{,}5 + h \mid f(0{,}5 + h))$ mit $h \neq 0$ auf dem Graphen von f beträgt:

$$\frac{f(0{,}5+h) - f(0{,}5)}{h} = \frac{(0{,}5+h)^2 - 0{,}5^2}{h}$$

Kommt der Wert von h beliebig nah an 0, so kommt Punkt Q beliebig nah an Punkt P. Damit erhält man die Ableitung:

$$f'(0{,}5) = \lim_{h \to 0} \frac{f(0{,}5+h) - f(0{,}5)}{h} = \lim_{h \to 0} \frac{(0{,}5+h)^2 - 0{,}5^2}{h}$$

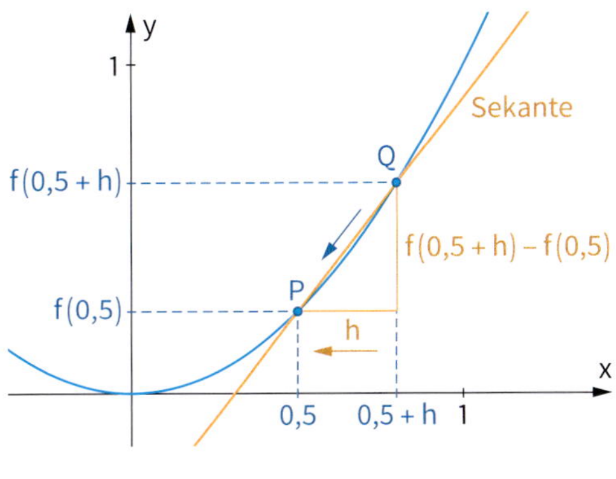

- Vereinfachen Sie den Differenzenquotienten in der neuen Schreibweise so weit wie möglich und bestimmen Sie daraus $f'(0{,}5)$.

WES-135805-207

h-Schreibweise der Ableitung

Die Ableitung einer Funktion f an der Stelle x_0 lässt sich auch schreiben als:

$$f'(x_0) = \lim_{h \to 0} \frac{f(x_0 + h) - f(x_0)}{h}$$

Diese sogenannte **h-Schreibweise** der Ableitung erhält man, indem man im Differenzenquotienten $x = x_0 + h$ setzt und statt $x \to x_0$ nun $h \to 0$ betrachtet.

Ableitung an einer Stelle x_0 mit der h-Schreibweise

$f(x) = x^2;\ x_0 = 3$

Für $h \neq 0$ gilt: $\frac{f(3+h) - f(3)}{h} = \frac{(3+h)^2 - 3^2}{h} = \frac{(3^2 + 2 \cdot 3 \cdot h + h^2) - 3^2}{h}$ 1. binomische Formel und vereinfachen

$= \frac{6h + h^2}{h} = \frac{h \cdot (6+h)}{h}$ h ausklammern und kürzen

$= 6 + h$

$$f'(3) = \lim_{h \to 0} \frac{f(3+h) - f(3)}{h} = \lim_{h \to 0} (6 + h) = 6$$

6 **h-Schreibweise anwenden**

Bestimmen Sie die Ableitung der Quadratfunktion f an der Stelle x_0 mit der h-Schreibweise. Kontrollieren Sie Ihr Ergebnis mit der Formel $f'(x_0) = 2x_0$.

a) $x_0 = 1$ b) $x_0 = -0{,}5$ c) $x_0 = \sqrt{5}$ d) $x_0 = 2$ e) $x_0 = -1$ f) $x_0 = 0$

7 **Ableitung der Quadratfunktion an einer Stelle – h-Schreibweise**

Weisen Sie mit der h-Schreibweise nach, dass für die Ableitung der Quadratfunktion f an einer beliebigen Stelle x_0 gilt: $f'(x_0) = 2x_0$

8 **Lineare Funktion**

Bestimmen Sie die Ableitung einer linearen Funktion f mit $f(x) = mx + b$ an einer beliebigen Stelle x_0 mit der h-Schreibweise.

Ableitung an einer Stelle x_0 – weitere quadratische Funktionen

$f(x) = 2x^2 - 3;\ x_0 = -5$

Für $h \neq 0$ gilt: $\frac{f(-5+h) - f(-5)}{h} = \frac{2 \cdot (-5+h)^2 - 3 - (2 \cdot (-5)^2 - 3)}{h}$ 1. binomische Formel

$= \frac{2 \cdot (25 - 10h + h^2) - 3 - 47}{h} = \frac{50 - 20h + 2h^2 - 50}{h}$ vereinfachen

$= \frac{-20h + 2h^2}{h} = \frac{h \cdot (-20 + 2h)}{h}$ h ausklammern und kürzen

$= -20 + 2h$

$$f'(-5) = \lim_{h \to 0} \frac{f(-5+h) - f(-5)}{h} = \lim_{h \to 0} (-20 + 2h) = -20$$

9 **Weitere quadratische Funktionen**

Bestimmen Sie die Ableitung der Funktion f an der Stelle x_0 mit der h-Schreibweise.

a) $f(x) = x^2 + 3;\ x_0 = 3$ b) $f(x) = 3x^2;\ x_0 = -4$ c) $f(x) = (x-2)^2;\ x_0 = 6$

d) $f(x) = x^2 + 2x;\ x_0 = -10$ e) $f(x) = -3x^2;\ x_0 = 0$ f) $f(x) = 0{,}5x^2 + 4;\ x_0 = -5$

10 Bestimmen Sie die Ableitung der Funktion f mit $f(x) = x^2 + 1$ an der Stelle $x_0 = -1$ mit der h-Schreibweise.

Prüfe dich! Lösungen auf Seite 219

11 Quadratische Funktion in allgemeiner Form

a) Bestimmen Sie die Ableitung der Funktion f mit $f(x) = 3x^2 - 5x + 2$ an der Stelle $x_0 = 1$ mit der h-Schreibweise.

b) Bestimmen Sie allgemein für eine quadratische Funktion f mit $f(x) = ax^2 + bx + c$ die Ableitung an einer beliebigen Stelle x_0 mit der h-Schreibweise.

12 Änderungsraten beim Flächeninhalt eines Quadrats

Betrachten Sie die Funktion f, die der Seitenlänge a eines Quadrats seinen Flächeninhalt $f(a) = a^2$ zuordnet.
Bestimmen Sie die mittlere und die lokale Änderungsrate von f an einer beliebigen Stelle a_0 mit der h-Schreibweise und deuten Sie die Ergebnisse geometrisch am Quadrat.

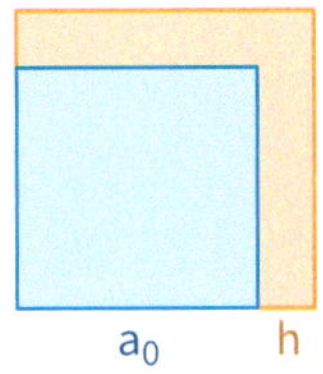

13 Änderungsraten beim Flächeninhalt eines Kreises

Betrachten Sie die Funktion A, die dem Radius r eines Kreises seinen Flächeninhalt $A(r) = \pi r^2$ zuordnet.
Bestimmen Sie die mittlere und die lokale Änderungsrate von A an einer beliebigen Stelle r_0 mit der h-Schreibweise und deuten Sie die Ergebnisse geometrisch am Kreis.

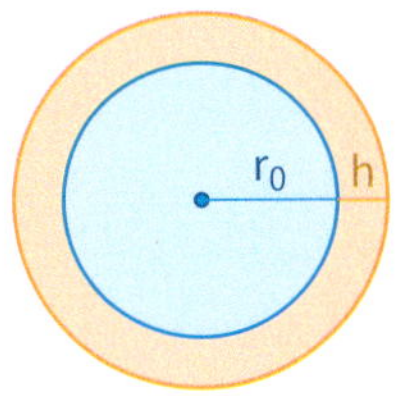

14 Fallschirmspringen

Den ersten funktionsfähigen Fallschirm hat der berühmte italienische Maler, Bildhauer, Ingenieur und Naturphilosoph Leonardo da Vinci (1452–1519) bereits im 15. Jahrhundert entworfen. Heute ist Fallschirmspringen eine beliebte Freizeit- und Wettkampfsportart, die zum Flugsport gerechnet wird. Die Entwicklung neuer Trainingsmethoden und besserer Ausrüstung hat zur Sicherheit und Freude an diesem Sport beigetragen.

Beim Fall mit geschlossenem Fallschirm kann die zurückgelegte Strecke in Metern nach t Sekunden Fallzeit durch die Funktion s mit $s(t) = 3t^2$ angenähert werden.

a) Ein Fallschirmspringer ist aus 3500 m Höhe abgesprungen und will seinen Fallschirm bei 700 m öffnen. Berechnen Sie, nach welcher Fallzeit er seinen Fallschirm öffnen muss.

b) Berechnen Sie die Geschwindigkeit in km/h, die der Fallschirmspringer in 700 m Höhe hat.

15 Tangentensteigungen im Schnittpunkt

Gegeben sind zwei Parabeln zu $f(x) = x^2$ und $g(x) = (x-4)^2$.

a) Bestimmen Sie die Koordinaten des Schnittpunktes der beiden Parabeln.

b) Berechnen Sie die Steigungen der beiden Tangenten im Schnittpunkt.

16 Besondere Eigenschaft der Normalparabel

Zeigen Sie, dass die folgende Aussage wahr ist:

Für die Normalparabel zu $f(x) = x^2$ gilt an einer beliebigen Stelle x_0 und für alle $a > 0$:

$$\frac{f(x_0 + a) - f(x_0 - a)}{2a} = f'(x_0)$$

Erläutern Sie, was diese Aussage geometrisch bedeutet.

Differenzierbarkeit

Abbildung 1 zeigt den Graphen der Funktion f mit $f(x) = |x^2 - 1|$.
Er entsteht durch die Graphen zu $y = x^2 - 1$ und $y = -x^2 + 1$ in Abbildung 2, indem jeweils nur die Teile mit Funktionswerten größer oder gleich 0 berücksichtigt werden.

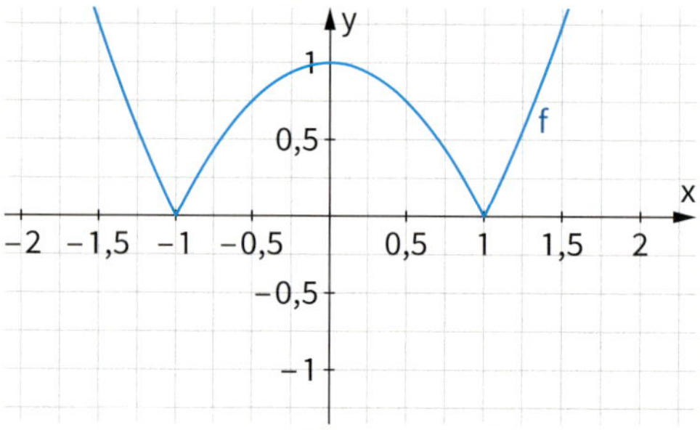

Abbildung 1

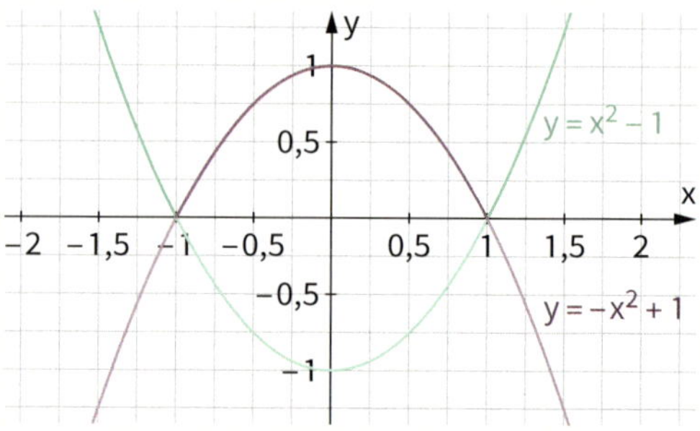

Abbildung 2

Der Graph von f kann somit zwischen den Stellen $x = -1$ und $x = 1$ durch den Funktionsterm $y = -x^2 + 1$ und sonst durch den Funktionsterm $y = x^2 - 1$ beschrieben werden. An den Stellen $x = -1$ und $x = 1$ hat der Graph von f jeweils eine Spitze.

Hat die Funktion f an der Stelle $x = -1$ bzw. $x = 1$ eine Ableitung?

Man untersucht zunächst die Stelle $x = 1$ und bestimmt die Steigung der Sekante durch den Punkt P(1 | 0) und einen weiteren Punkt Q auf dem Graphen von f mit dem Differenzenquotienten. Dabei ergeben sich folgende Fälle:

(1) Q liegt links von P
Q liegt dann auf dem Graphenstück, das durch $y = -x^2 + 1$ beschrieben werden kann.
Somit ergibt sich $Q(x \mid -x^2 + 1)$ mit $x \neq 1$ und die Sekante durch P und Q hat die Steigung:

$$m_{links} = \frac{(-x^2 + 1) - 0}{x - 1} = \frac{-1 \cdot (x^2 - 1)}{x - 1} = \frac{-1 \cdot (x + 1) \cdot (x - 1)}{x - 1} = -x - 1$$

Kommt Q beliebig nah an P, so kommt m_{links} dem Wert −2 beliebig nah.

x kommt dann beliebig nah an 1

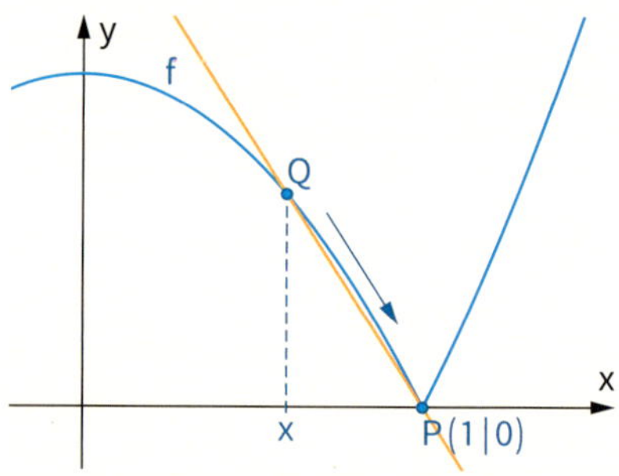

(2) Q liegt rechts von P
Q liegt dann auf dem Graphenstück, das durch $y = x^2 - 1$ beschrieben werden kann.
Somit ergibt sich $Q(x \mid x^2 - 1)$ mit $x \neq 1$ und die Sekante durch P und Q hat die Steigung:

$$m_{rechts} = \frac{(x^2 - 1) - 0}{x - 1} = \frac{x^2 - 1}{x - 1} = \frac{(x + 1) \cdot (x - 1)}{x - 1} = x + 1$$

Kommt Q beliebig nah an P, so kommt m_{rechts} dem Wert 2 beliebig nah.

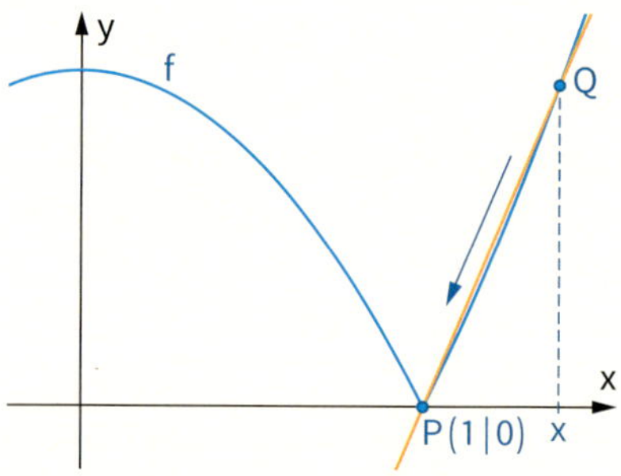

Diese beiden Fälle zeigen:
Bei Annäherung von links und von rechts nähern sich die Sekanten jeweils Geraden mit verschiedenen Steigungen an. Daher gibt es keine Tangente im Punkt P(1 | 0).
Man sagt dazu: „*Der Grenzwert des Differenzenquotienten an der Stelle $x = 1$* ***existiert nicht.***"
Folglich hat die Funktion f an der Stelle $x = 1$ keine Ableitung.

Entsprechend ergibt sich, dass f auch an der Stelle $x = -1$ keine Ableitung hat.

Differenzierbarkeit
Eine Funktion f heißt **differenzierbar** an der Stelle x_0, falls der Grenzwert
$f'(x_0) = \lim\limits_{x \to x_0} \frac{f(x) - f(x_0)}{x - x_0}$ existiert. Andernfalls heißt f **nicht differenzierbar** an der Stelle x_0.

Beispiele für Nicht-Differenzierbarkeit:

Spitze Sprung senkrechte Tangente

- Die Sekantensteigungen nähern sich von links einem anderen Wert als von rechts.
- Die Sekantensteigungen werden beliebig groß.

1 **Funktionenmikroskop**
In den Abbildungen wird jeweils eine Stelle des Graphen der Funktion f mit $f(x) = |x^2 - 2{,}25|$ mehrfach vergrößert. Beschreiben und vergleichen Sie das Verhalten des Graphen an diesen Stellen. Verwenden Sie dazu den Begriff der Differenzierbarkeit.

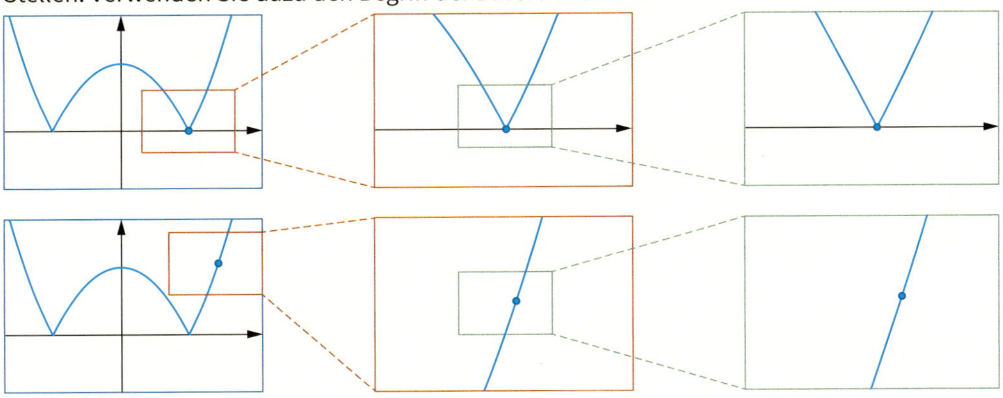

2 **Heaviside-Funktion**
Die *Heaviside-Funktion H* ist nach dem britischen Physiker und Elektroingenieur Oliver Heaviside (1850–1925) benannt. Sie hat keinen einheitlichen Funktionsterm, sondern wird abschnittsweise definiert durch $H(x) = \begin{cases} 0 & \text{für } x \leq 0 \\ 1 & \text{für } x > 0 \end{cases}$
Zeichnen Sie den Graphen von H und untersuchen Sie, ob H an der Stelle 0 differenzierbar ist.

3 **Differenzierbarkeit grafisch untersuchen**
An welchen Stellen hat der Graph der Funktion keine Tangente?

a)

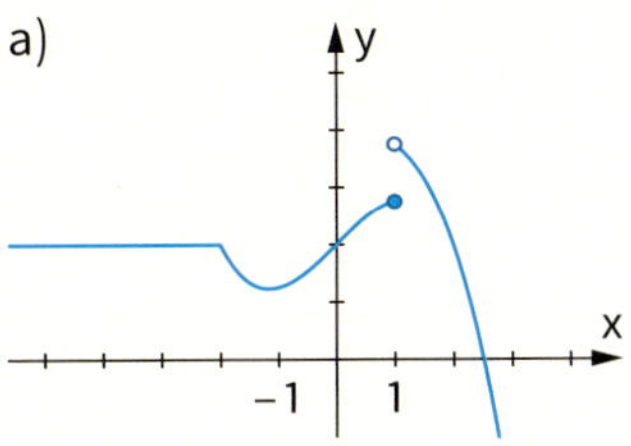

b)

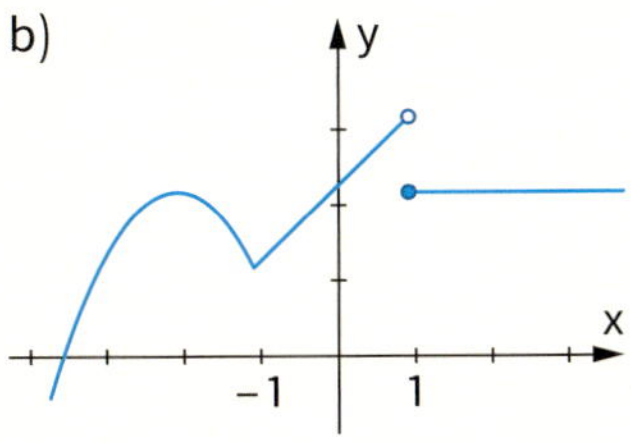

c)

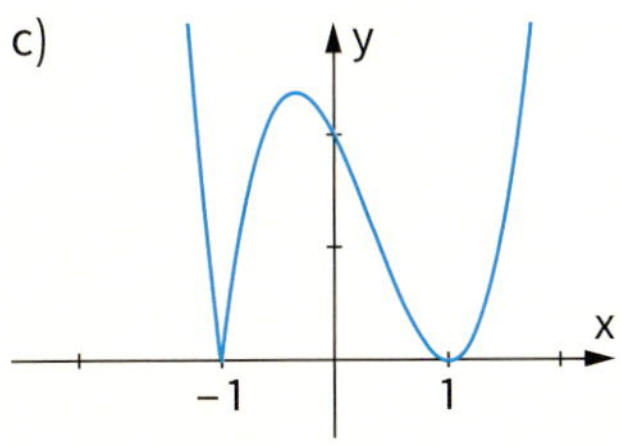

2.4 Graph der Ableitungsfunktion

Die Abbildung zeigt den Graphen einer Funktion f. In jedem Punkt besitzt der Graph eine Steigung. Ordnet man jeder Stelle x die dort vorliegende Steigung f′(x) zu, so erhält man eine neue Funktion f′.

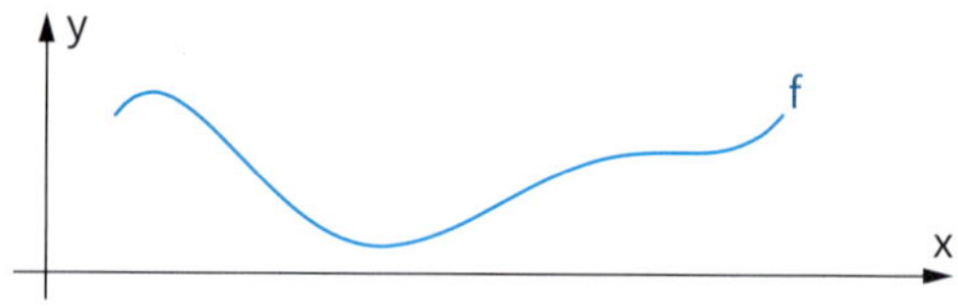

WES-135805-208

Den Graphen von f′ kann man wie folgt aus dem Graphen von f erzeugen:

Punkte des Graphen von f mit Steigung 0

- Stellen, an denen der Graph von f waagerechte Tangenten hat, kann man ohne zu rechnen bestimmen.
  An diesen Stellen hat die Tangente jeweils die Steigung 0, somit hat f′ an diesen Stellen Nullstellen.

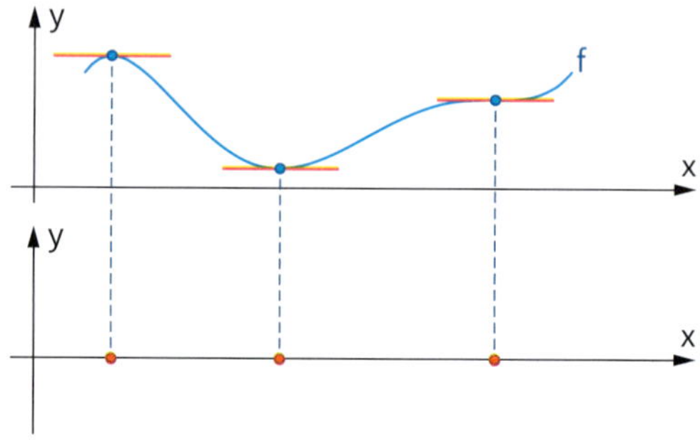

Intervalle, in denen die Steigungen positiv bzw. negativ sind

- Steigt der Graph von f in einem Intervall an, so sind die Tangentensteigungen dort positiv. Der Graph von f′ verläuft dort somit oberhalb der x-Achse.
- Fällt der Graph von f in einem Intervall, so sind die Tangentensteigungen dort negativ. Der Graph von f′ verläuft dort somit unterhalb der x-Achse.

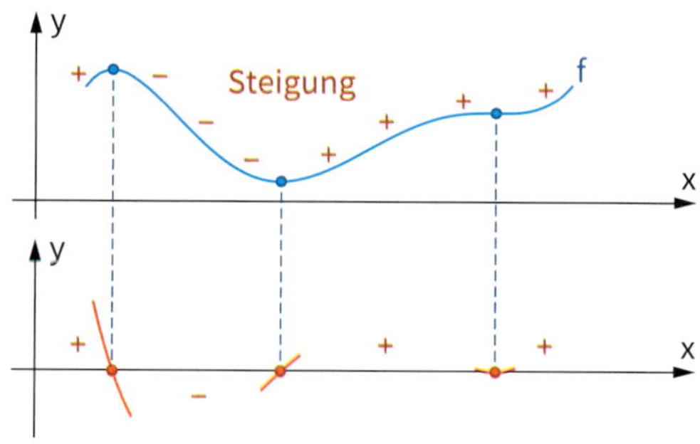

Punkte des Graphen von f mit maximaler bzw. minimaler Steigung

- Um den Verlauf des Graphen von f′ etwas genauer zu skizzieren, kann man an weiteren Stellen die jeweilige Tangentensteigung mit einem Steigungsdreieck abschätzen.
- Interessant sind dabei Punkte, an denen die Steigung maximal bzw. minimal wird.

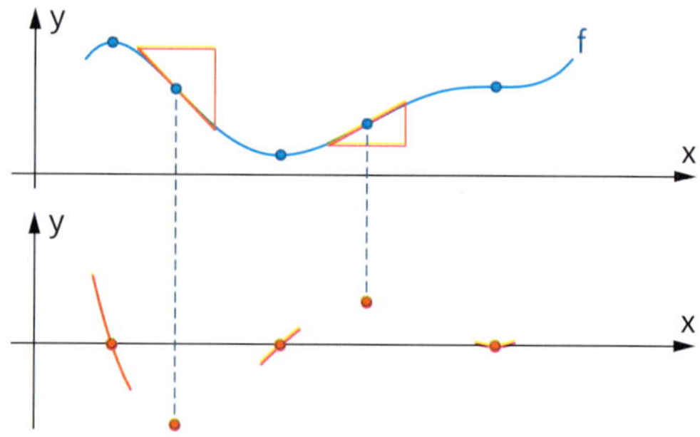

Graph der Ableitungsfunktion

- Verbindet man alle so erhaltenen Punkte, erhält man ungefähr den Graphen von f′. Dieser Graph zeigt den Verlauf der Steigungen des Graphen von f an.

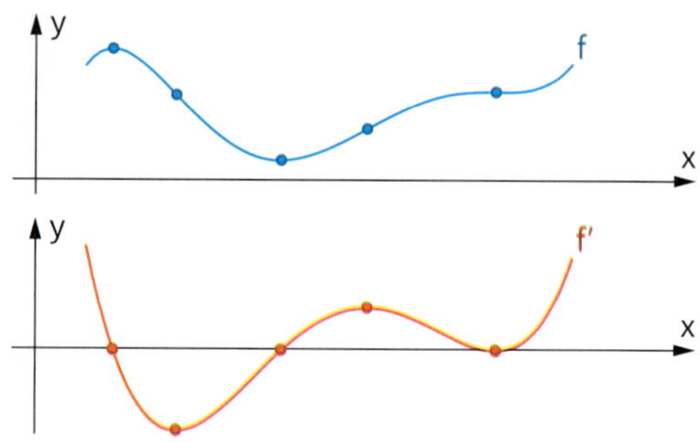

WES-135805-209

Ableitungsfunktion

Die Funktion, die jeder Stelle x einer Funktion f die Ableitung f′(x) von f an dieser Stelle zuordnet, heißt **Ableitungsfunktion** oder **Ableitung f′** von f.

Erzeugt man aus dem Graphen einer Funktion f den Graphen von f′, spricht man vom **grafischen Differenzieren**.

An den Stellen, an denen der Graph von f waagerechte Tangenten hat, befinden sich die Nullstellen von f′.

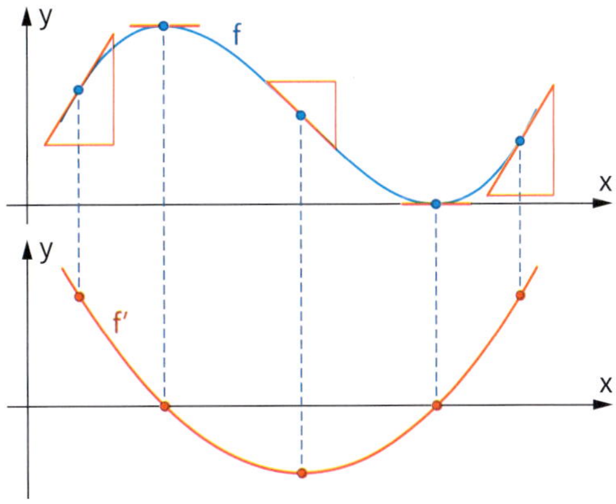

1 Bekannte Ableitungsfunktionen

Skizzieren Sie jeweils den Graphen der Funktion f und der Ableitungsfunktion f′.

Funktion f	$f(x) = x$	$f(x) = c$	$f(x) = mx + b$	$f(x) = x^2$
Ableitungsfunktion f′ von f	$f'(x) = 1$	$f'(x) = 0$	$f'(x) = m$	$f'(x) = 2x$

2 Steigungen bei einer Wanderung

Die Abbildungen zeigen einen Wanderweg und das dazugehörige Höhenprofil.

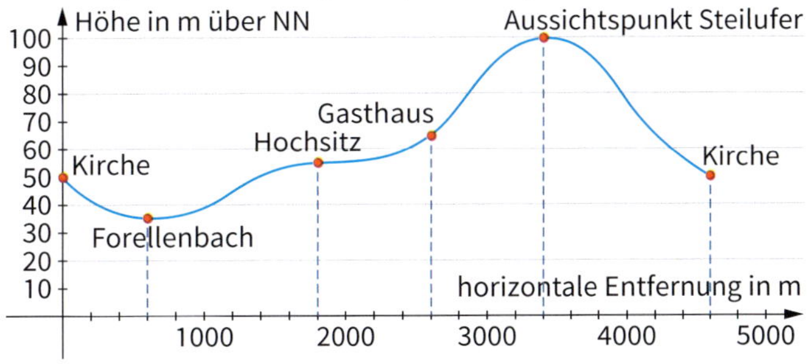

a) In welchen der markierten Punkte ist die Steigung positiv, negativ bzw. 0?
b) Skizzieren Sie den Graphen der Ableitungsfunktion.
c) An welchen Stellen weist der Wanderweg die größte bzw. die kleinste Steigung auf?

3 Grafisch differenzieren

Gegeben ist der Graph einer Funktion f.

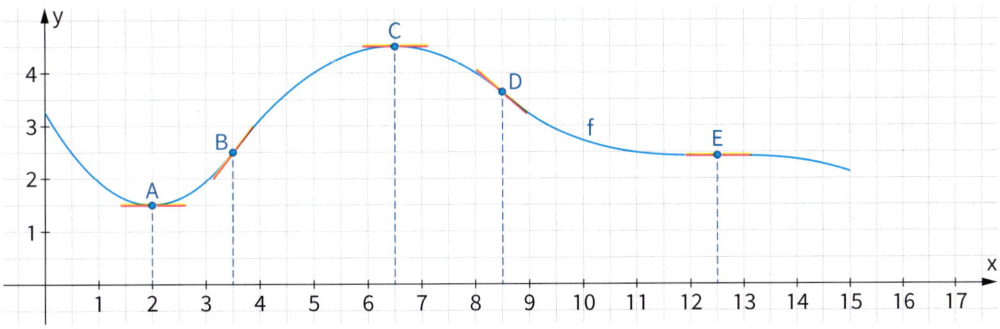

a) Skizzieren Sie den Graphen der Ableitungsfunktion f′.
b) Geben Sie die Intervalle an, in denen die Steigung positiv, negativ bzw. 0 ist.
c) In welchem Punkt ist die Steigung maximal, in welchem Punkt minimal?

4 Tangenten an den Graphen von f

Skizzieren Sie die geschilderten Situationen und erläutern Sie, warum diese Strategien beim grafischen Differenzieren richtig sind.

- *Bei einer waagerechten Tangente von oben wechselt f′ an der Nullstelle das Vorzeichen von + nach −.*
- *Bei einer waagerechten Tangente von unten wechselt f′ an der Nullstelle das Vorzeichen von − nach +.*

- *Verläuft die Tangente dort erst oberhalb und dann unterhalb des Graphen, so ist f′ dort minimal.*
- *Verläuft die Tangente dort erst unterhalb und dann oberhalb des Graphen, so ist f′ dort maximal.*

5 Grafische Ableitung prüfen

Sandra hat zum Graphen einer Funktion den Graphen der Ableitungsfunktion skizziert. Sie meint: *„Da stimmt was nicht! Aber was?“* Helfen Sie ihr.

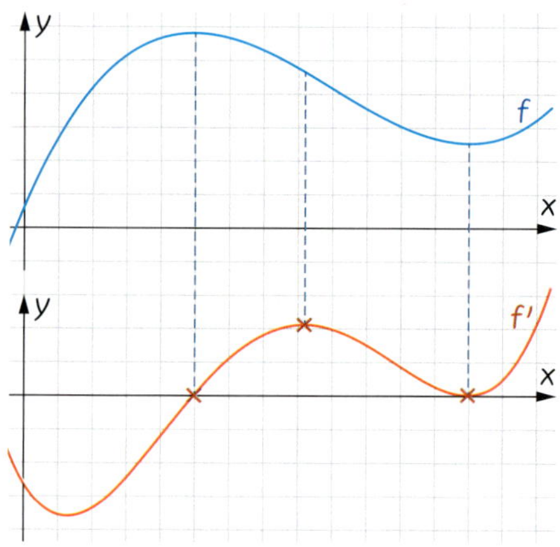

6 Graphen verschieben und strecken

Der Graph einer Funktion f wird
a) um 2 Einheiten in y-Richtung und um 3 Einheiten in x-Richtung verschoben;
b) mit dem Faktor 2 gestreckt;
c) an der x-Achse gespiegelt.
Erläutern Sie die Auswirkungen auf den Graphen der Ableitungsfunktion f′.

7 Funktionsgraph und Ableitungsfunktion

Bestimmen Sie durch grafisches Differenzieren ungefähr den Graphen der Ableitungsfunktion f′. Erläutern Sie, wie man am Graphen von f die Nullstellen von f′ erkennt, und geben Sie die Intervalle an, in denen f′ positiv bzw. negativ ist.

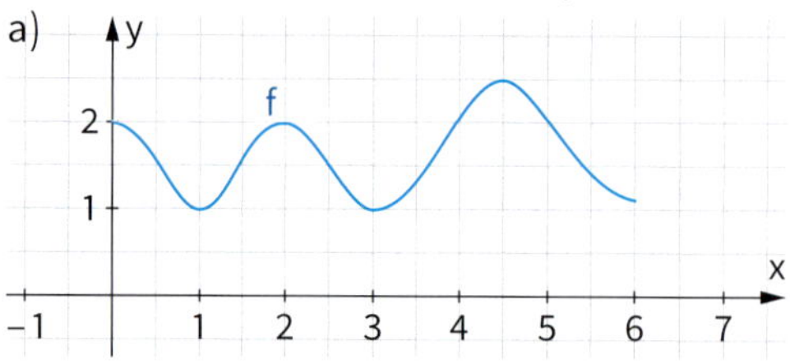

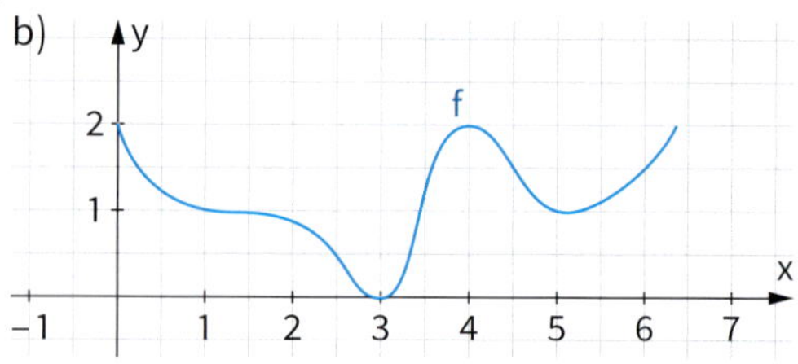

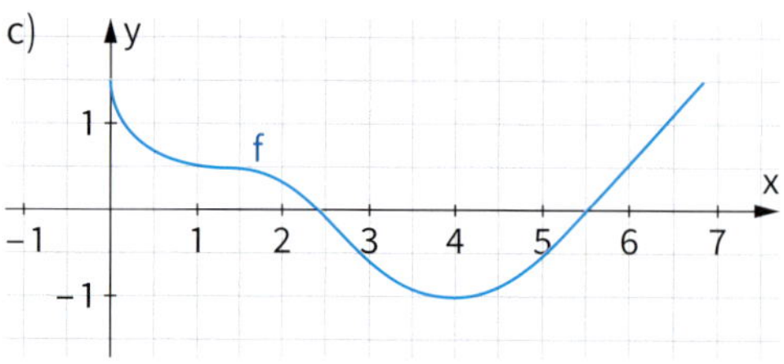

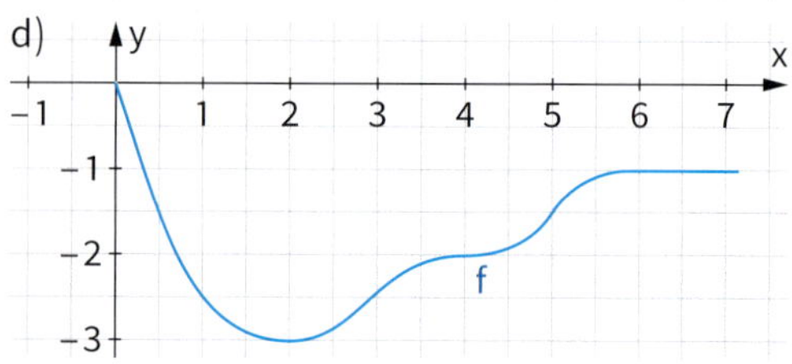

8 Passende Ableitungsfunktion erkennen

Gegeben ist der Graph einer Funktion f. Welcher der Graphen A, B, C ist der Graph der Ableitungsfunktion f′? Begründen Sie.

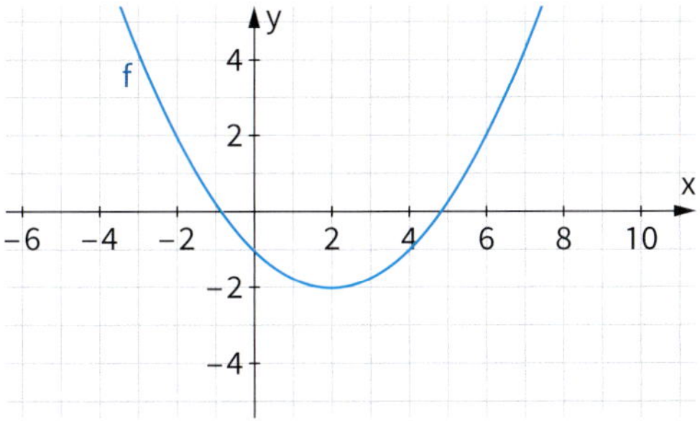

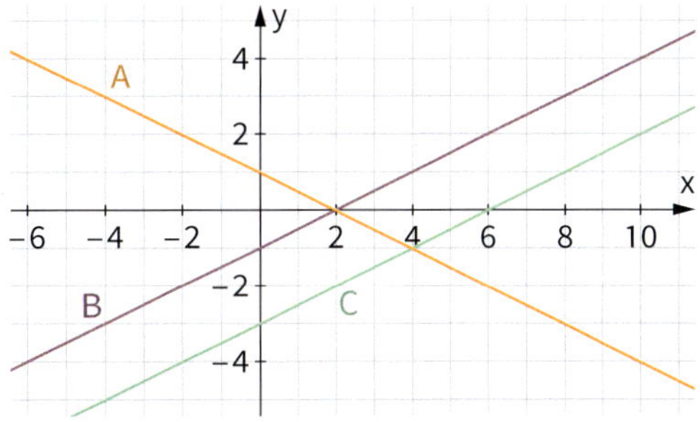

9 Graphen zuordnen

In (1), (2) und (3) sind Graphen von Funktionen gezeichnet, in (A), (B) und (C) die Graphen ihrer Ableitungsfunktionen. Ordnen Sie zu und begründen Sie Ihre Entscheidung.

(1)
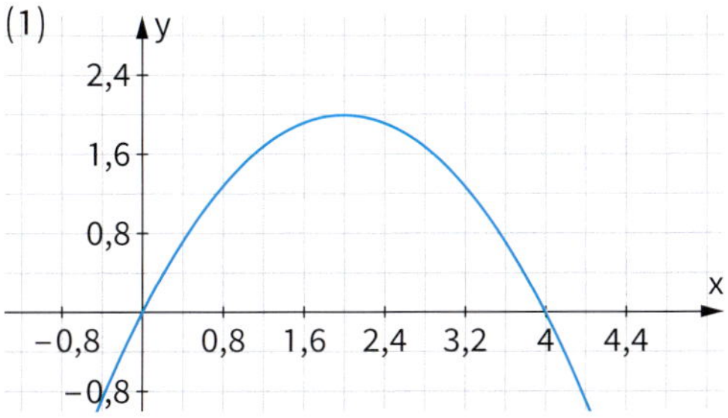

(A)
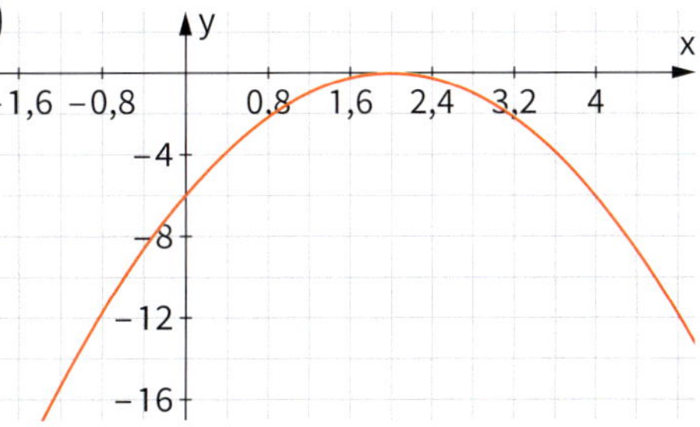

(2)
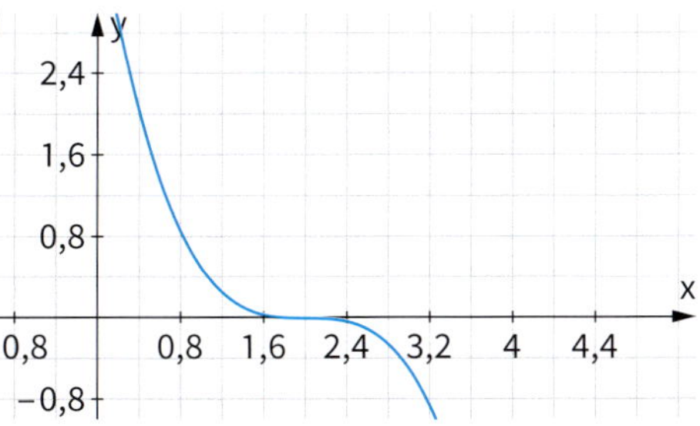

(B)
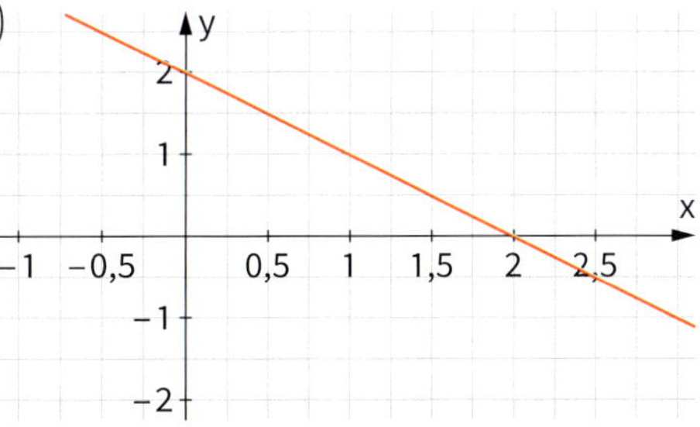

(3)
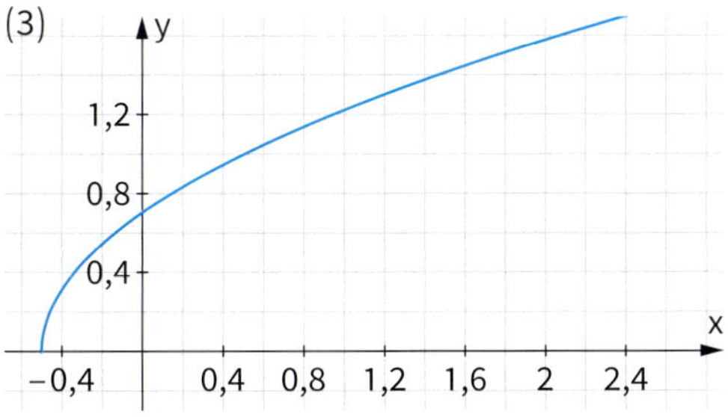

(C)
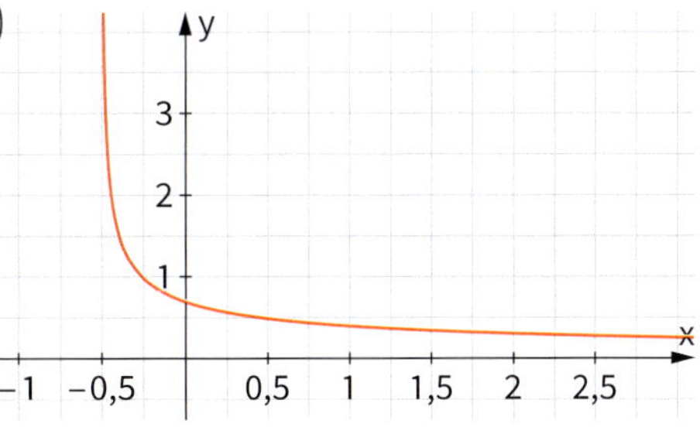

10 Punkte mit maximaler und minimaler Steigung

Die Tangente im Punkt W durchsetzt jeweils den Graphen einer Funktion f.
Skizzieren Sie den Verlauf des Graphen der Ableitungsfunktion f′ an dieser Stelle.

(1)

(2)
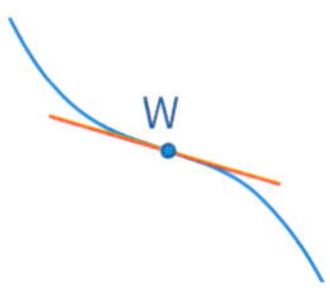

(3)
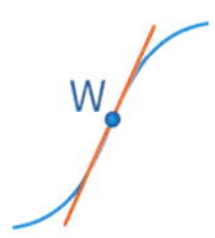

(4)

Prüfe dich!
Lösungen auf
Seite 219

11 a) Geben Sie die Stellen an, an denen der Graph der Funktion f die Steigung 0 hat, und geben Sie Bereiche an, in denen die Ableitung von f positiv bzw. negativ ist.
b) Skizzieren Sie den Graphen der zugehörigen Ableitungsfunktion f′.

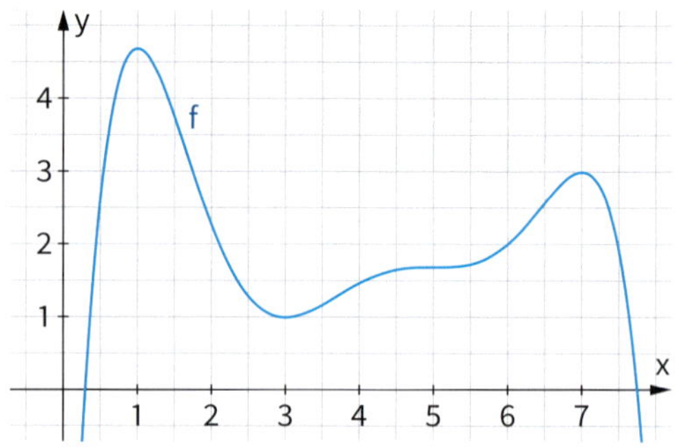

12 Abgebildet sind die Graphen der Funktionen g und h. Eine der beiden Funktionen ist die Ableitungsfunktion der anderen. Ordnen Sie begründet zu.

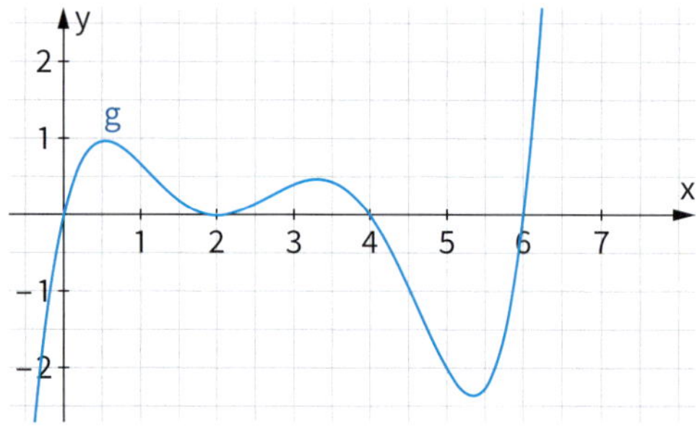

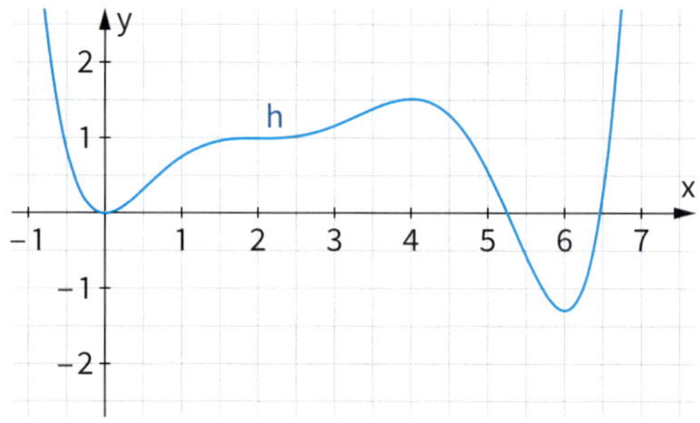

WES-135805-210

Hochpunkt

Ein **Hochpunkt** ist der Punkt H mit der größten y-Koordinate auf einem Abschnitt des Graphen von f mit Punkten links und rechts von H.
Die (waagerechte) Tangente in H schmiegt sich von oben an den Graphen.

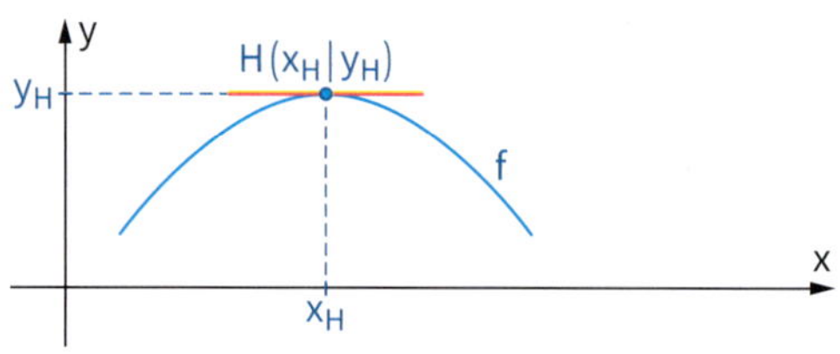

Tiefpunkt

Ein **Tiefpunkt** ist der Punkt T mit der kleinsten y-Koordinate auf einem Abschnitt des Graphen von f mit Punkten links und rechts von T.
Die (waagerechte) Tangente in T schmiegt sich von unten an den Graphen.

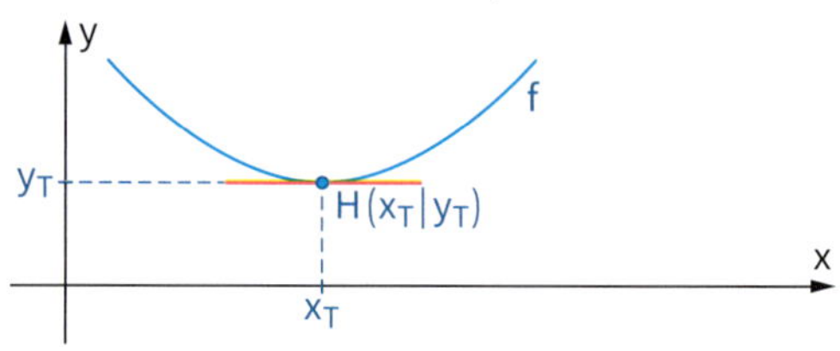

Wendepunkt

Ein **Wendepunkt** hat eine Tangente, die den Graphen der Funktion durchsetzt.
Die Steigung in einem Wendepunkt ist maximal oder minimal.

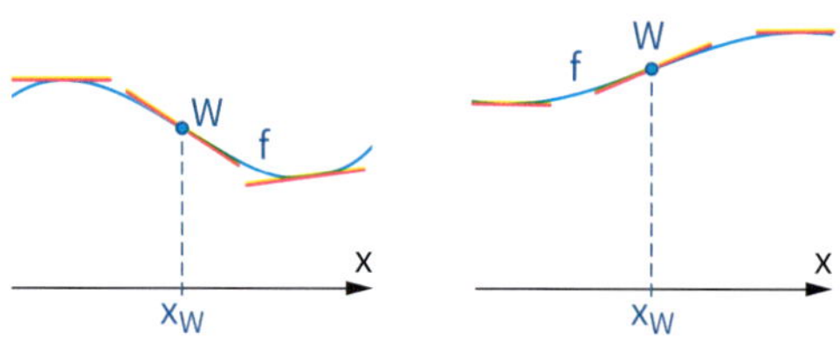

Sattelpunkt

Ein **Sattelpunkt** ist ein Wendepunkt mit einer waagerechten Tangente.
Die Steigung in einem Sattelpunkt ist null und sie ist maximal oder minimal.

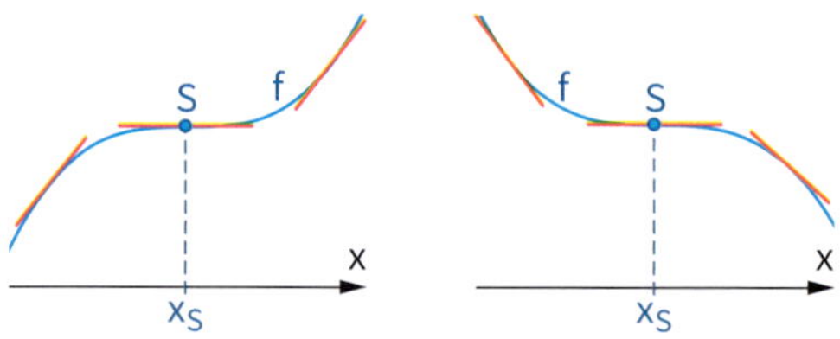

13 Punkte mit waagerechter Tangente

Geben Sie die Koordinaten der Punkte mit waagerechten Tangenten an und bezeichnen Sie diese mit den passenden Fachbegriffen.

a)

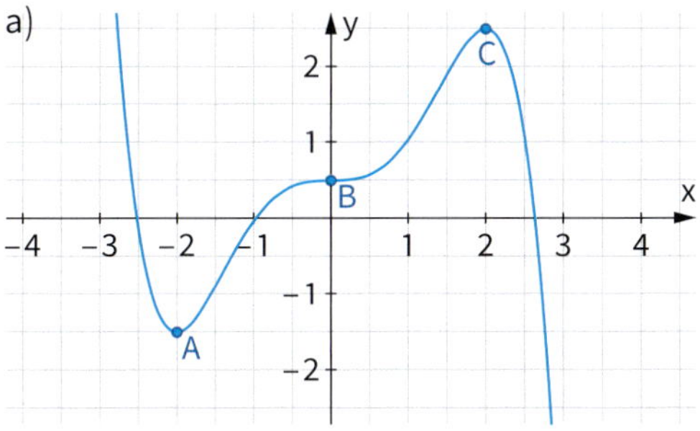

b)

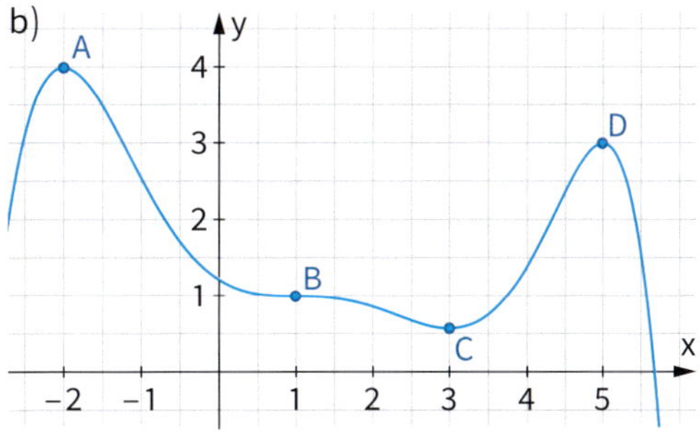

14 Graphen skizzieren

Skizzieren Sie einen passenden Graphen einer Funktion f und ihrer Ableitungsfunktion f′ in der Nähe der Stelle x_0.

a) Die Ableitung von f an der Stelle x_0 ist null. Die Tangenten schmiegen sich in der Nähe des Punktes $P(x_0 | f(x_0))$ von unten an den Graphen von f.

b) Die Ableitung von f an der Stelle x_0 ist null. Die Tangenten schmiegen sich in der Nähe des Punktes $P(x_0 | f(x_0))$ von oben an den Graphen von f.

c) Der Graph der Ableitungsfunktion f′ hat an der Stelle x_0 einen Tiefpunkt auf der x-Achse.

d) Der Graph der Ableitungsfunktion f′ hat an der Stelle x_0 einen Hochpunkt auf der x-Achse.

Prüfe dich! Lösungen auf Seite 219

15 In der Wetterstation auf dem Brocken im Harz wurde an einem Frühlingstag über einen Zeitraum von 24 Stunden der Temperaturverlauf aufgezeichnet. Dieser kann als Graph einer Funktion aufgefasst werden, die jedem Zeitpunkt die Temperatur zuordnet.

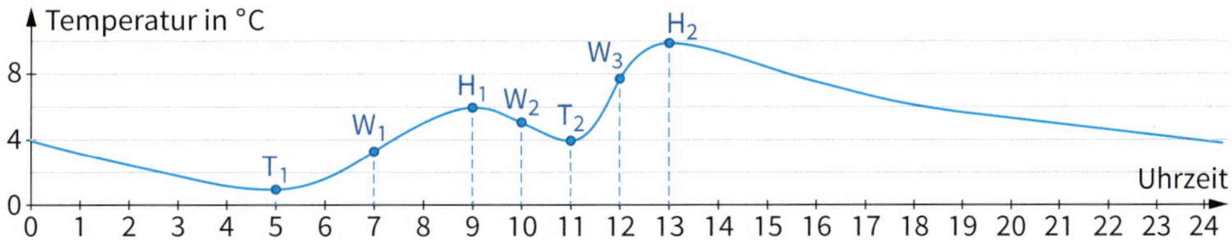

a) Beschreiben Sie den Temperaturverlauf. Gehen Sie dabei auf die gekennzeichneten Hoch-, Tief- und Wendepunkte ein.

b) Skizzieren Sie den Graphen der zugehörigen Ableitungsfunktion.

16 Der Graph einer Funktion f hat zwei Hochpunkte, einen Tiefpunkt und einen Sattelpunkt. Zeichnen Sie einen Graphen mit diesen Eigenschaften.

17 Graph der Ableitungsfunktion mit dem Rechner anzeigen

Grafisches Differenzieren ist auch mit digitalen Rechenwerkzeugen möglich. Hat man bereits den Graphen einer Funktion f gezeichnet, lässt sich über einen Befehl wie *Ableitung (f)*, $\frac{d}{dx}(f)$ oder *f′* der Graph der zugehörigen Ableitungsfunktion anzeigen.

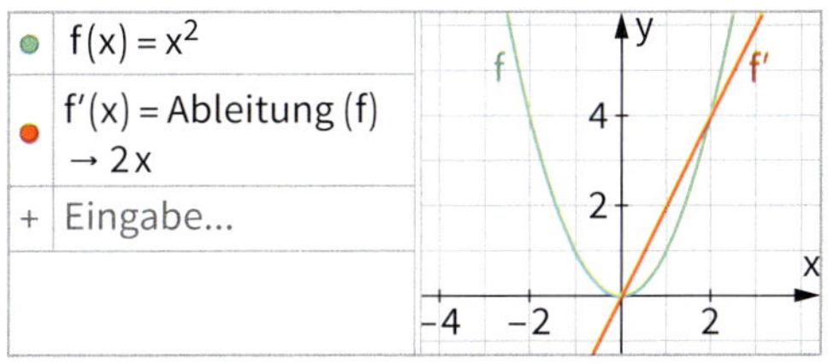

Erkunden Sie die Vorgehensweise bei Ihrem Rechner und lassen Sie die Graphen von f und f′ anzeigen. Beschreiben Sie die Zusammenhänge zwischen den beiden Graphen.

a) $f(x) = -x^2 + 3x - 1$ b) $f(x) = x^3$ c) $f(x) = 2 \cdot 0{,}8^x$ d) $f(x) = (x + 2)^2$

2.5 Potenzregel

$f(x) = x^2$
$f'(x) = 2x$

„x_0" heißt hier einfach „x".

Tipp fürs Herleiten mit der $(x - x_0)$-Schreibweise: ***verallgemeinerte 3. binom. Formel***

Potenzfunktionen können mit einer einfachen Regel abgeleitet werden. Diese Regel kann man wie bei der Quadratfunktion mithilfe des Differenzenquotienten herleiten.

Bei der Kubikfunktion f mit $f(x) = x^3$ z. B. geht man wie folgt vor:

Man bestimmt die Steigung der Sekante durch die Punkte $P(x \mid x^3)$ und $Q(x+h \mid (x+h)^3)$ mit $h \neq 0$ auf dem Graphen von f. Für den Differenzenquotienten gilt:

$$\frac{f(x+h)-f(x)}{h}$$
$$= \frac{(x+h)^3 - x^3}{h} = \frac{(x+h)^2 \cdot (x+h) - x^3}{h}$$
$$= \frac{(x^2 + 2xh + h^2)\cdot(x+h) - x^3}{h}$$
$$= \frac{x^3 + 2x^2h + xh^2 + x^2h + 2xh^2 + h^3 - x^3}{h}$$
$$= \frac{3x^2h + 3xh^2 + h^3}{h}$$
$$= \frac{h\cdot(3x^2 + 3xh + h^2)}{h} = 3x^2 + 3xh + h^2$$

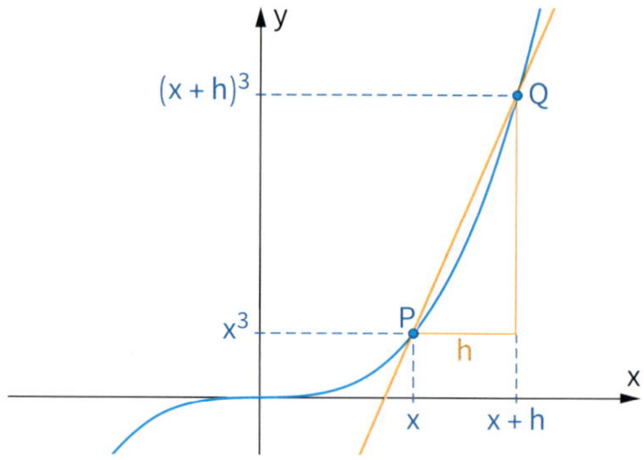

Für $h \to 0$ gilt $h^2 \to 0$. Da x ein beliebiger fester Wert ist, gilt auch $3xh \to 0$ für $h \to 0$.

Damit erhält man:

$$\frac{f(x+h)-f(x)}{h} = 3x^2 + 3xh + h^2$$
$$\downarrow h \to 0$$
$$\lim_{h\to 0} \frac{f(x+h)-f(x)}{h} = 3x^2 + 0 + 0 = 3x^2$$

Da dies für alle reellen Zahlen x gilt, hat die Kubikfunktion die Ableitung $f'(x) = 3x^2$.

Man kann zeigen, dass allgemein die folgende Regel für die Ableitung von Potenzfunktionen mit ganzzahligen Exponenten gilt (vgl. zur Begründung Aufgabe 7).

WES-135805-211

Potenzregel
Satz: Eine Potenzfunktion f mit $\mathbf{f(x) = x^n}$ für $n \in \mathbb{Z}$ hat die Ableitung $\mathbf{f'(x) = n \cdot x^{n-1}}$.

Potenzfunktion ableiten

Berechnen Sie die Ableitung der Funktion f.

a) $f(x) = x^5$ b) $f(x) = x$

Lösung

a) $f(x) = x^5$
$f'(x) = 5 \cdot x^{5-1}$
$= 5x^4$

b) $f(x) = x = x^1$
$f'(x) = 1 \cdot x^{1-1}$
$= x^0 = 1$

Ableitung an einer Stelle berechnen

Berechnen Sie die Ableitung der Funktion h mit $h(t) = t^{10}$ an der Stelle $t_0 = -1$.

Lösung

$h(t) = t^{10}$
$h'(t) = 10 \cdot t^{10-1} = 10t^9$
$h'(-1) = 10 \cdot (-1)^9 = -10$

1 **Potenzregel anwenden**

Bestimmen Sie die Ableitungsfunktion.

a) $f(x) = x^2$ b) $f(x) = x^{-2}$ c) $f(x) = x^{100}$ d) $f(t) = t^4$
e) $s(t) = t^7$ f) $v(s) = s^{-1}$ g) $h(t) = \frac{t^6}{t^3}$ h) $g(x) = \frac{3}{x^5}$

2 ≡ **Funktionswerte der Ableitungsfunktion**

Berechnen Sie die Ableitung der Funktion an der angegebenen Stelle.

a) $f(x) = x^3;\ x_0 = 4$ b) $f(x) = x^{-4};\ x_0 = 2$ c) $v(t) = t^2;\ t_0 = 4$

d) $f(t) = t^5;\ t_0 = 10$ e) $h(s) = s^8;\ s_0 = -3$ f) $g(x) = \frac{4}{x^2};\ x_0 = -1$

e) $g(x) = x^{n-1};\ n \geq 1;\ x_0 = 1$ h) $f(x) = x^{2k};\ k \in \mathbb{N};\ x_0 = -1$ i) $f(x) = x^{2k+1};\ k \in \mathbb{N};\ x_0 = -1$

3 ≡ **Fehler finden**

Luka hat die Steigung der Tangente an den Graphen der Funktion f an der Stelle x_0 berechnet. Was hat er falsch gemacht? Berechnen Sie den korrekten Wert.

a) $f(x) = x^3;\ x_0 = 2$
Ableitung: $f'(x) = x^2$
Steigung der Tangente in x_0:
$f'(2) = 4$

b) $f(x) = x^6;\ x_0 = -1$
Ableitung: $f'(x) = 6x^5$
Steigung der Tangente in x_0:
$f'(-1) = 6$

4 ≡ Bestimmen Sie die Ableitung der Funktion an der angegebenen Stelle.

a) $f(x) = x^4;\ x_0 = 4$ b) $g(t) = \frac{1}{t^4};\ t_0 = -1$ c) $h(s) = s^{k+2};\ k \in \mathbb{N};\ s_0 = 0$

Prüfe dich!
Lösungen auf Seite 219

5 ≡ **Graphen von Ableitungsfunktionen**

Skizzieren Sie den Graphen der Funktion f und den Graphen der zugehörigen Ableitungsfunktion f′ in ein gemeinsames Koordinatensystem. Erläutern Sie Zusammenhänge zwischen den Verläufen der beiden Graphen.

a) $f(x) = x^2$ b) $f(x) = x^3$ c) $f(x) = x$ d) $f(x) = 5$

6 ≡ **Ableitung verschobener Potenzfunktionen**

a) Zeichnen Sie den Graphen der Funktion f mit $f(x) = x^3$. Zeichnen Sie darunter den Graphen der zugehörigen Ableitungsfunktion f′. Erläutern Sie die Zusammenhänge beider Graphen.

b) Erläutern Sie, wie der Graph der Funktion g mit $g(x) = (x-2)^3$ aus dem Graphen der Funktion f aus Teilaufgabe a) hervorgeht. Zeichnen Sie den Graphen von g und darunter den Graphen von g′. Geben Sie einen Funktionsterm für g′ an.

7 ≡ **Potenzregel für negative Exponenten bestätigen**

Mila möchte die Ableitung der Funktion f mit $f(x) = x^{-3} = \frac{1}{x^3}$ mithilfe des Differenzenquotienten bestimmen. Potenzfunktionen mit natürlichen Exponenten kann sie mithilfe der Potenzregel ableiten.
Sie hat deshalb versucht, den Differenzenquotienten von f so umzuformen, dass der bekannte Differenzenquotient $\frac{(x+h)^3 - x^3}{h}$ der Kubikfunktion g mit $g(x) = x^3$ vorkommt.
Ergänzen Sie die Lücke in Milas Berechnung und bestimmen Sie die Ableitung von f.

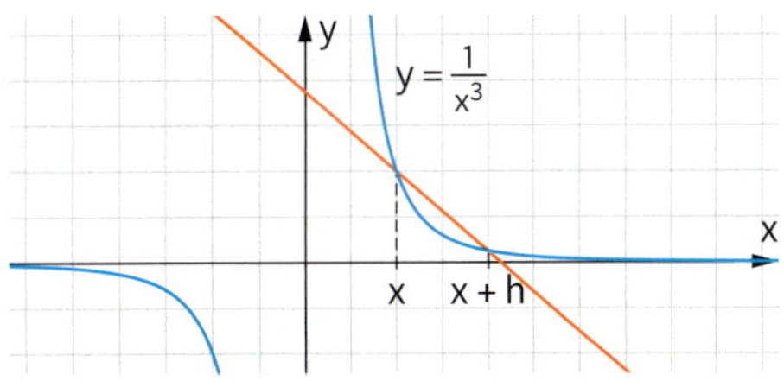

$$\frac{f(x+h) - f(x)}{h}$$
$$= \frac{\frac{1}{(x+h)^3} - \frac{1}{x^3}}{h} = \ldots = \frac{-\frac{(x+h)^3 - x^3}{h}}{(x+h)^3 \cdot x^3}$$

8 ≡ **Änderungsraten beim Volumen eines Würfels**

Betrachten Sie die Funktion V, die der Kantenlänge a eines Würfels sein Volumen $V(a) = a^3$ zuordnet.
Bestimmen Sie die mittlere und die lokale Änderungsrate von V an einer beliebigen Stelle a_0 mit der h-Schreibweise und deuten Sie die Ergebnisse geometrisch am Würfel.

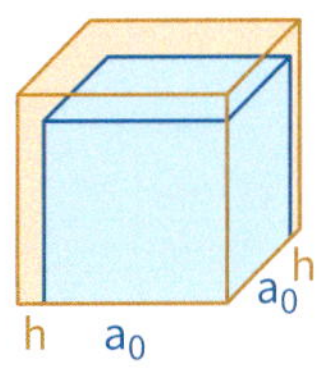

2.6 Faktor- und Summenregel

Vorbereiten
Seite 202

- Zeigen Sie mithilfe des Differenzenquotienten, dass Clara und Leon recht haben.
- Leiten Sie eine allgemeine Regel für die Ableitung der Funktion g mit $g(x) = k \cdot u(x)$ bzw. $g(x) = u(x) + v(x)$ her.

Lösung – Herleitung Faktorregel

Stellt man den Differenzenquotienten auf, so erkennt man, dass man den Faktor 2,5 bzw. k ausklammern kann.

$$\frac{f(x+h)-f(x)}{h} = \frac{2{,}5 \cdot (x+h)^4 - 2{,}5 \cdot x^4}{h} = 2{,}5 \cdot \frac{(x+h)^4 - x^4}{h}$$

$h \to 0$

$$\lim_{h \to 0} \frac{f(x+h)-f(x)}{h} = 2{,}5 \cdot 4x^3$$

Für die Ableitung der Funktion f gilt somit $f'(x) = 2{,}5 \cdot 4x^3 = 10x^3$.

$$\frac{g(x+h)-g(x)}{h} = \frac{k \cdot u(x+h) - k \cdot u(x)}{h} = k \cdot \frac{u(x+h)-u(x)}{h}$$

$h \to 0$

$$\lim_{h \to 0} \frac{g(x+h)-g(x)}{h} = k \cdot u'(x)$$

Für die Ableitung der Funktion g gilt somit $g'(x) = k \cdot u'(x)$.

Lösung – Herleitung Summenregel

Die Differenzenquotienten können so umgeformt werden, dass sie aus zwei Summanden bestehen. Diese Summanden sind die Differenzenquotienten zu x^4 und x^3 bzw. zu u und v.

$$\frac{f(x+h)-f(x)}{h} = \frac{(x+h)^4 + (x+h)^3 - x^4 - x^3}{h} = \frac{(x+h)^4 - x^4}{h} + \frac{(x+h)^3 - x^3}{h}$$

$h \to 0$

$$\lim_{h \to 0} \frac{f(x+h)-f(x)}{h} = 4x^3 + 3x^2$$

Für die Ableitung der Funktion f gilt somit $f'(x) = 4x^3 + 3x^2$.

$$\frac{g(x+h)-g(x)}{h} = \frac{u(x+h) + v(x+h) - u(x) - v(x)}{h} = \frac{u(x+h)-u(x)}{h} + \frac{v(x+h)-v(x)}{h}$$

$h \to 0$

$$\lim_{h \to 0} \frac{g(x+h)-g(x)}{h} = u'(x) + v'(x)$$

Für die Ableitung der Funktion g gilt somit $g'(x) = u'(x) + v'(x)$.

WES-135805-212

Faktorregel

Satz: Ist $f(x) = k \cdot u(x)$ mit $k \in \mathbb{R}$ und hat u die Ableitung u′, so gilt $f'(x) = k \cdot u'(x)$.

„Der Vorfaktor bleibt beim Ableiten stehen."

$f(x) = -3x^6$
$f'(x) = (-3) \cdot 6 \cdot x^5 = -18x^5$

Summenregel

Satz: Ist $f(x) = u(x) + v(x)$ und hat u bzw. v die Ableitung u′ bzw. v′, so gilt $f'(x) = u'(x) + v'(x)$.

„Jeder Summand wird einzeln abgeleitet."

$f(x) = x^7 + x^2$
$f'(x) = 7x^6 + 2x$

Zusammengesetzte Funktionsterme

a) Ableitung von f mit $f(x) = 3x^4 + 5x$

$$f(x) = 3x^4 + 5x$$

Summenregel

$$f'(x) = \underbrace{3 \cdot 4x^3}_{\text{Faktorregel}} + \underbrace{5 \cdot 1 \cdot x^0}_{\text{Faktorregel}} = 12x^3 + 5$$

b) Ableitung von f mit $f(x) = -2x^3 - 8$

$$f(x) = -2x^3 + (-8)$$

Summenregel

$$f'(x) = \underbrace{(-2) \cdot 3x^2}_{\text{Faktorregel}} + \underbrace{0}_{\text{Ableitung einer Konstanten}} = -6x^2$$

1 Faktorregel anwenden

Bestimmen Sie die Ableitung der Funktion f.

a) $f(x) = 3x^5$ b) $f(x) = 7x^9$ c) $f(x) = -5x^4$ d) $f(x) = \frac{1}{8}x^5$

2 Funktionswerte von Ableitungsfunktionen

Berechnen Sie die Ableitung der Funktion an der angegebenen Stelle.

a) $f(x) = 4x^3;\ x_0 = 4$ b) $f(x) = 2x^6;\ x_0 = -10$ c) $f(x) = -3x^5;\ x_0 = -1$ d) $f(x) = 17;\ x_0 = -2$

e) $g(t) = \pi \cdot t^5;\ t = 10$ f) $h(s) = \frac{s^8}{8};\ s = -2$ g) $s(t) = \frac{t^2}{6};\ t = 4$ h) $v(s) = k;\ s = -0{,}3$

3 Ableitung einer Differenz

Bestimmen Sie mithilfe der Summen- und der Faktorregel die Ableitung der Differenz.

a) $f(x) = x^2 - 2x$ b) $f(x) = 3x^3 - 6x^2$ c) $h(t) = \frac{2}{3}t - \frac{t^5}{7}$ d) $g(t) = 5 - k \cdot t$

4 Faktorregel und Summenregel

Bestimmen Sie die Ableitung. Begründen Sie Ihr Vorgehen.

a) $f(x) = x^3 - 6x^2 + 3x + 7$

b) $f(x) = 7x^5 - 6x^4 - x^3 + 2x - 100$

c) $f(x) = -2x^5 + x^3 - \frac{1}{4}x^2$

d) $f(x) = 0{,}3x^3 - 1{,}5x^2 + 2{,}6x + 0{,}008$

e) $f(x) = \frac{x^4 - 3x^2 - 12}{3}$

f) $f(t) = \frac{t^3}{4} - t^5 + 6$

g) $f(x) = 2x^{k+1} + 0{,}5x^k;\ k \in \mathbb{N}$

h) $v(k) = k^3 - 3p \cdot k^2 + 3p^2 \cdot k - p^3$

5 Paare gesucht

Finden Sie Paare von Funktionsterm f(x) und zugehörigem Ableitungsterm f'(x).

$3x^2 - 5$ $100x^{99}$ $100x + 99$ $x^3 - 5x + 2$ 11 $-11x + 11$ $2k^2x + 2k$ 100 $\frac{1}{2}x^2 - 4x$ 0 $x - 4$ $x^{100} + 100$ $kx^2 + k^2x$ -11 $2kx + k^2$ $k^2x^2 + 2kx$

6 Erst ausmultiplizieren, dann ableiten

Bestimmen Sie die Ableitungsfunktion f'. Multiplizieren Sie zunächst aus.

a) $f(x) = 2x \cdot (x - 3)$ b) $f(x) = (x + 4)^2$ c) $f(x) = (x - 5) \cdot (x + 5) \cdot (x + 1)$

7 Bestimmen Sie die Ableitung der Funktion f.

a) $f(x) = x^4 + 5x^3$ b) $f(x) = -8x^3 + 1{,}5x^2$ c) $f(x) = 9x^5 - 2{,}5x^3 + 5$

d) $f(x) = -4x^2 + 8{,}3x$ e) $f(t) = \sqrt{2}\,t^4 - 6t^2 + t$ f) $f(t) = kt^3 - 5k^2t^2 + 8k$

Prüfe dich!
Lösungen auf Seite 219

8 Paul hat die drei Funktionen falsch abgeleitet. Erläutern und korrigieren Sie seine Fehler.

a) $f(x) = 3x^2 \cdot (2x + 1)$
$f'(x) = 6x \cdot 2$
$= 12x$

b) $g(x) = 3x^2 - 2x + 3$
$g'(x) = 6x - 2 + 3$
$= 6x + 1$

c) $h(x) = 3k \cdot x^2 + 2k^2 \cdot x$
$h'(x) = 6k \cdot x + 4k$

9 ≡ **Ableitung von Funktionen mit konstanten Summanden**

a) Erläutern Sie, wie der Graph der Funktion g mit $g(x) = f(x) + c$ aus dem Graphen der Funktion f entsteht. Begründen Sie geometrisch, dass f und g die gleiche Ableitung haben.

b) Das Ergebnis aus Teilaufgabe a) kann man auch so formulieren:

Ein konstanter Summand wird beim Ableiten zu null.

Begründen Sie diese Regel mithilfe der Ableitungsregeln.

10 ≡ **Vorsicht bei Produkten und Quotienten**

Bettina braucht Hilfe bei ihren Hausaufgaben. Geben Sie die richtige Lösung an.

a) $f(x) = 2x \cdot (x^2 - 1)$

$f'(x) = 2 \cdot (2x - 0) = 4x$

b) $f(x) = \frac{3x^2 + x^3}{x}$

$f'(x) = \frac{6x + 3x^2}{1} = 6x + 3x^2$

11 ≡ **Tangente an Graphen von Potenzfunktionen konstruieren**

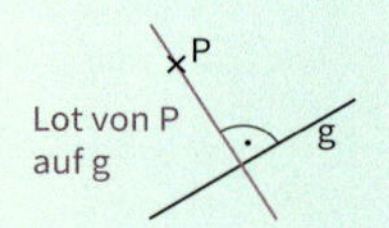

Man kann die Tangente in einem Punkt $P(a\,|\,f(a))$ an den Graphen der Funktion f mit $f(x) = x^3$ auf folgende Weise exakt konstruieren:

- Das Lot von P auf die y-Achse fällen und den Punkt P_1 erhalten.
- Die 2-fache Länge der Strecke $\overline{OP_1}$ von O aus auf der y-Achse abtragen und den Punkt Q erhalten.
- Die Gerade durch Q und P ist die gesuchte Tangente.

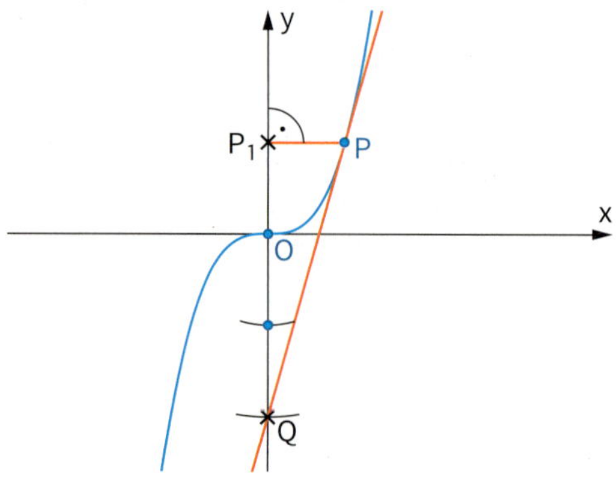

a) Zeigen Sie dies durch eine Rechnung.

b) Verallgemeinern Sie das Konstruktionsverfahren aus Teilaufgabe a) für Potenzfunktionen mit natürlichen Exponenten.

12 ≡ **Fallschirmsprung**

Die Abbildung zeigt den Graphen einer Funktion h, die die Höhe eines Fallschirmspringers in Metern über dem Boden nach t Sekunden Fallzeit angibt. Anfangs fliegt der Springer nahezu im freien Fall. Nach dem Öffnen des Fallschirms schwebt er zu Boden.

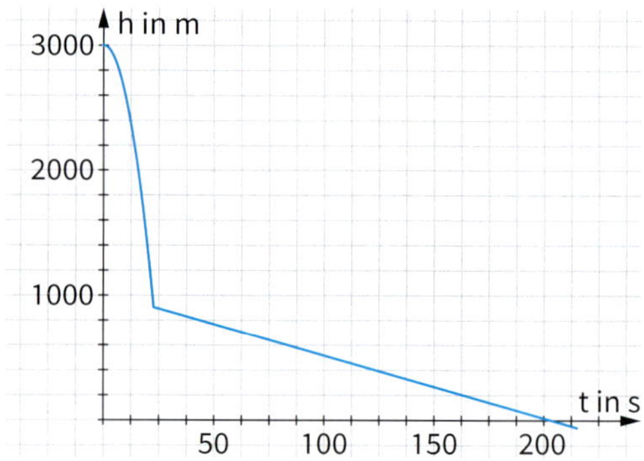

a) In welchen Zeitintervallen nimmt die Fallgeschwindigkeit des Springers zu, in welchen nimmt sie ab und in welchen bleibt sie konstant?

b) Bei diesem Sprung kann die Höhe h näherungsweise durch

$h(t) = \begin{cases} 3000 - 4{,}1\,t^2 & \text{für } 0 \le t < 22 \\ 1016 - 5\,t & \text{für } t \ge 22 \end{cases}$ beschrieben werden.

Skizzieren Sie den Graphen der Zeit-Geschwindigkeit-Funktion für diesen Sprung.

c) Bestimmen Sie einen Term für die Zeit-Geschwindigkeit-Funktion und überprüfen Sie Ihr Ergebnis aus Teilaufgabe b) mit einem Rechner.

d) Bei welcher Geschwindigkeit öffnet sich der Fallschirm? Mit welcher Geschwindigkeit kommt der Springer am Boden an?

13 ≡ **Volumen einer Kugel**

Die Formel für das Volumen einer Kugel kann man als Funktion auffassen, bei der jedem Radius r ein Volumen V(r) zugeordnet wird.
Bestimmen Sie die Ableitung V′(r) und deuten Sie das Ergebnis geometrisch.

Volumen der Kugel

$V = \frac{4}{3}\pi r^3$

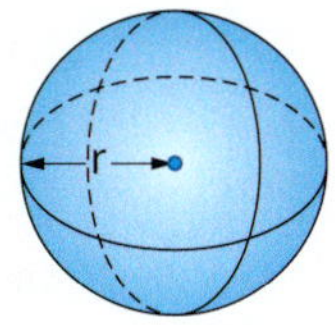

14 ≡ **Tangenten durch den Koordinatenursprung**

Bestimmen Sie alle Punkte auf dem Graphen der Funktion f, für die die Tangente an den Graphen von f durch den Koordinatenursprung verläuft. Fertigen Sie zunächst eine Skizze an.

a) $f(x) = \frac{1}{8} \cdot (x^2 - 8x + 36)$ b) $f(x) = x^3 - x^2$ c) $f(x) = x^4 + 3$

15 ≡ **Schneelawinen**

Lawinen können einen Berg mit der Geschwindigkeit eines Formel-1-Rennwagens hinunterdonnern: 300 km/h sind keine Seltenheit! Je steiler der Hang ist und je länger die Lawine schon rollt, desto schneller wird sie.

Für den zurückgelegten Weg s in Metern in Abhängigkeit von der Zeit t in Sekunden gilt $s(t) = \frac{1}{2} g \cdot \sin(\alpha) \cdot t^2$.
Hierbei ist $g = 9{,}81\ \text{m/s}^2$ die Erdbeschleunigung und α der Neigungswinkel des Berges.

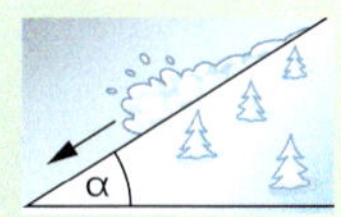

Neigungswinkel

a) Geben Sie eine Formel für die Geschwindigkeit v(t) einer Schneelawine in Abhängigkeit von der Zeit t an.
b) Geben Sie Beispiele für α und t an, sodass die Lawinengeschwindigkeit 300 km/h beträgt.

16 ≡ **Krater Eagle**

Am 5. Januar 2004 landete das Marsmobil Opportunity auf dem Mars im Krater Eagle, der einen Durchmesser von 22 m aufweist. Am 24. März 2004 gelang es ihm im zweiten Anlauf, diesen Krater zu verlassen.
Beim ersten Versuch, die 16 %ige Steigung am Rand des Kraters zu nehmen, rutschte der Rover ab und drohte sogar umzukippen.

Nehmen Sie an, dass der Querschnitt des Kraters durch eine gestreckte Parabel bestimmt werden kann. Fertigen Sie eine Skizze an und bestimmen Sie daraus die Parabelgleichung. Ermitteln Sie näherungsweise die Tiefe des Kraters.

17 ≡ **Eindeutigkeit nicht gegeben**

Ersa und Christo suchen zu einer Ableitungsfunktion f‘ eine passende Funktion f.
Man sagt auch, sie suchen eine Stammfunktion der Ableitungsfunktion.
Nehmen Sie Stellung zur Diskussion von Ersa und Christo.

2.7 Tangenten und Normalen

Die Fahrbahn einer Halfpipe muss gegen Belastungen abgestützt sein. Eine solche Stütze wird idealerweise orthogonal zur gekrümmten Fahrbahn konstruiert. Dazu bestimmt man im Berührpunkt zunächst die Tangente und dann die zu ihr orthogonale Gerade, die sogenannte *Normale*.

- Der untere Teil einer Fahrbahn wird durch die Funktion f mit $f(x) = \frac{1}{40}x^4$ modelliert. Beschreiben Sie die Stütze durch die Normale an der Stelle $x_0 = 2$.

Lösung

Die Tangente an den Graphen von f an der Stelle $x_0 = 2$ verläuft durch den Punkt $P(2\,|\,f(2))$, also $P(2\,|\,0{,}4)$, und hat die Steigung $f'(2) = \frac{1}{10} \cdot 2^3 = 0{,}8$.

Nachschlagen
Seite 18

Damit erhält man als Tangentengleichung:
$y = 0{,}8 \cdot (x - 2) + 0{,}4 = 0{,}8x - 1{,}2$

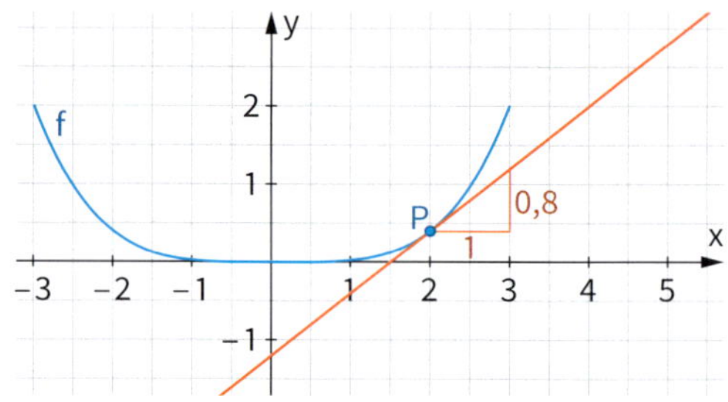

Um die Normale zu erhalten, dreht man die Tangente zusammen mit dem Steigungsdreieck um den Punkt P um 90°. Die beiden Katheten tauschen ihre Rollen, zugleich ändert die Steigung ihr Vorzeichen.

Damit erhält man als Normalengleichung:
$y = \frac{-1}{0{,}8} \cdot (x - 2) + 0{,}4 = -1{,}25 \cdot (x - 2) + 0{,}4$
$= -1{,}25x + 2{,}9$

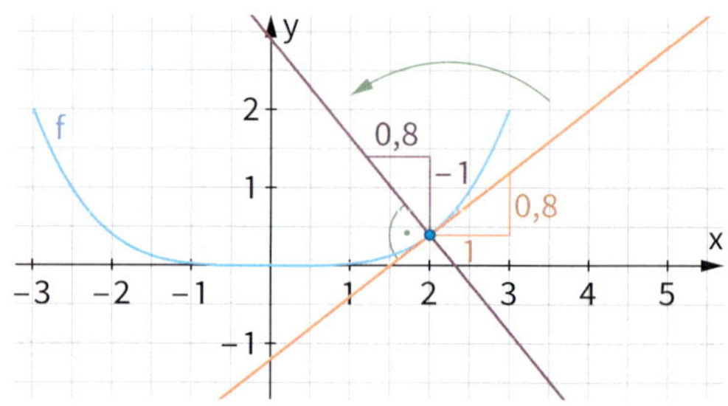

WES-135805-213

Tangente und Normale

Die Orthogonale zur Tangente an den Graphen einer Funktion f im Punkt $P(x_0\,|\,f(x_0))$ heißt die **Normale** an den Graphen von f im Punkt P bzw. an der Stelle x_0.

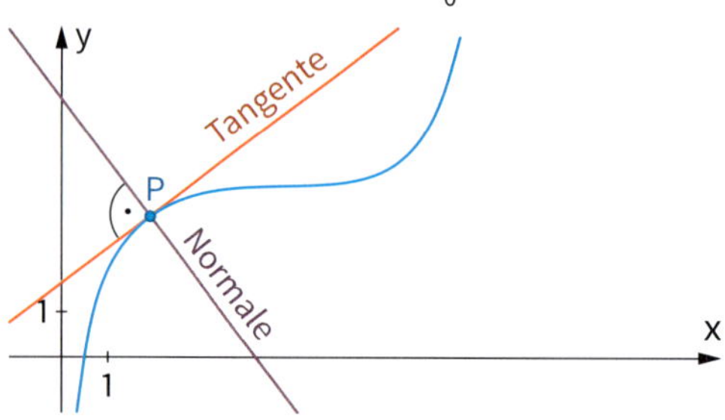

Orthogonalitätsbedingung

Satz

Hat die Gerade g die Steigung $m \neq 0$, so hat jede zu g orthogonale Gerade die Steigung $-\frac{1}{m}$.

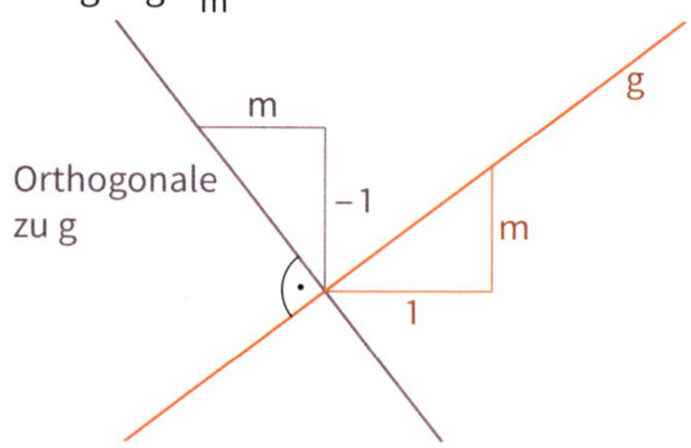

Tangentengleichung

Die Gleichung der Tangente an den Graphen einer Funktion f an der Stelle x_0 lautet:
$\mathbf{y = f'(x_0) \cdot (x - x_0) + f(x_0)}$

Normalengleichung

Die Gleichung der Normalen an den Graphen einer Funktion f an der Stelle x_0 lautet:
$\mathbf{y = -\frac{1}{f'(x_0)} \cdot (x - x_0) + f(x_0)}$

Tangenten- und Normalengleichung bestimmen

$f(x) = 1{,}5x^2 + 4x$

- Gleichung der Tangente an den Graphen von f an der Stelle $x_0 = 2$ bestimmen:

Allgemeine Form der Tangentengleichung $y = f'(x_0) \cdot (x - x_0) + f(x_0)$

Steigung von f in x_0 berechnen $f'(x) = 3x + 4$

$f'(2) = 3 \cdot 2 + 4 = 10$

Funktionswert an der Stelle x_0 berechnen $f(2) = 1{,}5 \cdot 2^2 + 4 \cdot 2 = 6 + 8 = 14$

Einsetzen und vereinfachen $y = 10 \cdot (x - 2) + 14 = 10x - 20 + 14$

$= 10x - 6$

- Gleichung der zugehörigen Normalen bestimmen:

Allgemeine Form der Normalengleichung $y = -\frac{1}{f'(x_0)} \cdot (x - x_0) + f(x_0)$

Einsetzen und vereinfachen $y = -\frac{1}{10} \cdot (x - 2) + 14 = -\frac{1}{10}x + \frac{1}{5} + 14$

$= -\frac{1}{10}x + \frac{71}{5}$

1 Tangenten an Graphen von Potenzfunktionen

Bestimmen Sie die Gleichung der Tangente an den Graphen der Funktion f an der Stelle x_0 und ermitteln Sie den Schnittpunkt der Tangente mit der x-Achse.

a) $f(x) = x^3;\ x_0 = 2$ b) $f(x) = x^5;\ x_0 = -1$ c) $f(x) = x^4;\ x_0 = 0{,}5$ d) $f(x) = x^6;\ x_0 = -0{,}1$

2 Einen Unfallweg modellieren

„F1-Pilot kracht in Reifenstapel!", überschrieben Zeitungen ihre Berichte zum Unfall eines Formel-1-Rennfahrers auf der Rennstrecke. Aufgrund eines technischen Defekts konnte der Fahrer nicht in die Kurve einlenken und raste geradeaus in eine Streckenbegrenzung.

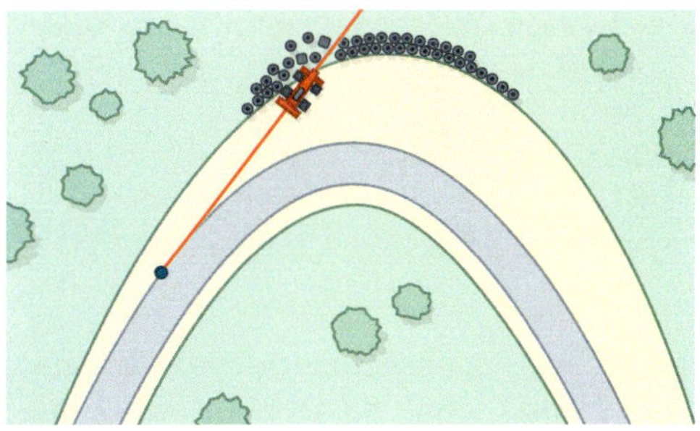

Modellieren Sie den Unfallweg, wenn die Funktion f mit $f(x) = -\frac{2}{9}x^2 + 4$ den äußeren Rand der Rennstrecke beschreibt und die Lenkung an der Stelle -3 versagt hat.

3 Von Tangenten- zur Normalengleichung und umgekehrt

a) Eine Tangente an den Graphen einer Funktion f hat die Gleichung $y = 2 \cdot (x - 3) + 8$. Geben Sie die Gleichung der zugehörigen Normalen durch den Punkt $P(3|8)$ an.

b) Eine Normale an den Graphen einer Funktion f hat die Gleichung $y = \frac{1}{2} \cdot (x + 5) - 7$. Geben Sie die Gleichung der zugehörigen Tangente durch den Punkt $Q(-5|-7)$ an.

4 Normalengleichungen

Bestimmen Sie die Gleichung der Normalen an den Graphen der Funktion f an der Stelle x_0.

a) $f(x) = 2x^2 + 3;\ x_0 = 1$ b) $f(x) = \frac{1}{3}x^3 - x;\ x_0 = 2$ c) $f(x) = 2x^3 - 5x;\ x_0 = -1$

d) $f(x) = 1{,}5x^4 - x^2;\ x_0 = 1$ e) $f(x) = 2{,}5x^4 - x^2;\ x_0 = -1$ f) $f(x) = x^n;\ n \in \mathbb{N}\setminus\{0\};\ x_0 = 1$

5 Bestimmen Sie die Gleichung der Tangente und der Normalen an den Graphen der Funktion f mit $f(x) = -5x^2 + 2$ an der Stelle $x_0 = 1$.

Prüfe dich!
Lösungen auf Seite 220

6 ☰ **Tangente mit vorgegebener Eigenschaft**
Gegeben ist die Funktion f mit $f(x) = x^2 - 2x - 3$.
a) Berechnen Sie die Steigung von f in den Nullstellen und bestimmen Sie die Gleichungen der Tangenten an den Graphen von f an diesen Stellen.
b) In welchem Punkt besitzt der Graph von f eine Tangente, die parallel zur Geraden g mit $g(x) = 4x + 3$ verläuft?
c) Bestimmen Sie den Punkt auf dem Graphen von f, in dem die Tangente parallel zur Geraden zu $y = 0{,}5x + 1$ verläuft.

7 ☰ **Orthogonalität von Geraden**
a) Zeichnen Sie eine Gerade mit Steigung m und zeichnen Sie dazu eine Orthogonale. Bestimmen Sie deren Steigung mithilfe geeigneter Steigungsdreiecke und überprüfen Sie, ob die Orthogonalitätsbedingung erfüllt ist.
(1) $m = 2$ (2) $m = -3$ (3) $m = -\frac{2}{3}$ (4) $m = \frac{1}{4}$
b) Erläutern Sie mithilfe Ihrer Ergebnisse aus Teilaufgabe a):

Für zwei sich orthogonal schneidende Geraden g_1 und g_2 mit Steigung m_1 bzw. m_2 gilt $\mathbf{m_1 \cdot m_2 = -1}$.

Orthogonalität von Funktionsgraphen
Die Graphen der Funktionen f und g mit $f(x) = \frac{1}{8}x^2$ und $g(x) = x^2 - 6x$ schneiden sich an der Stelle $x_0 = 2$. Untersuchen Sie, ob sich die Graphen orthogonal schneiden.

Lösung

Zu prüfende Bedingung	$f'(x_0) \cdot g'(x_0) = -1$	
Steigung der Tangenten bestimmen	$f'(x) = \frac{1}{4}x$	$f'(2) = \frac{1}{4} \cdot 2 = \frac{1}{2}$
	$g'(x) = 2x - 6$	$g'(2) = 2 \cdot 2 - 6 = -2$
Einsetzen	$f'(2) \cdot g'(2) = \frac{1}{2} \cdot (-2) = -1$ ✓	

Die Graphen von f und g schneiden sich orthogonal an der Stelle $x_0 = 2$.

8 ☰ **Funktionsgraphen auf Orthogonalität untersuchen**
Untersuchen Sie, ob sich die Graphen der Funktionen f und g an der Stelle x_0 orthogonal schneiden.
a) $f(x) = \frac{4}{5}x - 1$; $g(x) = -1{,}25x + 9{,}25$; $x_0 = 5$
b) $f(x) = 3x + 2$; $g(x) = -\frac{1}{3}x - 4$; $x_0 = 2$
c) $f(x) = -x^2$; $g(x) = x - \frac{3}{4}$; $x_0 = 0{,}5$
d) $f(x) = x^2 + 3x$; $g(x) = 2x^3 - 7x$; $x_0 = -2$

9 ☰ **Tangenten, Normalen, Orthogonalität**
Gegeben ist die Funktion f mit $f(x) = 4x^2 - \frac{1}{6}x^3$.
a) Bestimmen Sie die Gleichung der Tangente und der Normalen an den Graphen von f an der Stelle −1.
b) Ermitteln Sie die Stelle, an der der Graph von f eine Tangente hat, die parallel zur Geraden zu $y = 8x + 32$ verläuft.
c) Untersuchen Sie, ob der Graph von f den Graphen von g mit $g(x) = -\frac{1}{6}x^2 + 4x$ an der Stelle 1 orthogonal schneidet.
d) Ermitteln Sie, ob es Punkte gibt, in denen die Normale an den Graphen von f die Steigung $m = 0{,}025$ hat.
e) Untersuchen Sie, ob es Punkte auf dem Graphen von f gibt, an denen die Normale parallel zur y-Achse bzw. x-Achse verläuft.

10 ≡ **Punkte zu gegebenen Normalen ermitteln**

a) Eine Normale an den Graphen der Quadratfunktion hat die Steigung –5. Bestimmen Sie die Koordinaten des zugehörigen Punktes auf dem Graphen.

b) In welchem Punkt hat der Graph der Quadratfunktion eine Normale parallel zur Geraden g mit $g(x) = 3x + 2$?

---

11 ≡ a) Berechnen Sie die Gleichung der Tangente und der Normalen an den Graphen der Funktion f mit $f(x) = \frac{1}{8}x^4$ im Punkt $P(2\,|\,f(2))$.

b) Ermitteln Sie, in welchem Punkt die Normale an den Graphen von f die Steigung 16 hat.

Prüfe dich! Lösungen auf Seite 220

12 ≡ Untersuchen Sie, ob sich die Funktionen f und g mit $f(x) = \frac{1}{5}x^2 - \frac{2}{5}x + 1$ und $g(x) = -x^2 + x + 3$ an der Stelle $x = 2$ orthogonal schneiden.

---

13 ≡ **Durch Tangenten begrenzte Fläche**

Die Tangenten an den Graphen der Funktion f mit $f(x) = x^4$ an den Stellen $x = 2$ und $x = 4$ schließen zusammen mit der x-Achse ein Dreieck ein. Fertigen Sie eine Skizze an und bestimmen Sie den Flächeninhalt dieses Dreiecks.

14 ≡ **Sekante und Tangente in einem Intervall**

Gegeben ist die Normalparabel mit der Funktionsgleichung $y = x^2$.

a) Durch die Punkte $P(1\,|\,1)$ und $Q(5\,|\,25)$ verläuft eine Sekante. Bestimmen Sie zu der Sekante eine parallele Tangente an die Normalparabel. Was fällt auf?

b) Übertragen Sie die Untersuchungen aus Teilaufgabe a) auf zwei beliebige Punkte P und Q auf der Normalparabel. Formulieren Sie einen Satz und beweisen Sie ihn.

Steigungswinkel einer Tangente

Einstieg

Die Abbildung zeigt den Graphen einer Funktion f und die Tangente im Punkt P.

- Wie könnte man den Steigungswinkel α dieser Tangente bestimmen?

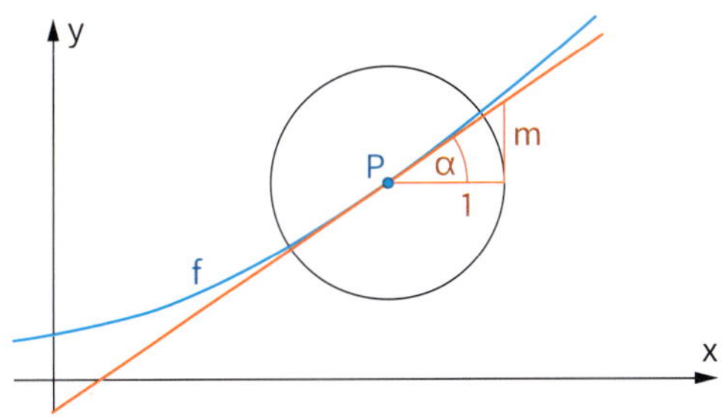

Steigungswinkel einer Funktion an einer Stelle

Unter dem **Steigungswinkel** α einer Funktion f an der Stelle x_0 versteht man den Winkel zwischen der Tangente an den Graphen von f an der Stelle x_0 und der x-Achse.

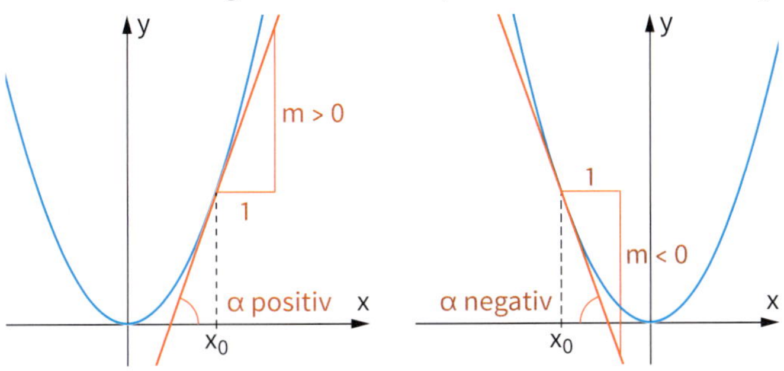

gleiche Skalierung der Koordinatenachsen

Satz: Für den Steigungswinkel α einer Funktion f gilt $\tan(\alpha) = f'(x_0)$.

WES-135805-214

Steigungswinkel berechnen

Berechnen Sie für die Funktion f mit $f(x) = 3x^4$ den Steigungswinkel α an der Stelle $x_0 = -2$.

Lösung

Ansatz	$\tan(\alpha) = f'(x_0)$
Ableitung an der Stelle x_0 berechnen	$f'(x) = 12x^3$
	$f'(-2) = 12\cdot(-2)^3 = 12\cdot(-8) = -96$
Einsetzen und auflösen	$\tan(\alpha) = -96$; also $\alpha \approx -89{,}4°$

Befehl $\tan^{-1}$ auf dem Rechner

15 ≡ **Steigungswinkel berechnen**

Berechnen Sie für die Funktion f den Steigungswinkel α an der Stelle x_0.

a) $f(x) = \frac{1}{2}x^2 + 4$; $x_0 = -1$
b) $f(x) = 2x^3 - 5x$; $x_0 = \frac{1}{2}$
c) $f(x) = -x^2 + 2x - 3$; $x_0 = -2$

16 ≡ **Flugbahn**

Die Flughöhe eines Styropor-Segelflugzeugs wird durch die Funktion f mit $f(x) = -\frac{1}{15}x^4 + \frac{1}{3}x^3$ beschrieben; x in Metern in der Horizontalen mit $x \geq 0$; $f(x)$ in Metern. Nachdem das Flugzeug 4 Meter weit geflogen ist, segelt es geradlinig bis zum Boden.
Beschreiben Sie den Landevorgang durch eine Funktion g. Bestimmen Sie die gesamte Flugweite und den Winkel, in dem das Flugzeug auf den Boden auftrifft.

Prüfe dich! Lösungen auf Seite 220

17 ≡ Bestimmen Sie den Winkel zwischen der x-Achse und der Tangente an den Graphen der Funktion f mit $f(x) = 3x^4 - \frac{1}{2}x^3$ an der Stelle $x_0 = -2$.

18 ≡ **Skiflugschanze**

Die Heini-Klopfer-Skiflugschanze in Oberstdorf ermöglicht Sprungweiten über 200 Meter. Die Anlaufbahn der Schanze besteht aus einem geradlinigen Anlauf und dem Schanzentisch, an dem der Absprung erfolgt.
Die Funktion f mit $f(x) = -0{,}0005x^3 - 0{,}2x$ modelliert den Schanzentisch; x in Metern mit $-20 \leq x \leq 0$; $f(x)$ in Metern.
Der Absprung vom Schanzentisch liegt dabei in $O(0\,|\,0)$.

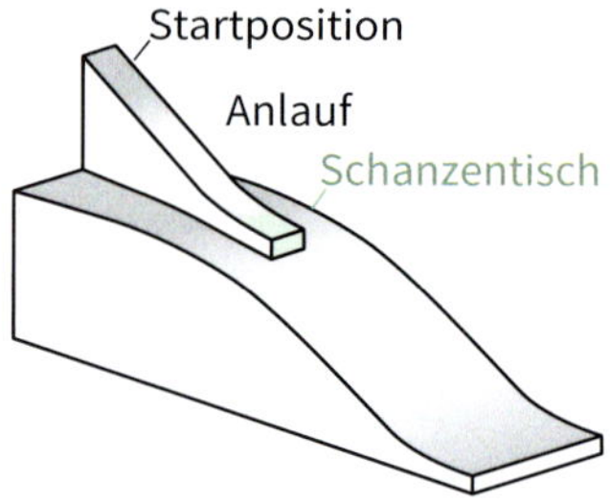

a) Der Übergang vom geradlinigen Anlauf in den Schanzentisch befindet sich an der Stelle -20. Bestimmen Sie die Gleichung einer Funktion, die den geradlinigen Anlauf modelliert.
b) Berechnen Sie den Neigungswinkel des geradlinigen Anlaufs.

19 ≡ **Tangenten, Winkeln und Steigungen**

Gegeben ist die Funktion f mit $f(x) = 3x^2$.

a) Bestimmen Sie die Gleichung der Tangente an den Graphen von f im Punkt $P(3\,|\,f(3))$. Welchen Winkel schließen die Tangente und die x-Achse ein?
b) Übertragen Sie Ihre Überlegungen aus Teilaufgabe a) allgemein auf einen Punkt $P(x_0\,|\,f(x_0))$.
c) In welchem Punkt schneiden sich die Tangenten an den Graphen von f an den Stellen 1 und 2? Berechnen Sie den Schnittwinkel der beiden Tangenten.
d) Eine Normale durch den Punkt P auf den Graphen von f schneidet die x-Achse in einem Winkel von 60°. Bestimmen Sie die Koordinaten des Punktes P.
e) Der Graph von f hat an der Stelle x_0 die Steigung 96. Bestimmen Sie die Stelle x_0.
f) Bestimmen Sie die Steigung der Funktion h mit $h(x) = \frac{1}{3}\cdot f(x)$ an der Stelle 4.

20 ≡ **Tangenten an die Normalparabel**

Durch den Punkt P(−1|−1) verlaufen zwei Tangenten an der Normalparabel zu $f(x) = x^2$.

a) Bestimmen Sie die Koordinaten der Berührungspunkte.

b) Bestimmen Sie die Gleichungen der beiden Tangenten.

c) Berechnen Sie den Mittelpunkt der Strecke zwischen den Berührungspunkten. Was fällt auf?

21 ≡ **Wirtschaftsweg**

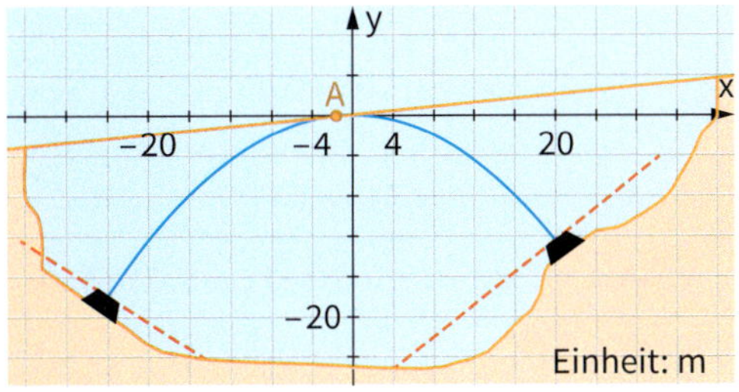

Ein Wirtschaftsweg führt über ein Tal und hat eine konstante Steigung von 10 %. Die Fahrbahnplatte liegt auf einem parabelförmigen Brückenbogen auf.

a) Berechnen Sie die Koordinaten des Punktes A, in dem die Fahrbahnplatte am Brückenbogen aufliegt.

b) Geben Sie eine Gleichung für die Unterkante der Fahrbahnplatte an.

c) Die Stellen, an denen der Brückenbogen orthogonal auf die Verankerungen trifft, sind rechts 20 m und links 24 m von der Symmetrieachse der Parabel entfernt. Geben Sie die Gleichungen für die Oberseite der Verankerungen an.

22 ≡ **Parabelkirche**

Die Parabelkirche in Gelsenkirchen wurde von dem Architekten Josef Franke in den Jahren 1927 bis 1929 erbaut. Das Kirchenmittelschiff hat die Breite b = 10 m und die Höhe h = 15 m. Seine in den Boden eingelassenen Stützpfeiler wurden aus Fertigungsgründen als einfache Geradenstücke und nicht mehr als Parabelstücke angefertigt.

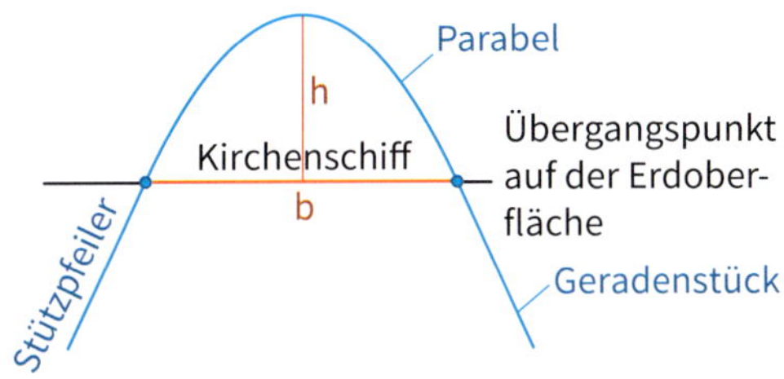

a) Wählen Sie ein Koordinatensystem und bestimmen Sie eine Parabelgleichung.

b) Berechnen Sie die Steigungen der in den Boden eingelassenen geraden Stützpfeiler.

c) Welchen Winkel schließen Stützpfeiler und Erdboden miteinander ein?

d) Ermitteln Sie passende Gleichungen für die Stützpfeiler.

23 ≡ **Bewegliche Hängebrücke**

Die Hängebrücke in Duisburg kann aus ihrer Normallage nach oben gezogen werden. Das Tragwerk und der Fußweg bilden dabei jeweils unterschiedlich gekrümmte Parabeln. In der höchsten Lage liegt der Scheitelpunkt 9 Meter über dem Normalniveau und der Steigungswinkel α des Fußweges erreicht fast 45°.

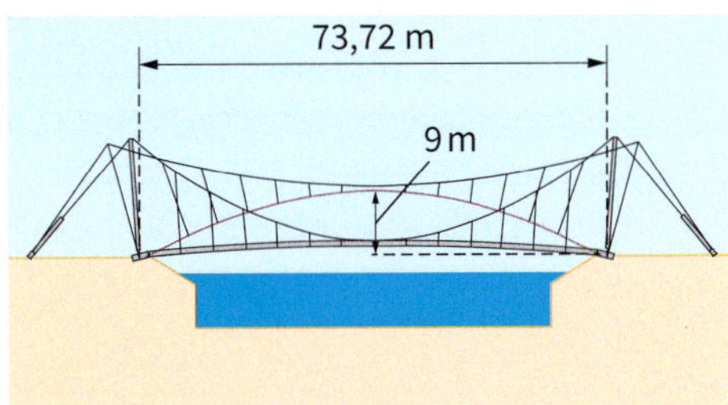

Überprüfen Sie die Aussage über den Steigungswinkel α.

Die Entstehung der Differenzialrechnung

Bereits Pierre de Fermat (1607 – 1665) leistete einen ersten Beitrag zur Bestimmung der Steigung einer Tangente an den Graphen einer Funktion. Zwischen 1665 und 1676 machten dann Isaac Newton (1643 – 1727) und Gottfried Wilhelm Leibniz (1646 – 1716) unabhängig voneinander die entscheidenden mathematischen Entdeckungen, auf denen die Differenzialrechnung beruht.

1 **Tangentenkonstruktion nach Fermat**

Pierre de Fermat zeigte, dass man die Tangente in einem Punkt P an die Parabel zu $y = x^2$ folgendermaßen exakt konstruieren kann:

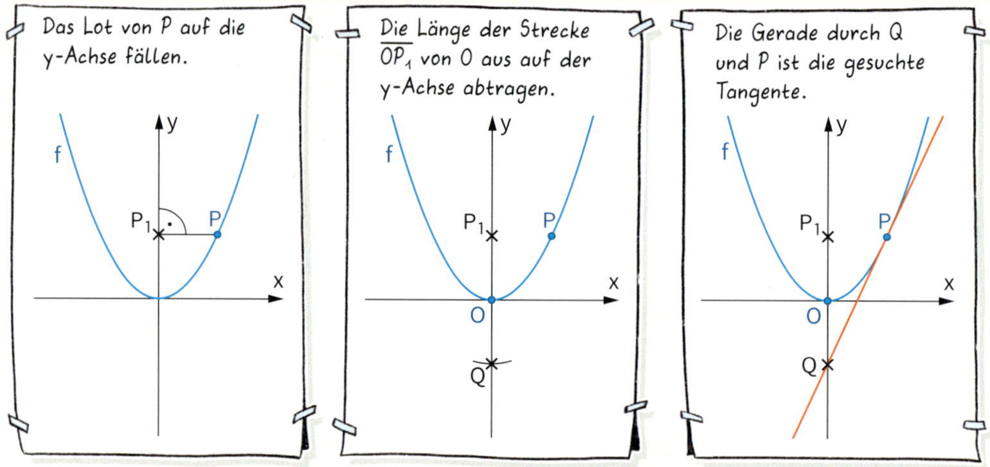

Zeigen Sie, dass dieses Verfahren korrekt ist.

2 **Prioritätenstreit**

Zwischen Newton und Leibniz entbrannte ein heftiger Streit darüber, wer die Entdeckung zur Differenzialrechnung als Erster gemacht hat. Informieren Sie sich im Internet über den wohl heftigsten Prioritätenstreit in der Wissenschaftsgeschichte.

Isaac Newton (1643 – 1727) war ein englischer Physiker und Mathematiker. Er war Professor in Cambridge und später Direktor der königlichen Münze. Zu seinen bekanntesten Errungenschaften gehören die nach ihm benannten Bewegungsgesetze der klassischen Mechanik und seine Forschungen in der Optik. Newton ist in Westminster Abbey begraben.

Gottfried Wilhelm Leibniz (1646 – 1716) war ein deutscher Universalgelehrter. Er war Diplomat in Paris und später Bibliothekar in Hannover. Als Philosoph und Logiker ist er weltberühmt. Von ihm stammen viele Erfindungen, unter anderem eine Rechenmaschine. Das Grab von Leibniz ist in der Kirche St. Johannis in Hannover.

3 Zwei Methoden führten zum selben Ziel

Erläutern Sie die unterschiedlichen Vorgehensweisen der beiden Wissenschaftler bei der Bestimmung der Ableitung.

Newton ging von mechanischen Problemen aus. Er stellte sich ein Kurvenstück als Graphen einer Funktion vor, die den Weg s eines Punktes in Abhängigkeit von der Zeit t beschreibt. Die Wegdifferenz über einem Zeitintervall $[t; t_1]$ ergibt sich dann aus $s(t_1) - s(t)$.

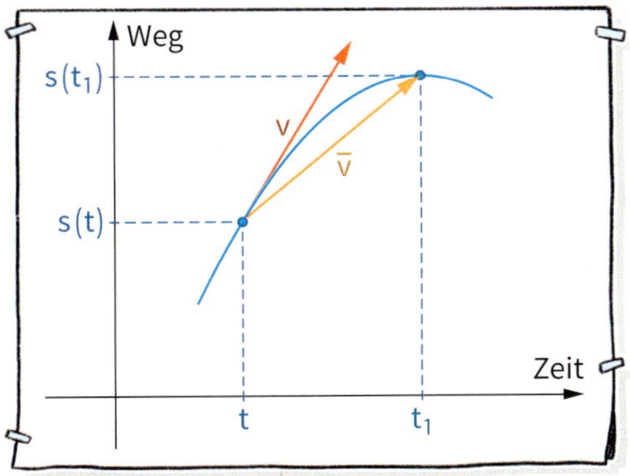

Für die mittlere Geschwindigkeit $\overline{v}$ über dem Intervall $[t; t_1]$ gilt:

$\overline{v} = \frac{s(t_1) - s(t)}{t_1 - t}$

Für beliebig kleine Zeitspannen $[t; t_1]$, $[t; t_2]$, $[t; t_3]$, …, $[t; t_n]$ ergibt sich daraus die Momentangeschwindigkeit v mit

$v = \dot{s}(t) = \lim\limits_{t_n \to t} \frac{s(t_n) - s(t)}{t_n - t}$

als Grenzwert der mittleren Geschwindigkeiten.

Newton verwendete für die Ableitung Punkte über den Buchstaben. Diese Bezeichnung wird auch heute noch in der Physik verwendet.

Leibniz stellte sich ein Kurvenstück als ein Polygon mit unendlich vielen Ecken vor, die beliebig nah beieinander liegen. Zwischen zwei benachbarten Ecken konnte er beliebig kleine Steigungsdreiecke anlegen. Die Längen der Katheten sind beliebig kleine Zahlen $\Delta x = x - x_0$ und $\Delta y = y - y_0$.

Δ wird gelesen: „Delta"

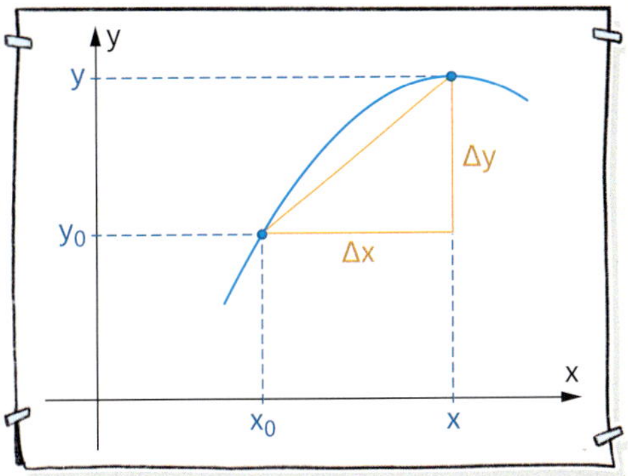

Für die Sekantensteigung m gilt

$m = \frac{\Delta y}{\Delta x}$. Für beliebig kleine Zahlen Δx und Δy ergibt sich dann:

$f'(x) = \frac{dy}{dx}$

Leibniz betrachtete $\frac{dy}{dx}$ nicht als Grenzwert, sondern als geometrisches Phänomen von Kurven. Das Symbol $\frac{dy}{dx}$, das er eingeführt hat, findet man heute noch in vielen Taschenrechnern.

Leibniz bewies auch die Ableitungsregeln für Summen, Produkte, Quotienten und Potenzfunktionen.

Der Prioritätenstreit zwischen Newton und Leibniz führte auch dazu, dass die britischen Mathematiker die Schreibweise von Newton verwenden, während ihre Kollegen auf der anderen Seite des Ärmelkanals die Schreibweise von Leibniz nutzen.

Eine strenge Begründung der Differenzialrechnung und eine exakte Definition der Ableitung gelangen erst im 19. Jahrhundert durch Augustin-Louis Cauchy (1789 – 1857) und Karl Weierstrass (1815 – 1897). Cauchy definierte die Ableitung geometrisch als Grenzwert von Sekantensteigungen und Weierstrass präzisierte den Begriff des Grenzwerts. Die heute bekannten Ableitungsregeln gehen vor allem auf Werke von Leonhard Euler (1707 – 1783) zurück.
Erst 1961 gelang es Abraham Robinson (1918 – 1974), eine exakte Theorie der Differenzialrechnung auf der Grundlage von unendlich kleinen Zahlen aufzustellen.

Mein Merkzettel

Seite 41

Mittlere Änderungsrate von f über [a; b]

- ist die **Steigung der Sekante durch P und Q**

$m = \frac{f(b) - f(a)}{b - a}$ **Differenzenquotient**

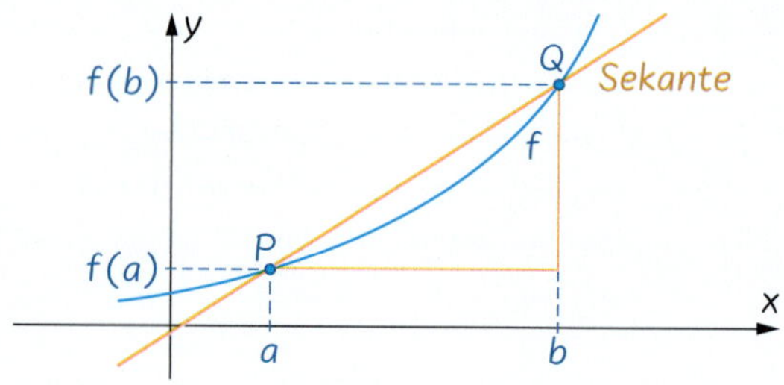

Seite 43

Sekante durch P und Q

$y = \frac{f(b) - f(a)}{b - a} \cdot (x - a) + f(a)$ oder

$y = \frac{f(b) - f(a)}{b - a} \cdot (x - b) + f(b)$

Seite 47

Lokale Änderungsrate / Ableitung von f an der Stelle x_0

- ist die **Steigung der Tangente durch P**

$f'(x_0) = \underbrace{\lim_{x \to x_0} \frac{f(x) - f(x_0)}{x - x_0}}$

Grenzwert des Differenzenquotienten

Seite 54

$= \lim_{h \to 0} \frac{f(x_0 + h) - f(x_0)}{h}$

h-Schreibweise der Ableitung

$x = x_0 + h$ setzen und $h \to 0$ betrachten

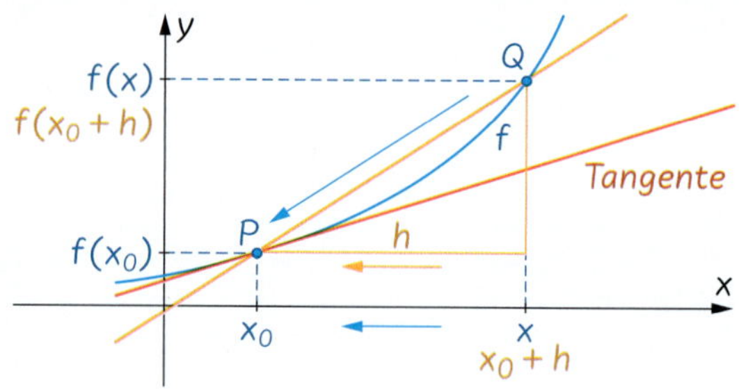

Seite 54

Ableitung an einer Stelle exakt berechnen

- Differenzenquotienten so umformen, dass man den Nenner kürzen kann

$f(x) = x^2;\ x_0 = 3$

Für $h \neq 0$ gilt: $\frac{f(3 + h) - f(3)}{h} = \frac{(3 + h)^2 - 3^2}{h}$ — 1. binomische Formel

$= \frac{(9 + 6h + h^2) - 9}{h} = \frac{6h + h^2}{h} = \frac{h \cdot (6 + h)}{h}$ — h ausklammern und kürzen

$= 6 + h$

$f'(3) = \lim_{h \to 0} \frac{f(3 + h) - f(3)}{h} = \lim_{h \to 0} (6 + h) = 6$

Seite 47

Änderungsraten in Anwendungen

Fahrt eines Autos — f: Zeit in h nach dem Start → zurückgelegte Strecke in km

mittlere Änderungsrate von f

- gibt die Durchschnittsgeschwindigkeit des Autos in einer Zeitspanne an
- Einheit: km/h

Durchschnittsgeschwindigkeit des Autos im Zeitintervall [2; 5]:

$\frac{f(5) - f(2)}{5 - 2}$

lokale Änderungsrate von f

- gibt die Momentangeschwindigkeit des Autos zu einem Zeitpunkt an.
- Einheit: km/h

Momentangeschwindigkeit des Autos zum Zeitpunkt 3:

$\lim_{x \to 3} \frac{f(x) - f(3)}{x - 3}$ oder $\lim_{h \to 0} \frac{f(3 + h) - f(3)}{h}$

oder $f'(3)$

Steigung eines Graphen im Punkt P

Seite 49

- *ist die Steigung der Tangente an den Graphen durch P*

$P(x_0|f(x_0))$: $m = f'(x_0)$

Näherungsweise bestimmen:

- *Tangente nach Augenmaß an den Graphen durch P zeichnen*
- *Steigung aus Steigungsdreieck ermitteln*

Steigung des Graphen von f in P(3|2): $f'(3) \approx \frac{-2}{1} = -2$

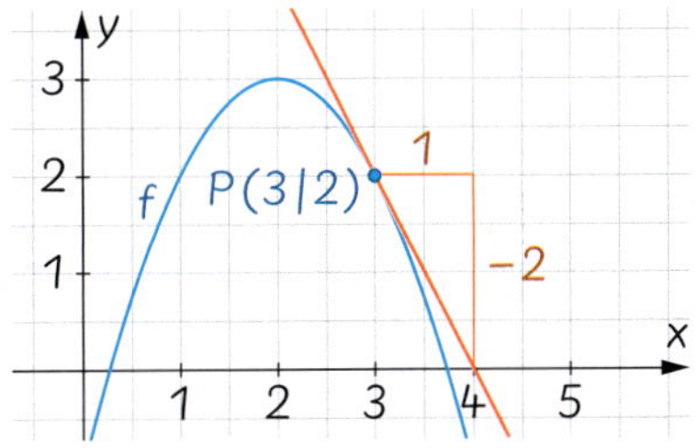

Grafisches Differenzieren – Ableitungsfunktion

Seite 58
Seite 62

- *Punkte mit Steigung 0 bestimmen*
- *Intervalle bestimmen, in denen die Steigung positiv (+) bzw. negativ (−) ist*
- *Punkte mit maximaler bzw. minimaler Steigung bestimmen*

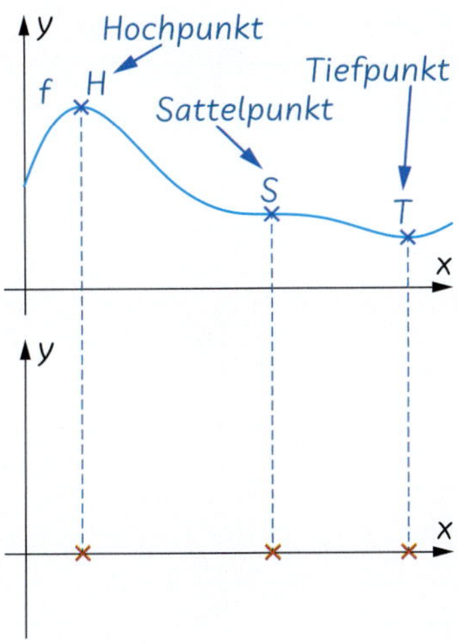

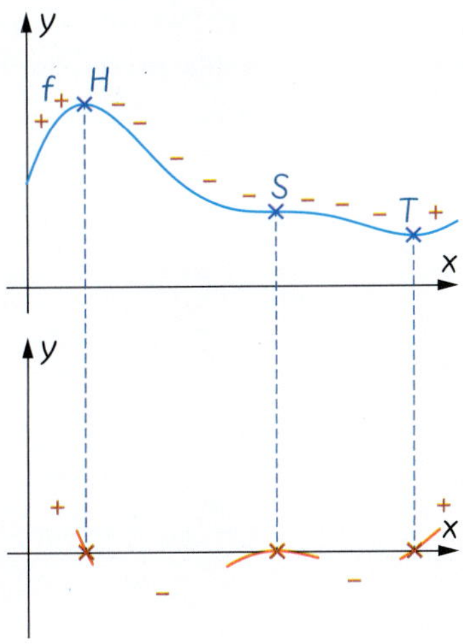

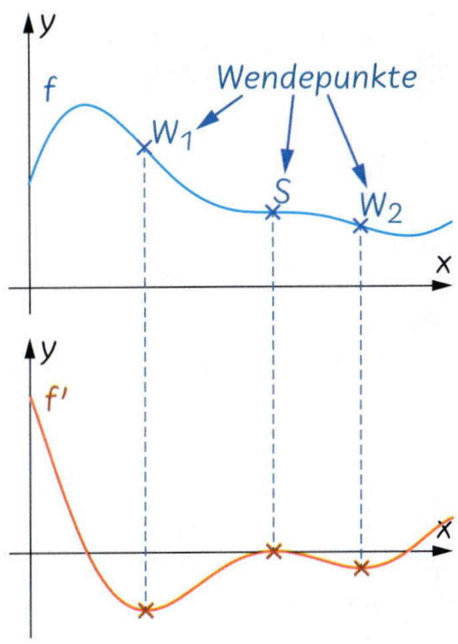

Ableitungsregeln

Seite 64
Seite 68

Potenzregel

$f(x) = x^n$ mit $n \in \mathbb{N}$ — $f(x) = x^5$

$f'(x) = n \cdot x^{n-1}$ — $f'(x) = 5 \cdot x^{5-1} = 5x^4$

„Exponenten nach vorne und oben 1 abziehen"

Konstantenregel

$f(x) = c$ — $f(x) = -19$

$f'(x) = 0$ — $f'(x) = 0$

„Konstanter Term wird 0"

Seite 66

Faktorregel

$f(x) = k \cdot u(x)$ — $f(x) = 3 \cdot x^6$

$f'(x) = k \cdot u'(x)$ — $f'(x) = 3 \cdot 6x^5 = 18x^5$

„Vorfaktor stehen lassen"

Summenregel

$f(x) = u(x) + v(x)$ — $f(x) = x^3 + 3x$

$f'(x) = u'(x) + v'(x)$ — $f'(x) = 3x^2 + 3$

„Summanden einzeln ableiten"

Tangente im Punkt P

$P(x_0|f(x_0))$: $y = f'(x_0) \cdot (x - x_0) + f(x_0)$

Normale im Punkt P

$P(x_0|f(x_0))$: $y = -\frac{1}{f'(x_0)} \cdot (x - x_0) + f(x_0)$

Steigungswinkel von f an der Stelle x_0

Seite 70
Seite 73

- *ist der Winkel zwischen x-Achse und Tangente an den Graphen von f an der Stelle x_0*
- *Es gilt:* $\tan(\alpha) = f'(x_0)$
- *Achtung: Die Koordinatenachsen müssen gleich skaliert sein.*

Wiederholen für die Klausur

Teil A – Aufgaben ohne Hilfsmittel

Lösungen auf Seite 220

1 Mittlere Änderungsrate und Sekante

Berechnen Sie die mittlere Änderungsrate der Funktion f über dem Intervall I. Geben Sie die Gleichung der zugehörigen Sekante an.

a) $f(x) = x^2 - x;\ I = [3; 8]$

b) $f(x) = 0{,}5x^3 - 1{,}5x^2;\ I = [-4; 2]$

2 Ausdrücke im Sachzusammenhang

Die Funktion f mit $f(x) = -100x^2 + 1650x$ beschreibt die Leistung einer Solaranlage im Sommer ab 5 Uhr morgens bis Sonnenuntergang; x in Stunden nach 5 Uhr; f(x) in Watt.

a) Erläutern Sie jeweils die Bedeutung des Ausdrucks im Sachzusammenhang.

(1) $f(5)$ (2) $\frac{f(8) - f(4)}{8 - 4}$ (3) $f(10) - f(8)$ (4) $f'(14)$ (5) $f(x) = 0$

b) Schreiben Sie jeweils die Angabe als Term. Der Term soll nicht berechnet werden.

(1) mittlere Änderungsrate der Leistung zwischen 6 Uhr und 12 Uhr
(2) Änderung der Leistung zwischen 11 Uhr und 17 Uhr
(3) momentane Änderungsrate der Leistung um 16:30 Uhr

3 Steigung in einem Punkt

Bestimmen Sie die Steigung des Funktionsgraphen im Punkt P.

a) 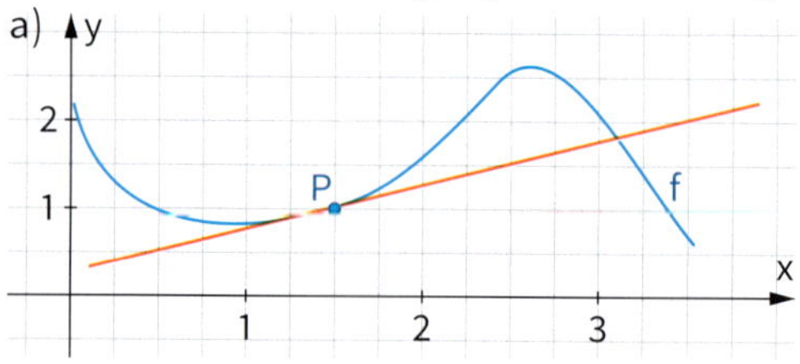

b) 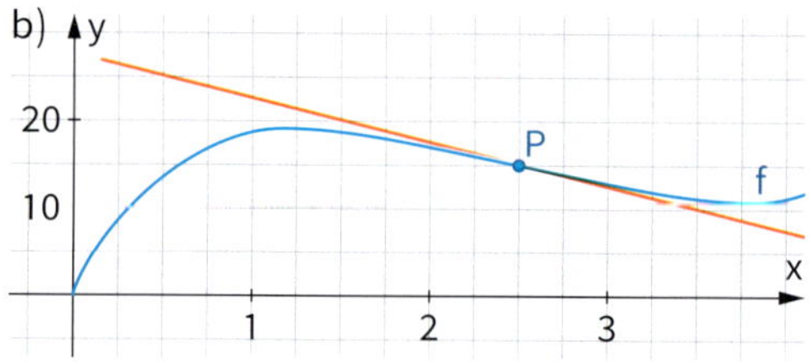

4 Ableitung bestimmen – h-Schreibweise

Bestimmen Sie die Ableitung f′ der Funktion f mit $f(x) = 2x^2 - 3$ mit der h-Schreibweise. Kontrollieren Sie Ihr Ergebnis mit den Ableitungsregeln.

5 Ableitungsgraphen skizzieren

Skizzieren Sie den Graphen der Ableitungsfunktion f′ für $-4 < x < 10$.

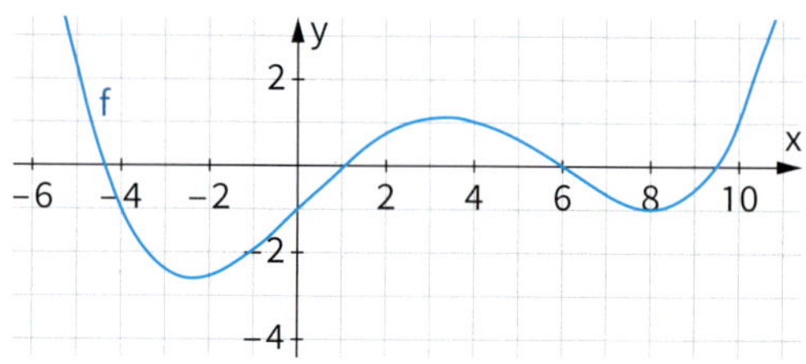

6 Ableitung an einer Stelle

Bestimmen Sie die Ableitung f′ der Funktion f an der Stelle x_0.

a) $f(x) = 2x^4 - 3x^2 - \frac{1}{2}x;\ x_0 = -2$

b) $f(x) = -\frac{3}{2}x^4 + 4x - 8;\ x_0 = \frac{1}{2}$

c) $f(x) = \sqrt{3}x^3 - 3x + 3;\ x_0 = 1$

d) $f(x) = \frac{3x^{12} - 12x^9 + 18}{9};\ x_0 = -1$

7 Tangente und Normale

Bestimmen Sie die Gleichung der Tangente und die Gleichung der Normalen an den Graphen der Funktion f im Punkt P.

a) $f(x) = \frac{1}{2}x^2;\ P(4|8)$

b) $f(x) = x^3 - 2x;\ P(2|f(2))$

Teil B – Aufgaben mit Hilfsmitteln

Lösungen auf Seite 221

8 Pegelstände

Nach der sogenannten Jahrhundertflut im August 2002 kam es in Tschechien und Deutschland im Juni 2013 wieder zu Überflutungen, die zu mehreren Deichbrüchen führten, und zu Pegelständen, die teilweise über denen von 2002 lagen.
Die Tabelle gibt die Pegelstände der Elbe bei Niegripp in Sachsen-Anhalt in der Zeit vom 6. bis zum 11. Juni 2013 um 6 Uhr des jeweiligen Tages an.

6. Juni	7. Juni	8. Juni	9. Juni	10. Juni	11. Juni
836 cm	931 cm	959 cm	981 cm	964 cm	936 cm

a) Bestimmen Sie für jede Zeitspanne von der Länge eines Tages die mittlere Änderungsrate des Pegelstands in cm pro Stunde. Geben Sie an, für welche Zeitspanne die mittlere Änderungsrate des Pegelstands am größten und für welche sie am kleinsten war.
b) Bestimmen Sie die mittlere Änderungsrate für die Zeitspanne vom 6. bis zum 9. und vom 9. bis zum 11. Juni. Vergleichen Sie die Werte mit den mittleren Änderungsraten der einzelnen Tage.

9 Bergbahn

Die Höhe einer Bergbahn in Abhängigkeit von der Fahrzeit t kann durch die Funktion h mit $h(t) = -\frac{7}{10}t^3 + 3t^2 + 150t + 500$ im Intervall [0; 10] beschrieben werden. Hierbei ist t in Minuten und h(t) in Metern über Normalnull (NN) angegeben. Zum Zeitpunkt $t = 0$ befindet sich eine Gondel an der Talstation. Die Bergstation wird nach 10 Minuten erreicht.
a) Berechnen Sie die Höhe der Tal- und der Bergstation.
b) Bestimmen Sie die mittlere Änderungsrate der Höhe zwischen der 2. und 4. Minute und vergleichen Sie diese mit der mittleren Änderungsrate zwischen der 6. und 8. Minute.
c) Ermitteln Sie h′(5) und erläutern Sie die Bedeutung im Sachzusammenhang.
d) Bestimmen Sie ungefähr den Zeitpunkt, zu dem die momentane Änderungsrate von h am größten ist.
e) Bestimmen Sie den Zeitpunkt, zu dem die momentane Änderungsrate von h dem Wert der mittleren Änderungsrate von h zwischen $t = 0$ und $t = 10$ entspricht.

10 Tangente an den Graphen?

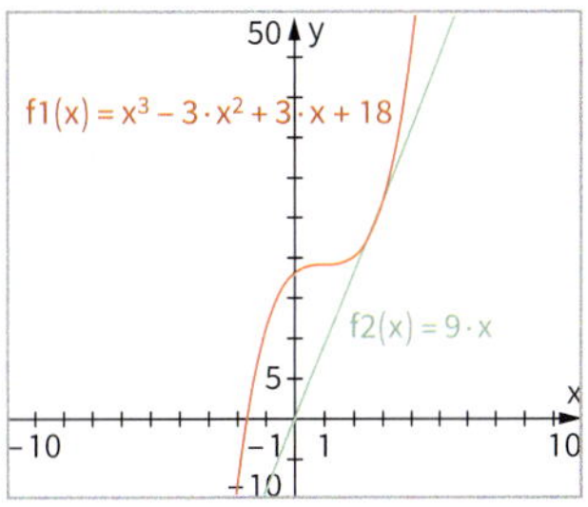

Gegeben sind die Gerade g zu $y = 9x$ und die Funktion f mit $f(x) = x^3 - 3x^2 + 3x + 18$.
a) Zeigen Sie, dass der Graph von f und die Gerade g an der Stelle $x = 3$ einen gemeinsamen Punkt haben.
b) Im Rechnerfenster sieht es so aus, als ob die Gerade g eine Tangente an den Graphen von f ist. Untersuchen Sie, ob dies wirklich der Fall ist.

11 Kinderrutsche

Das seitliche Profil einer Kinderrutsche lässt sich beschreiben durch die Funktion f mit $f(x) = -\frac{1}{8}x^4 + \frac{4}{5}x^3 - \frac{36}{25}x^2 + \frac{3}{2}$ im Intervall [0; 2,5]. Hierbei gibt x die horizontal zurückgelegte Strecke in Metern und f(x) die Höhe der Rutsche in Metern an.
a) Zeichnen Sie den Graphen von f und beschreiben Sie den Verlauf der Rutsche.
b) Untersuchen Sie, ob die Rutsche an beiden Enden exakt waagerecht verläuft.
c) Berechnen Sie jeweils den Steigungswinkel der Rutsche, wenn in horizontaler Richtung 10 cm, 1 m und 2 m gerutscht wird.
d) Schildern Sie ein Verfahren zum Auffinden des Punktes, in dem die Rutsche am steilsten abwärts verläuft.

3 Ableitungen anwenden

In der Nähe des Berges Mam Tor in England ist der Bau von Straßen sehr schwierig. Instabile Schieferschichten verursachten Erdrutsche, wodurch viele Minihügel entstanden. Deshalb windet sich eine Serpentinenstraße durch die Landschaft. Solche Straßen wechseln oft zwischen Linkskurven und Rechtskurven.

- **Wie erkennt man an der Ableitung, wo eine Funktion wächst und wo sie fällt?**
- **Wie bestimmt man rechnerisch die Stellen, an denen Hoch-, Tief- und Sattelpunkte liegen?**
- **Was sind Wendepunkte und wie bestimmt man ihre Koordinaten?**
- **Was sind Extremwertprobleme und wie kann man sie lösen?**
- **Wie bestimmt man Funktionen zu gegebenen Eigenschaften?**

3.1 Monotonie

Vorbereiten
Grafisch Differenzieren
Seite 58

Der Graph zeigt die Änderungsrate des Wasserstands eines Stausees für 8 Tage an.

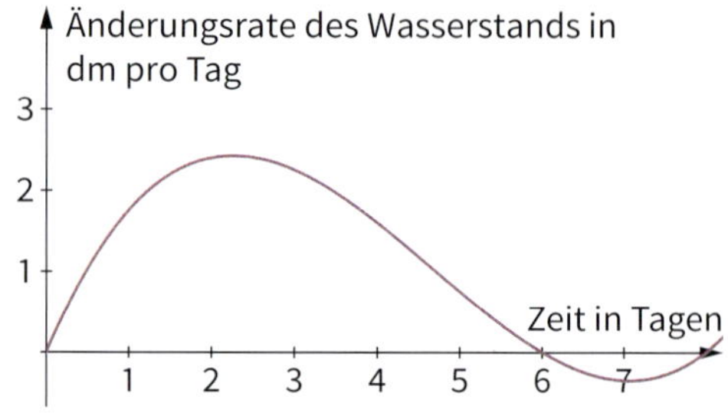

- In welchem Zeitraum ist der Wasserstand gestiegen, in welchem gefallen?
- Wann war der Wasserstand am höchsten und wann am niedrigsten?

WES-135805-301

monotonus (lat.): eintönig

Strenge Monotonie

Eine Funktion f heißt in einem Intervall **streng monoton wachsend**, wenn für beliebige Stellen x_1, x_2 aus dem Intervall gilt: Wenn $x_2 > x_1$, dann ist $f(x_2) > f(x_1)$.

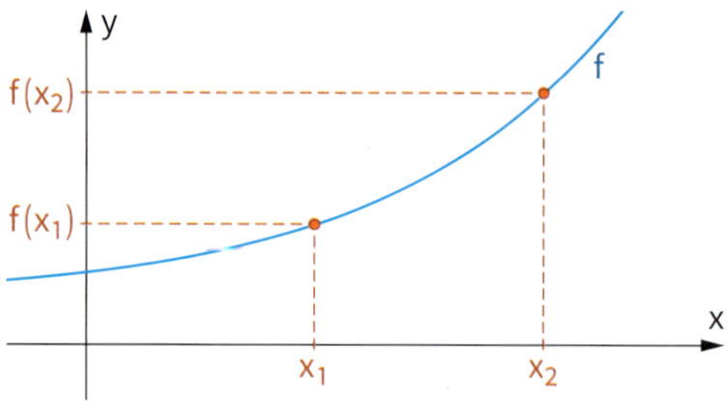

Eine Funktion f heißt in einem Intervall **streng monoton fallend**, wenn für beliebige Stellen x_1, x_2 aus dem Intervall gilt: Wenn $x_2 > x_1$, dann ist $f(x_2) < f(x_1)$.

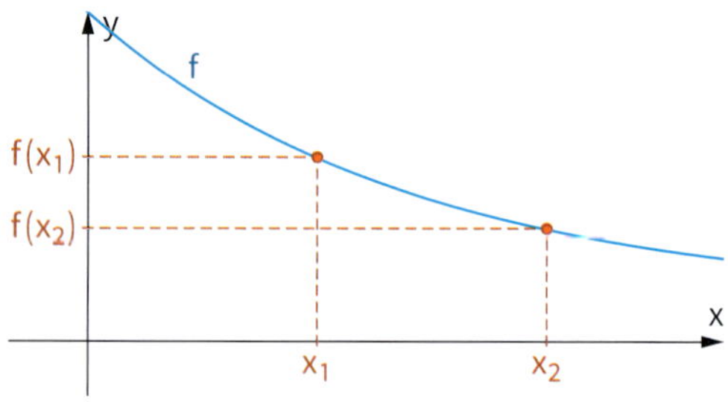

Monotoniesatz

Die Ableitungsfunktion f′ gibt Auskunft über den Verlauf des Graphen der Funktion f.

- Gilt $f'(x) > 0$ für alle x aus einem Intervall, so ist f in diesem Intervall streng monoton wachsend.
- Gilt $f'(x) < 0$ für alle x aus einem Intervall, so ist f in diesem Intervall streng monoton fallend.

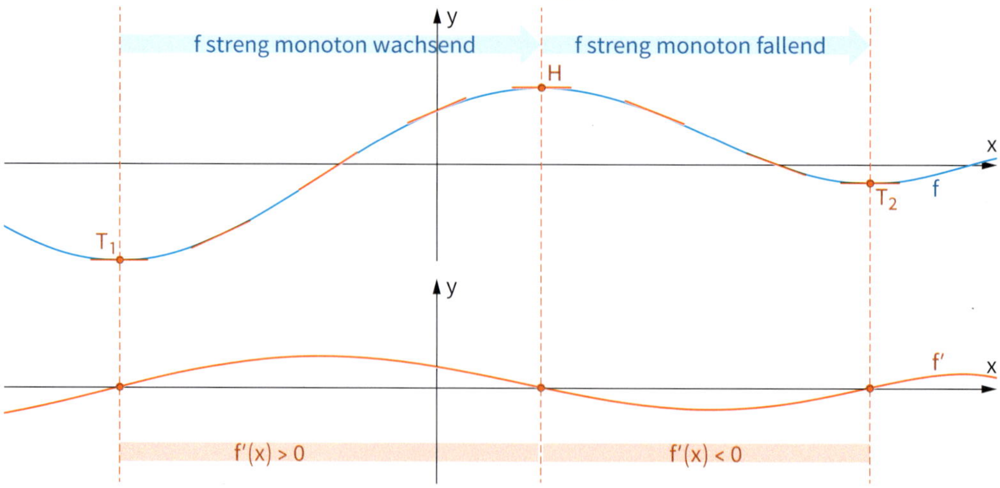

Monotonieintervalle rechnerisch bestimmen

Untersuchen Sie die Funktion f mit $f(x) = \frac{1}{4}x^4 - x^3 + 5$ auf Monotonie.

Lösung

Ableitung bestimmen	$f'(x) = x^3 - 3x^2 = x^2 \cdot (x - 3)$
Nullstellen von f' berechnen	Aus $f'(x) = 0$ folgt: $x_1 = 0$ (doppelt); $x_2 = 3$
Vorzeichen von f' links und rechts der Nullstellen untersuchen	siehe Tabelle

Intervall für x	$x < 0$	$0 < x < 3$	$x > 3$
Beispiel für f'(x)	$f'(-1) = -4$	$f'(1) = -2$	$f'(4) = 16$
Vorzeichen von f'(x)	−	−	+

Monotonieintervalle angeben: In $]-\infty; 3[$ ist f streng monoton fallend.
In $]3; \infty[$ ist f streng monoton wachsend.

Anmerkung:
Durch die Nullstellen von f' wird die Zahlengerade in Intervalle unterteilt.
Um das Vorzeichen von f' in diesen Intervallen zu bestimmen, reicht es aus, in jedem Intervall nur einen Funktionswert von f' zu berechnen, da ganzrationale Funktionen nur bei ihren Nullstellen einen Vorzeichenwechsel haben können.

1 Monotonieintervalle bestimmen

Bestimmen Sie die Intervalle, in denen die Funktion f streng monoton wachsend bzw. streng monoton fallend ist.

a) $f(x) = \frac{1}{4}x^4 - 2x^2$

b) $f(x) = \frac{1}{3}x^3 + \frac{7}{4}x^2 - 2x - 9$

c) $f(x) = x^3 + 5x - 1$

d) $f(x) = \frac{1}{4}x^4 - x^3 - \frac{1}{2}x^2 + 3x - 3$

2 Monotonieintervalle ablesen

a) Lesen Sie die Koordinaten der Hoch- und Tiefpunkte des Graphen von f ab.

b) Geben Sie Intervalle an, in denen f streng monoton wachsend oder streng monoton fallend ist.

c) Beschreiben Sie den Zusammenhang zwischen den Intervallen und den Hoch- und Tiefpunkten.

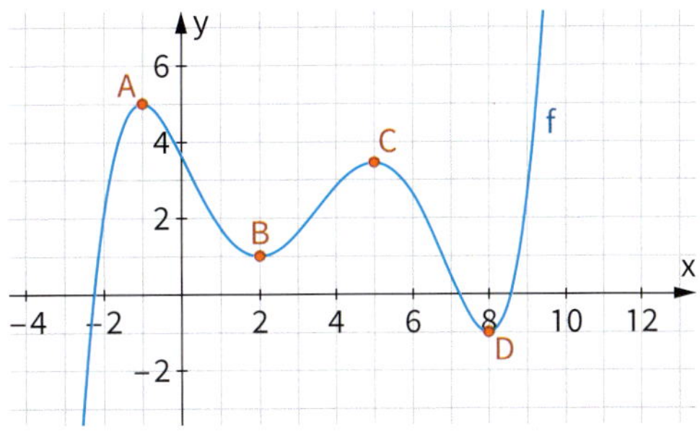

3 Graphen skizzieren

Der Graph einer Funktion f hat im Intervall $[-4; 6]$ den Hochpunkt $H(1|5)$ und die beiden Tiefpunkte $T_1(-2|-1)$ und $T_2(4|-3)$. Weitere Extrempunkte liegen nicht vor.

a) Skizzieren Sie einen möglichen Graphen von f für $-4 \le x \le 6$.

b) Geben Sie Intervalle an, in denen f streng monoton wachsend bzw. streng monoton fallend ist.

c) Skizzieren Sie einen möglichen Graphen der Ableitungsfunktion f'.

4 Monotonieverhalten beschreiben

Der Graph einer Funktion f hat nur an der Stelle x_0 eine waagerechte Tangente.
Beschreiben Sie das Monotonieverhalten der Funktion f und erläutern Sie den möglichen Verlauf der Ableitungsfunktion f' unmittelbar links und rechts von x_0, wenn dort

(1) ein Hochpunkt (2) ein Tiefpunkt (3) ein Sattelpunkt vorliegt.

5 Monotonie und Sattelpunkte

Nehmen Sie Stellung zu den Aussagen von Nadine und Merve.

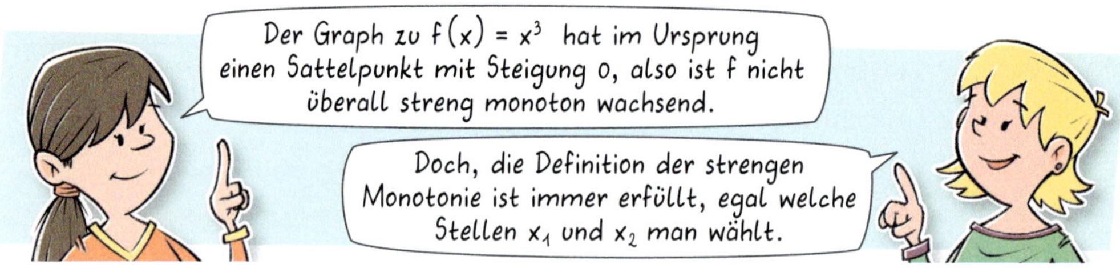

6 Monotoniesatz anwenden

Die Grafik zeigt den Graphen einer Ableitungsfunktion f'. Bestimmen Sie die Intervalle, in denen die Funktion f streng monoton wachsend oder fallend ist. Entscheiden Sie begründet, an welchen Stellen der Graph von f Hoch- oder Tiefpunkte haben muss.

a)

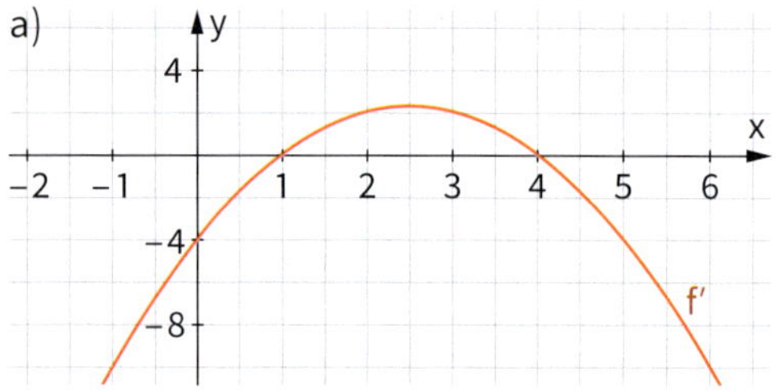

b)

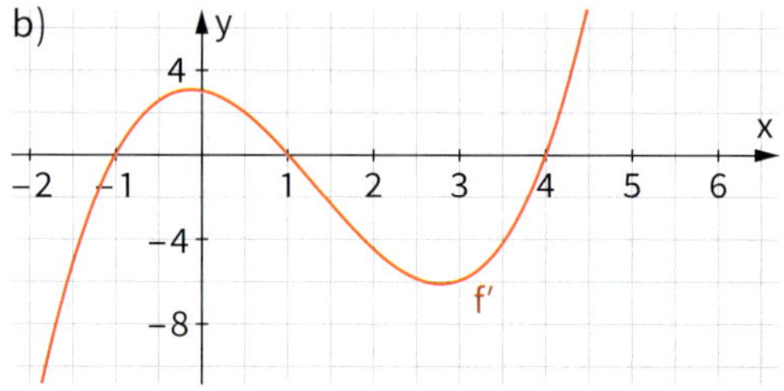

Prüfe dich! Lösungen auf Seite 222

7 Bestimmen Sie rechnerisch die Monotonieintervalle der Funktion f.

a) $f(x) = x^3 - 6x^2 + 9x - 1$

b) $f(x) = -\frac{3}{4}x^4 + 2x^3 + 2$

8 Die Grafik zeigt den Graphen einer Ableitungsfunktion f'. Begründen Sie:

(1) Der Graph der Funktion f ist für $x < -4$ streng monoton fallend.

(2) Der Graph der Funktion f ist für $-2 \le x \le 2$ streng monoton wachsend.

(3) Der Graph der Funktion f hat an der Stelle $x = -4$ einen Tiefpunkt.

(4) Der Graph der Funktion f hat an der Stelle $x = 8$ einen Sattelpunkt.

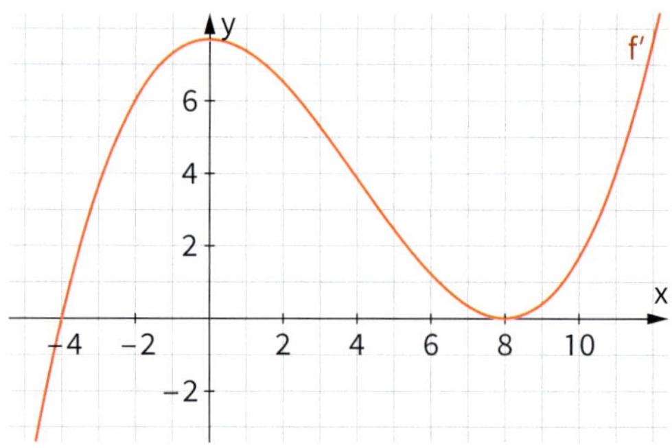

9 Änderungsrate eines Wasserstands

Der Graph von f' stellt die Änderungsrate des Wasserstands in einem Stausee in cm pro Stunde abhängig von der Zeit x in Stunden dar.

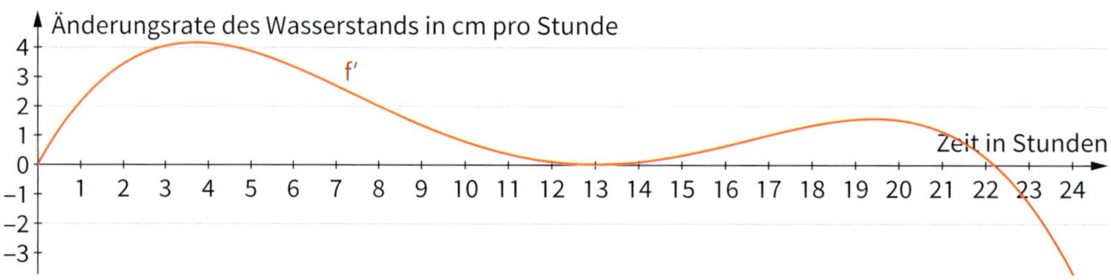

a) Bestimmen Sie die Intervalle, in denen der Wasserstand gestiegen oder gefallen ist.

b) Beschreiben Sie die Entwicklung des Wasserstands über den dargestellten Zeitraum.

10 ≡ Ein Graph für f′ – mehrere Graphen für f?

Benedikt behauptet:

Wenn ich vom Graphen einer Funktion f ausgehe, gibt es nur eine Möglichkeit, den Graphen der Ableitungsfunktion f′ zu zeichnen. Zu einem gegebenen Ableitungsgraphen von f′ kann ich aber verschiedene passende Funktionen f finden.

Nehmen Sie Stellung zu dieser Aussage.

11 ≡ Speicher einer Photovoltaikanlage

Dank eines Batteriespeichers kann Familie Kostic in den Sommermonaten ihren Stromverbrauch nahezu vollständig über eine Photovoltaikanlage decken.
Der Speicher wird geladen, wenn mehr Sonnenstrom erzeugt als verbraucht wird. Wenn die Sonne nicht scheint, kann die Familie den gespeicherten Strom nutzen und der Speicher wird entladen.
Die Grafik zeigt den Ladezustand des Speichers in Kilowattstunden (kWh) im Verlauf der 24 Stunden eines Tages.

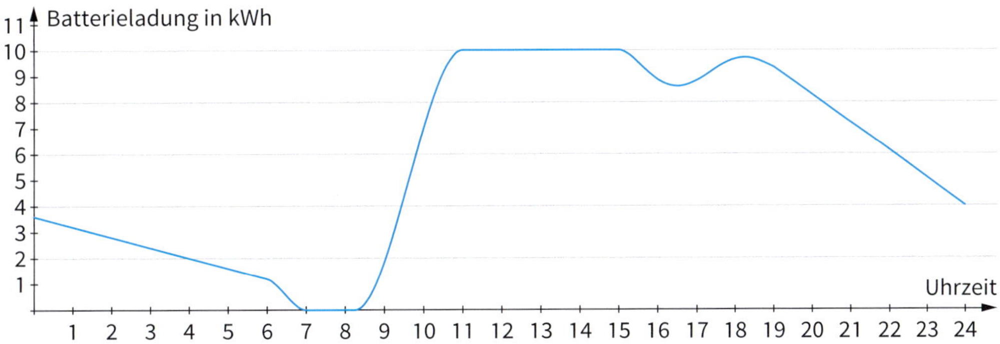

a) Beschreiben Sie die Lade- und Entladevorgänge des Batteriespeichers mit den Begriffen der Monotonie.
b) Skizzieren Sie den Graphen der zugehörigen Ableitungsfunktion und erläutern Sie Zusammenhänge zwischen den beiden Graphen.
c) Diskutieren Sie mögliche Gründe für die unterschiedlichen Lade- und Entladephasen im Laufe des Tages.

12 ≡ Funktionsgraphen skizzieren

Die Abbildung zeigt den Graphen einer Ableitungsfunktion f′.
Der Graph der Funktion f soll durch den angegebenen Punkt P verlaufen. Skizzieren Sie den Graphen der Funktion f.

a)
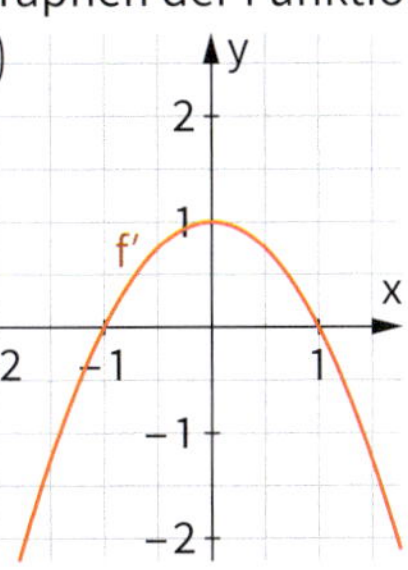

P(0 | 1)

b)
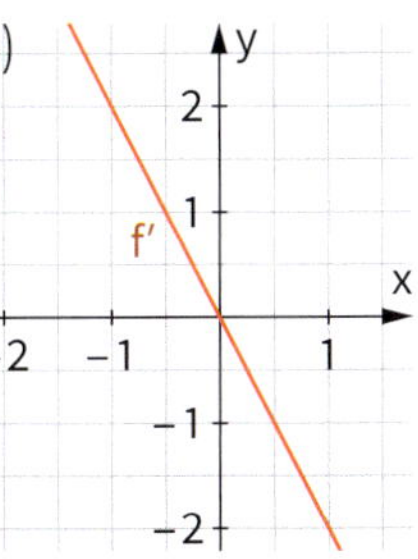

P(1 | −4)

c)
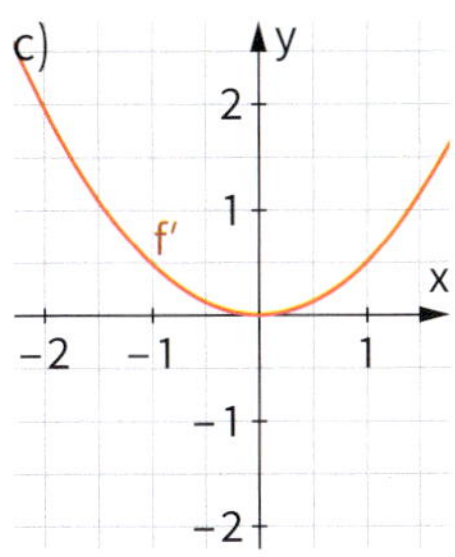

P(1 | 1)

d)
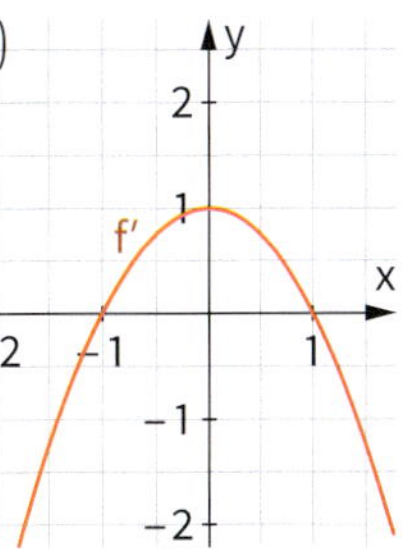

P(−2 | 3)

3.2 Extrempunkte

Vorbereiten
Hochpunkt etc.
Seite 62

Mila betrachtet den Graphen der Funktion f mit $f(x) = \frac{1}{16}x^4 + \frac{1}{3}x^3 + 1$ auf ihrem Rechner.

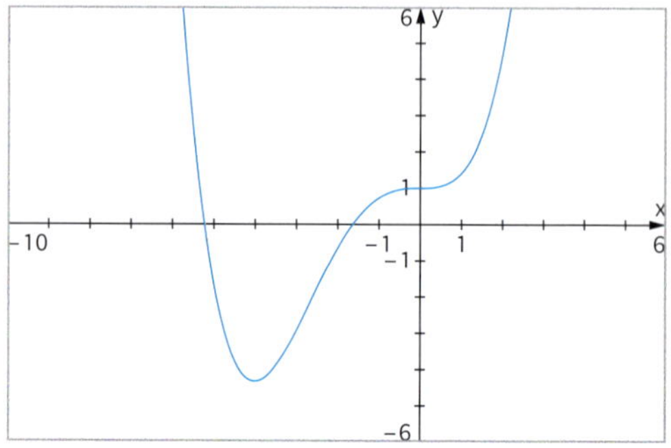

Sie sagt: „*Vermutlich ist an der Stelle −4 ein Tiefpunkt und an der Stelle 0 ein Sattelpunkt.*“

- Wie kann Mila alle Stellen, an denen der Graph von f einen Hochpunkt, einen Tiefpunkt oder einen Sattelpunkt hat, rechnerisch exakt ermitteln?

Lösung

An Stellen, an denen der Graph von f einen Hochpunkt, einen Tiefpunkt oder einen Sattelpunkt hat, verlaufen die Tangenten an den Graphen waagerecht. An diesen Stellen liegen die Nullstellen von f′.

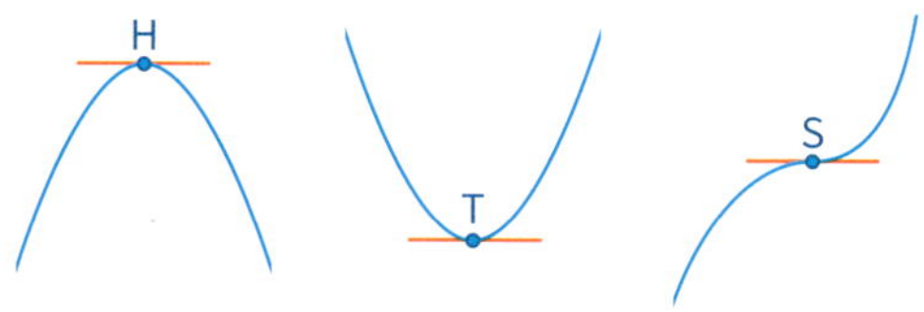

Nachschlagen
Seite 28

Die Nullstellen von f′ kann man rechnerisch exakt ermitteln. Die Ableitung lautet:
$f'(x) = \frac{1}{4}x^3 + x^2 = x^2 \cdot \left(\frac{1}{4}x + 1\right)$
Aus $f'(x) = 0$ folgt $x = 0$ oder $x = -4$. Also hat f′ die Nullstellen $x_1 = -4$ und $x_2 = 0$.

An der Stelle $x_1 = -4$ hat f′ eine einfache Nullstelle. Das Vorzeichen von f′ wechselt dort von − nach +. Damit ist f links von $x_1 = -4$ streng monoton fallend und rechts von $x_1 = -4$ streng monoton wachsend.

Der Graph von f hat an der Stelle $x_1 = -4$ also einen Tiefpunkt T. Mit einem Rechner bestimmt man die Koordinaten $T\left(-4 \middle| -\frac{13}{3}\right)$.

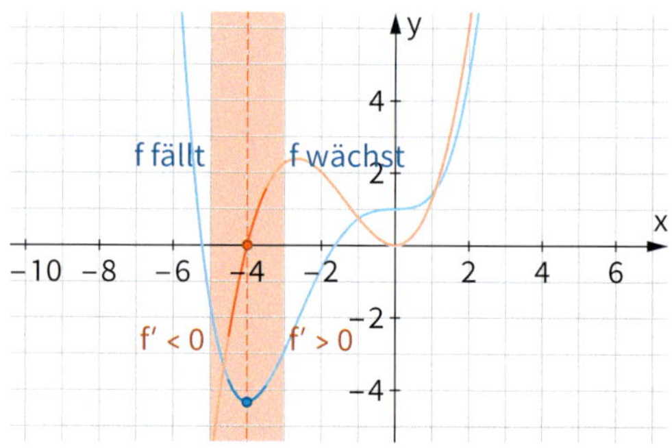

An der Stelle $x_2 = 0$ hat f′ eine doppelte Nullstelle. Das Vorzeichen von f′ wechselt dort nicht. Es ist auf beiden Seiten von $x_2 = 0$ positiv. Damit ist f auf beiden Seiten von $x_2 = 0$ streng monoton wachsend.

Der Graph von f hat an der Stelle $x_2 = 0$ also keinen Hoch- oder Tiefpunkt, sondern einen Sattelpunkt $S(0|1)$.

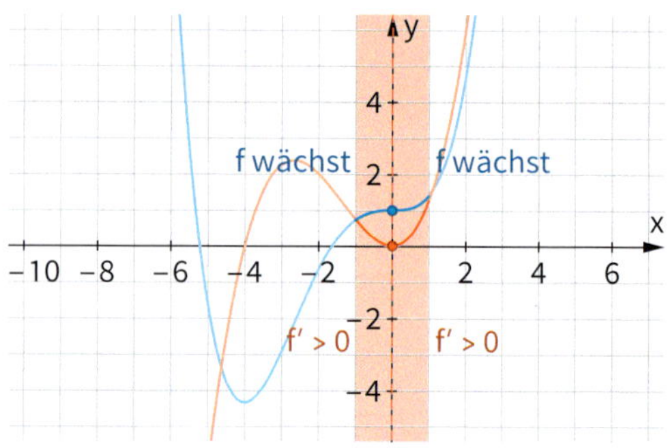

Da $x_1 = -4$ und $x_2 = 0$ alle Nullstellen von f′ sind, kann es auf dem Graphen von f keine weiteren Punkte mit einer waagerechten Tangente geben.

WES-135805-302

Extrempunkte und Extremstellen

Hoch- und Tiefpunkte bezeichnet man allgemein als **Extrempunkte**.

Stellen, an denen der Graph einer Funktion Hoch- oder Tiefpunkte hat, heißen **Extremstellen**.

Den Funktionswert an einer Extremstelle nennt man **Extremum**.

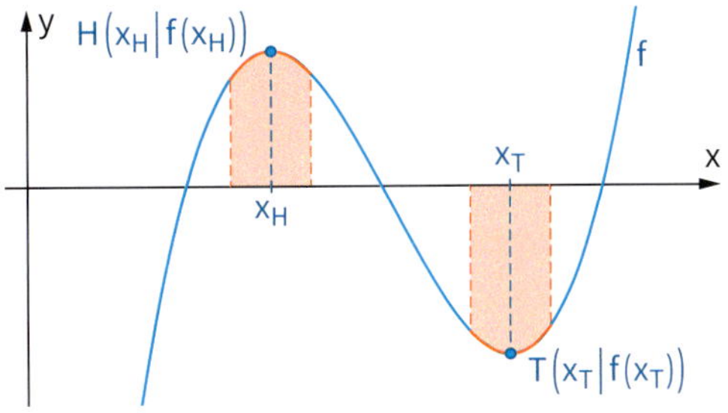

Gibt es um eine Stelle x_E ein Intervall, in dem $f(x_E)$ der größte bzw. kleinste vorkommende Funktionswert ist, so ist $P(x_E \mid f(x_E))$ ein Extrempunkt.

Notwendiges Kriterium für Extremstellen

Satz

Hat der Graph der Funktion f an der Stelle x_E einen Extrempunkt, dann ist $f'(x_E) = 0$.

Stellen mit waagerechten Tangenten

Hinreichendes Kriterium für Extremstellen (Vorzeichenwechsel-Kriterium)

Satz

- Hat die Ableitung f′ an der Stelle x_E eine Nullstelle mit Vorzeichenwechsel von + nach –, so hat der Graph von f an der Stelle x_E einen Hochpunkt.
- Hat die Ableitung f′ an der Stelle x_E eine Nullstelle mit Vorzeichenwechsel von – nach +, so hat der Graph von f an der Stelle x_E einen Tiefpunkt.

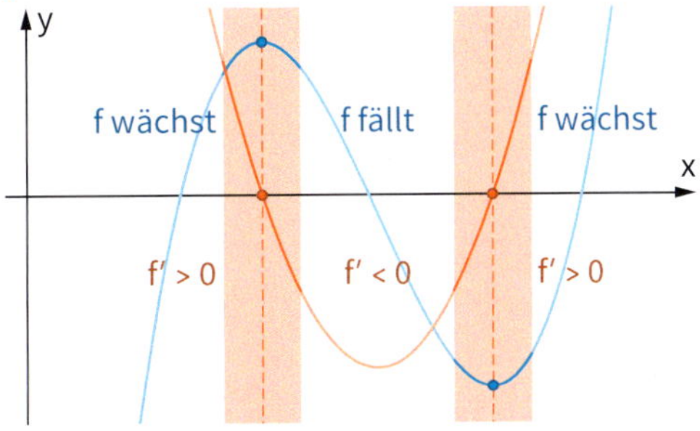

Hinweis: An jeder Stelle x_E mit $f'(x_E) = 0$ hat der Graph von f eine waagerechte Tangente, aber nicht zwingend einen Extrempunkt. Hat f′ nämlich links und rechts von der Nullstelle das gleiche Vorzeichen, handelt es sich um einen Sattelpunkt.
Man sagt deshalb: *„Die Bedingung $f'(x_E) = 0$ ist **notwendig** für das Vorliegen eines Extrempunktes an der Stelle x_E, aber **nicht hinreichend**.“*

Graphen auf Extrempunkte prüfen

Untersuchen Sie den Graphen der Funktion f mit $f(x) = \frac{1}{3}x^3 - x^2 - 3x + 2$ auf Extrempunkte.

Lösung

Ableitung bestimmen

$f'(x) = x^2 - 2x - 3$

Notwendiges Kriterium
Gleichung $f'(x) = 0$ lösen

Aus $f'(x) = 0$ folgt: $x_1 = -1$; $x_2 = 3$
Dies sind mögliche Extremstellen.

Gleiches Vorgehen wie bei Monotonie

Hinreichendes Kriterium
Vorzeichen von f′ links und rechts der Nullstellen untersuchen

Intervall für x	$x < -1$	$-1 < x < 3$	$x > 3$
Beispiel für f′(x)	$f'(-2) = 5$	$f'(0) = -3$	$f'(4) = 5$
Vorzeichen von f′(x)	+	–	+

Der Graph von f hat an der Stelle $x_1 = -1$ einen Hochpunkt H und an der Stelle $x_2 = 3$ einen Tiefpunkt T.

Funktionswerte berechnen

$f(-1) = \frac{11}{3}$; also $H\left(-1 \middle| \frac{11}{3}\right)$ $\qquad f(3) = -7$; also $T(3 \mid -7)$

1 **Extrempunkte und Sattelpunkte rechnerisch bestimmen**

Berechnen Sie die Stellen, an denen der Graph der Funktion f Punkte mit waagerechter Tangente besitzt. Bestimmen Sie jeweils, ob es sich um Hoch-, Tief- oder Sattelpunkte handelt, und geben Sie die Koordinaten der Punkte an.

a) $f(x) = \frac{1}{3}x^3 + \frac{7}{4}x^2 - 2x - 9$ b) $f(x) = -\frac{1}{4}x^4 + 2x^2$ c) $f(x) = \frac{1}{4}x^4 - 2x^3 + \frac{9}{2}x^2$

d) $f(x) = x^3 + 5x - 1$ e) $f(x) = \frac{1}{5}x^5 - 4x^2$ f) $f(x) = \frac{1}{2}x^4 + \frac{4}{3}x^3$

2 **Vorzeichenwechsel-Kriterium für Extremstellen anwenden**

Berechnen Sie die Nullstellen der Ableitungsfunktion f′ und entscheiden Sie, ob der Graph der Funktion f dort einen Hoch-, Tief- oder Sattelpunkt hat.

a) $f'(x) = x^2 - 3x - 4$ b) $f'(x) = x^3 - 4x^2$ c) $f'(x) = (x^2 - 4) \cdot (x - 1)^2$

3 **Extrempunkte und Sattelpunkte aus dem Ableitungsgraphen bestimmen**

Bestimmen Sie die Stellen, an denen der Graph der Funktion f Hoch-, Tief- oder Sattelpunkte hat. Begründen Sie Ihre Entscheidung.

a)

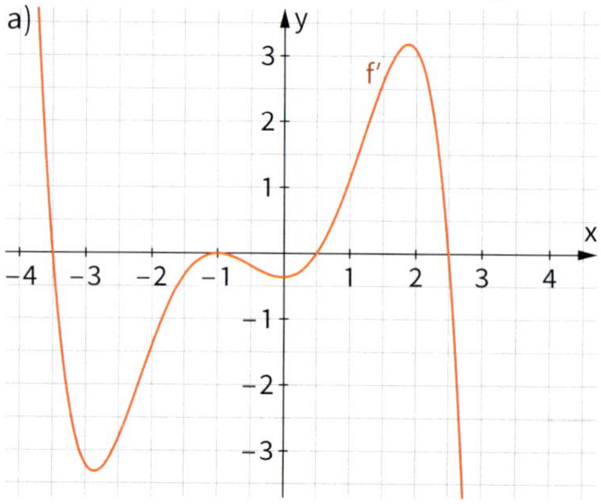

b)

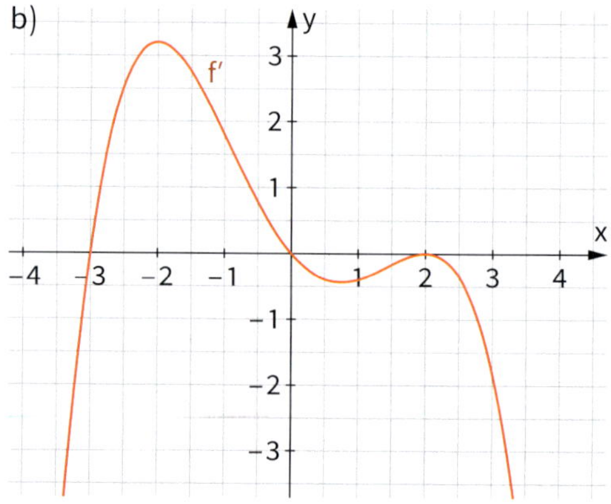

4 **Lösung kontrollieren und korrigieren**

Nena sucht die Extremstellen der Funktion f mit $f(x) = \frac{1}{4}x^4 - \frac{3}{2}x^2 - 2x$. Dazu gibt sie die Gleichung $x^3 - 3x - 2 = 0$ in den Gleichungslöser ihres Rechners ein. Der Rechner ermittelt $x_1 = -1$; $x_2 = 2$ als Lösungen. Nena schreibt auf:

Die Stellen −1 und 2 sind mögliche Extremstellen von f.
Da $f'(-3) = -20 < 0$ und $f'(3) = 16 > 0$ gilt, wechselt f′ an der Stelle $x_1 = -1$ das Vorzeichen von − nach +, also hat der Graph von f dort einen Tiefpunkt.

Erläutern Sie, wie Nena die Extremstellen bestimmt hat. Was hat sie dabei übersehen? Korrigieren Sie Nenas Aussage.

Prüfe dich! Lösungen auf Seite 223

5 Berechnen Sie die Nullstellen der Funktion f′. Entscheiden Sie, ob an diesen Stellen Hoch-, Tief- oder Sattelpunkte des Graphen der Funktion f vorliegen.

a) $f(x) = \frac{1}{3}x^3 + \frac{1}{2}x^2 - 6x - 4$ b) $f(x) = \frac{1}{8}x^4 + \frac{1}{2}x^3 - 3$

6 Die Abbildung zeigt den Graphen der Ableitungsfunktion f′ einer ganzrationalen Funktion f vierten Grades.
Bestimmen Sie die Stellen, an denen der Graph von f Hoch-, Tief- oder Sattelpunkte hat, und begründen Sie.

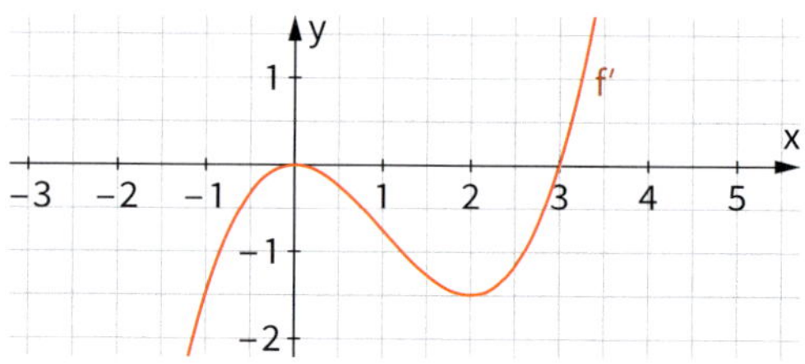

7 Extremstellen mithilfe des Globalverlaufs des Graphen von f′ untersuchen

Sophia hat die Extremstellen des Graphen der Funktion f bestimmt:

$f(x) = -\frac{1}{16}x^4 - \frac{1}{4}x^3 + 1;\ f'(x) = -\frac{1}{4}x^3 - \frac{3}{4}x^2 = -\frac{1}{4}x^2 \cdot (x+3)$

- *Aus $f'(x) = 0$ folgt: $x_1 = -3$ und $x_2 = 0$ (doppelt)*
- *Der Globalverlauf von f′ wird durch den Summanden $-\frac{1}{4}x^3$ bestimmt:*
  Für $x \to -\infty$ gilt $f'(x) \to \infty$; für $x \to \infty$ gilt $f'(x) \to -\infty$.
- *Also weiß ich, dass an der Stelle $x_1 = -3$ ein Vorzeichenwechsel von + nach − und an der Stelle $x_2 = 0$ kein Vorzeichenwechsel erfolgt. Somit hat der Graph von f an der Stelle …*

a) Erläutern Sie Sophias Überlegungen und vervollständigen Sie ihren letzten Satz.

b) Untersuchen Sie genauso die Graphen der Funktionen g und h mit $g(x) = \frac{1}{6}x^3 - \frac{1}{4}x^2 - 3x + 1$ und $h(x) = \frac{1}{5}x^5 - \frac{4}{3}x^3 - 2$ auf Extremstellen.

8 Aussagen zu Funktionseigenschaften ergänzen

Ergänzen Sie jeder für sich und vergleichen Sie dann Ihre Formulierungen miteinander.

a) Wenn $f'(x) > 0$ für alle x aus einem Intervall I gilt, dann …

b) Einen Sattelpunkt des Graphen einer Funktion f erkennt man bei f′ daran, dass …

c) Ist $f'(x) \neq 0$ für alle x aus einem Intervall I, dann …

d) Eine Funktion f ist in einem Intervall I steng monoton fallend, wenn …

e) Ist x_0 eine doppelte Nullstelle einer Ableitungsfunktion f′, dann ...

f) Ist x_0 eine doppelte Nullstelle einer Funktion f, dann ...

9 Extrempunkte mit einem Rechner bestimmen

Clara und Joris wollen die Extrempunkte des Graphen der Funktion f mit einem Rechner bestimmen. Dazu geben sie beide zunächst den Funktionsterm in ihren Rechner ein.

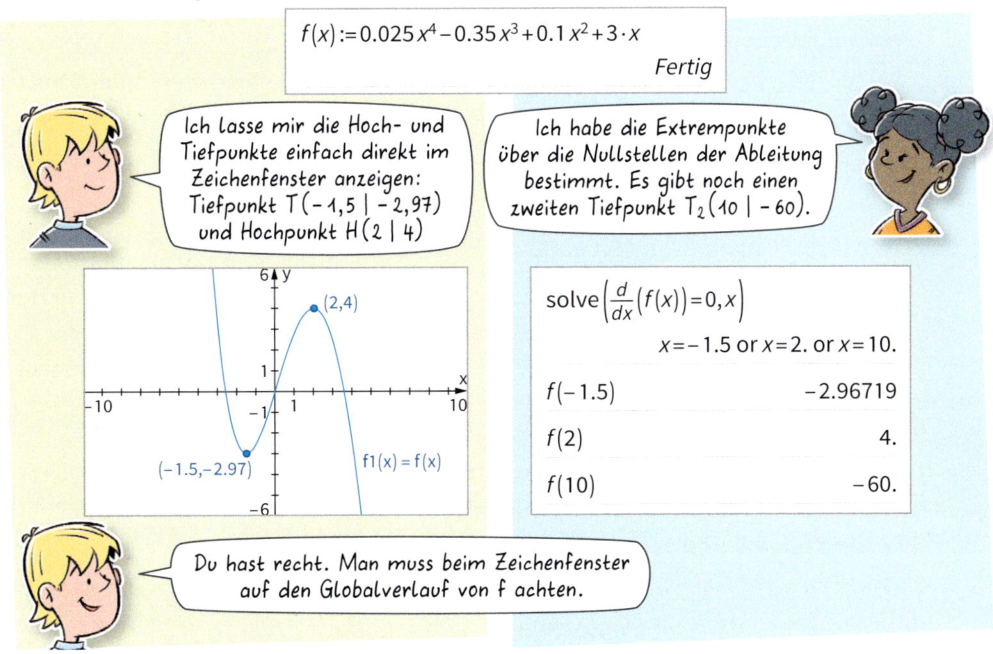

Vergleichen Sie die Vorgehensweise der beiden und bestimmen Sie selbst mit einem Rechner alle Extrempunkte des Graphen der Funktion f.

a) $f(x) = \frac{1}{10}x^3 - \frac{1}{10}x^2 - \frac{11}{5}x + 4$

b) $f(x) = \frac{1}{3}x^5 - 3x^3 + 4x + 1$

c) $f(x) = \frac{1}{10}x^6 - 2x^5 + 7x^3 - 3x^2$

d) $f(x) = 0{,}001\,x^7 - x^4 + 2x^3 + 1$

Einstieg

Randextremum

Ein Teil des Graphen der Funktion f mit $f(x) = \frac{1}{30}x^3 - \frac{1}{20}x^2 - \frac{7}{8}x + \frac{25}{8}$ soll als Modell einer BMX-Schanze dienen. Dazu wird der Definitionsbereich von f auf das Intervall [0; 5] eingeschränkt.

- An welcher Stelle liegt der höchste, an welcher der tiefste Punkt der Schanze?

Lösung

Die Gleichung $f'(x) = \frac{1}{10}x^2 - \frac{1}{10}x - \frac{7}{8} = 0$ hat die Lösungen $x_1 = -2{,}5$ und $x_2 = 3{,}5$.
Die Stelle $x_1 = -2{,}5$ liegt nicht im Definitionsbereich [0; 5]. An der Stelle $x_2 = 3{,}5$ hat der Graph von f den Tiefpunkt T(3,5 | 0,88).
An den Rändern des Definitionsbereichs gilt $f(0) \approx 3{,}13$ und $f(5) \approx 1{,}67$. Der höchste Punkt der Schanze ist damit H(0 | 3,13) und der tiefste T(3,5 | 0,88).

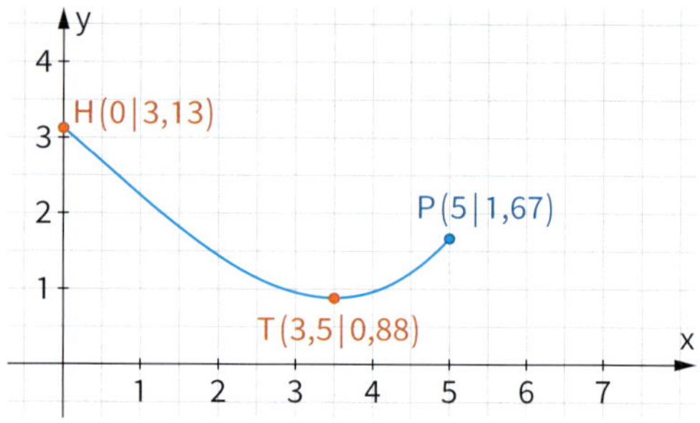

WES-135805-303

Lokale und globale Extrema

- Ist $P(x_E \mid f(x_E))$ ein Hochpunkt bzw. ein Tiefpunkt einer Funktion f, so bezeichnet man $f(x_E)$ als **lokales Maximum** bzw. **lokales Minimum** von f.
- Ein lokales Maximum oder Minimum heißt auch **lokales Extremum**.
- Der größte bzw. der kleinste Funktionswert im Definitionsbereich von f heißt **globales Maximum** bzw. **globales Minimum**.
- Ein globales Maximum oder Minimum heißt auch **globales Extremum**. Liegt es an einer Randstelle des Definitionsbereichs, so nennt man es **Randextremum**.

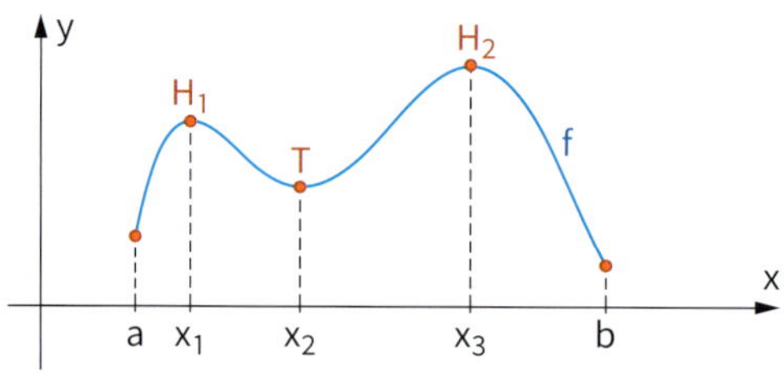

Definitionsbereich von f: [a; b]
$f(x_1)$: lokales Maximum
$f(x_2)$: lokales Minimum
$f(x_3)$: lokales und globales Maximum
$f(b)$: globales Minimum und Randextremum
$f(a)$: weder lokales noch globales Extremum

10 **Lokale und globale Extrema bestimmen**

Bestimmen Sie rechnerisch die lokalen Extrema von f. Entscheiden Sie mithilfe des Globalverlaufs, ob es sich dabei auch um globale Extrema handelt.

a) $f(x) = \frac{1}{2}x^2 + 2x + 3$

b) $f(x) = \frac{1}{2}x^4 + 16x - 1$

c) $f(x) = -\frac{1}{4}x^3 + 3x - 2$

d) $f(x) = \frac{x \cdot (2x^2 + 3x - 12)}{6}$

Globalverlauf beachten

Der Graph einer Funktion f hat die Hochpunkte $H_1(-3 \mid 4)$ und $H_2(4 \mid 8)$ und den Tiefpunkt $T(-1 \mid 3{,}63)$.
Für $x \to \infty$ und $x \to -\infty$ gilt $f(x) \to -\infty$.

Daraus erhält man:

- Es gibt kein globales Minimum.
- H_1 und T sind nur lokale Extrempunkte.
- Das globale Maximum wird mit $f(4) = 8$ am Hochpunkt H_2 erreicht.

11 Lokale und globale Extrema grafisch bestimmen

Bestimmen Sie anhand des Graphen von f die Koordinaten der vorhandenen Extrempunkte. Geben Sie jeweils an, ob es sich um einen lokalen oder einen globalen Extrempunkt handelt.

a)

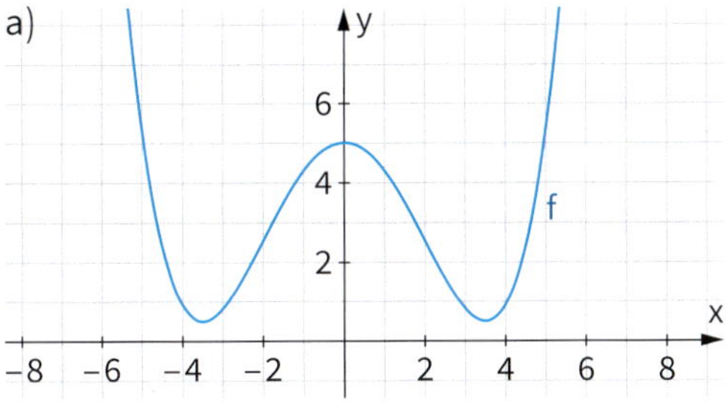

b)

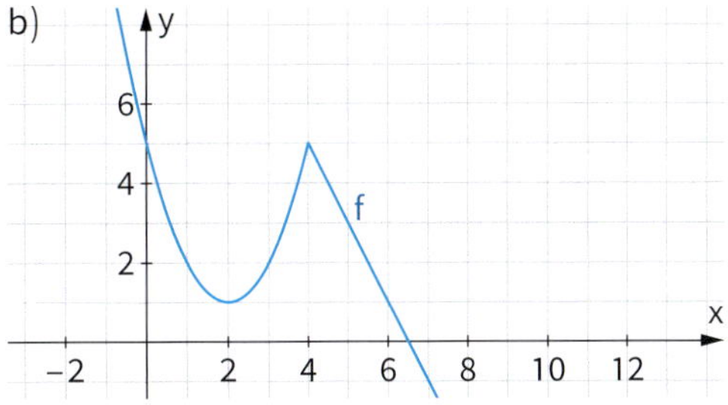

12 Steigung bei einer Bergetappe

Bei Radrennen werden Bergetappen häufig durch Höhenprofile beschrieben.
Ein Höhenprofil kann näherungsweise durch den Graphen der Funktion f mit $f(x) = 0{,}002\,x^3 - 0{,}09\,x^2 + 1{,}2\,x + 7{,}65$ im Intervall $[0;\,25]$ dargestellt werden. Hierbei gibt x die horizontale Entfernung in km und f(x) die Höhe über NN in 100 m an.

a) Skizzieren Sie das Höhenprofil und berechnen Sie die Höhe des höchsten Punktes der Bergetappe.

b) Bestimmen Sie die Stelle, an der die Steigung maximal ist, und geben Sie die maximale Steigung in Prozent an.

Prüfe dich! Lösungen auf Seite 223

13 Gegeben ist die Funktion f mit $f(x) = \frac{1}{4}x^4 - \frac{1}{3}x^3 - x^2$ im Intervall $[-2;\,3]$.
Ermitteln Sie rechnerisch den größten und den kleinsten Funktionswert von f.

14 Die Abbildung zeigt den Graphen einer Funktion f.
Entscheiden Sie begründet, welche der Aussagen über die Funktion f und die Ableitung f′ wahr bzw. falsch sind.

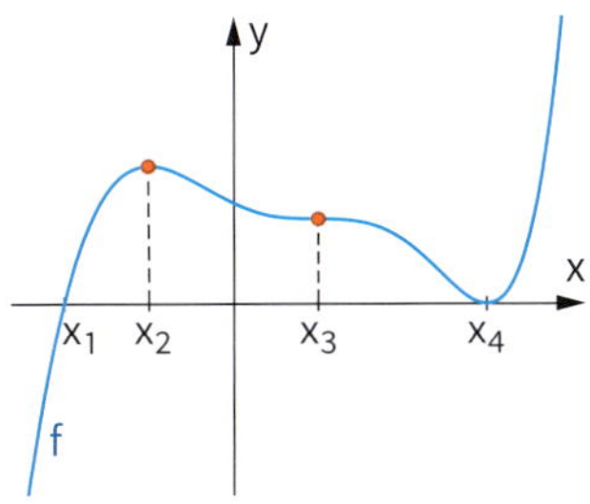

(1) f hat an der Stelle x_1 ein lokales Minimum.
(2) f hat an der Stelle x_4 ein lokales Minimum.
(3) f hat an der Stelle x_2 ein globales Maximum.
(4) f hat kein globales Extremum.
(5) f′ hat an der Stelle x_3 ein lokales Maximum.

---

15 Anzahl von Nullstellen und Extremstellen ganzrationaler Funktionen

a) Begründen Sie die folgende Aussage, indem Sie das notwendige Kriterium für Extremstellen verwenden und mit dem Verlauf des Graphen argumentieren:
„Eine ganzrationale Funktion 3. Grades hat höchstens zwei Extremstellen und höchstens drei Nullstellen.“

b) Folgern Sie aus Teilaufgabe a), dass eine ganzrationale Funktion vierten Grades höchstens drei Extremstellen und höchstens vier Nullstellen hat.

c) Nehmen Sie an, dass Sie schon wissen, dass eine ganzrationale Funktion vom Grad n − 1 höchstens n − 2 Extremstellen und höchstens n − 1 Nullstellen hat. Folgern Sie daraus, dass eine ganzrationale Funktion vom Grad n höchstens n − 1 Extremstellen und höchstens n Nullstellen hat.

3.3 Zweite Ableitung

Die Funktion f ist gegeben durch die Gleichung $f(x) = 0{,}5\,x^3 - 1{,}5\,x^2 + 1$.
Die Extremstellen von f sind $x_1 = 0$ und $x_2 = 2$. Man erkennt sie an den Nullstellen von f′, die dort einen Vorzeichenwechsel haben.
Nun betrachtet man die Ableitungsfunktion der Funktion f′, die man mit f″ bezeichnet.

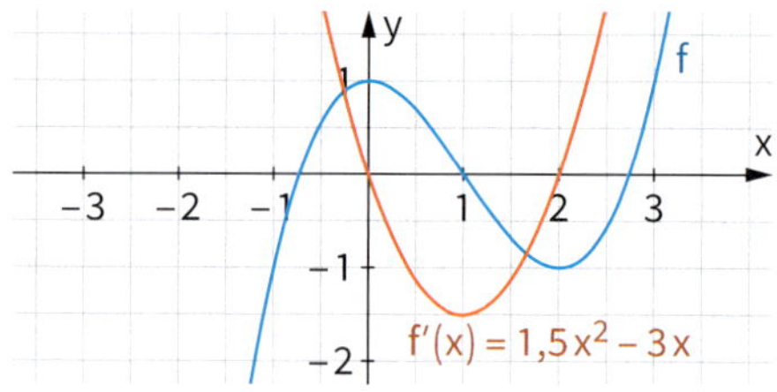

- Wie erkennt man den Vorzeichenwechsel von f′ an diesen Stellen am Graphen von f″?

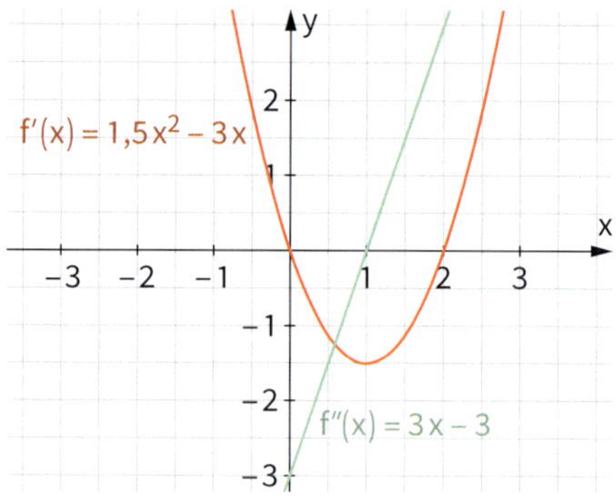

Lösung
Da $f''(0) = -3$ negativ ist, fällt der Graph von f′ an der Stelle $x_1 = 0$ beim Durchgang durch die x-Achse. Somit wechselt f′ dort das Vorzeichen von + nach −. An der Stelle $x_2 = 2$ hingegen steigt der Graph von f′ beim Durchgang durch die x-Achse, da $f''(2) = 3$ positiv ist. Somit wechselt f′ dort das Vorzeichen von − nach +.

WES-135805-304

Entsprechend:
***f‴** ist die Ableitung von f″ bzw. die **dritte Ableitung** von f.*

Zweite Ableitung
Hat die Ableitung f′ einer Funktion f ebenfalls eine Ableitung, so nennt man diese die **zweite Ableitung** der Funktion f.

Schreibweise: **f″**
Sprechweise: *„f zwei Strich“*

Hinreichendes Kriterium für Extremstellen (f″-Kriterium)
Satz
Für eine Funktion f und ihre Ableitungen f′ und f″ gilt:
- Wenn $f'(x_H) = 0$ und zugleich $f''(x_H) < 0$, dann hat der Graph von f an der Stelle x_H einen Hochpunkt.
- Wenn $f'(x_T) = 0$ und zugleich $f''(x_T) > 0$, dann hat der Graph von f an der Stelle x_T einen Tiefpunkt.

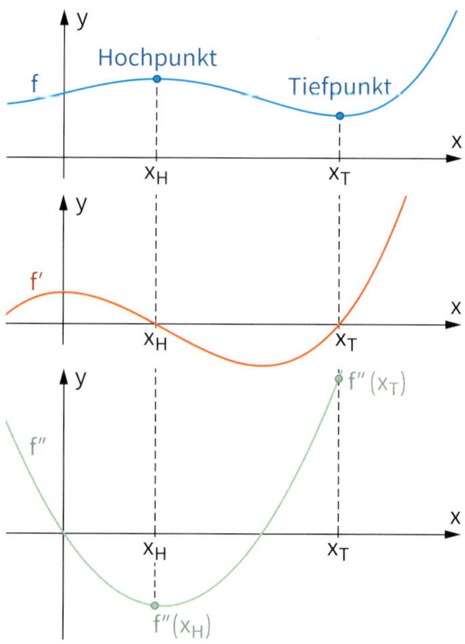

Begründung des Satzes
- $f''(x_H) < 0$ bedeutet, dass der Graph von f′ an der Stelle x_H negative Steigung hat. Wegen $f'(x_H) = 0$ hat f′ dort also eine Nullstelle mit Vorzeichenwechsel von + nach −.
- $f''(x_T) > 0$ bedeutet, dass der Graph von f′ an der Stelle x_T positive Steigung hat. Wegen $f'(x_T) = 0$ hat f′ dort also eine Nullstelle mit Vorzeichenwechsel von − nach +.

Damit folgt der Satz aus dem Vorzeichenwechsel-Kriterium.

Hinweis:
Es gibt Funktionen mit Extremstellen x_E, bei denen $f'(x_E) = 0$ und $f''(x_E) = 0$ ist.
Die Bedingung $f'(x_E) = 0$ und $f''(x_E) \neq 0$ ist also *hinreichend*, aber *nicht notwendig* dafür, dass f an der Stelle x_E eine Extremstelle hat.

Ein Beispiel dafür ist $f(x) = x^4$.
Es gilt $f'(x) = 4x^3$ und $f''(x) = 12x^2$.
An der Stelle $x_E = 0$ ist $f'(0) = 0$.
Der Punkt $(0\,|\,0)$ ist aber ein Tiefpunkt des Graphen von f, obwohl auch $f''(0) = 0$ ist.

Im Fall, dass $f'(x) = 0$ und $f''(x) = 0$ gilt, sollte man also wieder auf das Vorzeichenwechsel-Kriterium zurückgreifen.

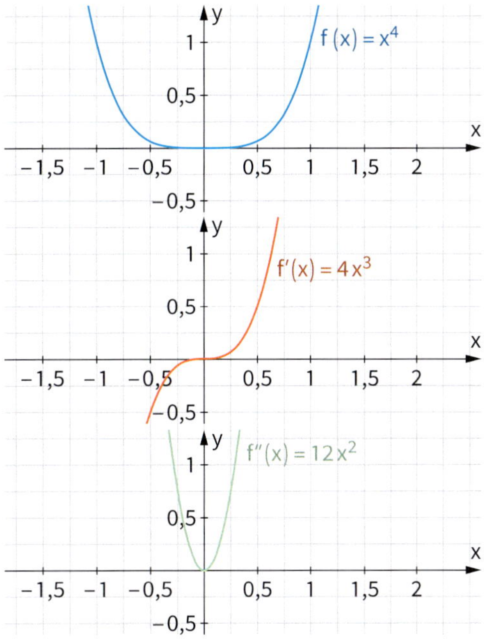

Extremstellen mit erster und zweiter Ableitung bestimmen

Gegeben ist die Funktion f mit $f(x) = \frac{1}{5}x^5 - \frac{1}{3}x^3 + 2$. Untersuchen Sie mithilfe der zweiten Ableitung den Graphen von f auf Extremstellen.

Lösung

Erste Ableitung bestimmen	$f'(x) = x^4 - x^2 = x^2 \cdot (x^2 - 1)$
Notwendiges Kriterium	Aus $f'(x) = 0$ folgt: $x_1 = -1$; $x_2 = 0$ (doppelt); $x_3 = 1$
Gleichung $f'(x) = 0$ lösen	Dies sind mögliche Extremstellen.
Zweite Ableitung bestimmen	$f''(x) = 4x^3 - 2x$
f″-Kriterium	$f''(-1) = 4 \cdot (-1)^3 - 2 \cdot (-1) = -4 + 2 = -2 < 0$
Nullstellen einsetzen	Also: Hochpunkt des Graphen an der Stelle $x_1 = -1$
	$f''(0) = 4 \cdot 0^3 - 2 \cdot 0 = 0$
	Also: Keine Aussage mit dem f″-Kriterium möglich
	$f''(1) = 4 \cdot 1^3 - 2 \cdot 1 = 4 - 2 = 2 > 0$
	Also: Tiefpunkt des Graphen an der Stelle $x_3 = 1$

Das Vorzeichenwechsel-Kriterium zeigt, dass die Stelle $x_2 = 0$ *keine* Extremstelle ist.

1 Extrempunkte berechnen

Berechnen Sie die Extrempunkte des Graphen der Funktion f und entscheiden Sie, ob es sich um einen Hoch- oder einen Tiefpunkt handelt.

a) $f(x) = x^3 + 3x^2 - 4$ b) $f(x) = x^4 - 2x^2 - 8$ c) $f(x) = \frac{1}{6}x^3 - x^2 + 3$
d) $f(x) = \frac{1}{4}x^4 - 2$ e) $f(x) = \frac{1}{5}x^5 - x^4 + \frac{4}{3}x^3$ f) $f(x) = x^3 - 6x^2 + 12x + 5$

2 Anwendbarkeit des f″-Kriteriums prüfen

Laura behauptet: „*Der Graph der Funktion f mit $f(x) = x^4 + 4x^3 + 6x^2 + 4x - 1$ hat an der Stelle $x = -1$ einen Sattelpunkt, da sowohl $f'(-1) = 0$ als auch $f''(-1) = 0$ gilt.*“
Nehmen Sie zu dieser Aussage Stellung.

3 Grafische Zusammenhänge erläutern

Die Abbildungen zeigen Graphen der Funktionen f und g sowie ihrer Ableitungen f′ und g′.

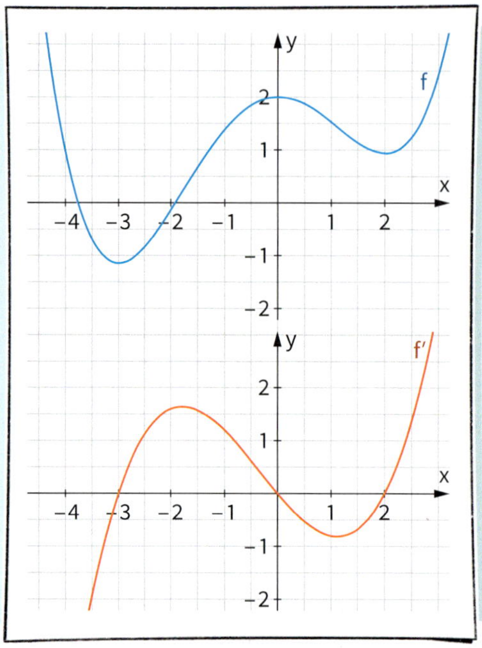

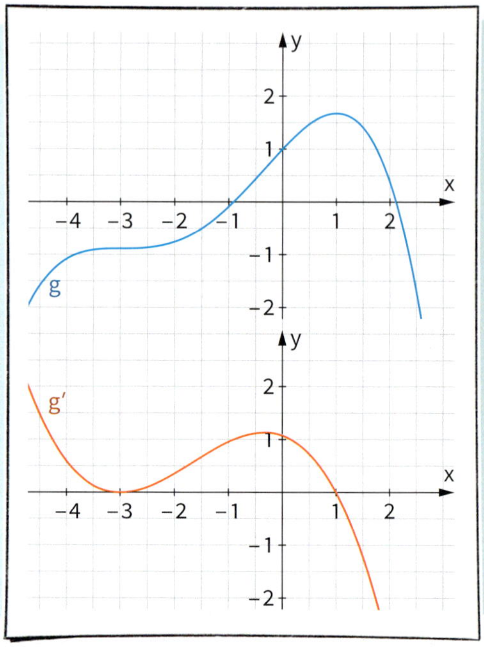

a) Skizzieren Sie die Graphen der zweiten Ableitungen f″ und g″.

b) Erklären Sie, wie die Graphen der Funktion und ihrer Ableitungen zusammenhängen. Gehen Sie dabei insbesondere auf die Nullstellen der ersten Ableitung ein.

4 Leuchtsignal

Ein Schiff in Seenot macht durch ein Leuchtsignal auf sich aufmerksam. Dazu wird die Leuchtkugel senkrecht nach oben geschossen. Die Höhe des Signals in Metern nach t Sekunden kann näherungsweise durch die Funktion h mit $h(t) = -4{,}9\,t^2 + 29{,}4\,t + 4$ beschrieben werden.

a) Bestimmen Sie die größte Höhe des Leuchtsignals.

b) Berechnen Sie die Ableitung h′ und die Ableitung h″ der Funktion h′. Deuten Sie diese Funktionen im Sachzusammenhang.

5 Erste und zweite Ableitung grafisch deuten

Entscheiden und begründen Sie jeweils für den Graphen von f, ob die Funktionen f′ und f″ in dem abgebildeten Bereich positiv oder negativ ist.

f′: Änderung
f″: Änderung der Änderng

(1)

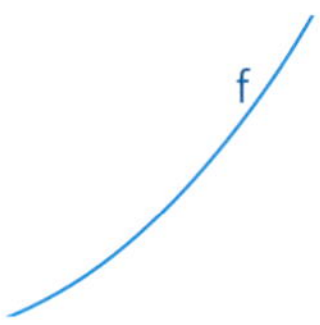

(2)

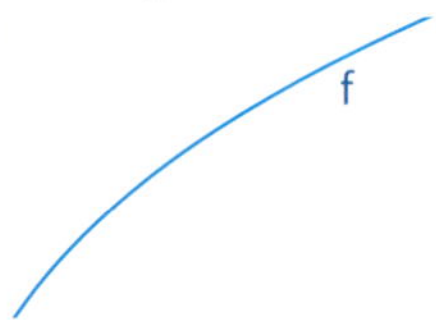

(3)

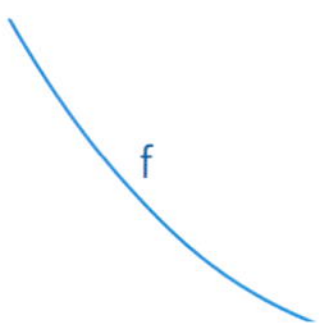

(4)

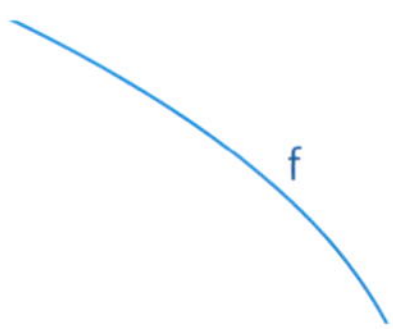

Vorzeichen von f′ und f″
Für das Vorzeichen von **f′** betrachtet man die **Steigung** des Graphen von f.
Für das Vorzeichen von **f″** betrachtet man die **Änderung der Steigung** des Graphen von f.

6 ≡ **Hubschrauber**

Die Funktion f gibt die Höhe eines Hubschraubers in Abhängigkeit von der Zeit an.

a) Beschreiben Sie die Bedeutung der Funktionen f′ und f″ in diesem Kontext.

b) Die Ableitungen f′ und f″ können in einem bestimmten Zeitintervall jeweils positiv oder negativ sein. Deuten Sie die vier Möglichkeiten im Sachzusammenhang.

	$f' > 0$	$f' < 0$
$f'' > 0$	Der Hubschrauber steigt immer schneller auf.	▪
$f'' < 0$	▪	▪

c) Begründen Sie das f″-Kriterium für Extremstellen inhaltlich in diesem Kontext.

7 ≡ Berechnen Sie die erste und die zweite Ableitung der Funktion f.

Prüfe dich! Lösungen auf Seite 223

a) $f(x) = 4x^3 - 12x^2 + 7x + 3$ b) $f(t) = -\frac{1}{2}t^8 - \frac{4}{3}t^6 + 7t^3 + 3$

8 ≡ Bestimmen Sie die Extrempunkte des Graphen. Nutzen Sie, wenn möglich, das f″-Kriterium.

a) $f(x) = -x^3 - 3x^2 + 9x$ b) $f(x) = \frac{3}{4}x^4 - 2x^3 + \frac{3}{2}x^2 - 2$

9 ≡ Der Graph der Funktion f wird im Intervall $[-2; 6]$ betrachtet. Geben Sie die Intervalle an, für die gilt:

(1) $f'(x) > 0$ und $f''(x) > 0$
(2) $f'(x) > 0$ und $f''(x) < 0$
(3) $f'(x) < 0$ und $f''(x) > 0$
(4) $f'(x) < 0$ und $f''(x) < 0$

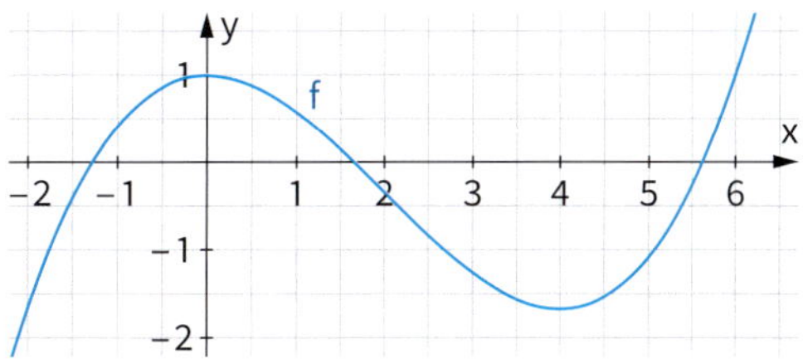

10 ≡ **f″-Kriterium mit einem Rechner erkunden**

Gegeben ist die Funktion f mit $f(x) = 2x^4 - 3x^2 + 2x + 1$.

a) Geben Sie $f'(x)$ und $f''(x)$ an.

b) Zeichnen Sie mit einem Rechner die Graphen von f, f′ und f″ und vollziehen Sie daran das f″-Kriterium für Extremstellen nach.

c) Verwenden Sie andere ganzrationale Funktionen vierten Grades und erkunden Sie die Zusammenhänge zwischen f, f′ und f″.

11 ≡ **Nullstellen von f′ richtig deuten**

Hanna sucht die Extremstellen der Funktion f mit $f(x) = \frac{1}{4}x^4 - x^3 + 4x + 5$. Dazu bestimmt sie mit ihrem Rechner die Nullstellen der Ableitungsfunktion f′ mit $f'(x) = x^3 - 3x^2 + 4$.
Der Rechner zeigt das Ergebnis *{−1, 2, 2}*.
Hanna sagt: „*Die Stellen −1 und 2 sind Extremstellen von f.*“
Erläutern Sie, wie Hanna die Extremstellen bestimmt hat. Was hat sie dabei übersehen? Korrigieren Sie Hannas Aussage.

12 ≡ **Höhere Ableitungen berechnen**

a) Berechnen Sie.

(1) $f''(x)$ für $f(x) = x^2$	(2) $f'''(x)$ für $f(x) = x^3$	(3) $f''''(x)$ für $f(x) = x^4$

b) Für eine natürliche Zahl n bezeichnet man die **n-te Ableitung** von f mit $f^{(n)}(x)$.
Bestimmen Sie $f^{(n)}(x)$ für $f(x) = x^n$.

3.4 Wendepunkte

Motorradfahrer fahren in den Kurven in Schräglage.
In einer *Linkskurve* sind sowohl Fahrer als auch Motorrad sehr stark nach links, also in die Kurve hinein, geneigt. In einer *Rechtskurve* ist die Neigung stark nach rechts in die Kurve. Wenn die Linkskurve in eine Rechtskurve wechselt oder umgekehrt, muss der Fahrer schnell seine Position wechseln. Dabei stehen Fahrer und Motorrad für einen Moment aufrecht.

Ein Teil des Kurses einer Rennstrecke kann von oben betrachtet vereinfacht durch den Graphen einer Funktion f dargestellt werden. Ein Motorradfahrer fährt die Strecke von links nach rechts.

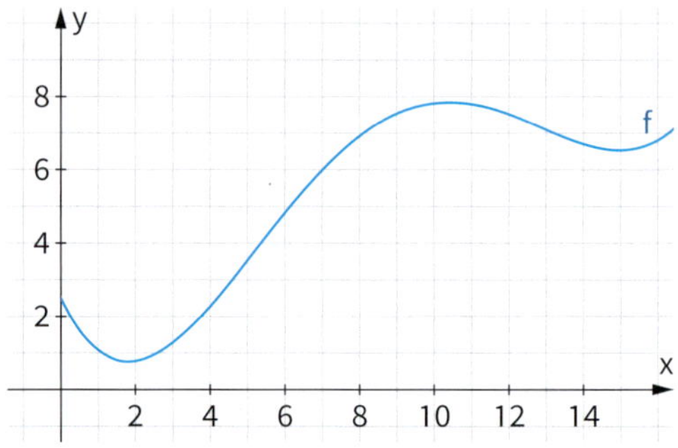

- An welchen Stellen der Rennstrecke hat der Fahrer keine Schräglage? Geben Sie Streckenabschnitte an, in denen der Fahrer sich nach rechts bzw. links lehnt.
- Betrachten Sie die Graphen der ersten und der zweiten Ableitung von f.
  Wie verhalten sich die Graphen von f′ bzw. f″ an den Stellen, an denen der Fahrer keine Schräglage hat? Wie verhalten sie sich in den Intervallen, in denen der Graph von f links- bzw. rechtsgekrümmt ist?

Lösung

- Die Stellen, an denen der Fahrer keine Schräglage hat, liegen etwa bei $x = 5$ und $x = 13$. In den Intervallen $[0; 5]$ und $[13; 16]$ fährt er eine Linkskurve: Der Graph von f verläuft dort linksgekrümmt.
  Dagegen fährt er im Intervall $[5; 13]$ eine Rechtskurve: Der Graph von f verläuft dort rechtsgekrümmt.
- Betrachtet man nun die Graphen von f′ und f″, so fällt auf: An den Stellen, an denen sich das Krümmungsverhalten des Graphen von f ändert, hat der Graph von f′ Extremstellen. Dementsprechend hat f″ dort Nullstellen.
  In den Intervallen $[0; 5]$ und $[13; 16]$, in denen der Graph von f linksgekrümmt ist, ist f′ streng monoton wachsend. Somit ist f″ dort positiv.
  Im Intervall $[5; 13]$, in dem der Graph von f rechtsgekrümmt ist, ist f′ streng monoton fallend. Also ist f″ dort negativ.

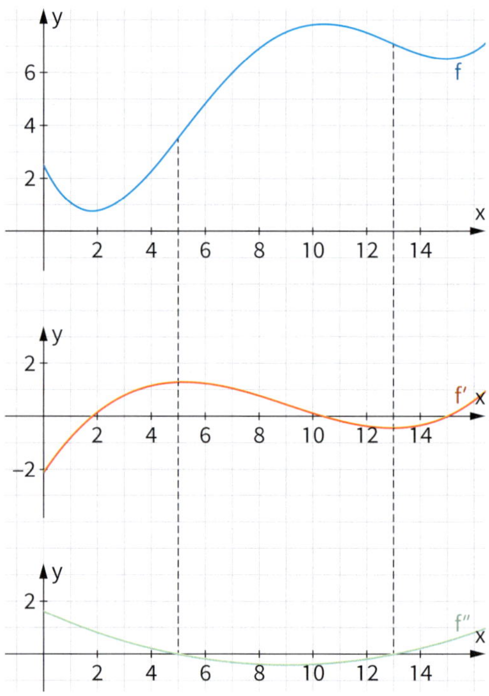

WES-135805-305

Links- bzw. Rechtskurven

Der Graph von f bildet im Intervall I
- eine **Linkskurve**, falls f′ im Intervall I streng monoton wächst.
- eine **Rechtskurve**, falls f′ im Intervall I streng monoton fällt.

Nach dem Monotoniesatz gilt somit:
- Ist $f''(x) > 0$ für alle $x \in I$, so bildet der Graph von f in I eine Linkskurve.
- Ist $f''(x) < 0$ für alle $x \in I$, so bildet der Graph von f in I eine Rechtskurve.

Wendepunkte

In einem **Wendepunkt** geht der Graph von f von einer Linkskurve in eine Rechtskurve über oder umgekehrt.

Satz: Jede Wendestelle von f ist eine lokale Extremstelle von f′. Die lokale Änderungsrate von f ist dort also maximal oder minimal.

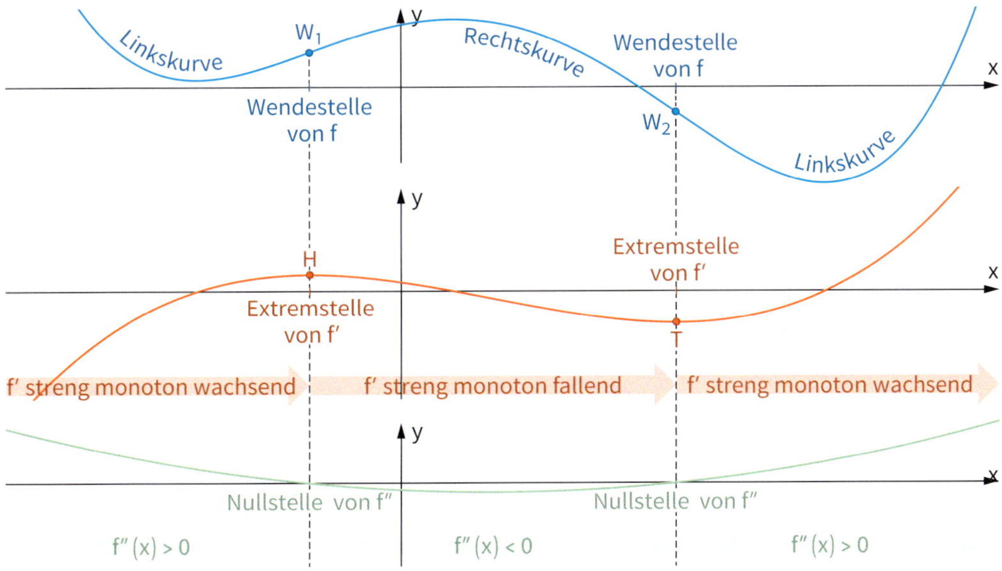

Notwendiges Kriterium für Wendestellen

Satz: Hat die Funktion f an der Stelle x_W eine Wendestelle, so ist $f''(x_W) = 0$.

Hinreichendes Kriterium für Wendestellen (Vorzeichenwechsel-Kriterium)

Satz: Hat die zweite Ableitung f″ an der Stelle x_W eine Nullstelle mit Vorzeichenwechsel, so ist x_W eine Wendestelle von f.

Hinweis:
Wenn $f''(x_0) = 0$ ist, so muss x_0 nicht unbedingt eine Wendestelle von f sein.
Die Bedingung $f''(x_0) = 0$ ist also *notwendig*, aber *nicht hinreichend* dafür, dass f an der Stelle x_0 eine Wendestelle besitzt.

Ein Beispiel dafür ist $f(x) = x^4$.
Es gilt $f'(x) = 4x^3$ und $f''(x) = 12x^2$, daher ist $f''(0) = 0$. Die Stelle $x_0 = 0$ ist aber eine Extrem- und keine Wendestelle von f.
Das liegt daran, dass f″ an der Stelle $x_0 = 0$ nicht das Vorzeichen wechselt.

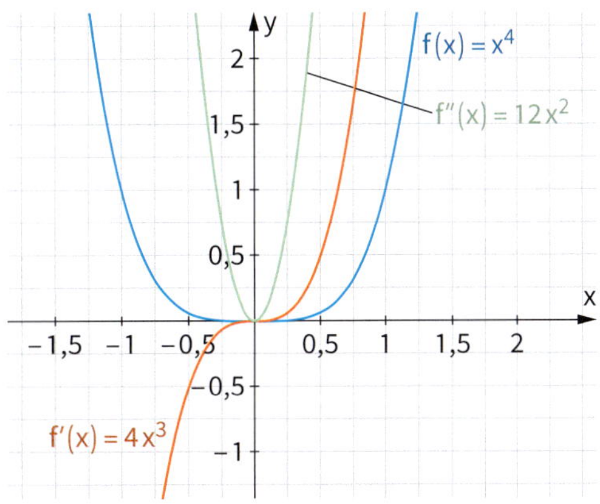

Graphen auf Wendepunkte prüfen

Untersuchen Sie den Graphen der Funktion f mit $f(x) = \frac{1}{3}x^3 - 6x^2 + 2x - 4$ auf Wendepunkte.

Lösung

Ableitungen bestimmen $f'(x) = x^2 - 12x + 2$
$f''(x) = 2x - 12$

Notwendiges Kriterium
Gleichung $f''(x) = 0$ lösen
Aus $f''(x) = 0$ folgt: $x = 6$
Dies ist eine mögliche Wendestelle.

Hinreichendes Kriterium
Vorzeichen von f'' links und rechts der Nullstellen untersuchen

Intervall für x	$x < 6$	$x > 6$
Beispiel für $f''(x)$	$f''(5) = -2$	$f''(7) = 2$
Vorzeichen von $f''(x)$	−	+
Krümmungsverhalten des Graphen von f	Rechtskurve	Linkskurve

Der Graph von f hat an der Stelle $x = 6$ einen Wendepunkt W.

Man sagt hier auch: **Rechts-Links-** *Wendepunkt*

Funktionswert berechnen $f(6) = -136$; also $W(6\,|\,-136)$

1 Wendestellen berechnen

Berechnen Sie die Wendestellen der Funktion f mithilfe des hinreichenden Kriteriums.

a) $f(x) = \frac{1}{3}x^3 - x^2 + \frac{8}{3}$ b) $f(x) = \frac{1}{4}x^3 + \frac{3}{2}x^2$ c) $f(x) = \frac{1}{3}x^4 - 8x^2 + 1$

d) $f(x) = \frac{1}{5}x^5 + \frac{1}{2}x^4$ e) $f(x) = \frac{1}{2}x^4 - x^3 - 18x^2 + 5$ f) $f(x) = \frac{3}{10}x^5 - 4x^3 + 24x$

2 Intervalle für Links- und Rechtskurven bestimmen

Bestimmen Sie die Intervalle, in denen der Graph der Funktion f eine Linkskurve bzw. eine Rechtskurve beschreibt.

a) $f(x) = \frac{1}{3}x^3 - x$ b) $f(x) = \frac{1}{4}x^4 - \frac{3}{2}x^2$ c) $f(x) = \frac{1}{2}x^4 - 12x^2 + x - 2$

3 Krümmungsverhalten begründen

Von einer ganzrationalen Funktion f ist ihre zweite Ableitung f'' mit $f''(x) = \frac{1}{2}x^2 + 3$ bekannt. Begründen Sie, weshalb der Graph von f überall linksgekrümmt ist.

4 Extrem- und Wendepunkte bestimmen

Bestimmen Sie die Extrem- und Wendepunkte des Graphen der Funktion f, ohne einen Rechner zu verwenden.

a) $f(x) = \frac{1}{3}x^3 - 4x - 5$ b) $f(x) = 2x^3 - 3x^2 + 4$ c) $f(x) = x^3 - 6x^2 + 9x - 4$

d) $f(x) = \frac{1}{9}x^4 - 2x^2 + 8$ e) $f(x) = x^4 - 6x^2 + 5$ f) $f(x) = \frac{1}{6}x^3 - x^2 + 2x - 1$

5 Wendepunkte als Punkte eines Graphen mit extremaler Steigung

Eine Wendetangente durchsetzt den Graphen im Wendepunkt. Begründen Sie die folgenden Aussagen anhand von Skizzen für eine Funktion f.

(1) Geht der Graph von f von einer Linkskurve in eine Rechtskurve über, so hat f' an dieser Stelle ein Maximum.

(2) Geht der Graph von f von einer Rechtskurve in eine Linkskurve über, so hat f' an dieser Stelle ein Minimum.

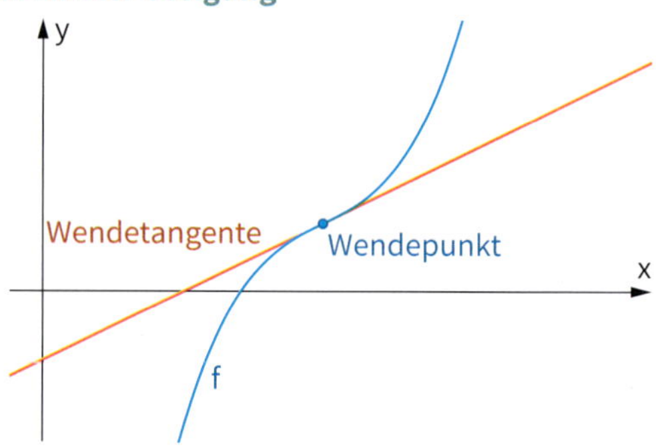

6 ≡ **Wendepunkte im Kontext deuten**

Erklären Sie die Bedeutung eines Wendepunktes im Sachkontext.

a) Die Funktion f gibt den Temperaturverlauf während eines Tages an.
b) Die Funktion f gibt die Wassermenge in einem Stausee während eines Jahres an.
c) Die Funktion f gibt Höhe eines Baumes im Verlauf seines Lebens an.
d) Die Funktion f gibt die Tiefe eines Tauchers während eines Tauchgangs an.

7 ≡ **Maximale momentane Änderungsrate**

Das Wachstum einer Schimmelpilzkultur wird im Zeitintervall [0; 3] durch die Funktion f mit $f(x) = 9x^3 - x^5$ beschrieben. Hierbei bezeichnet x die Zeit in Tagen nach Beobachtungsbeginn und f(x) die Größe der von der Kultur bedeckten Fläche in cm^2.
Untersuchen Sie, wann die momentane Änderungsrate des Flächeninhalts maximal ist. Welche Bedeutung hat dieser Zeitpunkt für den Wachstumsprozess?

8 ≡ **Bungee-Jumping**

Beim Bungee-Jumping springt eine Person an einem Gummiseil befestigt kopfüber in die Tiefe. Nach einer Phase des freien Falls wird die Person durch das Seil abgebremst und durch die Elastizität des Seils nach oben zurückgefedert. Dieser Vorgang wiederholt sich dann einige Male.
Die Höhe eines Springers über dem Boden in Abhängigkeit von der Zeit wird durch den Graphen einer Funktion f beschrieben.

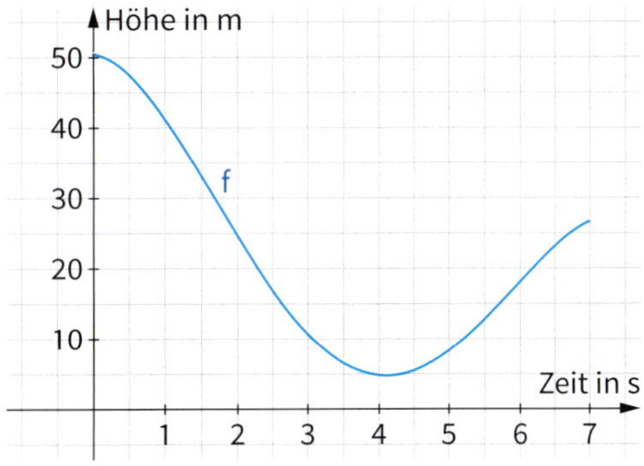

a) Beschreiben Sie den Verlauf des Sprunges, wie er dargestellt wird.
b) Schätzen Sie anhand des Graphen, wo der Springer seine maximale Geschwindigkeit erreicht und wie groß diese ist.
c) Skizzieren Sie die Graphen der Ableitungen f′ und f″ und deuten Sie ihren Verlauf im Sachzusammenhang.

---

9 ≡ Bestimmen Sie die Wendepunkte des Graphen der Funktion f.
Geben Sie an, ob ein Maximum oder ein Minimum der Steigung von f vorliegt.

a) $f(x) = x^3 - 3x^2 - 2x$ b) $f(x) = \frac{1}{6}x^4 - x^2$ c) $f(x) = \frac{1}{12}x^4 - \frac{1}{6}x^3 - 3x^2 + 2x - 3$

Prüfe dich!
Lösungen auf
Seite 224

10 ≡ Die momentane Zuflussrate des Wassers in einem Wassertank kann bei Regen durch die Funktion z mit $z(x) = 1{,}16x^3 - 26{,}1x^2 + 148{,}3x$ für $0 \le x \le 12$ beschrieben werden, mit x in Stunden nach Beginn des Regens und z(x) in Liter pro Stunde.

a) Begründen Sie, weshalb die Wassermenge während der ersten 12 Stunden nach Beginn des Regens ständig zunimmt. Bestimmen Sie die maximale momentane Zuflussrate.
b) In welchem Zeitraum ist die momentane Zuflussrate größer als 150 Liter pro Stunde? Zu welchem Zeitpunkt nimmt die momentane Zuflussrate am stärksten ab?

---

11 ≡ **Sattelpunkte als Wendepunkte deuten**

Sattelpunkte sind spezielle Wendepunkte. Erläutern Sie dies anhand der Abbildungen.

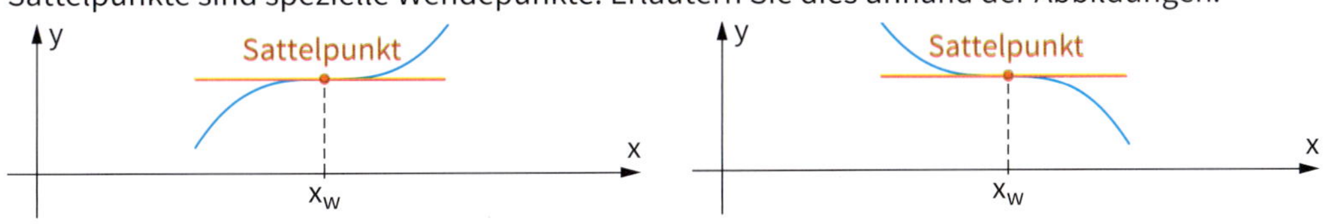

12 Wendepunkte mit einem Rechner bestimmen

Clara und Joris wollen die Wendepunkte des Graphen der Funktion f mit einem Rechner bestimmen. Dazu geben sie beide zunächst den Funktionsterm in ihren Rechner ein.

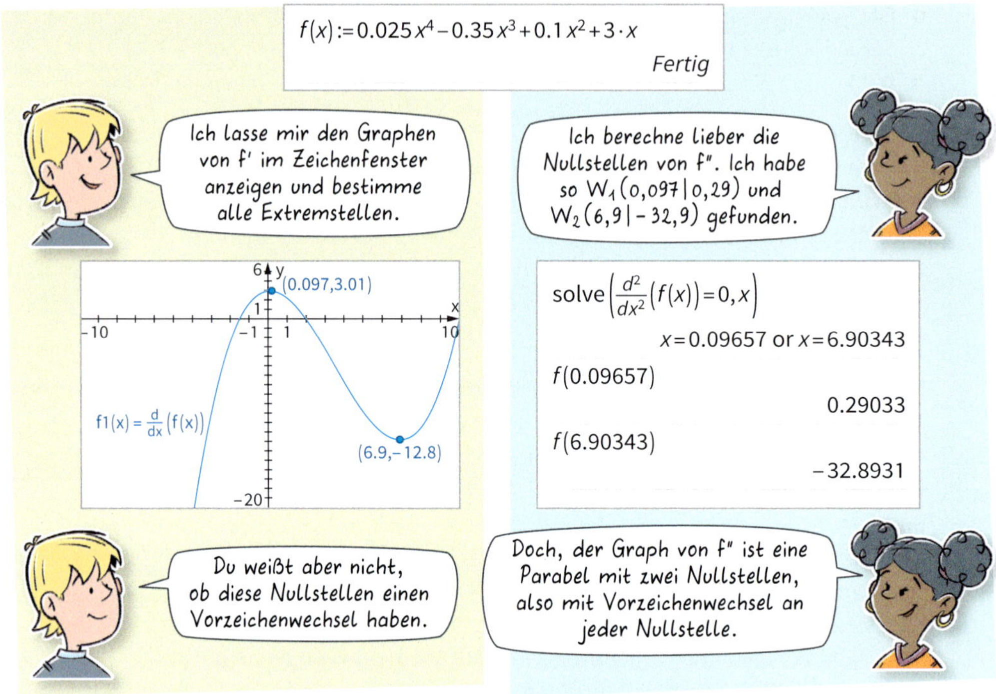

Vergleichen Sie die Vorgehensweise der beiden und bestimmen Sie selbst mit einem Rechner die Wendepunkte des Graphen der Funktion f.

a) $f(x) = \frac{1}{12}x^4 + \frac{1}{3}x^3 - \frac{3}{2}x^2 + 5$ b) $f(x) = \frac{1}{20}x^5 - \frac{1}{6}x^4 - \frac{4}{3}x^3 - 5$ c) $f(x) = \frac{1}{3}x^5 - 3x^3 + 4x$

WES-135805-306

Hinreichendes Kriterium für Wendestellen (f‴-Kriterium)

Satz: Für eine Funktion f und ihre Ableitungen f′, f″ und f‴ gilt:

- Ist $f''(x_W) = 0$ und $f'''(x_W) \neq 0$, so ist x_W eine Wendestelle von f.
- Ist $f''(x_W) = 0$ und $f'''(x_W) < 0$, so ist an der Stelle x_W ein lokales Maximum von f′.
- Ist $f''(x_W) = 0$ und $f'''(x_W) > 0$, so ist an der Stelle x_W ein lokales Minimum von f′.

13 f‴-Kriterium anwenden

Berechnen Sie die Wendepunkte des Graphen der Funktion f mithilfe der 3. Ableitung.

a) $f(x) = \frac{1}{12}x^4 - \frac{1}{6}x^3 - x^2$ b) $f(x) = 0{,}25x^4 - 1{,}5x^3 + 10$

14 f‴-Kriterium begründen

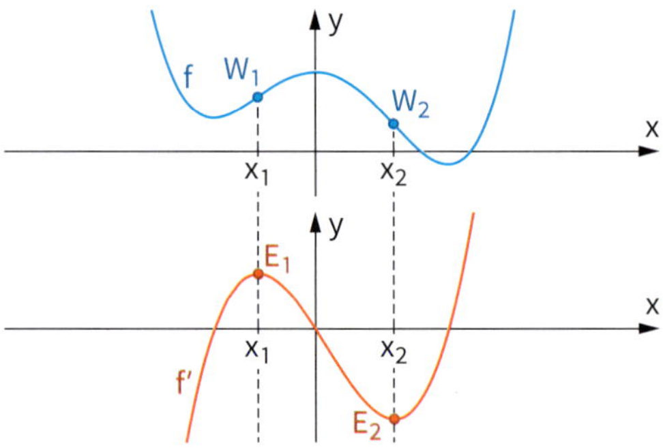

a) Begründen Sie das f‴-Kriterium für Wendestellen, indem Sie wie bei der Begründung des f″-Kriteriums für Extremstellen auf Seite 94 argumentieren.

b) Zeigen Sie für die Funktion f mit $f(x) = x^5$, dass es eine Wendestelle x_W mit $f'''(x_W) = 0$ gibt. Man sagt: *„Die Bedingung $f''(x_W) = 0$ und $f'''(x_W) \neq 0$ ist **nicht notwendig** für das Vorliegen einer Wendestelle.“*

15 ≡ **Begründungen für Wendestellen finden**

Begründen Sie folgende Aussage für eine ganzrationale Funktion f.

a) Zwischen zwei Extrempunkten des Graphen von f liegt mindestens ein Wendepunkt.

b) Ist f vom Grad 3, so hat f genau eine Wendestelle.

c) Jede doppelte Nullstelle von f′ ist eine Wendestelle von f.

16 ≡ **Aussagen prüfen**

Der Graph einer Ableitungsfunktion f′ ist dargestellt.
Untersuchen Sie die folgenden Aussagen auf ihre Richtigkeit.
Begründen Sie Ihre Entscheidung.

(1) Der Graph von f hat an der Stelle $x = 2$ einen Wendepunkt mit negativer Steigung.

(2) Die Funktion f ist für $2 < x < 4$ streng monoton wachsend.

(3) Der Graph von f ist für $x \in [-1; 2]$ rechtsgekrümmt.

(4) Der Graph von f hat an den Stellen $x_1 = -1$ und $x_2 = 2$ jeweils einen Wendepunkt.

(5) Der Graph von f hat an der Stelle $x = 4$ einen Tiefpunkt.

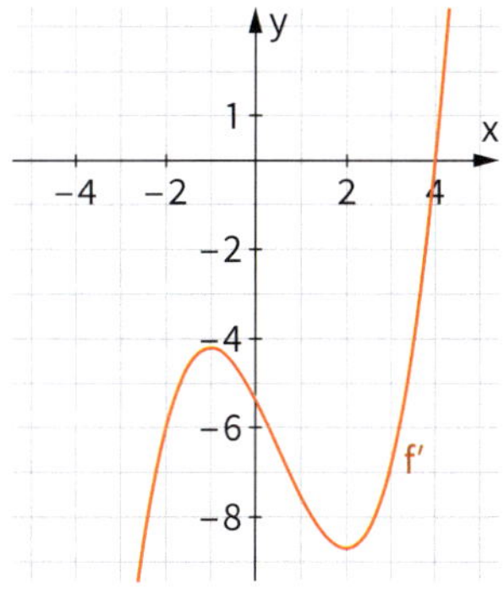

17 ≡ **Rechts- oder Linkskurve aus dem Graphen von f″ erkennen**

Gegeben ist der Graph einer zweiten Ableitungsfunktion f″.
Geben Sie die Intervalle an, in denen der Graph von f eine Links- bzw. eine Rechtskurve aufweist. Skizzieren Sie jeder für sich einen möglichen Verlauf der Ableitungsfunktion f′.
Vergleichen Sie Ihre Graphen miteinander.

a)

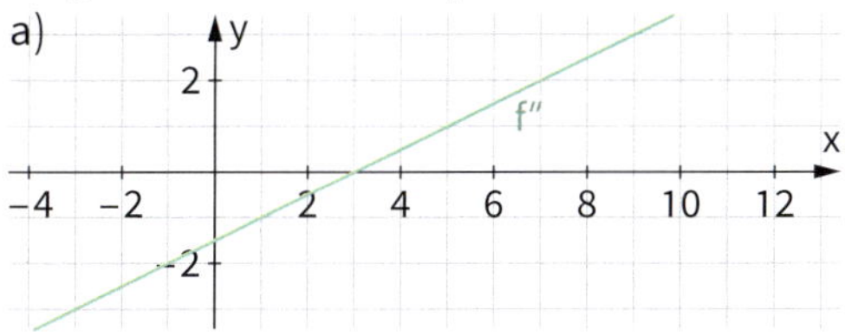

b)

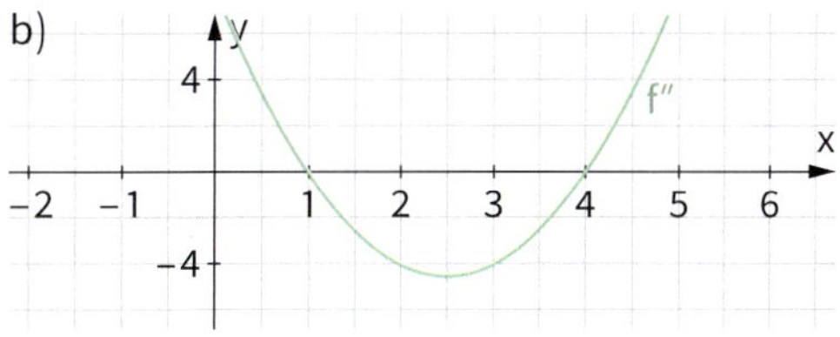

18 ≡ **Tangente und Normale im Wendepunkt**

Gegeben ist die Funktion f mit $f(x) = \frac{1}{3}x^3 + x^2 - 3x$.

a) Berechnen Sie die Koordinaten des Wendepunktes des Graphen.

b) Bestimmen Sie die Gleichung der Wendetangente und der zugehörigen Normalen.

c) Berechnen Sie alle Schnittstellen der Wendetangente und der zugehörigen Normalen mit den Koordinatenachsen.

19 ≡ **Wendetangente und Streckenlänge**

Gegeben ist die Funktion f mit $f(x) = x^3 + 3x^2 - 4$.

a) Bestimmen Sie den Wendepunkt und die Gleichung der Wendetangente.

b) Die Wendetangente schneidet die Koordinatenachsen in den Punkten P und Q. Berechnen Sie die Länge der Strecke $\overline{PQ}$.

20 ≡ **Fallunterscheidungen**

Gegeben ist die Funktion f mit $f(x) = \frac{1}{12}x^4 - \frac{1}{2}ax^2 + x$ und $a \in \mathbb{R}$. Untersuchen Sie, für welche Werte von a der Graph von f keinen, einen oder zwei Wendepunkte hat.

21 ≡ **Parameter bestimmen**

Gegeben ist die Funktion f mit $f(x) = ax^4 - 3x^2 + 8x$ und $a \in \mathbb{R}$. Bestimmen Sie den Wert für a so, dass der Wendepunkt des Graphen von f an der Stelle 3 liegt.
Die Wendetangente und die Koordinatenachsen begrenzen ein Dreieck. Berechnen Sie den Flächeninhalt dieses Dreiecks und die Größe der Innenwinkel.

Typen ganzrationaler Funktionen 3. Grades

1 **Anzahl von Extrempunkten und Wendepunkten**

a) Gegeben sind die Funktionen f_1, f_2 und f_3.

$f_1(x) = x^3$	$f_2(x) = x^3 - x$	$f_3(x) = x^3 + x$

Skizzieren Sie die Graphen der drei Ableitungsfunktionen.
Untersuchen Sie jeweils mithilfe des Graphen der Ableitungsfunktion die Form des Graphen der Ausgangsfunktion. Berücksichtigen Sie dabei insbesondere die Anzahl und Art der Extrempunkte und der Wendepunkte.

b) Ist f eine ganzrationale Funktion 3. Grades, so ist der Graph ihrer Ableitungsfunktion f′ immer eine Parabel.
Untersuchen Sie die Möglichkeiten für die Lage einer Parabel im Koordinatensystem und die Auswirkungen auf den Graphen von f. Machen Sie Aussagen über die Anzahl und Art der Extrempunkte und der Wendepunkte.

Graphen ganzrationaler Funktionen 3. Grades

Eine ganzrationale Funktion 3. Grades hat die Form $\mathbf{f(x) = a x^3 + b x^2 + c x + d}$ und $a \neq 0$.
Für den Graphen von f gibt es drei Möglichkeiten:

(1) Der Graph von f hat einen Hochpunkt und einen Tiefpunkt und sonst keine weiteren Punkte mit einer waagerechten Tangente.

Die Parabel zu f′ hat zwei Schnittpunkte mit der x-Achse.

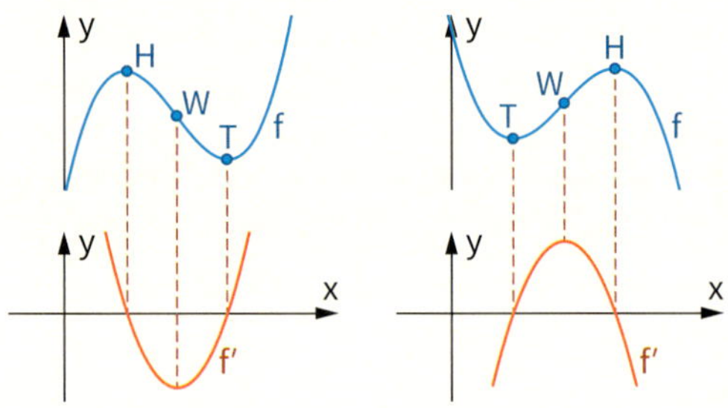

(2) Der Graph von f hat einen Sattelpunkt und sonst keine weiteren Punkte mit einer waagerechten Tangente.

Die Parabel zu f′ berührt die x-Achse.

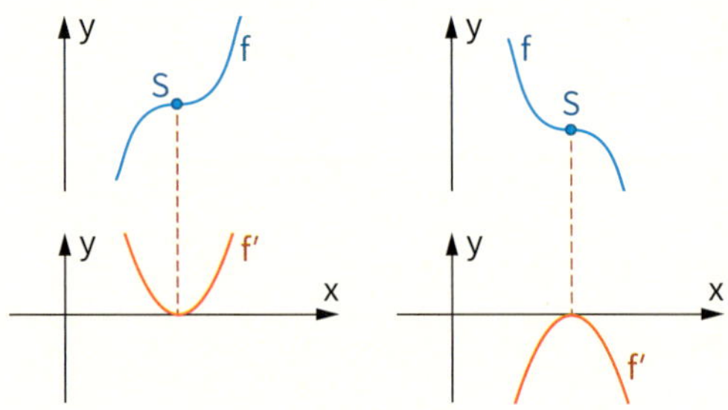

(3) Der Graph von f hat keine Punkte mit einer waagerechten Tangente.

Die Parabel zu f′ hat keine gemeinsamen Punkte mit der x-Achse.

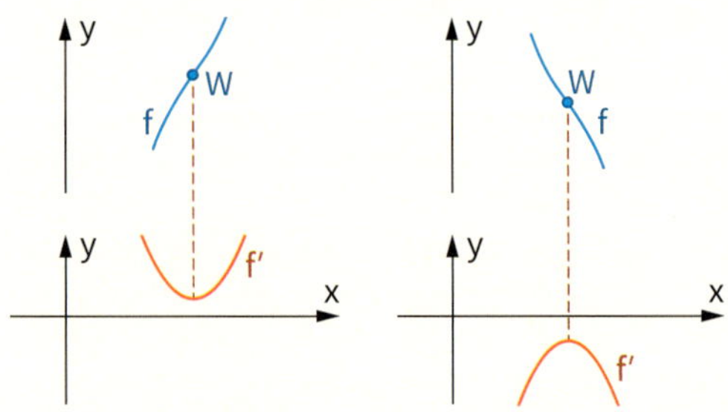

In allen drei Fällen hat der Graph von f immer genau einen Wendepunkt. Dieser liegt an der Stelle, an der der Scheitelpunkt der Parabel zu f′ liegt.

2 **Fallunterscheidungen für einen Parameter**

Eine ganzrationale Funktion 3. Grades hat als Funktionsterm $f(x) = x^3 - kx$ mit $k \in \mathbb{R}$. Untersuchen Sie, für welche Werte von k der Graph von f Extrempunkte hat und für welche Werte von k der Graph von f keine Punkte mit waagerechter Tangente hat.

3 **Anzahl der Nullstellen**

Die Abbildungen zeigen einen Ausschnitt einer ganzrationalen Funktion 3. Grades. Wie viele Nullstellen hat die Funktion? Begründen Sie.

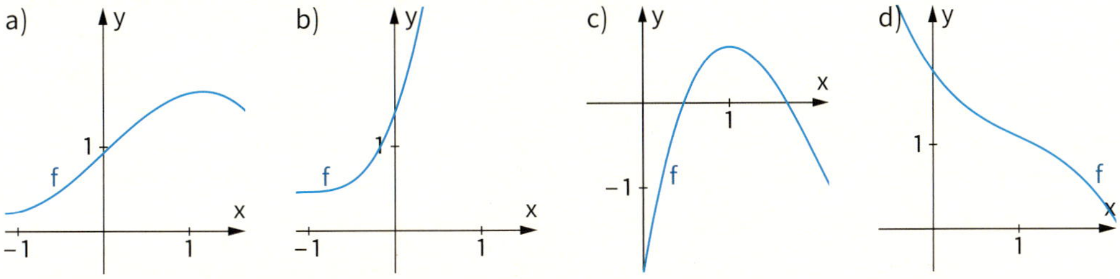

4 **Von f′ auf die Anzahl der Nullstellen von f schließen**

a) Gegeben ist die Ableitungsfunktion f′ mit $f'(x) = (x - 2)^2 + 3$.
Begründen Sie, dass der Graph der zugehörigen Funktion f genau eine Nullstelle hat.

b) Begründen Sie den folgenden Satz:

Anzahl von Nullstellen bei ganzrationalen Funktionen 3. Grades
Satz: Eine ganzrationale Funktion 3. Grades hat eine, zwei oder drei Nullstellen.

Punktsymmetrie ganzrationaler Funktionen 3. Grades

Der Graph der Ableitungsfunktion einer ganzrationalen Funktion 3. Grades ist immer eine Parabel. Diese hat im Scheitelpunkt ein Minimum oder Maximum und ist achsensymmetrisch zu einer zur y-Achse parallelen Geraden durch ihren Scheitelpunkt.

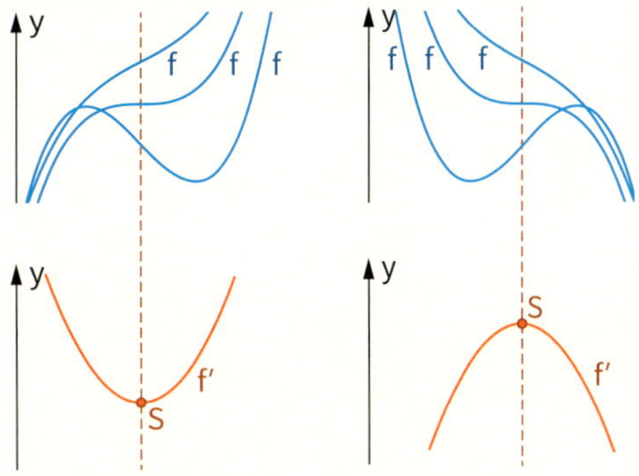

Satz
Der Graph einer ganzrationalen Funktion 3. Grades hat immer genau einen Wendepunkt, zu dem er punktsymmetrisch ist.

5 **Punktsymmetrie nutzen**

Die Funktion f ist eine ganzrationale Funktion 3. Grades.

a) Beschreiben Sie, wie man nur mithilfe der Koordinaten der Extrempunkte des Graphen von f den Wendepunkt bestimmen kann.

b) Der Graph von f hat den Hochpunkt $H(2|7)$ und den Tiefpunkt $T(6|5)$. Bestimmen Sie den Wendepunkt und skizzieren Sie den Graphen.

c) Der Graph von f hat den Hochpunkt $H(-2|4)$ und den Wendepunkt $W(1|1)$. Bestimmen Sie den Tiefpunkt und skizzieren Sie den Graphen.

3.5 Funktionen untersuchen

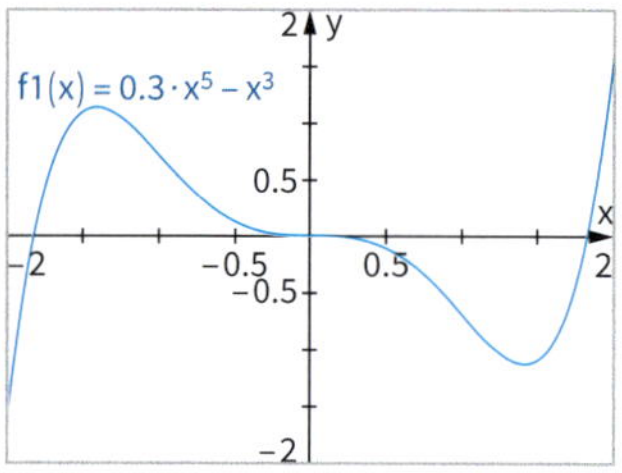

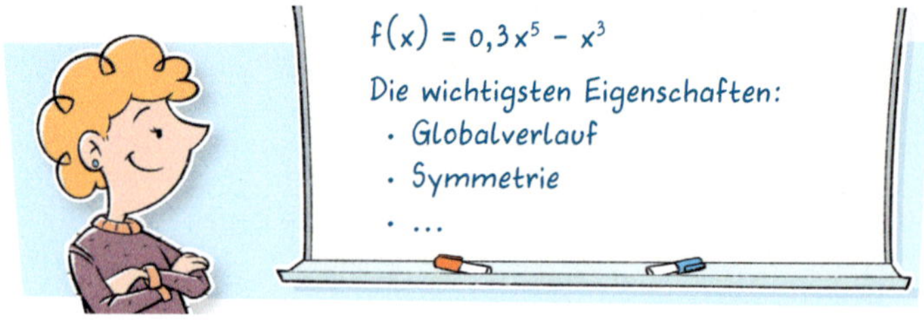

Die Eigenschaften von Funktionen können mit den erarbeiteten Methoden rechnerisch untersucht werden.

WES-135805-307

Aspekte der Untersuchung ganzrationaler Funktionen

(1) Globalverlauf *Summanden mit der höchsten Potenz der Variablen betrachten*

$f(x) = 0{,}3\,x^5 - x^3$

f(x) verhält sich global wie $0{,}3\,x^5$:
Für $x \to \infty$ gilt $f(x) \to \infty$; für $x \to -\infty$ gilt $f(x) \to -\infty$.

(2) Symmetrie *Exponenten der Variablen betrachten*

$f(x) = 0{,}3\,x^5 - x^3$

Die Variable x hat nur ungerade Exponenten. Damit ist der Graph von f punktsymmetrisch zum Koordinatenursprung.

(3) Nullstellen *Gleichung $f(x) = 0$ lösen*

$f(x) = 0{,}3\,x^5 - x^3 = x^3 \cdot (0{,}3\,x^2 - 1)$
Aus $f(x) = 0$ folgt: $x_1 = 0$ (dreifach); $x_2 = -\sqrt{\frac{10}{3}} \approx -1{,}83$; $x_3 = \sqrt{\frac{10}{3}} \approx 1{,}83$

Oder f″-Kriterium

(4) Extrempunkte *Nullstellen von f′ mit dem Vorzeichenwechsel-Kriterium prüfen; Funktionswerte der Extremstellen berechnen*

$f'(x) = 1{,}5\,x^4 - 3\,x^2 = 1{,}5\,x^2 \cdot (x^2 - 2)$ Aus $f'(x) = 0$ folgt: $x_1 = 0$ (doppelt); $x_2 = -\sqrt{2}$; $x_3 = \sqrt{2}$

Intervall für x	$x < -\sqrt{2}$	$-\sqrt{2} < x < 0$	$0 < x < \sqrt{2}$	$x > \sqrt{2}$
Beispiel für f′(x)	$f'(-2) = 12$	$f'(-1) = -1{,}5$	$f'(1) = -1{,}5$	$f'(2) = 12$
Vorzeichen von f′(x)	+	−	−	+

Der Graph von f hat an der Stelle $x = -\sqrt{2}$ einen Hochpunkt H und an der Stelle $x = \sqrt{2}$ einen Tiefpunkt T.
Koordinaten gerundet: H(−1,41 | 1,13); T(1,41 | −1,13)

Oder f‴-Kriterium

(5) Wendepunkte *Nullstellen von f″ mit dem Vorzeichenwechsel-Kriterium prüfen; Funktionswerte der Wendestellen berechnen*

$f''(x) = 6\,x^3 - 6\,x = 6\,x \cdot (x^2 - 1)$ Aus $f''(x) = 0$ folgt: $x_1 = 0$; $x_2 = -1$; $x_3 = 1$

Intervall für x	$x < -1$	$-1 < x < 0$	$0 < x < 1$	$x > 1$
Beispiel für f″(x)	$f''(-2) = -36$	$f''(-0{,}5) = 2{,}25$	$f''(0{,}5) = -2{,}25$	$f''(2) = 36$
Vorzeichen von f″(x)	−	+	−	+
Krümmungsverhalten des Graphen von f	Rechtskurve	Linkskurve	Rechtskurve	Linkskurve

Der Graph von f hat an den Stellen $x = -1$ und $x = 1$ Wendepunkte W_1 und W_2 und an der Stelle $x = 0$ einen Sattelpunkt S.
Koordinaten: $W_1(-1 \mid 0{,}7)$; $W_2(1 \mid -0{,}7)$; $S(0 \mid 0)$

1 Funktionsuntersuchung

Untersuchen Sie die Funktion f, ohne einen Rechner zu verwenden.

a) $f(x) = x^3 + 3x^2 - 9x$ b) $f(x) = 2x^3 - 6x$ c) $f(x) = x^4 - 2x^2$

2 Nullstellen und Extrempunkte

Berechnen Sie die Nullstellen der Funktion f. Bestimmen Sie die Koordinaten der Punkte des Graphen von f mit waagerechter Tangente und untersuchen Sie jeweils, ob es sich um einen Hoch- oder Tiefpunkt handelt. Skizzieren Sie den Funktionsgraphen.

a) $f(x) = \frac{2}{3}x^3 - 4x^2 + 6x$ b) $f(x) = \frac{1}{32}x^4 - \frac{1}{2}x^2$ c) $f(x) = -\frac{1}{3}x^3 + \frac{1}{2}x^2 + 2x$

3 Hoch-, Tief- und Wendepunkt

Gegeben ist die Funktion f mit $f(x) = -\frac{1}{4}x^3 + \frac{3}{2}x^2$.

a) Zeigen Sie, dass die Gerade durch den Hoch- und den Tiefpunkt des Graphen von f diesen im Wendepunkt schneidet.
b) Berechnen Sie den Abstand von Hoch- und Tiefpunkt sowie von Hoch- und Wendepunkt. Was stellen Sie fest?

4 Wachstum einer Schimmelpilzkultur

Die Funktion f mit $f(t) = 27t^2 - 5t^4$ beschreibt die momentane Änderungsrate des Wachstumsprozesses einer Schimmelpilzkultur. Hierbei ist t in Tagen ab Beobachtungsbeginn und f(t) in cm^2 pro Tag angegeben.

a) Untersuchen Sie, wann die momentane Änderungsrate maximal ist, und erläutern Sie die Bedeutung dieses Zeitpunktes für den Wachstumsprozess.
b) Berechnen Sie die positive Nullstelle der Funktion f und beschreiben Sie ihre Bedeutung im Sachzusammenhang.

5 Ballonfahrt

Die Steighöhe h eines Heißluftballons über dem Boden kann im Zeitraum von 0 bis 15 Minuten durch die Funktion $h(t) = 6t^2 - 0{,}4t^3$ beschrieben werden, mit t in Minuten und h(t) in Metern.

a) Berechnen Sie die größte Höhe des Ballonfluges und den Zeitpunkt der Landung.
b) Ermitteln Sie, wann der Ballon wieder am Boden wäre, wenn die Sinkgeschwindigkeit sich ab dem Zeitpunkt $t = 12$ Minuten nicht mehr ändern würde.

6 Brückenbogen

Der Innenbogen einer großen Brücke kann näherungsweise durch die Funktion f mit $f(x) = -\frac{1}{15000}x^4 - \frac{1}{30}x^2 + 24$ in der Einheit Meter beschrieben werden, wobei $f(x) \geq 0$ ist. Bestimmen Sie die Spannweite und die Höhe des Bogens.

7 Fenstereinstellung

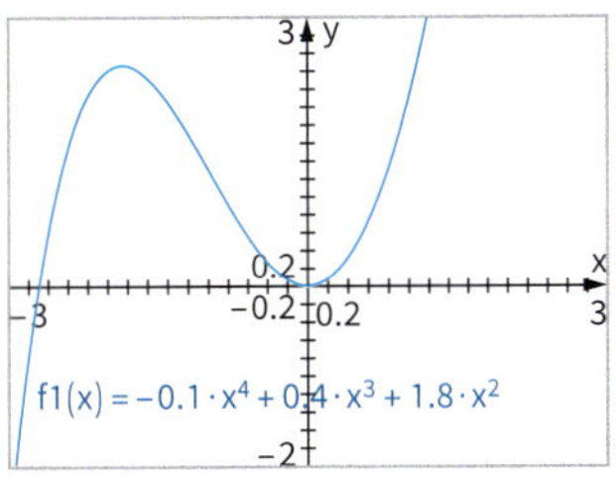

Malte möchte wissen, wie der Graph der Funktion f mit $f(x) = -0{,}1x^4 + 0{,}4x^3 + 1{,}8x^2$ verläuft, und hat den Graphen mit seinem Rechner gezeichnet.
Emma sagt: *„Man sieht aber nicht alles Wichtige! Die Funktion f hat doch drei Nullstellen und drei Extrempunkte.“*
Nehmen Sie Stellung zu Emmas Behauptung.

Prüfe dich!
Lösungen auf
Seite 224

8 Untersuchen Sie die Funktion f, ohne einen Rechner zu verwenden.

a) $f(x) = \frac{1}{3}x^3 - 3x$ b) $f(x) = x^4 - 3x^3$

9 Auf einem ebenen Gelände neben einer Siedlung wird ein Lärmschutzwall mit angrenzendem Abwassergraben gebaut. Das Profil des Querschnitts des Walls kann für $0 \le x \le 7$ näherungsweise durch den Graphen der Funktion f mit $f(x) = 0{,}1x^3 - 1{,}3x^2 + 4{,}2x$ beschrieben werden, wobei das ebene Gelände durch die x-Achse dargestellt wird. Hierbei sind x und f(x) in Metern angegeben.

a) Bestimmen Sie die Breite und die Höhe des Walls sowie die Breite und die Tiefe des Grabens. Geben Sie die Ergebnisse auf cm genau an.
b) Zeichnen Sie den Querschnitt von Lärmschutzwall und Abflussgraben.
c) Bestimmen Sie die Steigung an der steilsten Stelle des Walls.

10 Mika hat mit seinem Rechner den Graphen der Funktion f mit $f(x) = 0{,}02x^3 - 0{,}09x^2 + 0{,}12x + 4{,}95$ gezeichnet und behauptet: *„Der Graph hat ja gar keine Extrempunkte.“* Überprüfen Sie Mikas Behauptung durch eine Rechnung und skizzieren Sie den wesentlichen Verlauf des Graphen.

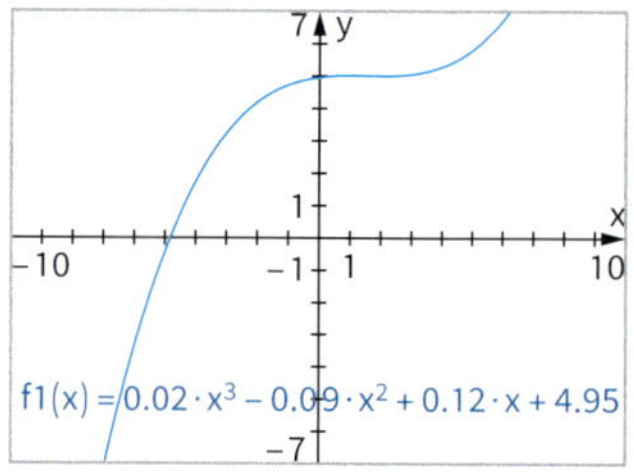

11 **Pegelstand eines Flusses**

Der Pegelstand eines Flusses ist schon bedenklich hoch. Aufgrund des Pegelstands im Nachbarland rechnet man jedoch mit weiterem Hochwasser. Der Pegelstand in Metern kann für die nächsten 15 Tage durch die Funktion f mit $f(t) = -0{,}00016t^4 + 0{,}036t^2 + 5$ mit t in Tagen modelliert werden.

a) Bestimmen Sie den Pegelstand des Flusses am Anfang der Modellierung und ermitteln Sie, nach welcher Zeit der Anfangspegelstand wieder erreicht ist.
b) Berechnen Sie den Zeitpunkt des höchsten Pegelstands im Intervall sowie seine Höhe.
c) Bevor der Pegelstand 6 m übersteigt, müssen noch Schutzmaßnahmen für den Deich getroffen werden. Wie viel Zeit bleibt noch für diese Maßnahmen und wie lange ist der Pegelstand vermutlich höher als 6 m?

12 **Graphen analysieren**

Die Abbildung zeigt den Graphen der Funktion f mit der Funktionsgleichung $f(x) = x^4 - 6{,}8x^3 - 52x^2 + 530{,}4x$.

a) Argumentieren Sie ohne zu rechnen, dass der Graph mindestens einen Tiefpunkt haben muss.
b) Ermitteln Sie, ob der Graph im gezeichneten Ausschnitt Extrempunkte hat.

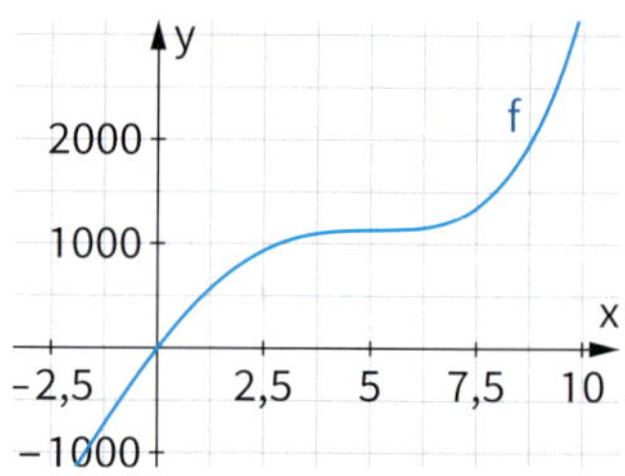

13 **Ausschnitt des Funktionsgraphen deuten**

Gegeben ist die Funktion f mit $f(x) = 0{,}25x^4 + x^3 - 4{,}5x^2$.
Das Rechnerfenster zeigt einen Ausschnitt des Graphen.

a) Begründen Sie, dass die Funktion f genau drei Nullstellen und genau drei Extrempunkte hat.
b) Geben Sie ohne zu rechnen an, wie viele Wendepunkte die Funktion f hat. Begründen Sie.

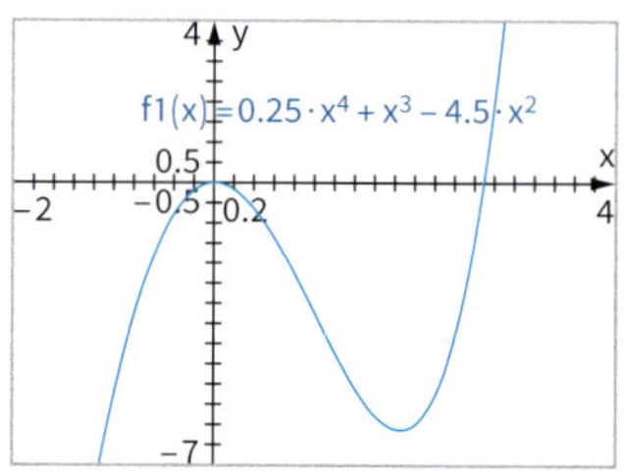

14 Wendetangente
Der Graph der Funktion f mit $f(x) = \frac{1}{3}x^3 - x^2 + \frac{8}{3}$ besitzt einen Wendepunkt.

a) Bestimmen Sie die Gleichung der Tangente in diesem Wendepunkt.

b) Die Tangente schließt zusammen mit den beiden Koordinatenachsen ein Dreieck ein. Berechnen Sie den Flächeninhalt dieses Dreiecks.

15 Tangente und Normale
Gegeben ist die Funktion f mit $f(x) = x^3 - 4x^2 + 3x$.

a) Bestimmen Sie die Gleichung der Tangente und der Normalen an der Stelle $x = -1$.

b) Tangente und Normale bilden mit der y-Achse ein Dreieck. Berechnen Sie den Flächeninhalt dieses Dreiecks.

16 Argumentieren bei Punktsymmetrie
Leon sagt: *„Der Graph von f mit $f(x) = x^3 - x + 1$ ist punktsymmetrisch zum Ursprung. Es gibt nämlich nur ungerade Exponenten bei x."*

a) Erklären Sie den Fehler in Leons Argumentation.

b) Florian sagt: *„Der Graph von f ist punktsymmetrisch, aber nicht zum Ursprung."* Hat er recht? Was würde das für die Lage der Extrem- und Wendepunkte bedeuten?

17 Graphen skizzieren
Die Funktion f mit $f(x) = x^4 - 2x^2 + 3$ hat einen Extrempunkt $E(1|2)$.
Skizzieren Sie den Graphen von f nur mithilfe von Symmetrie und Globalverlauf.

18 Photovoltaikanlage
Eine Photovoltaikanlage aus 6 Modulen hat eine maximal mögliche Leistung von 2520 Watt. An einem bedeckten Sommertag lässt sich die Leistung der Anlage näherungsweise durch die Funktion f mit $f(x) = -x^4 + 25x^3 - 179x^2 + 400x$ für $0 \le x \le 14{,}6$ beschreiben. Hierbei gibt x die vergangenen Stunden seit 6 Uhr morgens und f(x) die Leistung in Watt an.

a) Zeichnen Sie den Graphen von f und nennen Sie mögliche Gründe für seinen Verlauf im Sachzusammenhang.

b) Berechnen Sie die Uhrzeit, zu der die Leistung der Anlage am höchsten war, und geben Sie die Leistung zu dieser Uhrzeit an.

c) Im Haus wird dauerhaft eine sogenannte *Grundlast* von 200 Watt benötigt. Bestimmen Sie die Zeiträume, in denen die Anlage die Grundlast gedeckt hat.

19 Grippe-Epidemie
In einer Stadt breitet sich eine Grippe-Epidemie rasch aus. Das Gesundheitsamt veröffentlicht dazu eine Statistik, in der über die ersten Tage der Epidemie hinaus Schätzwerte für die Anzahl der Erkrankten bis zum 16. Tag angegeben werden. Diese Daten werden näherungsweise durch die Funktion f mit $f(x) = -8{,}75x^3 + 196{,}25x^2 - 37{,}5x + 9187$ beschrieben. Hierbei gibt x die Tage seit Beginn der Epidemie an.

a) Überprüfen Sie die Aussagen des Gesundheitsamtes. An welchem Tag kann die Veröffentlichung frühestens stattgefunden haben?

Nach den vorliegenden Zahlen kann man davon ausgehen, dass bereits eine Trendwende beim Anstieg der Krankenzahlen erreicht ist. Der Höchststand wird bei gleichbleibender Entwicklung etwa am 15. Tag erwartet.

b) Ermitteln Sie den voraussichtlichen Höchststand der Anzahl der Erkrankten.

c) Bestimmen Sie, wie lange die Grippe-Epidemie nach dem Modell voraussichtlich andauern wird.

Das Newton-Verfahren zur Bestimmung von Näherungswerten für eine Nullstelle

Eine Idee von Newton

Noch bis Mitte der 70er-Jahre des 20. Jahrhunderts waren Rechenschieber und Tafelwerk selbstverständliche Hilfsmittel im Mathematikunterricht bis zum Abitur.
Heute benutzt man statt eines Rechenschiebers Taschenrechner, grafikfähige Taschenrechner oder Computer-Algebra-Systeme, um z. B. die dritte Wurzel aus einer Zahl zu ziehen oder um die Nullstellen einer Funktion zu bestimmen.
Solche modernen Rechner benutzen dabei intern unterschiedliche mathematische Näherungsverfahren, von denen einige schon seit mehr als zweihundert Jahren bekannt sind.
Die folgende Idee eines Näherungsverfahrens kann auf Isaac Newton (1643 – 1727) zurückgeführt werden.

Gegeben ist ein Näherungswert x_1 für die Nullstelle einer Funktion f.
Die Tangente an den Graphen von f an der Stelle x_1 schneidet die x-Achse an der Stelle x_2.
Die Stelle x_2 ist oft ein besserer Näherungswert für die Nullstelle von f als die Stelle x_1.

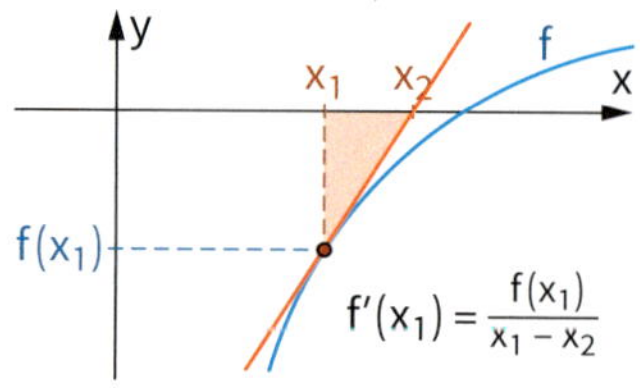

Wiederholte Anwendung des Verfahrens

Von der Funktion f mit $f(x) = 0{,}1\,x^3 - 1{,}8\,x^2 + 7\,x - 6$ wurde durch Probieren $x_1 = 1$ als erste Näherung für eine Nullstelle von f gefunden. Nutzt man die obige Idee, so ergibt sich aus dem Anstieg der Tangente $f'(x_1) = \frac{f(x_1)}{x_1 - x_2}$ durch Umstellen: $x_2 = x_1 - \frac{f(x_1)}{f'(x_1)}$
Man kann somit aus dem Funktionswert $f(x_1)$, dem Funktionswert der Ableitung $f'(x_1)$ und dem Wert $x_1 = 1$ einen besseren Näherungswert x_2 für die Nullstelle bestimmen.

Dazu nutzt man $f(x) = 0{,}1\,x^3 - 1{,}8\,x^2 + 7\,x - 6$ und $f'(x) = 0{,}3\,x^2 - 3{,}6\,x + 7$ und $x_1 = 1$.

- Damit ergibt sich für $\mathbf{x_2 = x_1 - \frac{f(x_1)}{f'(x_1)}}$, also $x_2 = 1 - \frac{f(1)}{f'(1)} = 1 - \frac{-0{,}7}{3{,}7} \approx 1{,}1892$
- Man kann nun das Verfahren mit x_2 wiederholen und erhält:
$$\mathbf{x_3 = x_2 - \frac{f(x_2)}{f'(x_2)}}, \text{ also } x_3 \approx 1{,}1892 - \frac{-0{,}053}{3{,}1431} \approx 1{,}2061$$
- Wiederholt man das Verfahren erneut, so ergibt sich:
$$\mathbf{x_4 = x_3 - \frac{f(x_3)}{f'(x_3)}}, \text{ also } x_4 \approx 1{,}2061 - \frac{-0{,}0003}{3{,}0944} \approx 1{,}2062$$
- Allgemein erhält man aus einem Näherungswert x_n wie folgt einen besseren Näherungswert x_{n+1}:
$$\mathbf{x_{n+1} = x_n - \frac{f(x_n)}{f'(x_n)}}$$

Rekursive Vorschrift für das Newton-Verfahren:
$x_{n+1} = x_n - \frac{f(x_n)}{f'(x_n)}$

Dazu muss man allerdings die Funktionswerte $f(x_n)$ und $f'(x_n)$ berechnen. Dies wird einfacher, wenn man das Verfahren auf einen Rechner überträgt.

1 **Newton-Verfahren mit einem Taschenrechner**

Gesucht wird eine Nullstelle der Funktion g mit $g(x) = x^3 - 2x - 5$. Es gilt: $g'(x) = 3x^2 - 2$.
Max hat mithilfe seines Taschenrechners $x = 2{,}09455148$ als Näherung für eine Nullstelle mit dem Newton-Verfahren bestimmt. Erläutern Sie, wie Max dabei mit dem Taschenrechner vorgegangen ist. Überprüfen Sie sein Ergebnis.

$f(x) := x - \frac{x^3 - 2 \cdot x - 5}{3 \cdot x^2 - 2}$

f(2.5)	2.1641791
f(2.1641791)	2.09713536
f(2.09713536)	2.09455523
f(2.09455523)	2.09455148

2 **Nullstellen mithilfe des Newton-Verfahrens näherungsweise bestimmen**

Bestimmen Sie näherungsweise die Nullstelle der Funktion im angegebenen Intervall, indem Sie das Newton-Verfahren dreimal anwenden.

a) $f(x) = x^3 + 2x - 2$; $[0; 2]$
b) $f(x) = x^5 - x + 6$; $[-1; -2]$
c) $f(x) = -x^3 + 4x^2 - 1$; $[3; 5]$
d) $f(x) = x^3 - 3x^2 + 3x - 1$; $[0; 4]$
e) $f(x) = \sin(2x) - x$; $[0{,}6; 1{,}4]$
f) $f(x) = -\cos(x) + 2x$; $[0; 2]$

3 **Nicht immer liefert das Newton-Verfahren bessere Näherungswerte**

a) Führt man das Newton-Verfahren für die Funktion f mit $f(x) = x^3 - 2x + 2$ mit dem Startwert 1 oder mit dem Startwert 0 durch, so erhält man keine besseren Näherungswerte.
Die Abbildung rechts macht deutlich, woran das liegt. Auch Startwerte, die nahe bei 1 oder 0 liegen, führen zu keiner besseren Näherung.
Erläutern Sie, welcher Effekt bei diesem Beispiel auftritt und wieso das Newton-Verfahren scheitert.

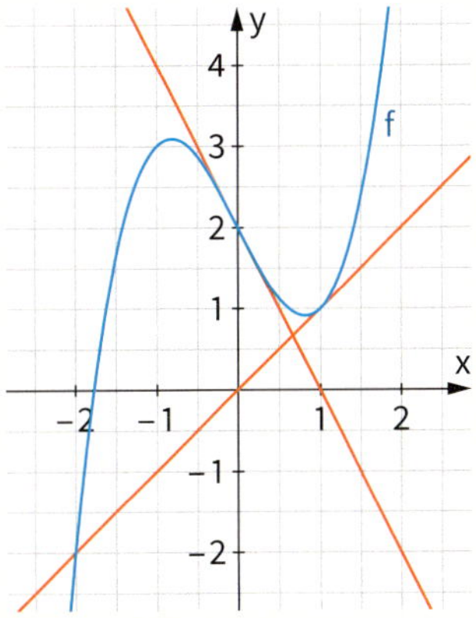

b) Skizzieren Sie den Graphen der Funktion $g(x) = \frac{1}{x} + 1$. Wählen Sie einen beliebigen Startwert $x_0 > 1$ und erläutern Sie, was passiert.

c) Führen Sie mit dem Taschenrechner das Newton-Verfahren für die Funktion f mit $f(x) = (x - 3)^2$ und beliebigem Startwert durch. Erläutern Sie, warum der Taschenrechner zu keinem Ergebnis gelangen kann.

4 **Nullstellen mithilfe des Newton-Verfahrens näherungsweise bestimmen**

Skizzieren Sie den Graphen der Funktion f mit $f(x) = \frac{1}{20} \cdot (x^4 - 13x^3 + 51x^2 - 67x + 38)$ auf Karopapier. Ermitteln Sie dann mit dem Newton-Verfahren Startwerte,
(1) die zur linken Nullstelle führen,
(2) die zur rechten Nullstelle führen,
(3) die zu keiner Nullstelle führen.
Überprüfen Sie Ihre Überlegungen mit einem Rechner.
Markieren Sie abschließend auf der x-Achse das vermutliche „Einzugsgebiet“ der linken Nullstelle in Rot und das der rechten in Blau.

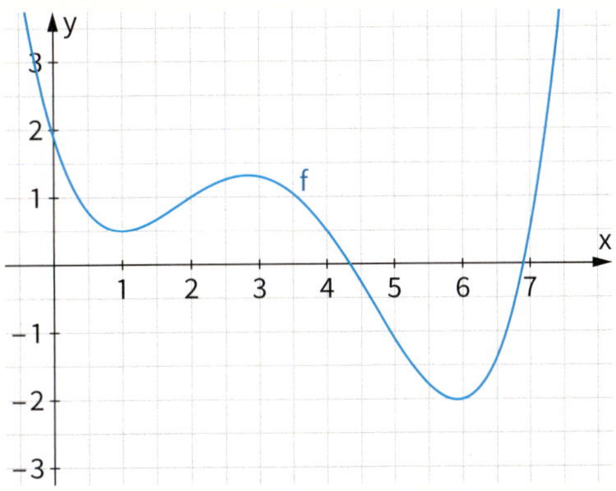

3.6 Extremwertprobleme

Vorbereiten
Extremstellen
Seite 95

Aus einem quadratischen Stück Pappe mit einer Seitenlänge von 20 cm soll eine oben offene Schachtel hergestellt werden. Dazu werden an allen vier Ecken gleich große Quadrate aus der Pappe ausgespart und anschließend die vier Ränder nach oben gebogen.

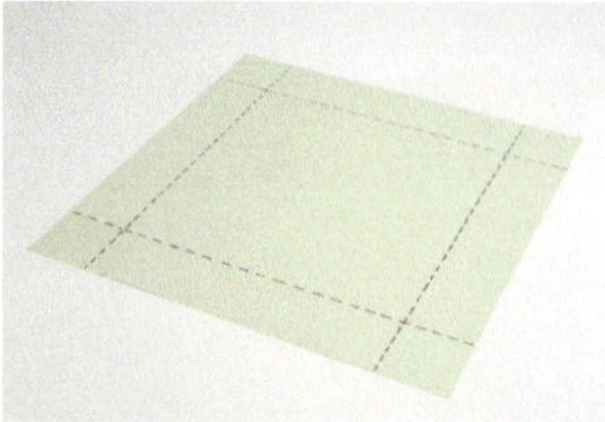

- Wann wird das Volumen einer solchen Schachtel maximal? Stellen Sie dazu verschiedene solcher Schachteln her und ermitteln Sie ihr Volumen.
- Zu jeder Höhe x in cm gibt V(x) das Volumen in cm^3 einer solchen Schachtel an. Wie lautet die Funktionsgleichung und ein sinnvoller Definitionsbereich für die Funktion V?
- Zeichnen und beschreiben Sie den Graphen von V. Bestimmen Sie dann das Maximum von V mithilfe der Ableitung und deuten Sie Ihr Ergebnis.

Lösung – Beispiele

Wählt man als Höhe der Schachtel z. B. 1 cm, so hat die quadratische Grundfläche eine Seitenlänge von 18 cm. Das Volumen der Schachtel beträgt dann $(18\,cm)^2 \cdot 1\,cm = 324\,cm^3$. Für andere Höhen erhält man:

Höhe in cm	1	2	3	4	5	6
Volumen in cm³	324	512	588	576	500	384

Bei einer Höhe zwischen 2 cm und 4 cm scheint das Volumen der Schachtel maximal zu sein.

Lösung – Funktionsgleichung und Definitionsbereich

Ist die Höhe der Schachtel x, so ergibt sich für die Seitenlänge a der quadratischen Grundfläche: $a = 20 - 2x$

Das Volumen V der Schachtel beträgt dann:

$$V(x) = (20 - 2x)^2 \cdot x$$
$$= 4x^3 - 80x^2 + 400x$$

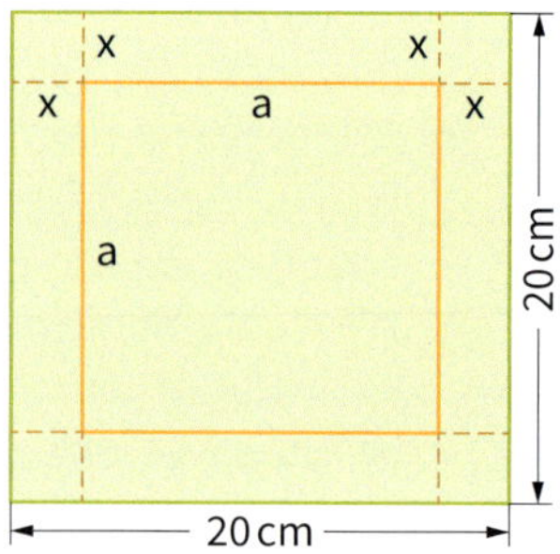

Die Höhe der Schachtel ist positiv und muss kleiner als die Hälfte von 20 cm sein, also gilt $0 < x < 10$. Nimmt man die Randwerte 0 und 10 mit dazu, so erhält man den Defintionsbereich $[0; 10]$.

Lösung – Graph und Maximum

Der Graph von V hat im Intervall $[0; 10]$ ungefähr an der Stelle 3,5 einen Hochpunkt. An dieser Stelle nimmt V das globale Maximum an.

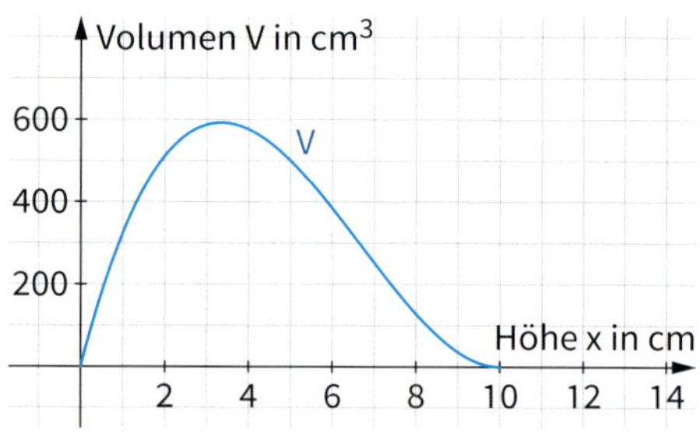

Die Ableitung ist $V'(x) = 12x^2 - 160x + 400$.
Sie hat die zwei Nullstellen $\frac{10}{3}$ und 10.
An der Stelle 10 liegt ein Randminimum, an der Stelle $\frac{10}{3}$ liegt der Hochpunkt H. Die Koordinaten lauten gerundet: $H(3{,}33\,|\,592{,}59)$

Die quadratische Grundfläche der Schachtel hat dann die Seitenlänge $\frac{40}{3} \approx 13{,}33\,cm$.

Extremwertprobleme lösen

Bei **Extremwertproblemen** wird ein Sachverhalt durch eine Funktion beschrieben, deren kleinster oder größter Funktionswert gesucht wird.

Vorgehen beim Lösen:

Aus einem quadratischen Stück Pappe mit Seitenlänge 20 cm soll eine oben offene Schachtel hergestellt werden. Die Maße der Schachtel sollen so gewählt werden, dass das Volumen maximal wird.

1) Größen mit **Variablen** bezeichnen; ggf. **Skizze** anfertigen und beschriften

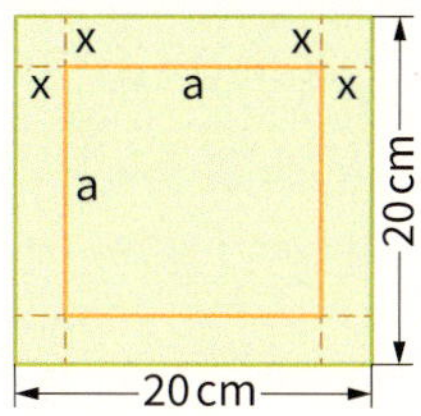

x: Höhe der Schachtel

a: Seitenlänge der Grundfläche der Schachtel

2) **Extremalbedingung** aufstellen

$V = a^2 \cdot x$ maximal

3) **Nebenbedingung** aufstellen
Zusammenhang zwischen Variablen herstellen und nach einer der Variablen auflösen

$a + 2x = 20$

Nach a auflösen: $a = 20 - 2x$

4) **Zielfunktion** aufstellen
Nebenbedingung in Extremalbedingung einsetzen

$V(x) = (20 - 2x)^2 \cdot x$
$= (400 - 80x + 4x^2) \cdot x$
$= 4x^3 - 80x^2 + 400x$

Sinnvollen **Definitionsbereich** der Zielfunktion ermitteln

$0 \le x \le 10$
Definitionsbereich: $[0; 10]$

Optional:
Graphen der Zielfunktion ansehen

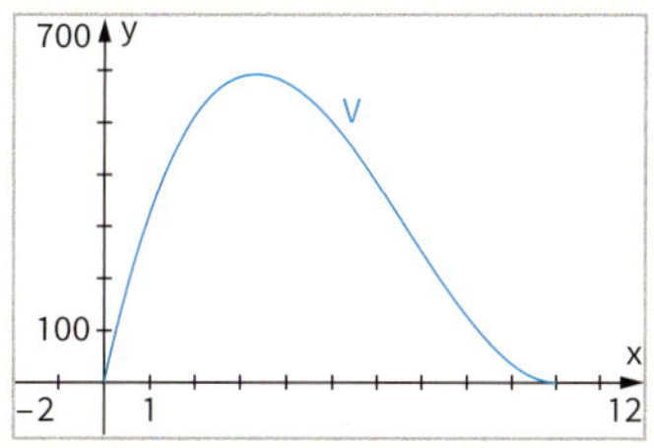

5) **Extremstellen** der Zielfunktion ermitteln
Rechnerisch über die Nullstellen der ersten Ableitung oder näherungsweise am Graphen der Zielfunktion

$V'(x) = 12x^2 - 160x + 400 = 0$
Aus $V'(x) = 0$ folgt: $x_1 = 10$; $x_2 = \frac{10}{3}$
$V''(x) = 24x - 160$
$V''(x_1) > 0$
$V''(x_2) < 0$; also Hochpunkt $H(3{,}33 \mid 592{,}59)$

Randwerte prüfen

$V(0) = 0$; $V(10) = 0$

Ergebnis am Sachverhalt prüfen

$x = \frac{10}{3}\,\text{cm} \approx 3{,}33\,\text{cm}$; $a = \frac{40}{3}\,\text{cm} \approx 13{,}33\,\text{cm}$
geometrisch möglich ✓

6) **Ergebnis im Sachzusammenhang** darstellen

Bei einer Höhe von ca. 3,33 cm und einer Grundseitenlänge von ca. 13,33 cm hat die Schachtel das größtmögliche Volumen. Es beträgt ca. 592,59 cm³.

WES-135805-308

1 **Größtes Volumen bei einer Schachtel**
Aus einem rechteckigen Stück Pappe mit den Seitenlängen 30 cm und 21 cm soll eine Schachtel ohne Deckel hergestellt werden, indem man an jeder Ecke ein Quadrat ausschneidet und anschließend die vier verbliebenen Randstücke nach oben biegt.
Berechnen Sie, wie man die Höhe der Schachtel wählen muss, damit ihr Volumen möglichst groß wird.

2 **Flächengrößtes Rechteck**
Berechnen Sie die Maße eines Rechtecks, das bei einem Umfang von 60 Zentimetern den größtmöglichen Flächeninhalt hat.

3 **Maximale Weidefläche am Ufer**
Entlang eines geradlinigen Flussufers soll eine rechteckige Weide abgesteckt werden, sodass die Fläche der Weide maximal wird. Dazu steht eine Zaunlänge von 300 m zur Verfügung. Wie sind die Maße zu wählen?

4 **Maximales Volumen bei Quader aus Draht**
Aus 26 cm Draht soll das Kantenmodell eines Quaders mit quadratischer Seitenfläche hergestellt werden.
Wie lang sind die Kanten zu wählen, damit der Quader maximales Volumen hat?

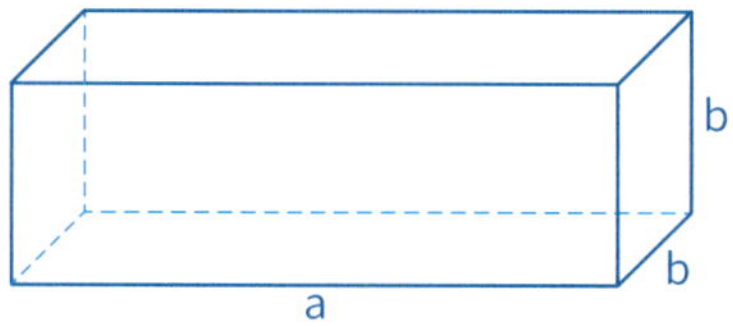

Prüfe dich!
Lösungen auf Seite 225

5 Eine quaderförmige Schachtel mit quadratischer Grundfläche soll bei einem Oberflächeninhalt von 486 cm² maximales Volumen haben.
Bestimmen Sie die Kantenlängen der quaderförmigen Schachtel.

6 **Sportstadion**
Eine 400-Meter-Laufbahn in einem Sportstadion besteht aus zwei Halbkreisen, die durch zwei parallele Strecken miteinander verbunden sind.

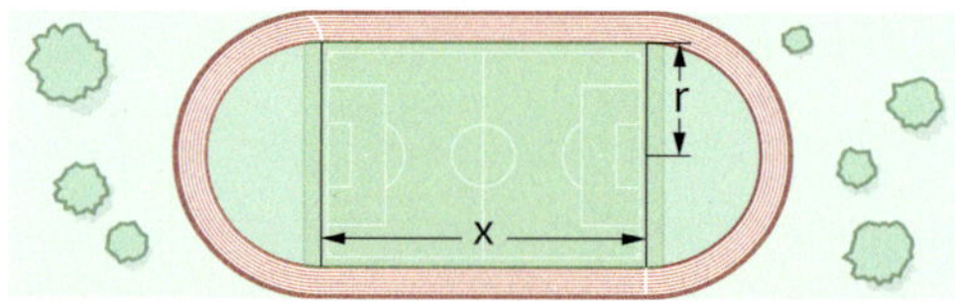

a) Wie müssen der Radius r der Halbkreise und die Länge x der parallelen Strecken gewählt werden, damit die mittlere Rechteckfläche maximalen Flächeninhalt hat?
b) Recherchieren Sie, ob Stadien in der Nähe Ihres Wohnortes diese Abmessungen haben.

7 **Randwerte beachten**
Von einer wertvollen Glas-Tischplatte mit den Abmessungen 64 cm mal 144 cm ist eine Ecke abgestoßen. Die Bruchkante kann als parabelförmig mit der Gleichung $y = -\frac{1}{16}x^2 + 64$ modelliert werden, wobei x und y in cm angegeben werden.
Aus dem Rest soll eine möglichst große rechteckige achsenparallele Platte herausgeschnitten werden.
Ermitteln Sie die Abmessungen dieser rechteckigen Platte.

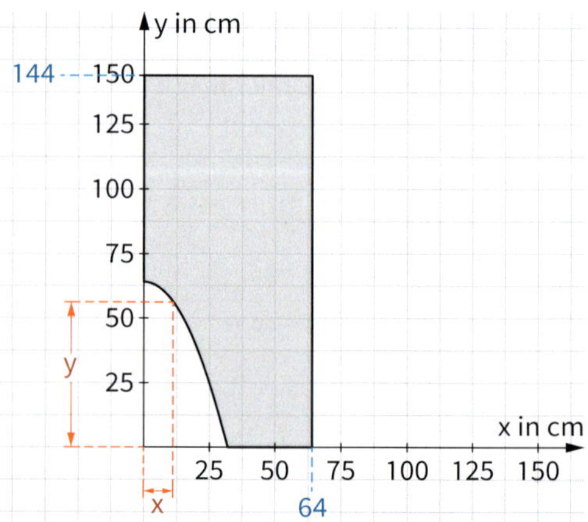

8 ≡ **Rechteck unter Parabel**

Zwischen dem Graphen der Funktion f mit $f(x) = 12 - x^2$ und der x-Achse wird ein achsenparalleles Rechteck einbeschrieben. Berechnen Sie die Maße des Rechtecks, welches maximalen Flächeninhalt hat.

9 ≡ **Dreieck unter Funktionsgraphen**

Gegeben ist die Funktion f mit $f(x) = \frac{1}{6}x^3 - \frac{3}{2}x$. Der Punkt P liegt im 2. Quadranten auf dem Graphen von f.
Die Gerade OP, die x-Achse sowie die Parallele zur y-Achse durch P begrenzen ein Dreieck OPQ.
Untersuchen Sie, ob es eine Lage des Punktes P gibt, für die der Flächeninhalt dieses Dreiecks einen extremalen Wert annimmt, und bestimmen Sie gegebenenfalls die Art des Extremums.

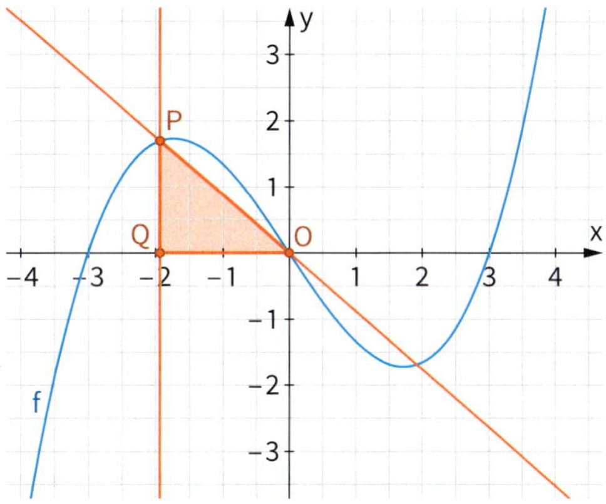

10 ≡ **Rechteck unter Funktionsgraphen**

Gegeben ist die Funktion f mit $f(x) = \frac{1}{6}x^2 \cdot (6 - x)$. Der Punkt $P(u \mid f(u))$ mit $0 < u < 6$ liegt auf dem Graphen von f. Die Koordinatenachsen und die Parallelen zu den Achsen durch P bilden ein Rechteck.
Bestimmen Sie u so, dass der Flächeninhalt des Rechtecks maximal ist. Ist für diesen Wert von u der Umfang des Rechtecks ebenfalls maximal?

11 ≡ **Kegel in Kegel**

Einem Kegel mit Radius $r = 30\,\text{cm}$ und Höhe $h = 60\,\text{cm}$ soll ein zweiter Kegel so einbeschrieben werden, dass die Spitze des zweiten Kegels im Mittelpunkt des Grundkreises des ersten Kegels liegt.
Wie sind Radius und Höhe des zweiten Kegels zu wählen, sodass sein Volumen maximal wird?

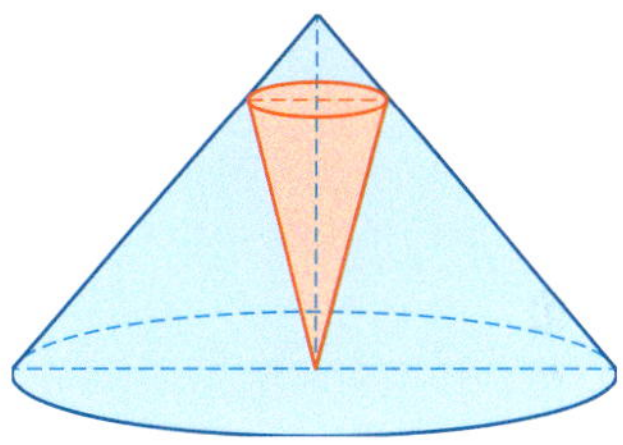

Tipp: Strahlensatz

12 ≡ **Zylinder in Halbkugel**

Einer Halbkugel mit Radius $r = 30\,\text{cm}$ soll ein Zylinder mit maximalem Volumen so einbeschrieben werden, dass der Zylinder auf dem Boden der Grundfläche der Halbkugel steht. Wie sind Radius und Höhe des Zylinders zu wählen?

13 ≡ **Minimaler Abstand**

Welche Punkte auf der Normalparabel haben vom Punkt $P(0 \mid 1)$ den kleinsten Abstand?
Hinweis: Die Extremstellen der Zielfunktion lassen sich mithilfe einer einfacheren Funktion finden, deren Ableitung leichter zu berechnen ist.

14 ≡ **Minimale Kosten**

Eine Firma stellt bedruckte T-Shirts her. Die monatlichen Gesamtkosten in Abhängigkeit von der produzierten Stückzahl lassen sich näherungsweise durch die Funktion K mit $K(x) = 0{,}0073\,x^3 - 0{,}19\,x^2 + 1{,}1\,x + 9{,}8$ beschreiben. Dabei wird x in Tausend T-Shirts und K(x) in 10 000 € angegeben.
Berechnen Sie, für welche Produktionsmenge die durchschnittlichen Kosten pro hergestellten T-Shirt minimal sind.
Wie hoch sind diese minimalen Kosten?

Modelle variieren

Getränke wie Milch oder Saft werden häufig in quaderförmigen Verpackungen angeboten. Das Verpackungsmaterial verursacht Kosten in der Herstellung, aber auch Gebühren an das Duale System Deutschland für die Entsorgung.
Es ist daher sinnvoll, Verpackungslösungen zu finden, die bei vorgegebenem Volumen einen möglichst geringen Materialbedarf aufweisen.

1 Milchtüten

Frischmilch wird in quaderförmigen Milchtüten mit quadratischer Grundfläche und einem Liter Inhalt verkauft. Es sollen die Abmessungen gefunden werden, für die möglichst wenig Material benötigt wird.

Abbildung 1

Abbildung 2

a) Betrachten Sie die Milchtüte als einfachen Quader, ohne Überlappungen und Falze zu berücksichtigen (Abbildung 1).
Bestimmen Sie näherungsweise am Graphen der Zielfunktion, bei welchen Abmessungen sich der minimale Materialbedarf ergibt, und vergleichen Sie diese mit der handelsüblichen Milchtüte.

b) Wenn man eine handelsübliche Milchtüte auseinanderfaltet, erkennt man, dass sie durch bloßes Falten aus einem rechteckigen Stück Verpackungsmaterial hergestellt wird (Abbildung 2).
Untersuchen Sie am Graphen der Zielfunktion, bei welchen Abmessungen sich der minimale Materialbedarf ergibt, wenn die Klebefalze sowie die Aussparung für die Öffnung nicht berücksichtigt werden.

c) Ermitteln Sie nun den minimalen Materialverbrauch für die Milchtüte, indem Sie auch die nötigen Klebefalze von 0,5 cm Breite berücksichtigen.
Berechnen Sie die Abmessungen der optimalen Milchtüte und vergleichen Sie mit einer realen Verpackung.

d) In der Realität wird eine solche Milchtüte nicht bis zum oberen Rand gefüllt, sondern es ist ein Luftraum z. B. von 1 cm Höhe oberhalb der Milch vorgesehen, damit die Tüte unproblematisch geöffnet werden kann.
Bestimmen Sie nun die optimale Milchtüte.

Modellieren

Gegenstände in der Umwelt sind keine mathematischen Objekte. Unter gewissen Vereinfachungen lassen sie sich aber als solche beschreiben (**modellieren**). Entsprechendes gilt für Kurven und Funktionsgraphen sowie vieles andere mehr.

Ein **mathematisches Modell** ist ein vereinfachtes Abbild eines realen Gegenstands oder Vorgangs, das die Wirklichkeit nur in Teilaspekten, aber nicht vollständig beschreibt. Es kann als anfänglicher Versuch gute Dienste leisten, um Ergebnisse zu erhalten. Diese müssen dann an der Realität überprüft werden.

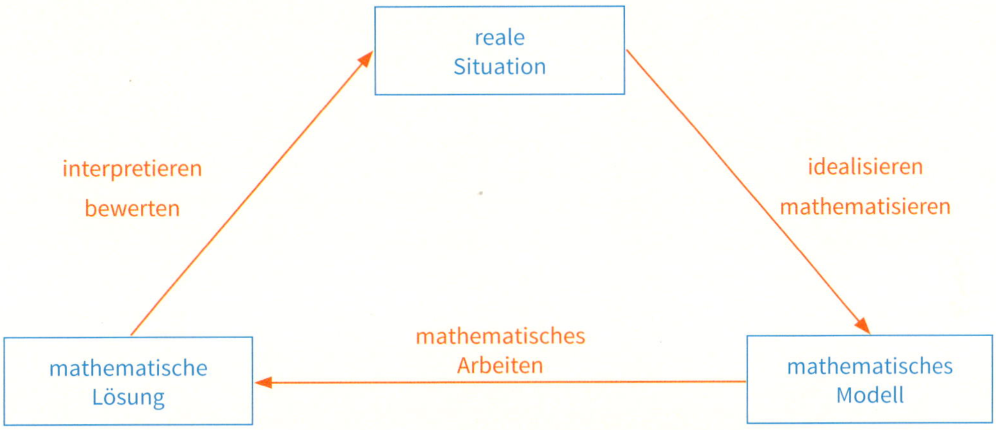

Bei zu groben Abweichungen kann man eine genauere Beschreibung der Realität vornehmen und so ein besseres Modell erhalten. Gegebenenfalls muss man diesen Prozess mehrfach durchführen, um ein für die Realität befriedigendes Ergebnis zu erhalten.

2 **Konservendosen**

Viele Konserven werden in genormten Dosen mit dem Volumen 314 ml verkauft.

a) Untersuchen Sie am Graphen der Zielfunktion, warum bei diesen Dosen ein Durchmesser von 7,3 cm und eine Höhe von 7,7 cm gewählt wurden. Benutzen Sie dabei ein möglichst einfaches Modell.

b) Verändern Sie das Modell, indem Sie nun die 3 mm breiten Falzränder zum Verbinden von Deckel und Boden mit dem Mantel berücksichtigen. Vergleichen Sie Ihr Modell mit der genormten Dosenform.

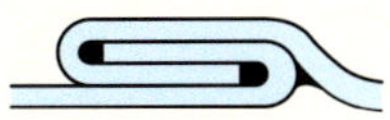

Schweißnaht des Dosenrumpfs

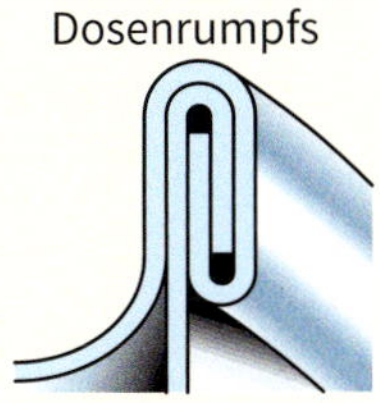

Versiegelungsnaht Dosenrumpf/Deckel

3 **Streichholzschachtel**

Eine Streichholzschachtel soll eine Länge von 5 cm und ein Volumen von 20 cm^3 besitzen.
Bei welcher Breite und Höhe ist der Materialverbrauch am kleinsten? Gehen Sie bei Ihrer Rechnung von der vereinfachenden Annahme aus, dass Länge, Breite und Höhe bei Hülle und Schachtel übereinstimmen.

a) Vernachlässigen Sie die Klebeflächen.

b) Berücksichtigen Sie auch mögliche Klebeflächen.

3.7 Lineare Gleichungssysteme

Vorbereiten
Seite 205

- Welches lineare Gleichungssystem ist einfacher zu lösen?
- Lösen Sie auch das andere lineare Gleichungssystem und begründen Sie, dass beide Gleichungssysteme (1) und (2) dieselbe Lösungsmenge haben.

Lösung – einfacher Fall

Das lineare Gleichungssystem (2) ist leichter zu lösen: Man kann $z = 3$ in die beiden oberen Gleichungen einsetzen und diese dadurch vereinfachen.

$$\left|\begin{array}{rl} x+3y+ & z = 2 \\ y+2 & z = 5 \\ & z = 3 \end{array}\right| \quad \text{einsetzen und vereinfachen} \quad \left|\begin{array}{rr} x+3y & = -1 \\ y & = -1 \\ z & = 3 \end{array}\right|$$

Nun kann man $y = -1$ in die obere Gleichung einsetzen und diese vereinfachen:

$$\left|\begin{array}{rr} x+3y & = -1 \\ y & = -1 \\ z & = 3 \end{array}\right| \quad \text{einsetzen und vereinfachen} \quad \left|\begin{array}{rr} x & = 2 \\ y & = -1 \\ z & = 3 \end{array}\right| \qquad L = \{(2\,|\,-1\,|\,3)\}$$

Lösung – systematische Umformungen

$$\left|\begin{array}{rrrr} x+ & 3y+ & z = & 2 \\ -2x- & 4y+ & 2z = & 6 \\ 3x+ & y+ & z = & 8 \end{array}\right| \begin{array}{l} \cdot 2 \;\; \cdot(-3) \\ \oplus \\ \oplus \end{array}$$

Das 2-fache der ersten wird zur zweiten Gleichung addiert; das (−3)-fache der ersten wird zur dritten Gleichung addiert. Dadurch verschwindet in der zweiten und dritten Gleichung die Variable x.

$$\left|\begin{array}{rrrr} x+ & 3y+ & z = & 2 \\ & 2y+ & 4z = & 10 \\ & -8y- & 2z = & 2 \end{array}\right| \begin{array}{l} \\ \cdot 4 \\ \oplus \end{array}$$

Bei den neuen Gleichungen wird das 4-fache der zweiten zur dritten Gleichung addiert. Dadurch verschwindet in der dritten Gleichung die Variable y.

$$\left|\begin{array}{rrrr} x+ & 3y+ & z = & 2 \\ & 2y+ & 4z = & 10 \\ & & 14z = & 42 \end{array}\right| \begin{array}{l} \\ :2 \\ :14 \end{array}$$

Das so entstandene Gleichungssystem hat eine sogenannte *Dreiecksgestalt*.

$$\left|\begin{array}{rrrr} x+ & 3y+ & z = & 2 \\ & y+ & 2z = & 5 \\ & & z = & 3 \end{array}\right|$$

Dividiert man schließlich in der zweiten Gleichung beide Seiten durch 2 und in der dritten Gleichung beide Seiten durch 14, erhält man das lineare Gleichungssystem (2).

Das Gleichungssystem (1) wurde in das Gleichungssystem (2) überführt. Beide Gleichungssysteme haben somit dieselbe Lösungsmenge $L = \{(2\,|\,-1\,|\,3)\}$.

WES-135805-309

Carl Friedrich Gauß (1777 – 1855)

Gauß-Algorithmus

Jedes lineare Gleichungssystem kann man systematisch lösen, indem man es in eine **Dreiecksgestalt** umformt. In dieser Gestalt hat jede Gleichung mindestens eine Variable weniger als die vorhergehende Gleichung.
Zum Umformen wendet man das **Additionsverfahren** wiederholt an:
- Multiplikation beider Seiten einer Gleichung mit einer geeigneten Zahl ungleich 0;
- Addition einer Gleichung zu einer anderen, sodass eine Variable wegfällt;
- gegebenenfalls Vertauschen der Reihenfolge der Gleichungen.

Die nicht veränderten Gleichungen führt man weiter mit.

Gauß-Algorithmus anwenden

Lösen Sie das lineare Gleichungssystem mit dem Gauß-Algorithmus: $\left|\begin{array}{l} 2x+2y+3z=15 \\ -x+y+2z=1 \\ -x-3y-3z=-10 \end{array}\right|$

Lösung

① $\left|\begin{array}{rcl} 2x+2y+3z &=& 15 \\ -x+y+2z &=& 1 \\ -x-3y-3z &=& -10 \end{array}\right| \begin{array}{l} \\ \cdot 2 \\ \cdot 2 \end{array}$ (2. Zeile ⊕ 1. Zeile, 3. Zeile ⊕ 1. Zeile)

② $\left|\begin{array}{rcl} 2x+2y+3z &=& 15 \\ 4y+7z &=& 17 \\ -4y-3z &=& -5 \end{array}\right|$ (⊕)

③ $\left|\begin{array}{rcl} 2x+2y+3z &=& 15 \\ 4y+7z &=& 17 \\ 4z &=& 12 \end{array}\right| \begin{array}{l} \\ \\ :4 \end{array}$

④ $\left|\begin{array}{rcl} 2x+2y+3z &=& 15 \\ 4y+7z &=& 17 \\ z &=& 3 \end{array}\right|$ einsetzen und vereinfachen

⑤ $\left|\begin{array}{rcl} 2x+2y &=& 6 \\ y &=& -1 \\ z &=& 3 \end{array}\right|$ einsetzen und vereinfachen

⑥ $\left|\begin{array}{rcl} x &=& 4 \\ y &=& -1 \\ z &=& 3 \end{array}\right|$

Das lineare Gleichungssystem hat die Lösungsmenge $L = \{(4\,|-1\,|\,3)\}$.

1 Lineare Gleichungssysteme mit dem Gauß-Algorithmus lösen

Lösen Sie das lineare Gleichungssystem, ohne einen Rechner zu verwenden.

a) $\left|\begin{array}{rcl} x+y+z &=& 6 \\ 2x-y+3z &=& 9 \\ 2y+z &=& 7 \end{array}\right|$
b) $\left|\begin{array}{rcl} 2x-y+z &=& 4 \\ 10x-2y+z &=& 13 \\ x+y &=& -1 \end{array}\right|$
c) $\left|\begin{array}{rcl} a+2b+2c &=& 3 \\ a+b-c &=& -4 \\ 3a-3b+c &=& 12 \end{array}\right|$

d) $\left|\begin{array}{rcl} x-2y+z &=& -8 \\ 2x+y-z &=& 3 \\ -3x-2y+4z &=& -13 \end{array}\right|$
e) $\left|\begin{array}{rcl} 2x+4y-z &=& -4 \\ -2x+2y+3z &=& 6 \\ 4x-y+2z &=& 17 \end{array}\right|$
f) $\left|\begin{array}{rcl} 3x-y-4z &=& -4 \\ 2x+y+z &=& 5 \\ -x+2y+2z &=& 1 \end{array}\right|$

2 Lineares Gleichungssystem aufstellen und lösen

Im Lager einer Versandfirma sind 1890 Taschenbücher, 2400 Hörbücher und 1690 CDs. Um das Lager zu räumen, bietet die Firma drei Sortimente aus Taschenbüchern, Hörbüchern und CDs an. Kann damit das Lager vollständig geräumt werden?

	Taschenbücher	Hörbücher	CDs
Sortiment 1	2	2	4
Sortiment 2	3	6	1
Sortiment 3	4	2	1

3 Lösen Sie das lineare Gleichungssystem mit dem Gauß-Algorithmus.

$\left|\begin{array}{rcl} 6x+2y+z &=& 14 \\ 4x+3y+5z &=& -3 \\ -2x+y-2z &=& 7 \end{array}\right|$

Prüfe dich! Lösungen auf Seite 226

4 In einer Weinhandlung werden drei verschiedene Geschenksortimente angeboten. Das erste kostet 34 € und enthält 1 Flasche Rotwein, 2 Flaschen Weißwein und 2 Flaschen Rosé, das zweite kostet 35 € und enthält 2 Flaschen Rotwein, 1 Flasche Weißwein und 2 Flaschen Rosé, das dritte kostet 50 € und enthält 3 Flaschen Rotwein, 2 Flaschen Weißwein und 2 Flaschen Rosé.
Stellen Sie ein lineares Gleichungssystem auf und ermitteln Sie die Preise für die Einzelflaschen.

Einstieg

Gleichungssysteme mit nicht genau einer Lösung

Antonia und Theo haben jeweils ein lineares Gleichungssystem in eine Dreiecksgestalt umgeformt.

Antonia:

$$\left|\begin{array}{rcrcrcr} -2x & + & 4y & + & 5z & = & 9 \\ 2x & - & 3y & - & z & = & 5 \\ 4x & - & 6y & - & 2z & = & 7 \end{array}\right|$$

$$\left|\begin{array}{rcrcrcr} -2x & + & 4y & + & 5z & = & 9 \\ & & y & + & 4z & = & 14 \\ & & & & 0 & = & 3 \end{array}\right|$$

Theo:

$$\left|\begin{array}{rcrcrcr} x & - & y & - & z & = & -1 \\ 2x & + & 2y & - & 10z & = & 2 \\ x & + & 3y & - & 9z & = & 3 \end{array}\right|$$

$$\left|\begin{array}{rcrcrcr} x & - & y & - & z & = & -1 \\ & & y & - & 2z & = & 1 \\ & & & & 0 & = & 0 \end{array}\right|$$

- Interpretieren Sie das Ergebnis von Antonia.
- Theo hat als Lösungsmenge $L = \{(3z \mid 2z+1 \mid z) \mid z \in \mathbb{R}\}$ notiert. Erläutern Sie, wie er zu diesem Ergebnis kommt.

WES-135805-310

Anzahl von Lösungen bei linearen Gleichungssystemen

Ein lineares Gleichungssystem kann folgende Anzahlen von Lösungen haben:

(1) genau eine

$$\left|\begin{array}{rcl} x & = & 1 \\ y & = & 2 \\ z & = & -3 \end{array}\right|$$

$L = \{(1 \mid 2 \mid -3)\}$

(2) keine

$$\left|\begin{array}{rcrcrcr} x & - & 2y & - & 2{,}5z & = & -4{,}5 \\ & & y & + & 4z & = & 14 \\ & & & & 0 & = & -3 \end{array}\right|$$

$L = \{\ \}$

(3) unendlich viele

$$\left|\begin{array}{rcrcrcr} x & - & & & 5z & = & 2 \\ & & y & - & 4z & = & 3 \\ & & & & 0 & = & 0 \end{array}\right|$$

$L = \{(5z+2 \mid 4z+3 \mid z) \mid z \in \mathbb{R}\}$

Gleichungssystem mit einem Rechner lösen

Keine Lösung

$$\text{solve}\left(\begin{cases} 6\cdot x+5\cdot y-z=1 \\ 2\cdot x-y+z=5 \\ 4\cdot x+6\cdot y-2\cdot z=3 \end{cases}, \{x,y,z\}\right)$$

false

Hier zeigt der Rechner *false* an, das bedeutet $L = \{\ \}$.

Unendliche viele Lösungen

$$\text{solve}\left(\begin{cases} x+y-5\cdot z=3 \\ x-y-z=5 \\ x+2\cdot y-z=9 \end{cases}, \{x,y,z\}\right)$$

$x=3\cdot \boldsymbol{c1}-1$ and $y=2\cdot(\boldsymbol{c1}+2)$ and $z=\boldsymbol{c1}$

Verwendet man statt *c1* die Variable z, so erhält man $L = \{(3z-1 \mid 2z+4 \mid z) \mid z \in \mathbb{R}\}$.

5 ≡ **Lineare Gleichungssysteme lösen und Ergebnis prüfen**

Lösen Sie das Gleichungssystem ohne Verwendung eines Rechners. Prüfen Sie Ihr Ergebnis mit einem Rechner.

a) $\left|\begin{array}{r} x+y+z=2 \\ 2x-y+3z=1 \\ 3y-z=3 \end{array}\right|$

b) $\left|\begin{array}{r} x+y+z=3 \\ x-y+3z=3 \\ y-z=0 \end{array}\right|$

c) $\left|\begin{array}{r} x+y+z=1 \\ 2x-3y-z=0 \\ 5x+2z=2 \end{array}\right|$

d) $\left|\begin{array}{r} x-0{,}5y+1{,}5z=0{,}5 \\ 2x-y+3z=1 \\ 5x-2{,}5y+7{,}5z=2{,}5 \end{array}\right|$

e) $\left|\begin{array}{r} x-3y+4z=1 \\ 3x-y+2z=1 \\ x+5y-6z=1 \end{array}\right|$

f) $\left|\begin{array}{r} x+y-z=5 \\ 3x+2y+z=13 \\ 2x-3y+4z=0 \end{array}\right|$

g) $\left|\begin{array}{r} 2x+3y-z=6 \\ x-y+z=1 \\ x+4y-2z=5 \end{array}\right|$

h) $\left|\begin{array}{r} x+2y+4z=6 \\ 2x-y+3z=2 \\ x-3y-z=4 \end{array}\right|$

i) $\left|\begin{array}{r} 3x-2y+2z=7 \\ x+4y+4z=-1 \\ x-2y+2z=1 \end{array}\right|$

6 Lösen Sie das lineare Gleichungssystem.

Prüfe dich! Lösungen auf Seite 226

a) $\left|\begin{array}{l} 2x-y+3z=-5 \\ 4x-y+5z=-6 \\ -2x+y-2z=4 \end{array}\right|$ b) $\left|\begin{array}{l} 2x-y+3z=-5 \\ 4x-y+5z=-6 \\ -2x\quad -2z=9 \end{array}\right|$ c) $\left|\begin{array}{l} 2x-y+3z=-5 \\ 4x-y+5z=-6 \\ -2x\quad -2z=1 \end{array}\right|$

7 **Unterschiedliche Anzahl von Gleichungen und Variablen**

Bestimmen Sie die Lösungsmengen der Gleichungssysteme. Was fällt auf?

(1) $\left|\begin{array}{l} x+y=3 \\ 2x-3y=-4 \\ 4x-y=2 \end{array}\right|$ (2) $\left|\begin{array}{l} x+y=3 \\ 2x-3y=-4 \\ 4x-y=1 \end{array}\right|$ (3) $\left|\begin{array}{l} x+y-z=2 \\ x+2y-3z=1 \end{array}\right|$

8 **Fehler finden**

Wo steckt der Fehler in dieser Rechnung?

$\left|\begin{array}{l} x+y=9 \\ 2x+y=7 \\ 3y=12 \end{array}\right| :3$ $\left|\begin{array}{l} x+y=9 \\ 2x+y=7 \\ y=4 \end{array}\right|$ einsetzen und vereinfachen $\left|\begin{array}{l} x+y=9 \\ x=1{,}5 \\ y=4 \end{array}\right|$ $L=\{(1{,}5\,|\,4)\}$

9 **Gleichungssysteme aufstellen**

Stellen Sie ein lineares Gleichungssystem mit drei Variablen x, y und z auf, das die angegebenen Bedingungen erfüllt. Tauschen Sie Ihre Gleichungssysteme untereinander aus und lösen Sie sie. Überprüfen Sie die Richtigkeit Ihrer Rechnungen mit einem Rechner.

a) Das Gleichungssystem hat drei Gleichungen und die eindeutig bestimmte Lösung $x=1$, $y=2$ und $z=3$.
b) Das Gleichungssystem hat drei Gleichungen und keine Lösung.
c) Das Gleichungssystem hat zwei Gleichungen und keine Lösung.
d) Das Gleichungssystem hat drei Gleichungen und $L=\{(2+z\,|\,3z-1\,|\,z)\,|\,z\in\mathbb{R}\}$ ist die Lösungsmenge des Systems.
e) Das Gleichungssystem hat drei Gleichungen und $L=\{(2y-z+2\,|\,y\,|\,z)\,|\,y,z\in\mathbb{R}\}$ ist die Lösungsmenge des Systems.

Vereinfachte Schreibweise

Man kann lineare Gleichungssysteme einfacher notieren, indem man die Variablen weglässt und nur die Koeffizienten und die Zahlen auf der rechten Seite notiert. Ein solches Zahlenschema wird als **erweiterte Koeffizientenmatrix** bezeichnet. Dabei lassen sich die gleichen Umformungen durchführen wie bei der ausführlichen Schreibweise.

$$\left|\begin{array}{l} 2x+2y+3z=15 \\ -x+y+2z=1 \\ -x-3y-3z=-10 \end{array}\right| \quad \left(\begin{array}{rrr:r} 2 & 2 & 3 & 15 \\ -1 & 1 & 2 & 1 \\ -1 & -3 & -3 & -10 \end{array}\right)\begin{array}{l} \\ \cdot 2\ \oplus \\ \cdot 2\ \oplus \end{array} \quad \left(\begin{array}{rrr:r} 2 & 2 & 3 & 15 \\ \mathbf{0} & 4 & 7 & 17 \\ \mathbf{0} & -4 & -3 & -5 \end{array}\right)\begin{array}{l} \\ \\ \oplus \end{array} \quad \left(\begin{array}{rrr:r} 2 & 2 & 3 & 15 \\ \mathbf{0} & 4 & 7 & 17 \\ 0 & \mathbf{0} & 4 & 12 \end{array}\right) :4$$

Durch Einsetzen erhält man dann nacheinander $z=3$, $y=-1$ und $x=4$.

10 **Lösen mit vereinfachter Schreibweise**

Schreiben Sie das lineare Gleichungssystem in vereinfachter Schreibweise und lösen Sie es, ohne einen Rechner zu verwenden.

a) $\left|\begin{array}{l} x+y-2z=1 \\ 3x-y+2z=35 \\ -x-2y+z=-2 \end{array}\right|$ b) $\left|\begin{array}{l} 2x+4z=10 \\ -x+5y+z=7 \\ 4x-10y+3z=-1 \end{array}\right|$ c) $\left|\begin{array}{l} x-2y+z=3 \\ 3x+y-2z=8 \\ 4x-3y=10 \end{array}\right|$

3.8 Funktionsterme bestimmen

Für eine Computersimulation soll das Höhenprofil einer Mountainbike-Strecke modelliert werden. Dazu soll eine ganzrationale Funktion f möglichst niedrigen Grades verwendet werden.

- Auf dem ausgewählten Stück hat der Graph von f einen Hochpunkt H (0 | 2,5) und einen Tiefpunkt T (5 | 0).
  Wie könnte man daraus die Funktionsgleichung von f bestimmen?

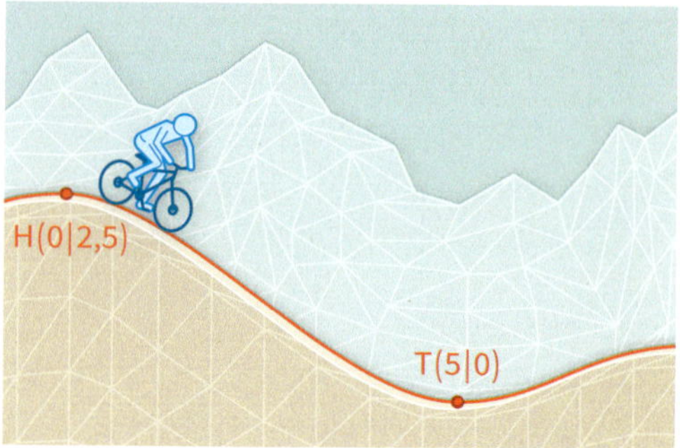

Lösung

Durch die genannten Punkte lassen sich vier Bedingungen für die Funktion f formulieren:

② und ④: notwendige Bedingung für Extrempunkte

① Der Graph verläuft durch den Punkt (0 | 2,5), also gilt $f(0) = 2{,}5$
② Die Ableitung an der Stelle 0 ist 0, also gilt $f'(0) = 0$
③ Der Graph verläuft durch den Punkt (5 | 0), also gilt $f(5) = 0$
④ Die Ableitung an der Stelle 5 ist 0, also gilt $f'(5) = 0$

Weil es vier Bedingungen an die Funktion f gibt, wählt man als Ansatz eine ganzrationale Funktion dritten Grades, deren allgemeine Gleichung $f(x) = a x^3 + b x^2 + c x + d$ die vier Parameter a, b, c und d enthält.
Zwei der vier Bedingungen beziehen sich auf die Ableitung f′, deshalb bestimmt man diese aus der allgemeinen Gleichung: $f'(x) = 3 a x^2 + 2 b x + c$

Aus den vier Bedingungen kann man ein lineares Gleichungssystem für die vier Parameter der Funktion f aufstellen. Man setzt die konkreten x-Werte und die zugehörigen Funktionswerte in die jeweilige Funktionsgleichung ein.

Ohne Rechner:

① $f(0) = 2{,}5$
② $f'(0) = 0$
③ $f(5) = 0$
④ $f'(5) = 0$

$$\left|\begin{array}{l} 0a + 0b + 0c + d = 2{,}5 \\ 0a + 0b + c = 0 \\ 125a + 25b + 5c + d = 0 \\ 75a + 10b + c = 0 \end{array}\right|$$

$$\left|\begin{array}{l} d = 2{,}5 \\ c = 0 \\ 125a + 25b = -2{,}5 \\ 75a + 10b = 0 \end{array}\right|$$

Mit Rechner:

$f(x) := a \cdot x^3 + b \cdot x^2 + c \cdot x + d$ *Fertig*

$f1(x) := \frac{d}{dx}(f(x))$ *Fertig*

$\text{solve}\left(\begin{cases} f(0)=2.5 \\ f1(0)=0 \\ f(5)=0 \\ f1(5)=0 \end{cases}, \{a,b,c,d\}\right)$

$a=0.04$ and $b=-0.3$ and $c=0.$ and $d=2.5$

Dieses Gleichungssystem hat die Lösung $a = 0{,}04$; $b = -0{,}3$; $c = 0$ und $d = 2{,}5$.

Die gesuchte Funktionsgleichung lautet daher:

$f(x) = 0{,}04 x^3 - 0{,}3 x^2 + 2{,}5$

Die Probe am Graphen zeigt, dass die Funktion zu den Bedingungen passt.

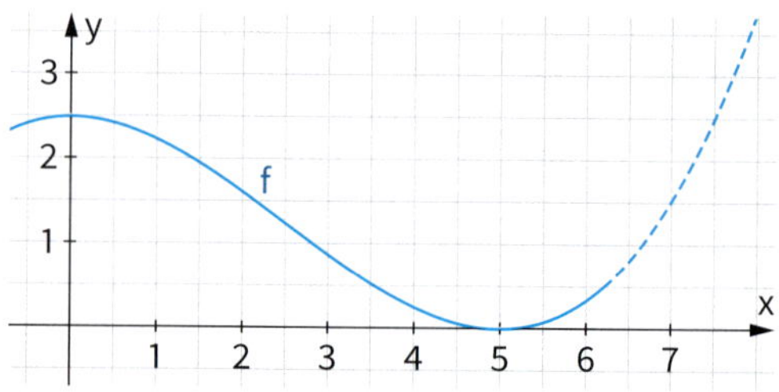

Ganzrationale Funktionen mit vorgegebenen Eigenschaften bestimmen

WES-135805-311

Für eine Rutsche wird zwischen den Punkten B und C ein gebogenes Blechteil angeschlossen. Das seitliche Profil des Blechteils soll durch eine ganzrationale Funktion f modelliert werden. Der Anschluss am Punkt B bzw. C soll dabei *knickfrei* sein, d. h., die Funktion f hat in B bzw. C die gleiche Steigung wie das geradlinige Blechteil zwischen A und B bzw. C und D.

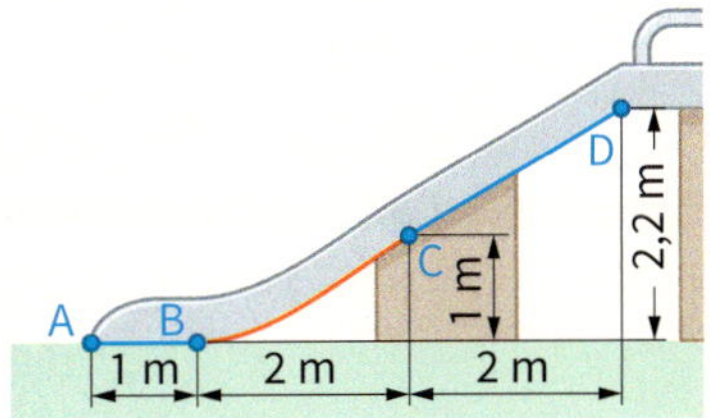

Vorgehensweise:

0) Bei Sachsituationen: **Informationen** erfassen, ggf. **Skizze** anfertigen

- Koordinatensystem festlegen: z. B. Punkt B als Koordinatenursprung wählen
- Koordinaten der Punkte angeben: A(−1|0); B(0|0); C(2|1); D(4|2,2)
- Steigungen für die Bedingung *knickfrei* berechnen: im Punkt B: 0 im Punkt C: $\frac{2{,}2-1}{2}=0{,}6$

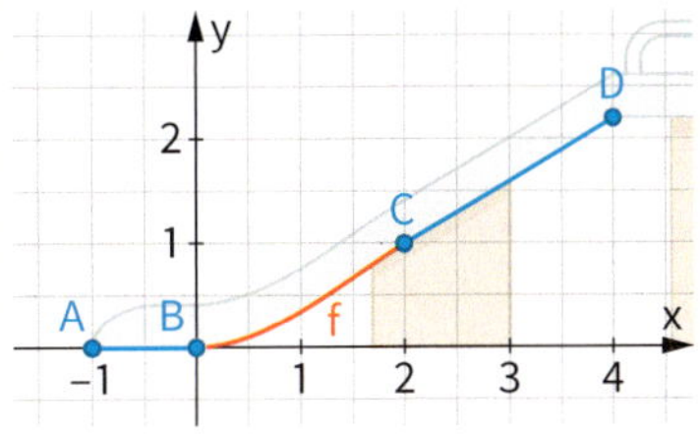

1) **Bedingungen** formulieren

① Punkt B(0|0): $f(0)=0$ ② Punkt C(2|1): $f(2)=1$
③ Steigung 0 in B: $f'(0)=0$ ④ Steigung 0,6 in C: $f'(2)=0{,}6$

2) **Allgemeine Funktionsgleichung** und **benötigte Ableitungen** einer ganzrationalen Funktion möglichst niedrigen Grades angeben

Es gibt vier Bedingungen, also wird eine Funktion dritten Grades verwendet.
Ansatz: $f(x)=a\,x^3+b\,x^2+c\,x+d$
Ableitung: $f'(x)=3\,a\,x^2+2\,b\,x+c$

Grad um 1 weniger als Anzahl der Bedingungen wählen

3) **Lineares Gleichungssystem** aufstellen: *Bedingungen einsetzen*

①	$f(0)=0$	$a\cdot0^3+b\cdot0^2+c\cdot0+d=0$	$d=0$
②	$f(2)=1$	$a\cdot2^3+b\cdot2^2+c\cdot2+d=1$	$8a+4b+2c+d=1$
③	$f'(0)=0$	$3a\cdot0^2+2b\cdot0+c=0$	$c=0$
④	$f'(2)=0{,}6$	$3a\cdot2^2+2b\cdot2+c=0{,}6$	$12a+4b+c=0{,}6$

4) **Koeffizienten** bestimmen und Funktionsgleichung angeben

Lösung des Gleichungssystems: $a=-0{,}1;\ b=0{,}45;\ c=0;\ d=0$
Funktionsgleichung: $f(x)=-0{,}1\,x^3+0{,}45\,x^2$

5) Ergebnis am Graphen **prüfen**, ggf. Rückbezug auf die Sachsituation

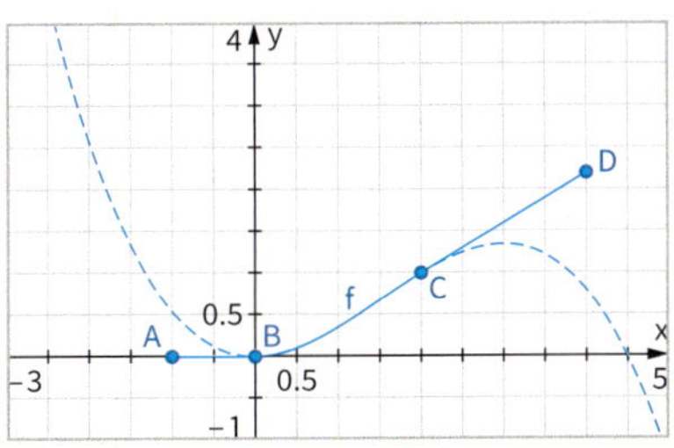

① $f(0)=0$: B liegt auf dem Graphen ✓
② $f(2)=1$: C liegt auf dem Graphen ✓
③ $f'(0)=0$: Gleiche Steigung wie $\overline{AB}$ ✓
④ $f'(2)=0{,}6$: Gleiche Steigung wie $\overline{CD}$ ✓

Also erfüllt die Funktion f mit $f(x)=-0{,}1\,x^3+0{,}45\,x^2$ alle Bedingungen.

1 **Funktion dritten Grades bestimmen**

Bestimmen Sie die Gleichung einer ganzrationalen Funktion dritten Grades, deren Graph den Tiefpunkt T und den Hochpunkt H hat. Überprüfen Sie Ihr Ergebnis anhand einer Skizze.

a) $T(4\,|\,-32)$ und $H(0\,|\,0)$ b) $T(1\,|\,0)$ und $H(3\,|\,4)$

2 **Schiene einer Spielzeugeisenbahn modellieren**

Für eine Spielzeug-Eisenbahnbrücke müssen gebogene Schienen produziert werden. Für die maschinelle Herstellung soll die Form dieser Schienen durch den Graphen einer ganzrationalen Funktion dritten Grades beschrieben werden.

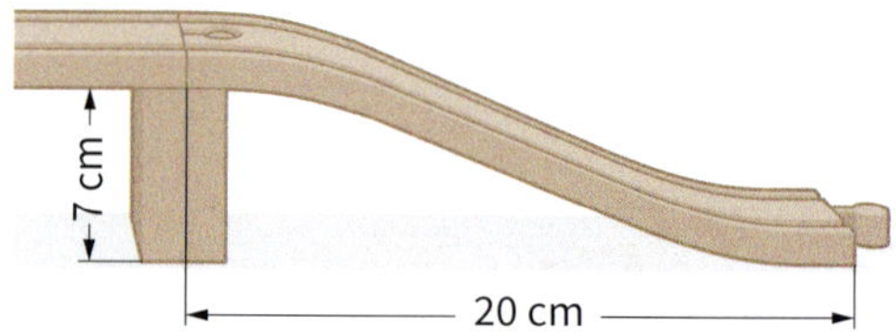

Ermitteln Sie den Funktionsterm einer Funktion, die den unteren Rand der gebogenen Schiene modelliert.

3 **Bedingungen angeben**

Geben Sie alle Bedingungen an, die sich aus den gegebenen Eigenschaften an den Graphen der Funktion f ergeben.

a) Der Graph von f hat an der Stelle $x = 5$ eine Nullstelle und an der Stelle $x = 1$ einen Wendepunkt. Der Punkt $T(-2\,|\,-1)$ ist Tiefpunkt von f.
b) Der Graph von f besitzt einen Sattelpunkt an der Stelle $x = 4$ und hat an der Stelle $x = 1$ eine gemeinsame Tangente mit dem Graphen der Funktion g mit $g(x) = 2x^2 + 3$.
c) Der Graph von f schneidet die Gerade $y = 4x + 7$ auf der y-Achse und hat an der Stelle $x = 5$ eine Wendetangente mit der Steigung -2.
d) Der Graph von f schneidet die Parabel g mit $g(x) = x^2 - 3x + 1$ orthogonal im Punkt $A(4\,|\,5)$. Die Tangente im Punkt $B(-1\,|\,5)$ verläuft parallel zur Geraden $y = 4x - 8$.

4 **„Steckbriefaufgabe" lösen**

Ermitteln Sie den Funktionsterm der gesuchten Funktion.

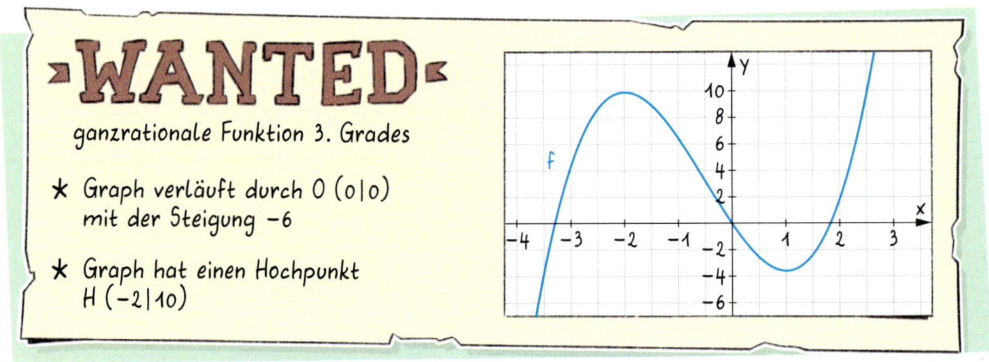

5 **„Steckbriefaufgaben" erstellen**

Erstellen Sie ähnliche „Steckbriefaufgaben" wie in Aufgabe 4.
Tauschen Sie die Aufgaben untereinander aus und vergleichen Sie. Überprüfen Sie, ob es eine Lösung gibt.

Prüfe dich!
Lösungen auf Seite 282

6 a) Gegeben ist eine Funktion f mit $f(x) = ax^2 + bx$.
Bestimmen Sie a und b so, dass der Graph von f im Punkt $P(1\,|\,2)$ einen Hochpunkt hat.
b) Bestimmen Sie eine ganzrationale Funktion zweiten Grades, die eine Nullstelle an der Stelle -2 und in $H(1\,|\,6)$ einen Hochpunkt hat.

7 **Rutsche modellieren**

Eine Rutsche an der Kopenhagener Hafenpromenade *Kalvebod Bølge* ist aus drei Teilstücken montiert: zunächst ein gebogenes Stück, dann ein geradliniges Stück und dann wieder ein gebogenes Stück. Das erste Stück schließt knickfrei im Punkt A an den waagerechten Zugang und im Punkt B an das zweite Teilstück an. Das geradlinige zweite Teilstück fällt auf einer Länge von 4,50 m um 2,50 m ab.

knickfrei: gleiche Funktionswerte und gleiche Steigung

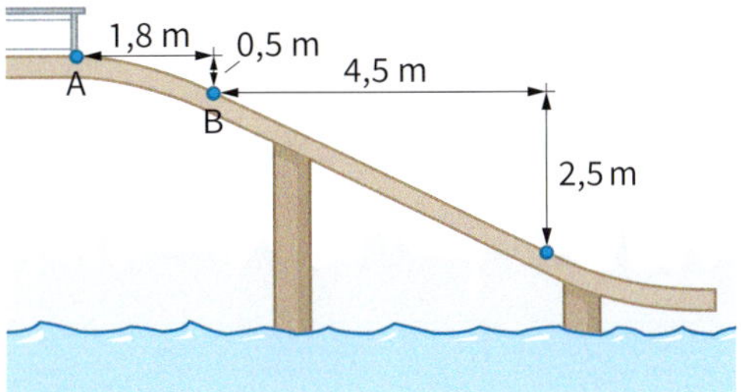

Bestimmen Sie eine ganzrationale Funktion möglichst niedrigen Grades, deren Graph die vordere obere Kante des ersten Teilstücks modelliert.

8 **Flugbahn einer Kugel**

Bei der Leichtathletik-WM 2023 in Budapest gewann Chase Ealey (USA) im Kugelstoßen der Damen mit einer Weite von 20,43 m.

a) Bestimmen Sie eine quadratische Funktion für die Flugbahn der Kugel, wenn bekannt ist, dass die Abstoßhöhe 1,97 m und der Abstoßwinkel 38° betrugen.

b) Berechnen Sie die maximale Höhe der Flugbahn und ermitteln Sie, in welchem Winkel die Kugel auf dem Boden auftraf.

9 **Symmetrische Graphen**

Ermitteln Sie die Funktionsgleichung.

a) Der Graph einer ganzrationalen Funktion dritten Grades verläuft punktsymmetrisch zum Koordinatenursprung und hat in $T(3 \mid -54)$ einen Tiefpunkt.

b) Der Graph einer ganzrationalen Funktion vierten Grades verläuft achsensymmetrisch zur y-Achse, schneidet diese bei $y = 16$ und berührt die x-Achse an der Stelle 2.

Ansatz bei Symmetrien

Eine ganzrationale Funktion f hat die Form $f(x) = a_0 + a_1 x + a_2 x^2 + \ldots$

- Ansatz, falls der Graph von f achsensymmetrisch zur y-Achse ist: $f(x) = a_0 + a_2 x^2 + a_4 x^4 + \ldots$
- Ansatz, falls der Graph von f punktsymmetrisch zum Ursprung ist: $f(x) = a_1 x + a_3 x^3 + \ldots$

10 **Symmetrie berücksichtigen**

Bestimmen Sie eine ganzrationale Funktion dritten Grades, deren Graph punktsymmetrisch zum Koordinatenursprung ist, durch den Punkt $P(3 \mid -3)$ verläuft und dort eine Tangente mit der Steigung 5 hat.

11 **Profillinie eines Fensterrahmens**

Die eingezeichnete Profillinie des Fensterrahmens soll durch den Graphen einer ganzrationalen Funktion vierten Grades beschrieben werden.

Legen Sie hierzu ein geeignetes Koordinatensystem fest und nutzen Sie die Achsensymmetrie des Fensters aus.

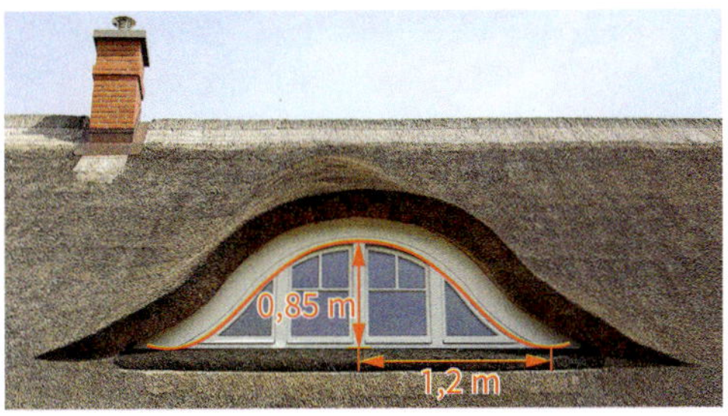

Wendepunkt gegeben

Der Graph einer ganzrationalen Funktion f dritten Grades verläuft durch P(0|4) und hat in W(2|5) einen Wendepunkt. Die Wendetangente hat die Steigung – 1,5.

Bedingungen

$f(0) = 4$
$f(2) = 5$
$f''(2) = 0$
$f'(2) = -1{,}5$

Ansatz und Ableitungen

$f(x) = a x^3 + b x^2 + c x + d$
$f'(x) = 3 a x^2 + 2 b x + c$
$f''(x) = 6 a x + 2 b$

Gleichungssystem

$$\left|\begin{array}{rcl} d &=& 4 \\ 8a + 4b + 2c + d &=& 5 \\ 12a + 2b &=& 0 \\ 12a + 4b + c &=& -1{,}5 \end{array}\right|$$

Gleichungssystem lösen

$a = 0{,}5;\ b = -3;\ c = 4{,}5;\ d = 4$

Damit erhält man:

$f(x) = 0{,}5x^3 - 3x^2 + 4{,}5x + 4$

Probe am Graphen

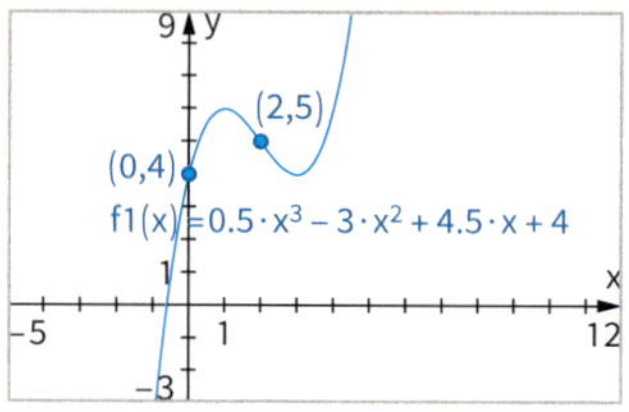

In W(2|5) liegt tatsächlich ein Wendepunkt vor.

Hinweis: Wenn in der Aufgabenstellung Extrem- oder Wendepunkte gefordert sind, verwendet man beim Aufstellen des linearen Gleichungssystems nur die notwendigen, aber keine hinreichenden Bedingungen. Daher ist es erforderlich, das Ergebnis am Graphen oder in einer Rechnung zu überprüfen.

Ist $f'(x_0) = 0$, so ist x_0 nicht zwingend eine Extremstelle.

12 **Wendepunkt berücksichtigen**

Bestimmen Sie eine ganzrationale Funktion dritten Grades, deren Graph die angegebenen Eigenschaften hat. Skizzieren Sie zunächst einen möglichen Verlauf des Graphen per Hand.

a) Der Koordinatenursprung ist Wendepunkt, der Punkt H(3|2) ist Hochpunkt.
b) Der Graph verläuft durch den Koordinatenursprung und hat in S(2|1) einen Sattelpunkt.

13 **Funktion vierten Grades bestimmen**

Bestimmen Sie eine ganzrationale Funktion vierten Grades, deren Graph die angegebenen Eigenschaften hat. Kontrollieren Sie Ihr Ergebnis, indem Sie den Graphen mit einem Rechner zeichnen.

a) Der Koordinatenursprung ist Extrempunkt, W(–1|–3) ist Wendepunkt mit der Steigung 5.
b) Der Graph hat an der Stelle $x = 1$ eine Nullstelle mit der Steigung 8, an der Stelle $x = -1$ einen Sattelpunkt und einen Extrempunkt auf der y-Achse.
c) Der Graph ist achsensymmetrisch zur y-Achse. Im Wendepunkt W(1|3) beträgt die Steigung –2.

14 **Lösung überprüfen**

Gesucht ist eine ganzrationale Funktion dritten Grades, deren Graph einen Tiefpunkt in T(2|8) und einen Wendepunkt an der Stelle $x = 4$ mit der Steigung –3 hat.

Carla hat als Lösung: $f(x) = \frac{1}{4}x^3 - 3x^2 + 9x$

André zeichnet den Graphen mit einem Rechner und sagt: *„Das passt aber nicht zu den Bedingungen.“*

Überprüfen Sie Carlas Lösung und nehmen Sie Stellung.

15 Bestimmen Sie den Term der ganzrationalen Funktion f.

a) Die Funktion hat den Grad 3. Der Graph verläuft durch den Ursprung und den Punkt $P(5|0)$, hat an der Stelle $x = 1$ die Steigung 4 und eine Wendestelle an der Stelle $x = \frac{10}{3}$.

b) Die Funktion hat den Grad 3. Der Graph ist punktsymmetrisch zum Koordinatenursprung, verläuft durch den Punkt $P(-2|-3)$ und hat eine Nullstelle an der Stelle $x = 1$.

c) Die Funktion hat den Grad 4. Der Graph hat im Punkt $T(0|0)$ einen Tiefpunkt und an der Stelle $x = 2$ einen Sattelpunkt und verläuft durch den Punkt $P(1|11)$.

Prüfe dich!
Lösungen auf Seite 226

16 Das Bild zeigt einen Entwurf einer Rutsche für Spielplätze. Das seitliche Profil der Rutsche soll mit einer ganzrationalen Funktion dritten Grades modelliert werden und durch deren Extrempunkte begrenzt sein.

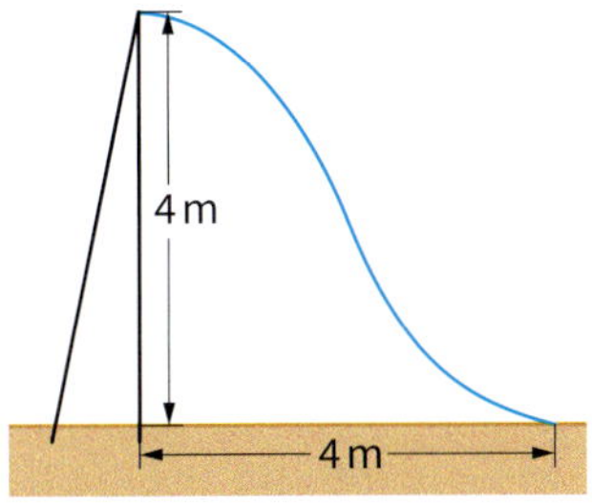

a) Bestimmen Sie einen geeigneten Funktionsterm.

b) Diese Rutsche wäre für Kinder zu steil. Deshalb soll eine neue Rutsche entworfen werden, deren horizontale Länge weiterhin 4 m beträgt und deren Höhe niedriger ist. Bestimmen Sie die neue Funktion so, dass deren Steigung an der steilsten Stelle genau 45° ist. Geben Sie die Höhe der neuen Rutsche an.

17 **Widersprüchliche Bedingungen**

Begründen Sie, dass es keine ganzrationale Funktion dritten Grades mit folgenden Eigenschaften gibt: Der Graph hat an der Stelle $x = 2$ die Tangente mit der Gleichung $y = -3x + 8$ und einen Hochpunkt in $H(3|0)$.

18 **Lösbarkeit prüfen**

Von einer ganzrationalen Funktion f vierten Grades sind folgende Bedingungen bekannt:

(1) $f(2) = 4$ (2) $f'(2) = 0$ (3) $f(0) = 0$ (4) $f''(0) = 0$ (5) $f'(0) = 1$

David und Anna haben jeweils eine Aufgabe dazu formuliert.

David:
$T(2|4)$ ist Tiefpunkt des Graphen von f, $W(0|0)$ ist Wendepunkt mit der Steigung 1.

Anna:
Der Graph von f hat einen Wendepunkt im Ursprung. Die Wendetangente hat die Gleichung $y = x$. Im Punkt $P(2|4)$ hat der Graph eine waagerechte Tangente.

Entscheiden Sie, ob die von David und von Anna formulierten Aufgaben zu den gegebenen Bedingungen passen. Überprüfen Sie anschließend, ob die Aufgaben lösbar sind.

19 **Funktion möglichst niedrigen Grades bestimmen**

Bestimmen Sie eine ganzrationale Funktion möglichst niedrigen Grades, sodass gilt:

a) $T(0|0)$ ist Tiefpunkt und $W(1|11)$ ist Wendepunkt des Graphen.

b) $S(0|3)$ ist Sattelpunkt des Graphen und im Punkt $P(3|0)$ liegt eine waagerechte Tangente.

20 **Aufgabe formulieren**

Formulieren Sie mithilfe der Bedingungen eine Aufgabe zur Bestimmung einer ganzrationalen Funktion f. Überlegen Sie, welchen Grad die Funktion mindestens haben muss. Erläutern Sie die Bedeutung der Bedingung (5).

a) (1) $f(1) = 2$ (2) $f'(1) = 0$ (3) $f''(-2) = 0$ (4) $f'(-2) = 1$ (5) $f''(1) \neq 0$

b) (1) $f(2) = 0$ (2) $f(4) = 2$ (3) $f'(4) = 0$ (4) $f''(4) = 0$ (5) $f'''(4) \neq 0$

Mein Merkzettel

Seite 94
Seite 99

Zweite Ableitung f″

- *ist die Ableitung der ersten Ableitung f′*
- *beschreibt das Änderungsverhalten von f′, also die „Änderung der Änderung"*
- *beschreibt das Krümmungsverhalten des Graphen von f*

An einer ***Wendestelle*** *geht der Graph von f von einer Linkskurve in eine Rechtskurve über oder umgekehrt.*

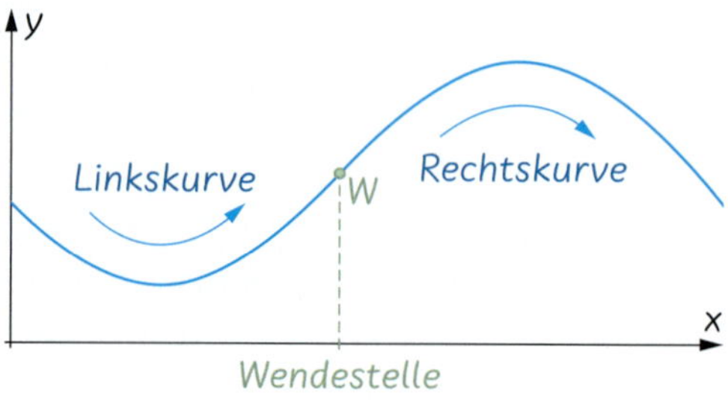

Seite 84
Seite 89
Seite 94
Seite 99

Zusammenhänge zwischen Funktion und Ableitungen

Funktion f	Graph von f	Wenn für f′ bzw. f″ gilt
streng monoton wachsend		$f'(x) > 0$
streng monoton fallend		$f'(x) < 0$
lokales Maximum an der Stelle x_0	**Hochpunkt** *an der Stelle* x_0	*f′ hat an der Stelle* x_0 *eine Nullstelle mit* **Vorzeichenwechsel von + nach −.** *Oder:* $f'(x_0) = 0$ *und* $f''(x_0) < 0$
lokales Minimum an der Stelle x_0	**Tiefpunkt** *an der Stelle* x_0	*f′ hat an der Stelle* x_0 *eine Nullstelle mit* **Vorzeichenwechsel von − nach +.** *Oder:* $f'(x_0) = 0$ *und* $f''(x_0) > 0$
	Sattelpunkt *an der Stelle* x_0	*f′ hat an der Stelle* x_0 *eine Nullstelle* **ohne Vorzeichenwechsel.**
	Linkskurve	$f''(x) > 0$
	Rechtskurve	$f''(x) < 0$
Wendestelle an der Stelle x_0	**Wendepunkt** *an der Stelle* x_0	*f″ hat an der Stelle* x_0 *eine Nullstelle mit* **Vorzeichenwechsel.**

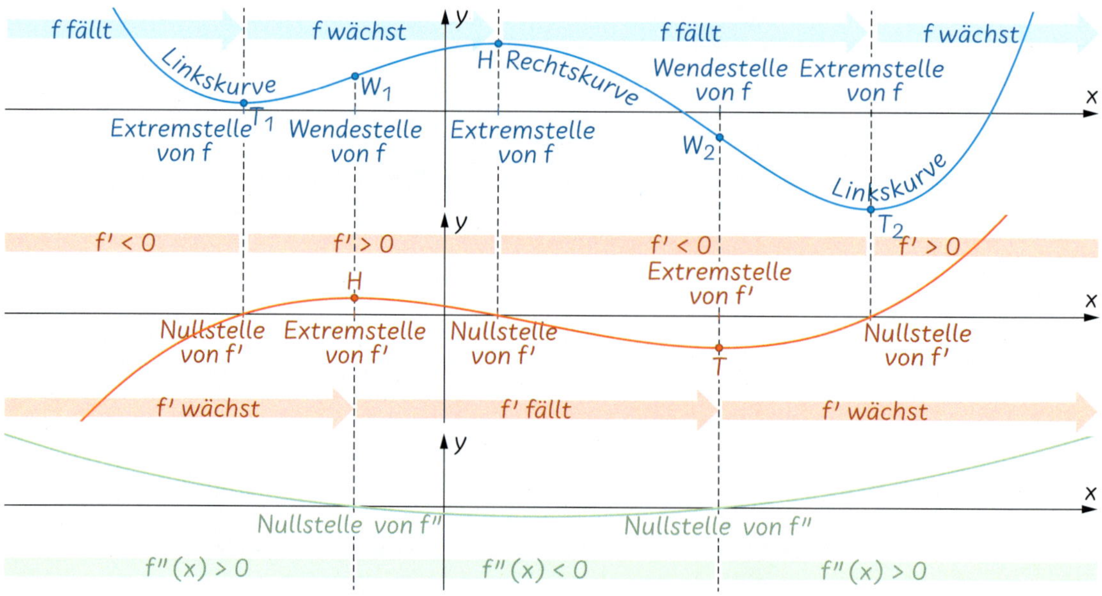

Monotonieverhalten untersuchen

Seite 85

- Nullstellen von f' berechnen
- Vorzeichen von f' links und rechts der Nullstellen untersuchen

$f(x) = \frac{1}{4}x^4 - x^3 + 5$

$f'(x) = x^3 - 3x^2 = x^2 \cdot (x - 3)$

Aus $f'(x) = 0$ folgt: $x_1 = 0$ (doppelt); $x_2 = 3$

Intervall für x	$x < 0$	$0 < x < 3$	$x > 3$
Beispiel für $f'(x)$	$f'(-1) = -4$	$f'(1) = -2$	$f'(4) = 16$
Vorzeichen von $f'(x)$	−	−	+

In $]-\infty; 3[$ ist f streng monoton fallend. In $]3; \infty[$ ist f streng monoton wachsend.

- Das Monotonieverhalten wechselt in den Hoch- und Tiefpunkten des Graphen von f.

Extremstellen bestimmen

Seite 89
Seite 95

- Nullstellen von f' berechnen, dies sind **mögliche** Extremstellen von f
- Lösungen x_E mit dem **Vorzeichenwechsel-Kriterium** (s. Monotonie) oder dem **f″-Kriterium** prüfen

Vorzeichenwechsel-Kriterium (f′)	
Vorzeichenwechsel von + nach −	(lokales) Maximum bzw. Hochpunkt
Vorzeichenwechsel von − nach +	(lokales) Minimum bzw. Tiefpunkt
kein Vorzeichenwechsel	Sattelpunkt

f″-Kriterium	
$f''(x_E) < 0$	(lokales) Maximum bzw. Hochpunkt
$f''(x_E) > 0$	(lokales) Minimum bzw. Tiefpunkt
$f''(x_E) = 0$	keine Aussage möglich

Globale Extrema

Seite 92

- Der Definitionbereich von f ist auf $[a; b]$ eingeschränkt (z. B. bei Anwendungen).
- Das **globale Maximum** bzw. **Minimum** ist der größte bzw. kleinste Funktionswert auf $[a; b]$.

$f(x_1)$: lokales Maximum
$f(x_2)$: lokales Minimum
$f(x_3)$: lokales und globales Maximum
$f(b)$: globales Minimum und Randextremum
$f(a)$: weder lokales noch globales Extremum

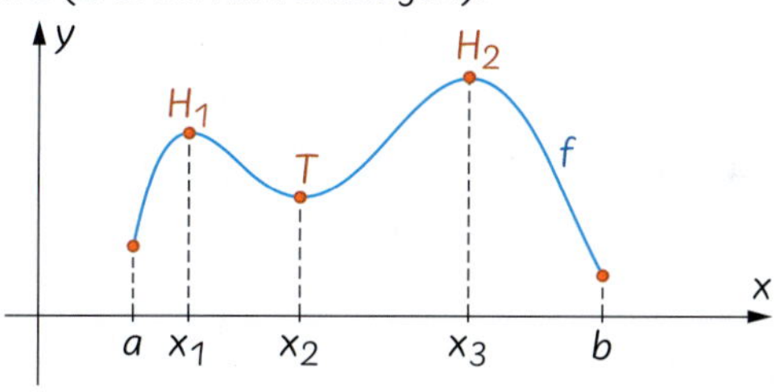

Globale Extrema finden:

- lokale Extremstellen bestimmen und Funktionswerte (lokale Extrema) berechnen
- Randwerte $f(a)$ und $f(b)$ berechnen
- Der größte bzw. kleinste Wert der lokalen Extrema und der Randwerte ist das globale Maximum bzw. das globale Minimum.

Wendestellen bestimmen

Seite 100
Seite 102

- Nullstellen von f'' berechnen, dies sind **mögliche** Wendestellen von f
- Lösungen x_W mit dem **Vorzeichenwechsel-Kriterium** oder dem **f‴-Kriterium** prüfen

Vorzeichenwechsel-Kriterium (f″)	
Vorzeichenwechsel	Wendepunkt

f‴-Kriterium	
$f'''(x_W) \neq 0$	Wendepunkt

„Alles eine Ableitung höher"

- Wendestellen von f sind Extremstellen von f'

Seite 113

Extremwertproblem lösen

Gesucht: Maximaler Flächeninhalt eines Rechtecks bei einem Umfang von 20 cm

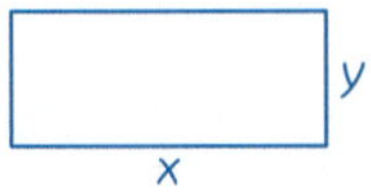

• Skizze mit Variablen erstellen	
• **Extremalbedingung** aufstellen	$A = x \cdot y$ maximal
• **Nebenbedingung** finden Beziehung zwischen Variablen herstellen	$2x + 2y = 20$; nach y auflösen: $y = 10 - x$
• **Zielfunktion** aufstellen Nebenbedingung einsetzen	$A(x) = x \cdot (10 - x) = -x^2 + 10x$
• Definitionsbereich festlegen	$D = [0; 10]$
• Lokale Extremstellen bestimmen	$A'(x) = -2x + 10$; also Extremstelle $x = 5$
• Randwerte prüfen	$A(5) = 25 \quad A(0) = 0;\ A(10) = 0$ An der Stelle $x = 5$ liegt das globale Maximum.
• Ergebnis am Sachverhalt prüfen	$x = 5\,\text{cm};\ y = 5\,\text{cm}$ geometrisch möglich ✓
• Ergebnis im Sachzusammenhang angeben	Das Rechteck ist ein Quadrat mit der Seitenlänge 5 cm. Der maximale Flächeninhalt beträgt 25 cm².

Seite 119

Lineares Gleichungssystem mit dem Gauß-Algorithmus lösen

- Additionsverfahren wiederholt anwenden
- Bis zur **Dreiecksgestalt** umformen, dann durch Einsetzen lösen

① $\left|\begin{array}{rl} x + 3y + z = & 2 \\ -2x - 4y + 2z = & 6 \\ 3x + y + z = & 8 \end{array}\right| \begin{array}{l} \cdot 2 \;\oplus \quad \cdot(-3) \;\oplus \end{array}$

② $\left|\begin{array}{rl} x + 3y + z = & 2 \\ 2y + 4z = & 10 \\ -8y - 2z = & 2 \end{array}\right| \begin{array}{l} \cdot 4 \;\oplus \end{array}$

③ $\left|\begin{array}{rl} x + 3y + z = & 2 \\ 2y + 4z = & 10 \\ 14z = & 42 \end{array}\right| \begin{array}{l} \\ :2 \\ :14 \end{array}$

④ $\left|\begin{array}{rl} x + 3y + z = & 2 \\ y + 2z = & 5 \\ z = & 3 \end{array}\right|$ Einsetzen und Vereinfachen

$L = \{(2\,|\,-1\,|\,3)\}$

Seite 120

Anzahl von Lösungen bei linearen Gleichungssystemen

genau eine Lösung

$\left|\begin{array}{rl} x \quad = & 2 \\ y \quad = & -1 \\ z = & 3 \end{array}\right|$

$L = \{(2\,|\,-1\,|\,3)\}$

keine Lösung

$\left|\begin{array}{rl} x - z = & 2 \\ y - z = & -1 \\ 0 = & 3 \end{array}\right|$ falsche Aussage

$L = \{\ \}$

unendliche viele Lösungen

$\left|\begin{array}{rl} x - z = & 2 \\ y - z = & -1 \\ 0 = & 0 \end{array}\right|$ wahre Aussage

$L = \{(2 + z\,|\,-1 + z\,|\,z)\,|\,z \in \mathbb{R}\}$

Seite 123

Ganzrationale Funktion bestimmen

Der Graph von f verläuft durch den Punkt (0 | 0) mit der Steigung −3 und hat den Tiefpunkt (1 | −2).

• Bedingungen als Gleichungen formulieren	① $f(0) = 0$ ② $f'(0) = -3$ ③ $f(1) = -2$ ④ $f'(1) = 0$
• Grad festlegen	Es sind vier Gleichungen, also Grad 3
• Allgemeine Funktionsgleichung und benötigte Ableitungen angeben	$f(x) = ax^3 + bx^2 + cx + d$ $f'(x) = 3ax^2 + 2bx + c$
• Gleichungssystem aufstellen und lösen	$\left\lvert\begin{array}{rl} d = & 0 \\ a + b + c + d = & -2 \\ c = & -3 \\ 3a + 2b + c = & 0 \end{array}\right\rvert$ hat die Lösung $\begin{array}{l} a = 1 \\ b = 0 \\ c = -3 \\ d = 0 \end{array}$
• Funktionsgleichung angeben und prüfen	$f(x) = x^3 - 3x$ erfüllt alle Bedingungen ✓

Wiederholen für die Klausur

Teil A – Aufgaben ohne Hilfsmittel

Lösungen auf Seite 227

1 Graphen skizzieren

a) Skizzieren Sie den Graphen der Funktion f mit $f(x) = -(x+2)\cdot(x-1)^2$ nur mithilfe des Globalverlaufs und der Vielfachheit der Nullstellen.

b) Die Funktion f mit $f(x) = x^5 - 2x^3 + x$ hat einen Tiefpunkt im Punkt $(1\,|\,0)$. Skizzieren Sie den Graphen von f nur mithilfe von Symmetrie und Globalverlauf.

2 Abstand zwischen Hoch- und Tiefpunkt

Gegeben ist die Funktion f mit $f(x) = -4x^3 + 6x^2 - 1$.
Zeigen Sie, dass der Abstand von Hoch- und Tiefpunkt des Funktionsgraphen $\sqrt{5}$ beträgt.

3 Funktionsgleichung aufstellen

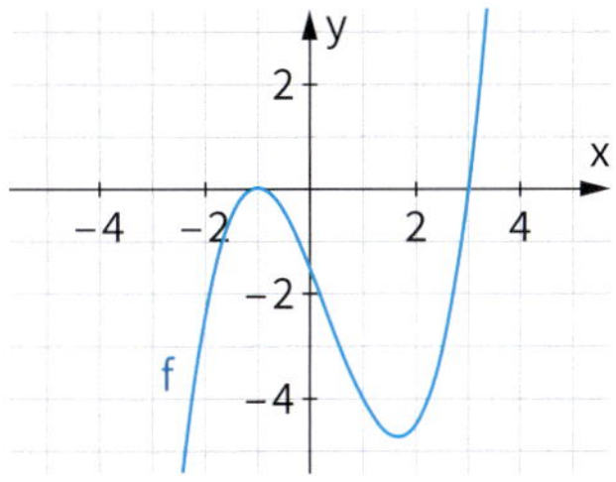

a) Geben Sie den minimalen Grad der ganzrationalen Funktion mit dem dargestellten Graphen an. Begründen Sie Ihre Entscheidung.

b) Bestimmen Sie die Gleichung einer Funktion f, die diesen Graphen besitzt. Berücksichtigen Sie dabei, dass $f(0) = -1{,}5$ gelten muss.

4 Ableitungsgraph und Funktionsgraph

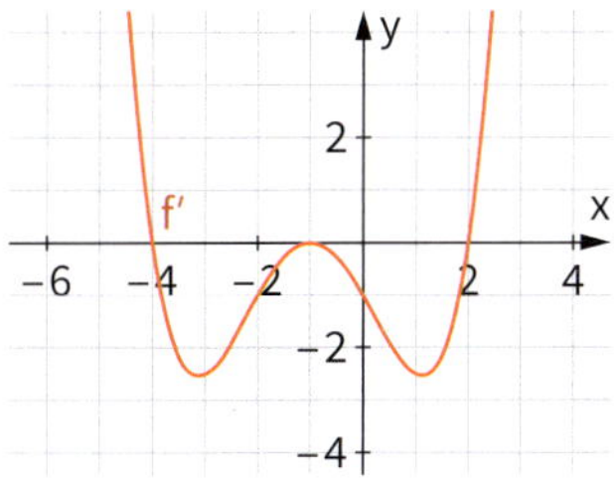

Gegeben ist der Graph einer Ableitungsfunktion f′.

a) Begründen Sie, an welchen Stellen der Graph von f im Intervall $[-5;\,3]$ Hoch- oder Tiefpunkte hat.
Beschreiben Sie den Verlauf des Graphen von f an der Stelle $x = -1$.

b) Skizzieren Sie einen möglichen Verlauf des Graphen von f im Intervall $[-5;\,3]$.

5 Aussagen beurteilen

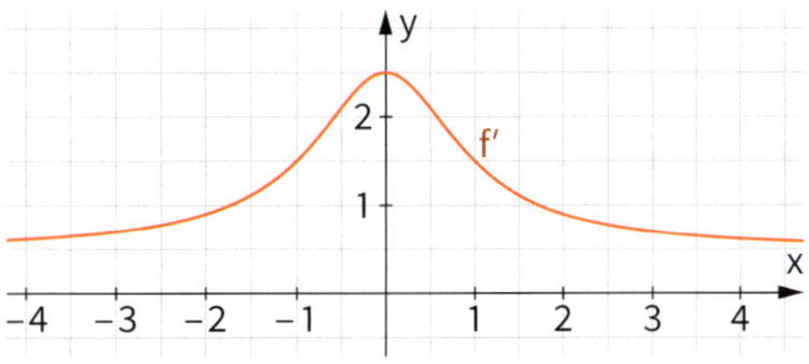

Der Graph einer Ableitungsfunktion f′ ist dargestellt. Entscheiden Sie, welche der Aussagen wahr oder falsch sind. Begründen Sie Ihre Entscheidung.

(1) Die Funktion f ist im Intervall $[-4;\,4]$ streng monoton steigend.
(2) Der Graph der Funktion f hat an der Stelle $x = 0$ einen Hochpunkt.
(3) Der Graph von f ist achsensymmetrisch zur y-Achse.
(4) Der Graph von f hat im Intervall $[-4;\,4]$ zwei Tangenten, die parallel zur Geraden mit der Gleichung $y = x$ sind.
(5) Die Steigung des Graphen von f im Intervall $[-4;\,4]$ ist an der Stelle 0 maximal.

6 Funktion mit zusätzlichem Parameter

Gegeben ist die Funktion f mit $f(x) = \frac{1}{2}x^3 + t\cdot x^2 + 6x$ für $t \in \mathbb{R}$.
Bestimmen Sie t so, dass gilt:

a) Der Graph von f ist punktsymmetrisch zum Koordinatenursprung.

b) Der Graph von f hat genau zwei Nullstellen.
Begründen Sie, dass in diesem Fall eine Nullstelle auch eine Extremstelle ist.

c) Der Graph von f hat keine Extrempunkte.

Lösungen auf Seite 228

7 Flächengrößtes Rechteck

Berechnen Sie die Maße eines Rechtecks, das bei einem Umfang von 40 Zentimetern den größtmöglichen Flächeninhalt hat.

8 Lineare Gleichungssysteme

Bestimmen Sie die Lösungsmenge durch Anwenden des Gauß-Algorithmus.

a) $\left| \begin{array}{l} x - y + z = -2 \\ 2x + y + z = 3 \\ -x + 2y - z = 4 \end{array} \right|$ b) $\left| \begin{array}{l} x - 2y + z = 3 \\ 3x - 5y + 2z = 9 \\ x - 3y + 2z = 3 \end{array} \right|$ c) $\left| \begin{array}{l} 4x - 3y - 3z = 3 \\ 2x - 5y - z = 1 \\ x + y - z = 2 \end{array} \right|$

9 Funktionsterm bestimmen

Bestimmen Sie eine ganzrationale Funktion dritten Grades, die in $H(0|0)$ einen Hochpunkt hat, durch den Punkt $P(2|4)$ verläuft und an der Stelle $x = 1$ eine Nullstelle besitzt.

10 Funktion mit Parameter

Gegeben ist die Funktion f mit $f(x) = t \cdot x^3 - 3x^2 + 9x$.

a) Ermitteln Sie die Anzahl der Nullstellen von f in Abhängigkeit von t.

b) Bestimmen Sie den Wert des Parameters t so, dass der Graph von f einen Wendepunkt an der Stelle $x = 3$ hat.

Teil B – Aufgaben mit Hilfsmitteln

11 Funktion untersuchen

Gegeben ist die Funktion f mit $f(x) = \frac{1}{10}x^5 - x^3 + 2$.

Bestimmen Sie die Nullstellen von f und die Extrem- und Wendepunkte des Graphen von f.

12 Pegelstand des Rheins

Der Pegelstand des Rheins bei Bonn vom 1. Juni bis zum 14. Juni 2013 kann näherungsweise durch die Funktion h mit $h(t) = 0{,}028t^4 - 0{,}027t^3 - 13{,}94t^2 + 131{,}5t + 401$ modelliert werden. Hierbei ist t in Tagen ab dem 1. Juni 0 Uhr und h(t) in cm angegeben.

a) Skizzieren Sie den Graphen der Funktion h und beschreiben Sie den Verlauf des Pegelstands in diesen zwei Wochen.

b) Bestimmen Sie den höchsten und den tiefsten Pegelstand.

c) Ermitteln Sie, an welchen Tagen der Pegelstand nach diesem Modell höher als 6,50 m war.

d) Am 20. Juni 2013 war der Pegelstand auf 409 cm gefallen. Bis zum Ende des Monats nahm er noch weiter ab. Beurteilen Sie, ob das Modell auch für den Zeitraum vom 15. Juni bis zum 30. Juni 2013 den Verlauf des Pegelstands beschreiben kann.

13 Wasser in einem Staubecken

Die momentane Änderungsrate der Wassermenge in einem Staubecken kann innerhalb eines Jahres näherungsweise durch die Funktion g mit $g(t) = \frac{1}{4}t^3 - \frac{11}{4}t^2 - 4t + 44$ beschrieben werden, mit t in Monaten ab Beobachtungsbeginn und g(t) in $10\,000\,m^3$ pro Monat.

a) Bestimmen Sie den Zeitpunkt, an dem die momentane Änderungsrate minimal ist. Beschreiben Sie, welche Bedeutung dieser Zeitpunkt für die Funktion f hat, die die Wassermenge zum Zeitpunkt t angibt.

b) Untersuchen Sie, in welchen Zeiträumen die Wassermenge im Stausee zunimmt und zu welchem Zeitpunkt sie am stärksten zunimmt.

Lösungen auf Seite 230

14 Volumen eines Pakets

Eine Kartonagenfabrik stellt quaderförmige Pakete mit quadratischen Seitenflächen her. Damit die Pakete nicht zu unhandlich werden, sollen zwei Bedingungen erfüllt sein:

- Die Länge soll nicht größer als 200 cm sein.
- Länge plus Umfang der quadratischen Seitenfläche soll 360 cm groß sein.

Ermitteln Sie die Abmessungen des Pakets mit dem größten Volumen und geben Sie das maximale Volumen an.

15 Funktion dritten Grades bestimmen

Bestimmen Sie eine ganzrationale Funktion dritten Grades, die folgende Bedingungen erfüllt:

- Die Stelle $x = -1$ ist eine Nullstelle von f.
- Der Funktionsgraph hat an der Stelle $x = -2$ einen Wendepunkt.
- Die Gleichung der Wendetangente lautet $y = 3x + 2{,}5$.

16 Funktion vierten Grades bestimmen

Der Graph einer ganzrationalen Funktion vierten Grades ist symmetrisch zur y-Achse, geht durch den Punkt $P(0|2)$ und hat im Punkt $Q(2|0)$ eine Tangente mit der Steigung 2.
Bestimmen Sie die Gleichung dieser Funktion.

17 Verlauf einer Krankheit

Die Grafik zeigt den Verlauf einer Krankheit. Diesen kann man mit einer ganzrationalen Funktion vierten Grades annähern.

a) Beschreiben Sie anhand des Graphen den Krankheitsverlauf.
b) Bestimmen Sie die zugehörige Funktionsgleichung.
c) Berechnen Sie die maximale Anzahl an erkrankten Personen im Verlauf der Krankheitswelle.

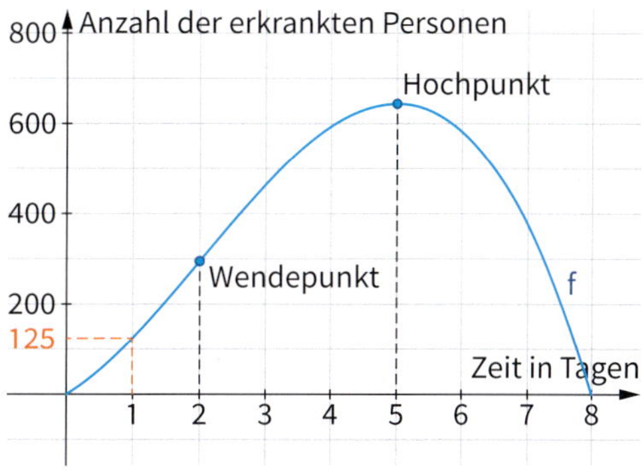

18 Achterbahn

Die Länge der Warteschlange vor der Achterbahn im Ferienpark „Math-O-World" wird durch die Funktion f mit $f(x) = -0{,}19x^4 + 4{,}3x^3 - 30{,}3x^2 + 72{,}5x$ beschrieben. Hierbei gibt x die Zeit in Stunden nach 9 Uhr und f(x) die Anzahl der Wartenden an.

a) Bestimmen Sie, bis zu welcher Uhrzeit die Länge der Warteschlange mit der Funktion f modelliert werden kann.
b) Berechnen Sie die Anzahl der Wartenden vor der Achterbahn um 13 Uhr.
c) Ermitteln Sie, zu welchem Zeitpunkt die Warteschlange am längsten war.
Adrian steht zu diesem Zeitpunkt ganz am Ende der Schlange. Berechnen Sie, wie lange er warten muss, wenn jede Fahrt 15 Minuten dauert und immer 30 Fahrgäste pro Fahrt einsteigen können.
d) Ein Ampelsystem in der App des Freizeitparks zeigt den Besucherinnen und Besuchern an, ob an einem Fahrgeschäft gerade viele Menschen warten. Ab 30 Wartenden springt die Ampel von Grün auf Gelb, ab 60 Wartenden auf Rot.
Bestimmen Sie, in welchen Zeiträumen die Ampel welche Farbe zeigt.
e) Bestimmen Sie die Zeitpunkte, zu denen sich die Länge der Warteschlange um genau 10 Personen pro Stunde verändert.
f) Berechnen Sie die Uhrzeiten, zu denen die Länge der Warteschlange am stärksten zunimmt.

4 Eponential-funktionen

Der Wasserspiegel des Naivasha-Sees in Kenia ist von 2011 bis 2016 um mehr als zwei Meter gestiegen. Die abgestorbenen Bäume bildeten die ehemalige Ufergrenze.
Der See wird von Wasserhyazinthen überwuchert, die sich immer mehr ausbreiten und den Sauerstoffgehalt im Wasser senken.

- Wie beschreibt man exponentielle Wachstumsvorgänge?
- Welche besondere Eigenschaften hat die e-Funktion?
- Welche Wachstumsvorgänge können mithilfe der e-Funktion beschrieben werden?

4.1 Exponentielles Wachstum

Vorbereiten
Seite 208

Hefen sind einzellige Organismen. Sie finden z. B. Verwendung beim Backen oder beim Bierbrauen.
Die Masse einer Hefepilzkultur nimmt jede Stunde um 50 % zu. Zu Beginn sind 10 g Hefepilze vorhanden.

- Wie groß ist die Masse der Hefepilze nach vier Stunden?
- Nach welcher Zeit sind 60 g der Hefepilze vorhanden?

Lösung – Funktionswerte bestimmen

Zu Beginn sind 10 g Hefepilze vorhanden, also gilt $f(0) = 10$.
Nach einer Stunde ist die Masse der Hefepilze 1,5-mal so groß wie zu Beginn, somit gilt:
$f(1) = 10 \cdot 1{,}5 = 15$
Weiter ergibt sich: $f(2) = 10 \cdot 1{,}5 \cdot 1{,}5 = 10 \cdot 1{,}5^2$; $f(3) = 10 \cdot 1{,}5^3$; $f(4) = 10 \cdot 1{,}5^4 = 50{,}625$
Nach vier Stunden sind also 50,625 g Hefepilze vorhanden.
Allgemein gilt $f(x) = 10 \cdot 1{,}5^x$ mit x in Stunden und f(x) in g.

Lösung – Zeitpunkt bestimmen

Um die Frage zu beantworten, wann 60 g Hefepilze vorhanden sind, sucht man den x-Wert mit $f(x) = 10 \cdot 1{,}5^x = 60$. Daraus ergibt sich die Exponentialgleichung $1{,}5^x = 6$, die man auf verschiedene Weise mit einem Rechner lösen kann.

Durch Probieren:

$(1.5)^{4.4}$	5.9539
$(1.5)^{4.5}$	6.20027

Mit dem Gleichungslöser:

solve($(1.5)^x=6$, x)
x=4.41902

Durch Logarithmieren:

$\log_{1.5}(6)$	4.41902

x ist der Logarithmus von 6 zur Basis 1,5

Nach etwa 4 Stunden und 25 Minuten sind 60 g Hefepilze vorhanden.

WES-135805-401

Exponentielles Wachstum

Vervielfacht sich eine Größe in einer Zeiteinheit immer mit dem gleichen Faktor, so liegt **exponentielles Wachstum** vor. Es kann durch eine Exponentialfunktion f mit $\mathbf{f(x) = a \cdot b^x}$ mit $a \neq 0$, $b > 0$ und $b \neq 1$ beschreiben werden.
Die Zahl $a = f(0)$ heißt der **Anfangswert** der Größe zum Zeitpunkt $x = 0$ und die Zahl b der **Wachstumsfaktor** pro Zeiteinheit.

Ist $b > 1$, so liegt exponentielle Zunahme vor. Bei einer exponentiellen Zunahme um p % ist $b = 1 + \frac{p}{100}$.
Die Zeit, in der sich ein Bestand verdoppelt, heißt **Verdopplungszeit**.

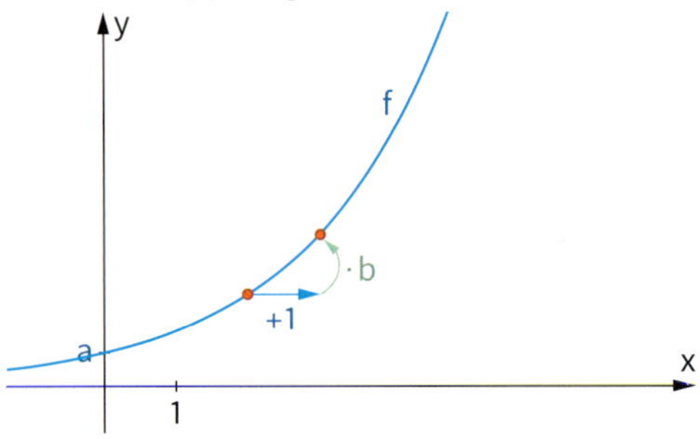

Ist $0 < b < 1$, so liegt exponentielle Abnahme vor. Bei einer exponentiellen Abnahme um p % ist $b = 1 - \frac{p}{100}$.
Die Zeit, in der sich ein Bestand halbiert, heißt **Halbwertszeit**.

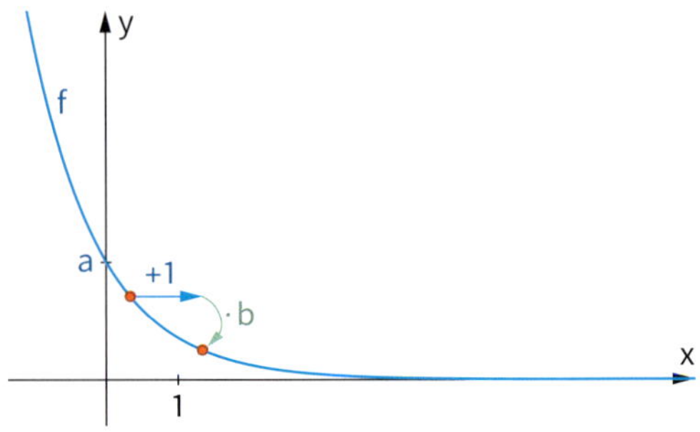

Exponentialfunktion bestimmen

Ein Anfangsbestand von 10 verdoppelt sich jede Minute.
Bestimmen Sie eine Funktionsgleichung zur Beschreibung des Wachstumsprozesses.

Lösung

Ansatz	$f(x) = a \cdot b^x$	
Angaben zuordnen	Anfangswert: $a = 10$	Wachstumsfaktor: $b = 2$
Einsetzen	$f(x) = 10 \cdot 2^x$; x in Minuten	

Halbwertszeit bestimmen

Die Konzentration eines Medikaments im Körper eines Patienten verringert sich stündlich um 6 %. Nach wie viel Stunden ist nur noch die Hälfte des Medikaments vorhanden?

Lösung

Angaben zuordnen	Wachstumsfaktor: $b = 1 - \frac{6}{100} = 0{,}94$
Funktionsterm angeben	$f(x) = a \cdot 0{,}94^x$; x in Stunden
Gleichung für Halbwertszeit	$a \cdot 0{,}94^x = 0{,}5 \cdot a$; also $0{,}94^x = 0{,}5$
Gleichung lösen	$\text{solve}\left((0.94)^x = 0.5, x\right)$ $x = 11.2023$

Nach ca. 11,2 Stunden ist die Konzentration des Medikaments nur noch halb so hoch.

1 Expontialfunktion bestimmen

Bestimmen Sie eine Funktionsgleichung zur Beschreibung des Wachstumsprozesses. Geben Sie die zugehörige Zeiteinheit an.

a) Ein Anfangsbestand von 20 verdreifacht sich jede Stunde.
b) Ein Anfangsbestand von 80 halbiert sich jeden Monat.
c) Ein Anfangsbestand von 40 wächst um 5 % pro Tag.
d) Ein Anfangsbestand von 80 verringert sich jede Woche um ein Viertel.

2 Virusinfektion

In einer Kleinstadt breitet sich eine Virusinfektion aus. Die Zahl der Erkrankungen kann näherungsweise durch die Exponentialfunktion f mit $f(x) = 5 \cdot 1{,}35^x$ beschrieben werden. Dabei gibt x die Anzahl der Tage nach Beginn der Erkrankungen an.

a) Geben Sie die Zahl der Erkrankungen zu Beginn und die prozentuale Zunahme pro Tag an.
b) Berechnen Sie die Zahl der Erkrankungen nach 7 Tagen, 10 Tagen und 3 Wochen.
c) Zeichnen Sie den Graphen von f.
d) Wie lange würde es rein rechnerisch dauern, bis 15 000 Personen der Kleinstadt erkrankt sind? Schätzen Sie zunächst und rechnen Sie dann nach.
e) Bestimmen Sie rechnerisch die Verdopplungszeit.

3 Zerfall von Schwefel

Radioaktiver Schwefel zerfällt so, dass die Masse jedes Jahr um $\frac{1}{12}$ abnimmt. Zu Beginn der Beobachtung sind 6 g Schwefel vorhanden.

a) Geben Sie einen Funktionsterm zur Beschreibung des Zerfallsprozesses an.
b) Berechnen Sie die noch vorhandene Masse des Schwefels nach einem Jahr, nach zwei Jahren, …, nach 10 Jahren.
c) Zeichnen Sie den Graphen der Exponentialfunktion.
d) Ermitteln Sie die Halbwertszeit des Schwefelzerfalls.

Prüfe dich!
Lösungen auf Seite 232

4 Bestimmen Sie eine Funktionsgleichung zur Beschreibung des Wachstumsprozesses, berechnen Sie den Bestand nach 5 Zeiteinheiten und ermitteln Sie die Verdopplungs- bzw. Halbwertszeit.

a) Die Fläche eines Algenteppichs auf einem See verdreifacht sich jede Woche. Zu Beginn ist die Fläche $4\,m^2$ groß.

b) Der Wert eines Pkw verringert sich jedes Jahr um 20 %. Der Neupreis betrug 23 000 €.

5 **Bevölkerung in Senegal**

Im Jahr 2022 lebten im westafrikanischen Senegal ca. 17,9 Millionen Menschen. Die prozentuale jährliche Wachstumsrate wird für die nachfolgenden Jahre auf 2,7 % geschätzt.

a) Geben Sie einen Funktionsterm an, der die Bevölkerungsentwicklung Senegals ab dem Jahr 2022 beschreibt.

b) Berechnen Sie Prognosewerte für die Bevölkerung Senegals nach 10 Jahren und für das Jahr 2050.

c) Ermitteln Sie durch Probieren, nach wie vielen Jahren sich die Bevölkerung Senegals verdoppelt haben wird. Bestimmen Sie dann die Verdopplungszeit rechnerisch.

d) Nehmen Sie kritisch Stellung dazu, wie realistisch die Annahme eines exponentiellen Bevölkerungswachstums ist.

Funktionsterm aus Halbwertszeit bestimmen

Eine Substanz hat eine Halbwertszeit von 10 Tagen. Der Anfangsbestand beträgt 3 g. Bestimmen Sie einen Term für die Funktion f, die diesen Wachstumsprozess beschreibt.

Lösung

Angaben zuordnen	Anfangwert $a = 3$
Gleichung für Halbwertszeit	$3 \cdot b^{10} = 0{,}5 \cdot 3$; also $b^{10} = 0{,}5$
Wachstumsfaktor bestimmen	$b = \sqrt[10]{0{,}5} = 0{,}5^{\frac{1}{10}} \approx 0{,}93$
Einsetzen	$f(x) \approx 3 \cdot 0{,}93^x$; x in Tagen

6 **Funktionsterm aus Halbwertszeit bestimmen**

Das Nuklid Caesium-137 ist ein Beta- und Gammastrahler. Seine Halbwertszeit beträgt etwa 30 Jahre. Zu Beginn der Beobachtung sind 5 mg Caesium-137 vorhanden.

a) Ermitteln Sie einen Funktionsterm für die Zuordnung *Zeit in Jahren → Masse in mg* und zeichnen Sie den Graphen.

b) Wie viel Prozent der ursprünglichen Masse sind nach 10 Jahren noch vorhanden?

c) Ermitteln Sie die Zeitspanne, nach der noch 1 % der Ausgangssubstanz vorhanden ist.

7 **Wachstumsfaktor bestimmen**

Bestimmen Sie den Wachstumsfaktor.

a) Ein Bestand halbiert sich alle drei Jahre.

b) Ein Bestand drittelt sich alle 5 Stunden.

c) Ein Bestand verdoppelt sich alle 4 Tage.

d) Ein Bestand verdreifacht sich alle 2 Tage.

e) Ein Anfangsbestand von 200 verringert sich jeweils in einem halben Jahr um 10 %.

f) Ein Anfangsbestand von 16 verdoppelt sich jeweils nach einer Viertelstunde.

8 Exponentielles Wachstum nachweisen

Die Tabelle zeigt das Wachstum einer Bakterienkultur.

Zeit in h	0	0,5	1	1,5	
von Bakterien bedeckte Fläche in mm²		8	12,8	20,48	50

a) Weisen Sie nach, dass hier exponentielles Wachstum vorliegt, und ermitteln Sie den Term einer geeigneten Exponentialfunktion.

b) Ergänzen Sie die fehlenden Werte in der Tabelle.

c) Diskutieren Sie, inwiefern sich eine Exponentialfunktion in diesem Kontext zur Beschreibung des Bakterienwachstums eignet.

9

Iod hat eine Halbwertszeit von 8 Jahren. Zu Beobachtungsbeginn sind 10 mg Iod vorhanden. Ermitteln Sie einen Funktionsterm für die Zuordnung *Zeit in Jahren → Masse in mg*.

Prüfe dich! Lösungen auf Seite 232

Graphen von Exponentialfunktionen

Einstieg

- Welche Eigenschaften hat der Graph der Funktion f?
- Wie geht der Graph der Funktion g bzw. h aus dem Graphen von f hervor?

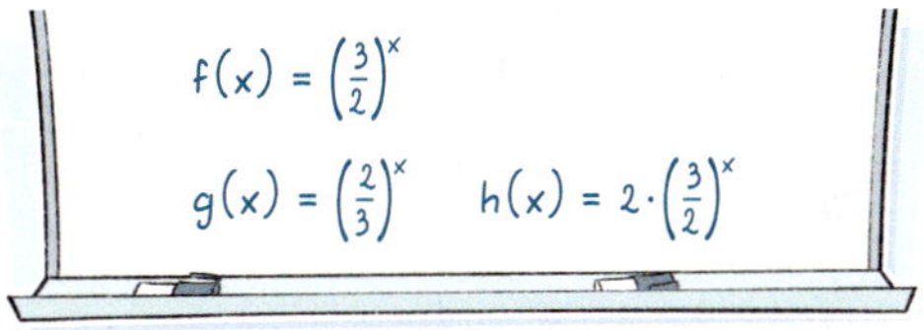

Eigenschaften von Exponentialfunktionen

Für Exponentialfunktionen f mit $f(x) = a \cdot b^x$ kann man vier Fälle unterscheiden.

	$b > 1$	**$0 < b < 1$**
$a > 0$	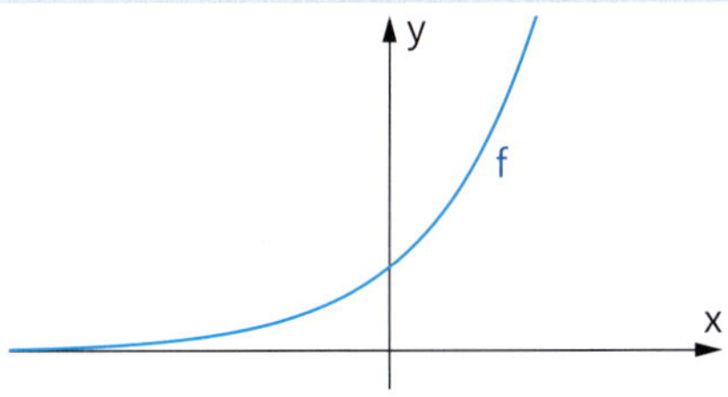 $D = \mathbb{R};\ W =]0; \infty[$	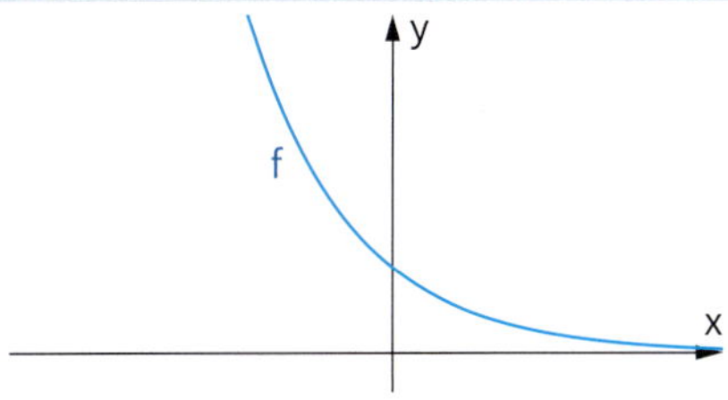 $D = \mathbb{R};\ W =]0; \infty[$
$a < 0$	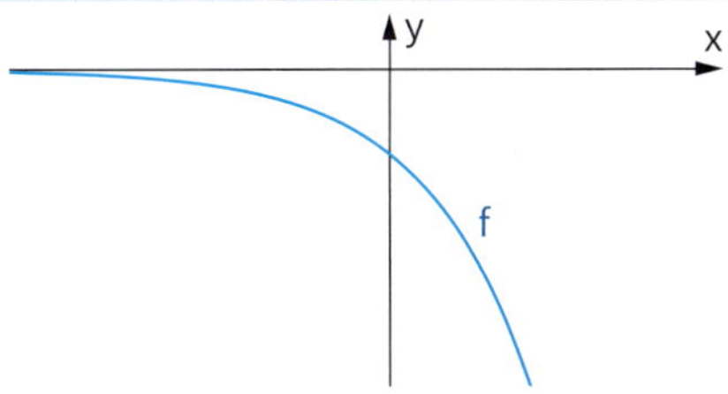 $D = \mathbb{R};\ W =]-\infty; 0[$	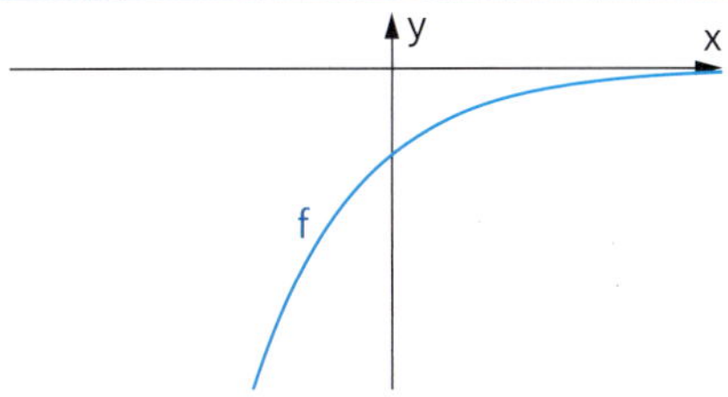 $D = \mathbb{R};\ W =]-\infty; 0[$
	Für $x \to -\infty$ gilt $f(x) \to 0$. Die Graphen schmiegen sich dem negativen Teil der x-Achse an.	Für $x \to \infty$ gilt $f(x) \to 0$. Die Graphen schmiegen sich dem positiven Teil der x-Achse an.

- Alle Graphen verlaufen durch die Punkte $S(0\,|\,a)$ und $P(1\,|\,ab)$.
- Der Graph zu $y = -a \cdot b^x$ entsteht durch Spiegelung des Graphen zu $y = a \cdot b^x$ an der x-Achse.
- Der Graph zu $y = a \cdot \left(\frac{1}{b}\right)^x = a \cdot b^{-x}$ entsteht durch Spiegelung des Graphen zu $y = a \cdot b^x$ an der y-Achse.

WES-135805-402

10 Graphen zuordnen

Ordnen Sie den Funktionstermen die passenden Graphen begründet zu.

a) (1) $y = 2^x$ (2) $y = 2 \cdot 3^x$ (3) $y = 0{,}8^x$

b) (1) $y = -\frac{1}{2} \cdot 2^x$ (2) $y = -2 \cdot 3^x$ (3) $y = -0{,}5^x$

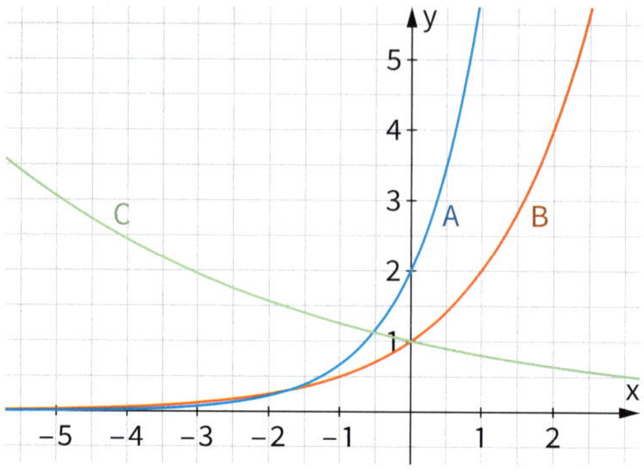

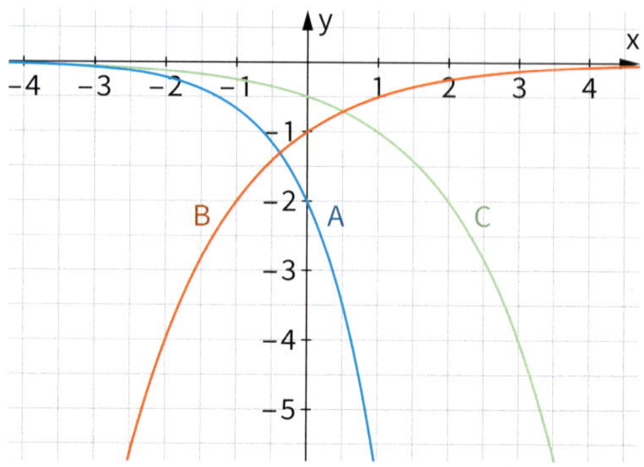

11 Paare finden

Bilden Sie Paare von Funktionstermen, deren Graphen jeweils durch Spiegelung an der y-Achse auseinander hervorgehen.

$\left(\frac{3}{4}\right)^x$	0^x	$1{,}2^x$	$\left(\frac{4}{3}\right)^x$	$1{,}4^x$	$\left(\frac{5}{6}\right)^x$	$\left(\frac{5}{7}\right)^x$

12 Graphen einer Exponentialfunktion verschieben und strecken

Gegeben ist die Exponentialfunktion f mit $f(x) = 3^x$.
Der Graph einer Exponentialfunktion g entsteht wie angegeben aus dem Graphen von f. Bestimmen Sie einen Funktionsterm für die Funktion g.

a) Der Graph von f wird um 2 Einheiten nach unten verschoben.
b) Der Graph von f wird um 2 Einheiten nach rechts verschoben.
c) Der Graph von f wird mit dem Faktor 4 in y-Richtung gestreckt.
d) Der Graph von f wird mit dem Faktor 4 in x-Richtung gestreckt.

WES-135805-403

Funktionsgleichung aus zwei Punkten bestimmen

Der Graph einer Exponentialfunktion f verläuft durch die Punkte $P(2\,|\,0{,}8)$ und $Q(4\,|\,5)$. Bestimmen Sie eine passende Funktionsgleichung.

Lösung

Ansatz	$f(x) = a \cdot b^x$
Koordinaten einsetzen	$P(2\,|\,0{,}8)$; also $0{,}8 = a \cdot b^2$ $Q(4\,|\,5)$; also $5 = a \cdot b^4$
b bestimmen	$\frac{5}{0{,}8} = \frac{a \cdot b^4}{a \cdot b^2}$; also $\frac{5}{0{,}8} = b^2$ und damit $b = \sqrt{\frac{5}{0{,}8}} = 2{,}5$
a bestimmen	$0{,}8 = a \cdot 2{,}5^2$; also $a = \frac{0{,}8}{6{,}25} = 0{,}128$
Einsetzen	$f(x) = 0{,}128 \cdot 2{,}5^x$

Quotienten bilden

13 Funktionsgleichung aus zwei Punkten bestimmen

Der Graph einer Exponentialfunktion f mit $f(x) = a \cdot b^x$ verläuft durch die Punkte P und Q. Bestimmen Sie a und b und geben Sie die Funktionsgleichung an.

a) $P(1\,|\,6)$; $Q(2\,|\,18)$
b) $P(-1\,|\,0{,}3)$; $Q(2\,|\,37{,}5)$
c) $P(4\,|\,12{,}5)$; $Q(1\,|\,0{,}8)$
d) $P(-2\,|\,40)$; $Q(-4\,|\,160)$
e) $P(0{,}5\,|\,3)$, $Q(2\,|\,18)$
f) $P(0\,|\,3)$; $Q(1\,|\,1{,}8)$

14 ☰ **Funktionsgleichung aus Graphen bestimmen**

Bestimmen Sie jeweils die Funktionsgleichung zum dargestellten Graphen.

a)

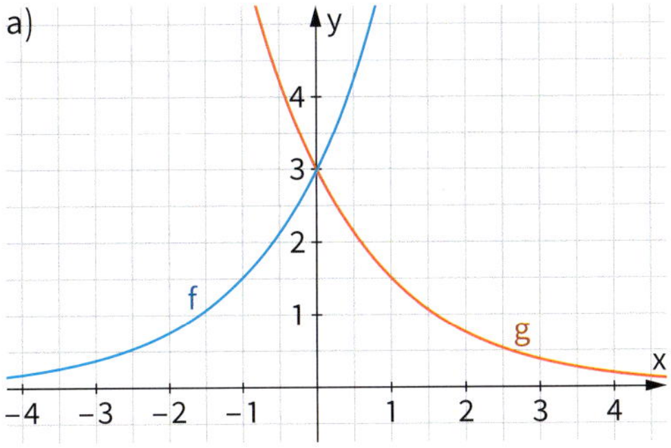

b)

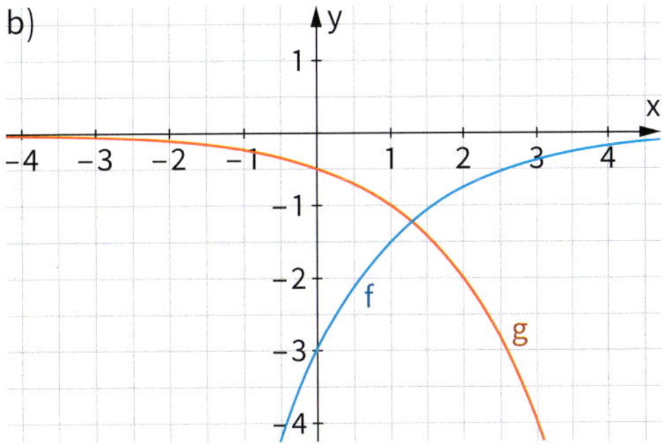

15 ☰ Nennen Sie Eigenschaften der Exponentialfunktionen und skizzieren Sie die Graphen in einem Koordinatensystem.

(1) $f(x) = 3 \cdot 2^x$ (2) $g(x) = 3 \cdot \left(\frac{1}{2}\right)^x$

Prüfe dich! Lösungen auf Seite 232

16 ☰ Bestimmen Sie die Gleichung für den Graphen der Exponentialfunktion g, der wie angegeben aus dem Graphen der Funktion f entsteht:

a) $f(x) = 3^x$ Strecken mit dem Faktor 2,5 in Richtung der y-Achse

b) $f(x) = 6^x$ Verschieben um 4 Einheiten nach unten

c) $f(x) = 0{,}5^x$ Verschieben um 3 Einheiten nach links

d) $f(x) = 4^x$ Strecken mit dem Faktor 2 in Richtung der x-Achse

e) $f(x) = 1{,}8 \cdot \left(\frac{2}{5}\right)^x$ Spiegeln an der y-Achse

17 ☰ Der Graph einer Exponentialfunktion f verläuft durch die Punkte P und Q. Bestimmen Sie eine passende Funktionsgleichung.

a) $P(0\,|\,2{,}1)$ und $Q(1\,|\,0{,}7)$ b) $P\left(1\,\middle|\,\frac{3}{2}\right)$ und $Q\left(3\,\middle|\,\frac{27}{8}\right)$

18 ☰ **Blatt Papier bis zum Mond**

Der Graph der Funktion f mit $f(x) = 3^x$ soll in ein Koordinatensystem mit der Einheit 1 cm gezeichnet werden, wobei der Ursprung links unten auf dem Papier ist.

a) Ermitteln Sie, bis zu welchem x-Wert der Graph auf einem Blatt Papier im DIN-A4-Format gezeichnet werden kann.

b) Stellen Sie sich vor, das Blatt Papier ist so hoch, dass es bis zum 384 000 km entfernten Mond reicht. Schätzen Sie zunächst und berechnen Sie dann, bis zu welchem x-Wert der Graph nun gezeichnet werden kann.

19 ☰ **Intensität von Röntgenstrahlen**

Röntgenstrahlen werden durch Bleiplatten abgeschirmt. Pro Millimeter Plattendicke nimmt die Strahlungsintensität um 5 % ab. Bestimmen Sie, wie dick eine Bleiplatte sein muss, damit die Strahlung auf ein Zehntel der ursprünglichen Intensität vermindert wird.

20 ☰ **Potenzgleichungen und Exponentialgleichungen vergleichen**

a) Lösen Sie jeweils die Gleichung.

(1) $2^x = 10$ (2) $1{,}3^x = 0{,}8$ (3) $b^5 = 19$ (4) $b^6 = 0{,}5$

b) Bei Gleichungen der Form $b^x = c$ wird manchmal der Exponent x und manchmal die Basis b gesucht. Vergleichen Sie beide Gleichungstypen in einer tabellarischen Übersicht. Nennen Sie dabei typische Anwendungen, Beispiele und Lösungswege.

4.2 Die e-Funktion

Im Sommer kann die Wasserfläche kleinerer Gewässer sehr schnell mit einem grünen Schwimmteppich aus Wasserlinsen zugedeckt werden. Bei z. B. einer wöchentlichen Verdopplung der bewachsenen Fläche lässt sich der Wachstumsvorgang durch die Funktion f mit $f(x) = 2^x$ beschreiben.

Häufig ist die Wachstumsgeschwindigkeit von Interesse und man möchte einen Term für die Ableitungsfunktion f′ angeben.

Ableitung näherungsweise durch grafisches Differenzieren bestimmen
Man legt Tangenten an den Graphen von f und schätzt ihre Steigungen ab. Daraus erhält man ungefähr den Graphen von f′.

siehe Tangente an den Graphen einer Funktion

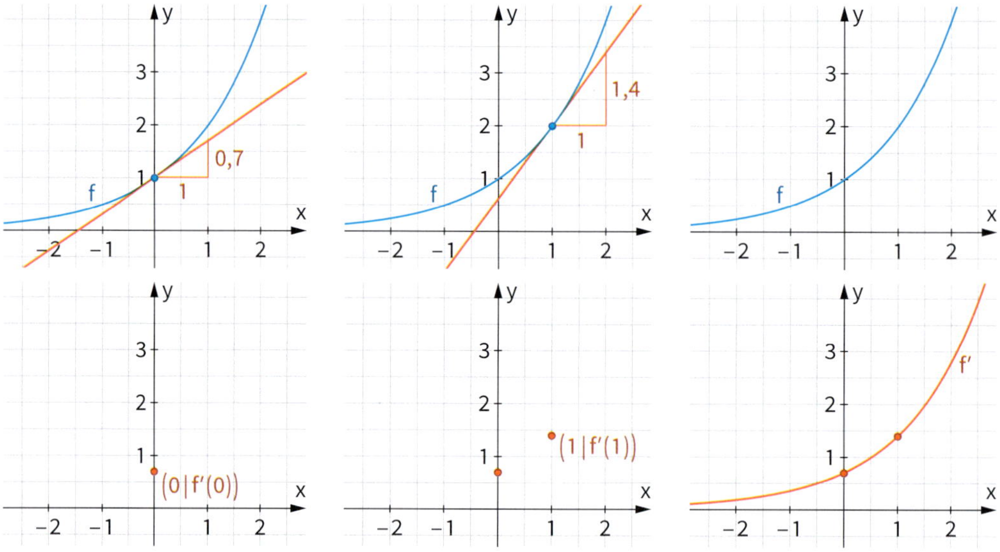

Am Graphen von f′ erkennt man, dass sich die Steigung bei jeder Erhöhung von x um 1 ungefähr verdoppelt. Also liegt die Vermutung nahe, dass die Ableitungsfunktion wieder eine Exponentialfunktion ist. Man erhält: $f'(x) \approx 0{,}7 \cdot 2^x$

Die Vermutung, dass die Ableitung die gleiche Exponentialfunktion multipliziert mit einem konstanten Faktor ist, kann man mit dem Differenzenquotienten begründen.

Ableitung mit Differenzenquotienten bestimmen

Für $h \neq 0$ gilt:

$$\frac{f(x+h) - f(x)}{h} = \frac{2^{x+h} - 2^x}{h} \qquad \text{Potenzregel } a^{n+m} = a^n \cdot a^m$$

$$= \frac{2^x \cdot 2^h - 2^x}{h} \qquad 2^x \text{ ausklammern}$$

$$= \frac{2^h - 1}{h} \cdot 2^x$$

Wegen $\frac{f(0+h) - f(0)}{h} = \frac{2^{0+h} - 2^0}{h} = \frac{2^h - 1}{h}$ gilt $\frac{2^h - 1}{h} \to f'(0)$ für $h \to 0$.

Daher gilt: $f'(x) = \lim\limits_{h \to 0} \frac{f(x+h) - f(x)}{h} = \lim\limits_{h \to 0} \left(\frac{2^h - 1}{h} \cdot 2^x\right) = f'(0) \cdot 2^x$

Wie man beim grafischen Differenzieren von f mit $f(x) = 2^x$ gesehen hat, gilt $f'(0) \approx 0{,}7$.

Ableitung einer Exponentialfunktion

Die Ableitung f′ einer Exponentialfunktion f ist wieder eine Exponentialfunktion.

Satz
Für die Funktion f mit $f(x) = b^x$, $b > 0$ gilt:
$\mathbf{f'(x) = c \cdot b^x}$ mit $\mathbf{c = f'(0)}$

Der Graph von f′ entsteht aus dem Graphen von f durch Strecken mit dem Faktor $c = f'(0)$ in y-Richtung.

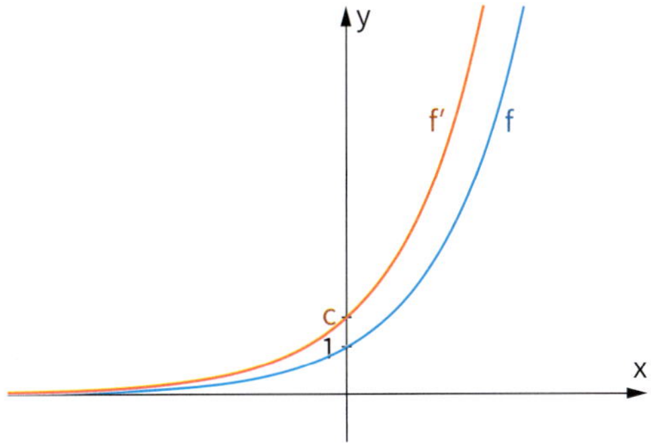

WES-135805-404

Bemerkung: Beschreibt man den exponentiellen Wachstumsprozess einer Größe durch den Term $f(x) = b^x$, so bedeutet $f'(x) = c \cdot b^x$, dass die momentane Wachstumsgeschwindigkeit der Größe proportional zum Bestand der Größe in diesem Moment ist. Der Proportionalitätsfaktor $c = f'(0)$ ist dabei die Wachstumsgeschwindigkeit zum Zeitpunkt 0.

Begründung des Satzes

Man bestimmt für eine beliebige Stelle x die Steigung der Sekante durch die Punkte $P(x \mid b^x)$ und $Q(x + h \mid b^{x+h})$ mit $h \neq 0$ auf dem Graphen von f.

Für den Differenzenquotienten gilt:

$$\frac{f(x+h) - f(x)}{h} = \frac{b^{x+h} - b^x}{h} \qquad \text{Potenzregel } a^{n+m} = a^n \cdot a^m$$

$$= \frac{b^x \cdot b^h - b^x}{h} \qquad b^x \text{ ausklammern}$$

$$= \frac{b^h - 1}{h} \cdot b^x$$

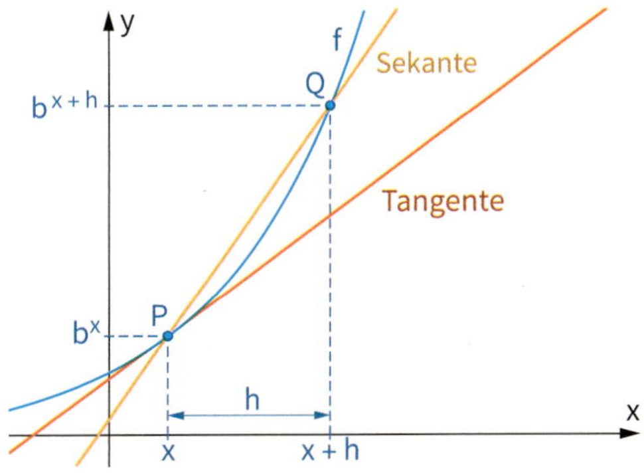

Außerdem ist $\frac{f(0+h) - f(0)}{h} = \frac{b^{0+h} - b^0}{h} = \frac{b^h - 1}{h}$, also erhält man $\frac{b^h - 1}{h} \to f'(0)$ für $h \to 0$.

Somit gilt: $f'(x) = \lim\limits_{h \to 0} \frac{f(x+h) - f(x)}{h} = \lim\limits_{h \to 0} \left(\frac{b^h - 1}{h} \cdot b^x \right) = f'(0) \cdot b^x$

1 **Ableitung einer Exponentialfunktion**
Bestimmen Sie f′(0) näherungsweise am Graphen der Funktion f mit einem Rechner und geben Sie einen Term für die Ableitungsfunktion f′ von f an.
Hinweis: Viele Rechner haben einen Tangenten-Befehl.

a) $f(x) = 5^x$ b) $f(x) = 4^x$
c) $f(x) = 0{,}8^x$ d) $f(x) = 0{,}2^x$

Tangenten-Befehl verwenden

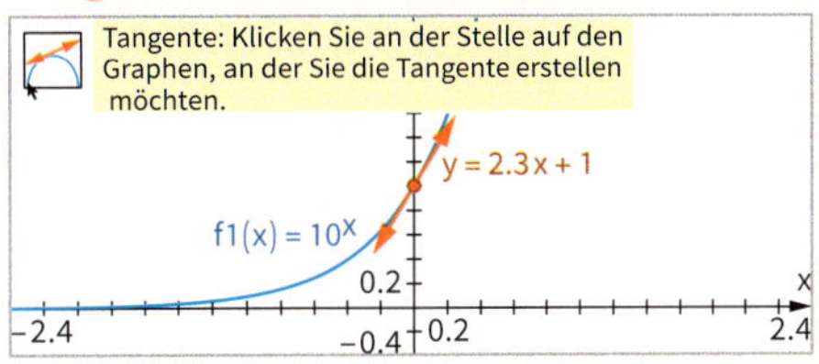

$f(x) = 10^x$ $f'(0) \approx 2{,}3$ $f'(x) \approx 2{,}3 \cdot 10^x$

2 **Häufige Fehler beim Ableiten**
Marc hat die Funktion f mit $f(x) = 2^x$ abgeleitet. Warum hat seine Mathe-Lehrerin „falsch“ dahinter geschrieben?

$f(x) = 2^x$
$f'(x) = x \cdot 2^{x-1}$ *falsch*

3 Vergleich der Graphen von f und f′

Zeichnen Sie mit einem Rechner die Graphen der Exponentialfunktionen 2^x, 3^x und 4^x und lassen Sie sich auch die Graphen der Ableitungen anzeigen. Beschreiben Sie jeweils, wie sich der Graph der Ableitungsfunktion vom Graphen der Funktion unterscheidet.

4 Streckfaktor f′(0) näherungsweise bestimmen

Gegeben ist die Funktion f mit $f(x) = 3^x$.

a) Zeigen Sie mithilfe des Differenzenquotienten $\frac{3^h - 1}{h}$ für kleine Werte von h, dass der Wert von $f'(0)$ auf drei Nachkommastellen genau 1,099 beträgt.

b) Zeichnen Sie die Graphen von f und f′ in ein Koordinatensystem und beschreiben Sie, wie der Graph von f′ aus dem von f hervorgeht.

Einstieg

Eine Exponentialfunktion, die mit ihrer Ableitung übereinstimmt

- Bestimmen Sie näherungsweise die Basis b einer Exponentialfunktion f mit $f(x) = b^x$, die mit ihrer Ableitung übereinstimmt, d. h. für die $f'(x) = 1 \cdot b^x = b^x$ gilt.

Lösung

Für die Ableitung einer Exponentialfunktion f mit $f(x) = b^x$ gilt $f'(x) = f'(0) \cdot b^x$.
Da in diesem Fall $f'(0) = 1$ gelten soll, betrachtet man den Differenzenquotienten
$\frac{b^{0+h} - b^0}{h} = \frac{b^h - 1}{h}$ für sehr kleine Werte von h.

Man kann z. B. $h = \frac{1}{1000}$ wählen und folgenden Ansatz machen: $\frac{b^{\frac{1}{1000}} - 1}{\frac{1}{1000}} \approx 1$

Daraus ergibt sich $b^{\frac{1}{1000}} - 1 \approx \frac{1}{1000}$, also $b^{\frac{1}{1000}} \approx 1 + \frac{1}{1000}$.

Durch Potenzieren mit 1000 erhält man: $b \approx \left(1 + \frac{1}{1000}\right)^{1000} = 1{,}001^{1000} \approx 2{,}72$

WES-135805-405

irrationale Zahl: nicht abbrechende und nicht periodische Dezimalzahl

Euler'sche Zahl und e-Funktion

Die **Euler'sche Zahl e** ist der Grenzwert

$e = \lim\limits_{n \to \infty} \left(1 + \frac{1}{n}\right)^n = 2{,}71828\ldots$

Man kann zeigen, dass die Euler'sche Zahl e eine irrationale Zahl ist.
Die Exponentialfunktion f mit $f(x) = e^x$ wird **e-Funktion** genannt.

Satz

- Die e-Funktion stimmt mit ihrer Ableitung überein, d. h., für die e-Funktion f gilt:
  $\mathbf{f'(x) = e^x}$

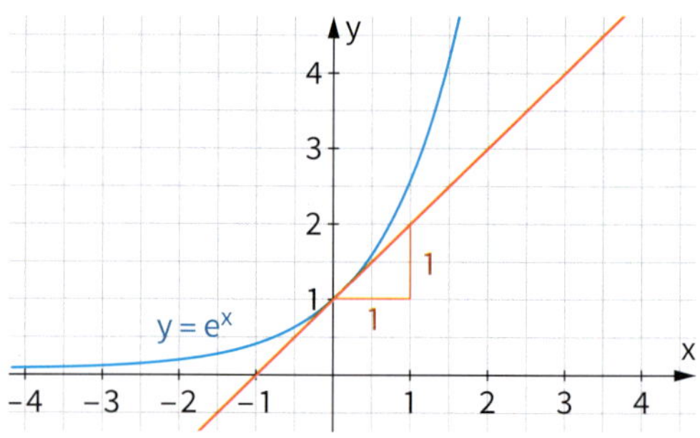

Die Tangente an den Graphen von e^x an der Stelle 0 hat die Steigung 1.

Begründung des Satzes

Gesucht ist die Basis b in $f(x) = b^x$, sodass $f'(0) = 1$ gilt.

Dafür kann man statt $h = \frac{1}{1000}$ allgemeiner $h = \frac{1}{n}$ für große n in den Term $\frac{b^h - 1}{h}$ einsetzen.

Man erhält den Ansatz $\frac{b^{\frac{1}{n}} - 1}{\frac{1}{n}} \approx 1$.

Multiplikation mit $\frac{1}{n}$ ergibt $b^{\frac{1}{n}} - 1 \approx \frac{1}{n}$, also $b^{\frac{1}{n}} \approx 1 + \frac{1}{n}$.

Durch Potenzieren mit n erhält man $b \approx \left(1 + \frac{1}{n}\right)^n$.

Somit ist $b = \lim\limits_{n \to \infty} \left(1 + \frac{1}{n}\right)^n$ die Basis der Exponentialfunktion, die mit ihrer Ableitung übereinstimmt.

Ableitungsregeln anwenden

Faktor- und Summenregel	**Tangente an der Stelle x_0**
$f(x) = 3e^x + 2x^2 + 1$	$f(x) = 2e^x;\ x_0 = 1$
$f'(x) = 3e^x + 2 \cdot 2x + 0 = 3e^x + 4x$	$f'(x) = 2e^x;\ f'(1) = 2e;\ f(1) = 2e$
$f''(x) = 3e^x + 4$	$y = f'(x_0) \cdot (x - x_0) + f(x_0) = 2e \cdot (x - 1) + 2e$

5 **Zusammengesetzte Funktionen ableiten**
Bilden Sie die Ableitungen f′ und f″.
a) $f(x) = e^x + 1$ b) $f(x) = e^x + x$ c) $f(x) = 2e^x$ d) $f(x) = -3e^x$
e) $f(x) = e^x + x^2 + x + 1$ f) $f(x) = -e^x - x + 5$ g) $f(x) = 4e^x - 1$ h) $f(x) = -e^x + 3$

6 **Funktionswerte und Wachstumsgeschwindigkeiten berechnen**
Die Größe der Fläche in cm^2, die von einer bestimmten Schimmelpilzkultur bedeckt wird, kann durch den Funktionsterm $f(t) = 3 \cdot e^t$ beschrieben werden, wobei t für die Zeit in Stunden steht. Ermitteln Sie die Größe der jeweils bedeckten Flächen und die momentanen Wachstumsgeschwindigkeiten zu den Zeitpunkten
(1) $t = 0$; (2) $t = 1$; (3) $t = 2$; (4) $t = 3$.

7 **Tangenten an den Graphen der e-Funktion**
Legen Sie eine geeignete Wertetabelle an und zeichnen Sie damit den Graphen der e-Funktion in ein Koordinatensystem. Ermitteln Sie die Gleichungen der Tangenten an den Stellen $x = 0$ und $x = 1$ und zeichnen Sie beide Tangenten ein.

8 **Gestreckte und verschobene e-Funktionen**
Zeichnen Sie den Graphen der Funktion f und geben Sie an, wie er aus dem Graphen der e-Funktion entsteht.
a) $f(x) = e^x - 1$ b) $f(x) = \frac{1}{2}e^x$ c) $f(x) = -\frac{1}{4}e^x$ d) $f(x) = 2e^x - 3$

9 Gegeben ist die Funktion f mit $f(x) = e^x - 2$.
a) Geben Sie die Gleichung der Ableitungsfunktion f′ an.
b) Berechnen Sie f(0) und f′(0).
c) Ermitteln Sie die Gleichung der Tangente an den Graphen von f an der Stelle $x = 1$.
d) Skizzieren Sie den Verlauf des Graphen von f und der Tangente an der Stelle $x = 1$.

Prüfe dich!
Lösungen auf Seite 232

4.3 e-Funktionen ableiten

Clara hat die Funktion f mit $f(x) = e^{\frac{1}{3}x}$ mit ihrem Rechner abgeleitet.

- Ermitteln Sie mit einem Rechner die Ableitung der Funktion f mit $f(x) = e^{k \cdot x}$ für verschiedene Werte von k und formulieren Sie eine Regel.
- Bestimmen Sie damit die Ableitung der folgenden Funktionen:

$g(x) = e^{0,5x-2}$ $\quad h(x) = 4 \cdot e^{-0,2x}$ $\quad j(x) = 3 - e^{2x}$

Ableitungen von e-Funktionen mit linearem Exponenten

Auch: Kleine Kettenregel

Satz

Eine Exponentialfunktion f mit $f(x) = e^{k \cdot x + n}$; $k, n \in \mathbb{R}$ hat die Ableitung $\mathbf{f'(x) = k \cdot e^{k \cdot x + n}}$.
Der Graph von f′ entsteht aus dem Graphen von f durch Strecken mit dem Faktor k in Richtung der y-Achse.

WES-135805-406

e-Funktionen mit linearem Exponenten ableiten

$f(x) = 3 \cdot e^{-2x+1}$

Ableitung bestimmen

$f'(x) = 3 \cdot (-2) \cdot e^{-2x+1} = -6 \cdot e^{-2x+1}$

Tangentengleichung bestimmen

an der Stelle $x_0 = 0$:

$f'(0) = -6e \qquad f(0) = 3e$

$y = f'(x_0) \cdot (x - x_0) + f(x_0)$
$\ \ = -6e \cdot (x - 0) + 3e$
$\ \ = -6e \cdot x + 3e$

$g(x) = 2 \cdot e^{3x}$

Ableitung bestimmen

$g'(x) = 2 \cdot 3 \cdot e^{3x} = 6 \cdot e^{3x}$

Tangentengleichung bestimmen

an der Stelle $x_0 = 1$:

$g'(1) = 6 \cdot e^3 \qquad g(1) = 2 \cdot e^3$

$y = g'(x_0) \cdot (x - x_0) + g(x_0)$
$\ \ = 6e^3 \cdot (x - 1) + 2e^3$
$\ \ = 6e^3 \cdot x - 4e^3$

1 **e-Funktionen mit linearem Exponenten ableiten**

Bilden Sie die Ableitung der Funktion f.

a) $f(x) = e^{0,1x+5}$ b) $f(x) = 3,5 \cdot e^{-4x-9}$ c) $f(x) = 1,5x - 1,5 \cdot e^{\frac{2}{3}x}$
d) $f(x) = e^{-(x+2)}$ e) $f(x) = -e^{-x} - x$ f) $f(x) = 8 + 0,2 \cdot e^{-10x}$

2 **Ableitung am Graphen erläutern**

Gegeben ist die Funktion f mit $f(x) = e^{-x}$.
Bestimmen Sie mithilfe der Ableitungsregel aus der Information die Ableitungsfunktion f′.
Erläutern Sie das Ergebnis anhand der Graphen von f und f′.

3 **e-Funktionen mehrfach ableiten**

Bilden Sie die erste und die zweite Ableitung von f.

a) $f(x) = 2 \cdot e^{x-1}$ b) $f(x) = k \cdot e^{k \cdot x}$; $k \in \mathbb{R}$ c) $f(x) = e^x - e^{-x}$ d) $f(x) = e^{2x} - e^{-2x}$

4 **Graphen und Funktionsterme zuordnen**

Ordnen Sie dem Funktionsterm den passenden Graphen zu.

(1) $f(x) = e^{-3x}$	(2) $f(x) = e^{0,5x}$	(3) $f(x) = -e^{\frac{1}{2}x}$	(4) $f(x) = -e^{2x}$

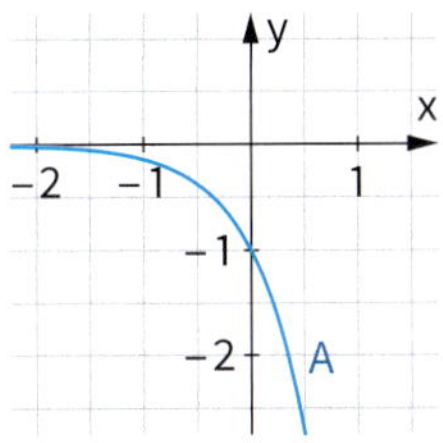

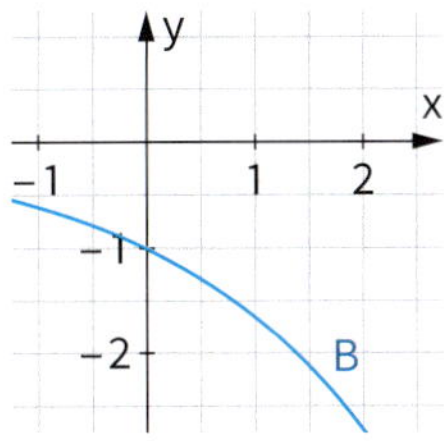

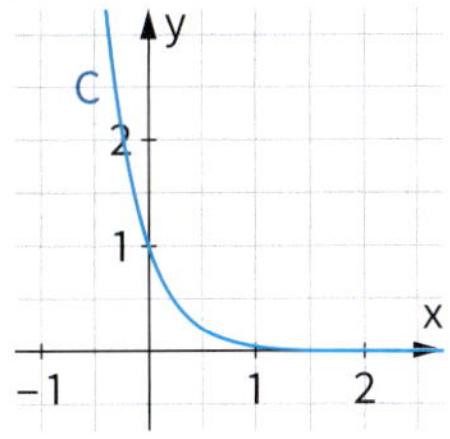

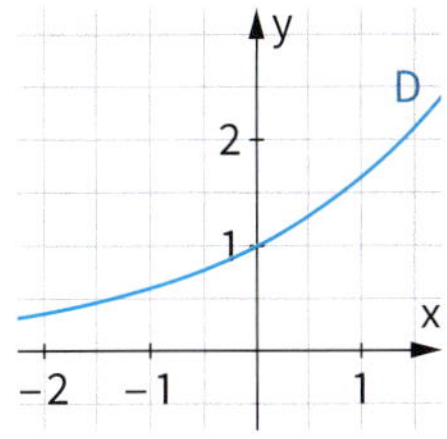

5 **Graphen mit positiven und negativen Exponenten vergleichen**

Vergleichen Sie für ein fest gewähltes $k > 0$ die Graphen der Exponentialfunktionen f_k und g_k mit $f_k(x) = e^{k \cdot x}$ und $g_k(x) = e^{-k \cdot x}$.
Berücksichtigen Sie dabei Definitions- und Wertebereich, Monotonieverhalten, Globalverlauf und Achsenschnittpunkte. Zeichnen Sie für verschiedene k die jeweiligen Graphen.

6 **Tangentengleichung ermitteln**

Gegeben ist die Funktion f mit $f(x) = 4 \cdot e^{1,5x-3}$.

a) Zeichen Sie den Graphen der Funktion f und beschreiben Sie, wie der Graph von f aus dem Graphen der e-Funktion hervorgeht.

b) Ermitteln Sie die Gleichung der Tangente an den Graphen von f im Punkt $P(0 \mid f(0))$.

7 **Extrem- und Wendepunkte bei e-Funktionen berechnen**

Gegeben ist die Funktion f mit $f(x) = e^x - x$.

a) Untersuchen Sie den Graphen von f auf Extrempunkte sowie auf Monotonie.

b) Begründen Sie, dass der Graph von f keine Wendepunkte hat.

c) Zeichnen Sie den Graphen von f.

8 **Wachstumsgeschwindigkeiten**

Die Vermehrung einer Bakterienkultur kann durch den Funktionsterm $f(t) = 50 \cdot e^{0,025t}$ beschrieben werden, wobei t für die Zeit in Stunden steht. Ermitteln Sie die momentanen Wachstumsgeschwindigkeiten zu den folgenden Zeitpunkten:

(1) $t = 0$ (2) $t = 1,5$ (3) $t = 2$ (4) $t = 10$

9 **Flächeninhalt berechnen**

Gegeben ist die Funktion f mit $f(x) = 0,5 \cdot e^{-2x}$.

a) Bestimmen Sie die Ableitung $f'(x)$.

b) Ermitteln Sie die Gleichung der Tangente an den Graphen von f an der Stelle $x = -1$ und bestimmen Sie die Koordinaten der Schnittpunkte der Tangente mit den beiden Koordinatenachsen.

c) Die Tangente aus Teilaufgabe b) schließt mit der x-Achse und der y-Achse ein Dreieck ein. Berechnen Sie den Flächeninhalt dieses Dreiecks.

---

10 a) Bilden Sie die Ableitungen f′ und g′ der Funktionen f und g.

$f(x) = e^{1,5x}$ $g(x) = 3 \cdot e^{-\frac{1}{3}x}$

b) Vergleichen Sie die Graphen von f und f′ sowie die Graphen von g und g′.
Berücksichtigen Sie dabei Definitions- und Wertebereich, Monotonieverhalten, Globalverlauf und Achsenschnittpunkte.

c) Bestimmen Sie für f und g die Gleichung der Tangente an den Graphen an der Stelle $x = 0$.

Prüfe dich!
Lösungen auf Seite 233

4.4 Exponentialfunktionen mit der Basis e schreiben

- Nach der Einnahme eines Medikaments rechnet man damit, dass ein Patient pro Stunde etwa 15 % des vorhandenen Wirkstoffs im Körper wieder abbaut.
  Beschreiben Sie die Wirkstoffmenge im Körper eines Patienten, der 10 mg des Wirkstoffs eingenommen hat, mithilfe einer e-Funktion. Zeichnen Sie den Graphen dieser Funktion.

Lösung

Zunächst kann man den Abbau in der Form $f(t) = a \cdot b^t$ mit t in Stunden und f(t) in mg beschreiben. Aus den Bedingungen $a = f(0) = 10$ und $b = 1 - \frac{15}{100} = 0{,}85$ erhält man dann $f(t) = 10 \cdot 0{,}85^t$. Um $0{,}85^t$ in der Form $(e^k)^t$ zu schreiben, muss die Gleichung $0{,}85 = e^k$ gelöst werden:

solve$(e^k=0.85)$	$k=-0.1625$

Daraus ergibt sich $k \approx -0{,}1625$ für den Funktionsterm mit der e-Funktion, also $f(t) \approx 10 \cdot e^{-0{,}1625\,t}$.
Diese Funktion beschreibt die Wirkstoffmenge, die sich t Stunden nach der Einnahme von 10 mg des Wirkstoffs noch im Körper des Patienten befindet.

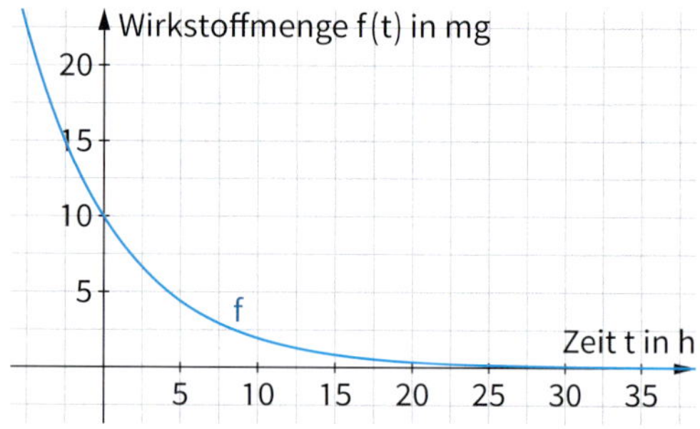

Exponentielles Wachstum mit der e-Funktion beschreiben

Jede Exponentialfunktion f kann mithilfe der e-Funktion geschrieben werden:

$$\mathbf{f(t) = a \cdot b^t = a \cdot e^{k \cdot t}} \text{ mit } a, b \in \mathbb{R} \text{ und } b > 0,\ b \neq 1.$$

Die Zahl k ist die Lösung der Gleichung $e^k = b$ und heißt der **natürliche Logarithmus von b**.

Schreibweise: $k = \mathbf{ln(b)}$

$ln(b) = log_e(b)$

- Beschreibt f eine exponentielle Zunahme, dann ist $k > 0$.
  Die Verdopplungszeit t_V berechnet sich aus $\mathbf{t_V = \frac{ln(2)}{k}}$.
  Sie ist also unabhängig vom Anfangswert a.

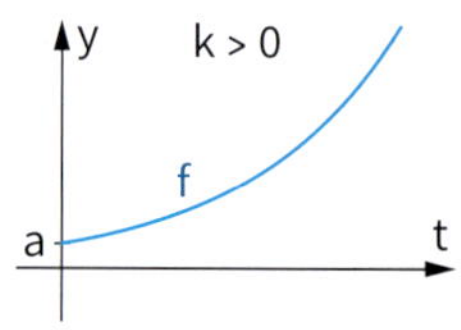

- Beschreibt f eine exponentielle Abnahme, dann ist $k < 0$.
  Die Halbwertszeit t_H berechnet sich aus $\mathbf{t_H = \frac{ln(0{,}5)}{k}}$.
  Sie ist also unabhängig vom Anfangswert a.

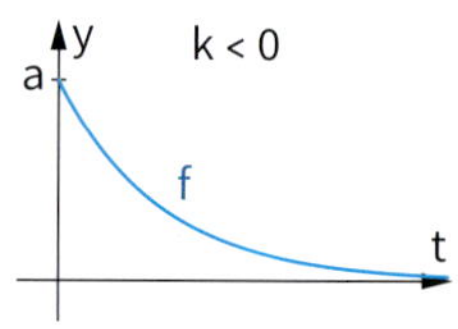

t_H ist positiv, da k negativ ist.

WES-135805-407

Bemerkung: Man bestimmt die Zeit t_0, nach der ein bestimmter Funktionswert y_0 angenommen wird, aus dem Ansatz $a \cdot e^{k \cdot t_0} = y_0$.
Daraus ergibt sich $e^{k \cdot t_0} = \frac{y_0}{a}$, also $k \cdot t_0 = \ln\left(\frac{y_0}{a}\right)$ und somit $t_0 = \frac{\ln\left(\frac{y_0}{a}\right)}{k}$.
Für die Verdopplungszeit t_V gilt $y_0 = 2a$; damit erhält man $t_V = \frac{\ln(2)}{k}$. Für die Halbwertszeit t_H gilt $y_0 = 0{,}5a$; damit erhält man $t_H = \frac{\ln(0{,}5)}{k}$.

Exponentielle Zunahme
Zunahme von 25 % pro Tag bei einem Anfangswert von 4

Mit e-Funktion beschreiben

$f(t) = 4 \cdot \left(1 + \frac{25}{100}\right)^t = 4 \cdot 1{,}25^t$
$= 4 \cdot e^{\ln(1{,}25) \cdot t} \approx 4 \cdot e^{0{,}2231 \cdot t}$

Verdopplungszeit bestimmen

$e^{\ln(1{,}25) \cdot t_V} = 2$, also $\ln(1{,}25) \cdot t_V = \ln(2)$

$t_V = \frac{\ln(2)}{\ln(1{,}25)} \approx 3{,}11$

Die Verdopplungszeit beträgt ca. 3 Tage.

Exponentielle Abnahme
Abnahme von 33 % pro Sekunde bei einem Anfangswert von 9

Mit e-Funktion beschreiben

$f(t) = 9 \cdot \left(1 - \frac{33}{100}\right)^t = 9 \cdot 0{,}67^t$
$= 9 \cdot e^{\ln(0{,}67) \cdot t} \approx 9 \cdot e^{-0{,}4005 \cdot t}$

Halbwertszeit bestimmen

$e^{\ln(0{,}67) \cdot t_H} = \frac{1}{2}$, also $\ln(0{,}67) \cdot t_H = \ln\left(\frac{1}{2}\right)$

$t_H = \frac{\ln\left(\frac{1}{2}\right)}{\ln(0{,}67)} \approx 1{,}73$

Die Halbwertszeit beträgt ca. 1,7 Sekunden.

1 Wachstumsprozesse mit e-Funktionen beschreiben
Beschreiben Sie den Wachstumsprozess mithilfe einer e-Funktion der Form $f(t) = a \cdot e^{k \cdot t}$.
a) Ein Bestand von 20 nimmt pro Stunde um 6,5 % zu.
b) Ein Bestand von 80 verringert sich pro Woche um 12 %.
c) Von einem Bestand von 250 sind nach jeweils einem Jahr nur noch 91 % vorhanden.

2 Verdopplungszeit berechnen
In einem Labor wird das Wachstum von Keimen untersucht. Es wird vermutet, dass die Keime stündlich um 4 % zunehmen. Um dies zu prüfen, wird eine Nährlösung angelegt, die anfänglich 300 Keime enthält.
Geben Sie die Funktion für diese Modellierung zur Basis e an. Nach welcher Zeit müsste sich die Anzahl der Keime verdoppeln, falls die Vermutung stimmt?

3 Radioaktiver Zerfallsprozess mit e-Funktion beschreiben
Über die Atmung, die Haut und die Nahrungsmittel nimmt der Mensch täglich radioaktive Stoffe auf, die sich im Körper ablagern. Das radioaktive Iod-Isotop ^{131}I lagert sich fast ausschließlich in der Schilddrüse ab und kann Schilddrüsenkrebs auslösen. Pro Tag zerfallen ca. 8,3 % der aktuellen Masse.
Von einer Person wurden 0,5 mg Iod-Isotop ^{131}I aufgenommen.
a) Geben Sie einen Funktionsterm der Exponentialfunktion an, die diesen Zerfallsprozess beschreibt. Verwenden Sie zur Beschreibung die Basis e.
b) Wie lange dauert es, bis noch 320 µg vorhanden sind?
c) Wie lange dauert es, bis die Iodmenge (1) 0,25 mg; (2) 0,125 mg beträgt? Was fällt auf?

^{131}I wird gelesen: „I 131"

µg: Mikrogramm
$1\,\mu g = 10^{-6}\,g$

4 a) Ein Neuwagen zum Preis von 38 000 € verliert jedes Jahr 15 % seines Werts. Bestimmen Sie eine e-Funktion, die den Werteverlust beschreibt, und geben Sie den Zeitpunkt an, zu dem das Auto nur noch die Hälfte des Kaufpreises wert ist.
b) Eine 5 Hektar große Teilfläche eines Waldgebietes ist von Schädlingen befallen. Bei einem Wachstumsmodell geht man davon aus, dass sich die befallene Fläche jährlich um 28 % vergrößert. Beschreiben Sie die Entwicklung der befallenen Fläche mit einer e-Funktion. Bestimmen Sie die Zeit, in der die befallene Fläche auf 30 Hektar angewachsen ist, falls keine Schädlingsbekämpfung durchgeführt wird.

Prüfe dich!
Lösungen auf Seite 233

Parameter k bestimmen

Gegeben: Anfangswert $a = 500$; der Bestand nach 4 Zeiteinheiten ist 3000	**Gegeben:** Anfangswert $a = 120$; die Halbwertszeit beträgt 8 Zeiteinheiten
Gesucht: $f(t) = a \cdot e^{k \cdot t}$	**Gesucht:** $f(t) = a \cdot e^{k \cdot t}$
Ansatz: $500 \cdot e^{k \cdot 4} = 3000$; also $e^{k \cdot 4} = 6$	Ansatz: $e^{k \cdot 8} = \frac{1}{2}$
Gleichung lösen: $k = \frac{\ln(6)}{4} \approx 0{,}4479$	Gleichung lösen: $k = \frac{\ln\left(\frac{1}{2}\right)}{8} \approx -0{,}0866$
Funktionsgleichung: $f(t) \approx 500 \cdot e^{0{,}4479 \cdot t}$	Funktionsgleichung: $f(t) \approx 120 \cdot e^{-0{,}0866 \cdot t}$

5 **Parameter k aus Bestandswerten bestimmen**

Milch der Güteklasse 1 enthält etwa 20 000 Keime von Milchsäurebakterien (Laktobazillen) pro ml Milch. In warmer Umgebung von 20 °C bis 30 °C nimmt die Zahl der Keime exponentiell zu. Nach 5 Stunden sind bereits ca. 140 000 Keime pro ml vorhanden. Milch wird sauer, wenn sie etwa 1 000 000 Keime pro ml enthält.

a) Bestimmen Sie den Funktionsterm einer Exponentialfunktion f der Form $f(t) = a \cdot e^{k \cdot t}$, die die Entwicklung der Anzahl der Keime abhängig von der Zeit t in Stunden beschreibt.
b) Berechnen Sie, wann Milch der Güteklasse 1 sauer wird.
c) Ermitteln Sie die Verdopplungszeit der Keimanzahl pro ml.

6 **Salmonellen**

Frisch zubereitete Salate, vor allem Kartoffel-, Geflügel- und Meeresfrüchtesalate, können leicht zum Erreger für eine Salmonellenerkrankung werden. Salmonellen finden bei Temperaturen zwischen 15 und 45° C ideale Wachstumsbedingungen.

Eine staatliche Beratungsstelle wies darauf hin, dass sich Salmonellen im lauwarmen Kartoffelsalat und nicht durchgegarten Frikadellen von 800 Keimen innerhalb von vier Stunden auf über drei Millionen vermehren. Es wird empfohlen, frisch zubereitete Salate schnell abkühlen zu lassen und in kleinen Portionen im Kühlschrank aufzubewahren.

a) Beschreiben Sie das Anwachsen der Salmonellen-Anzahl durch eine Exponentialfunktion mit e als Basis und 800 als Anfangswert.
b) Berechnen Sie, wann 1600, 3200, 6400 Salmonellen vorhanden sind. Was fällt auf?

7 **Funktionsgleichung aus Halbwertszeit bestimmen**

Radioaktives Strontium-90 hat eine Halbwertszeit von 29 Jahren.

a) Beschreiben Sie den Zerfallsprozess einer Probe von 15 g Strontium-90 durch eine Exponentialfunktion zur Basis e.
b) Berechnen Sie, wann von dieser Probe nur noch 5 g Strontium-90 vorhanden sind.

Prüfe dich!
Lösungen auf Seite 233

8 a) Ein Anfangsbestand von 120 wächst exponentiell. Nach 5 Tagen beträgt der Bestand 380. Bestimmen Sie eine e-Funktion, die den Wachstumsprozess beschreibt, und ermitteln Sie die Verdopplungszeit.
b) Eine Patientin erhält 12 mg eines Medikaments, das im Körper mit einer Halbwertszeit von 3,5 Stunden abgebaut wird. Bestimmen Sie eine e-Funktion, die den Abbau des Medikaments beschreibt.

9 ≡ **Luftdruck**

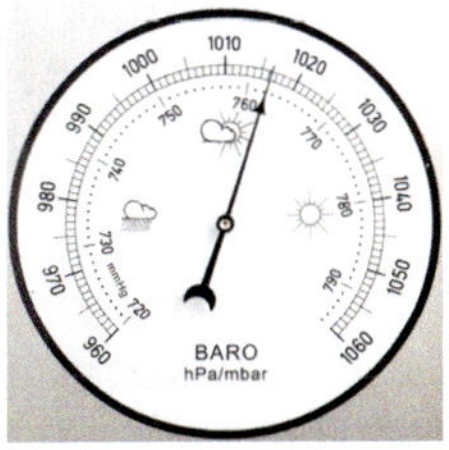

Der Luftdruck nimmt mit zunehmender Höhe exponentiell ab, und zwar um 1,3 % pro 100 m Höhe. Auf Meereshöhe beträgt er 1013 hPa.

a) Beschreiben Sie den Luftdruck in Abhängigkeit von der Höhe über dem Meeresspiegel durch eine e-Funktion.

b) Untersuchen Sie, wie viel Prozent des Luftdrucks auf Meereshöhe der Luftdruck in 7500 m Höhe über dem Meeresspiegel beträgt.

c) Bestimmen Sie, in welcher Höhe der Luftdruck nur noch die Hälfte des Luftdrucks auf Meereshöhe beträgt.

hPa: Hektopascal
1 hPa ≈ 0,001 bar

10 ≡ **Verkaufszahlen**

Die Verkaufszahlen eines neuen Handys in den ersten Jahren nach Einführung können durch die Funktion f mit $f(t) = 50 \cdot e^{0{,}349 \cdot t}$ beschrieben werden. Dabei wird t in Jahren und f(t) in Tausend Stück gemessen.

a) Berechnen Sie die jährlichen Verkaufszahlen für die ersten 5 Jahre nach Einführung.

b) Wann übersteigen die Verkaufszahlen erstmalig eine Grenze von einer Million? Diskutieren Sie, wie realistisch der berechnete Wert im Sachzusammenhang ist.

c) Geben Sie die Wachstumsgeschwindigkeit am Ende des dritten Jahres an.

11 ≡ **Bevölkerungswachstum in Indien**

Seit 2023 gilt nicht mehr China, sondern Indien mit 1,43 Milliarden Menschen als bevölkerungsreichstes Land der Erde. Im Jahr 2000 hatte Indien die Milliardengrenze überschritten.

a) Beschreiben Sie die Entwicklung von Indiens Bevölkerung seit dem Jahr 2000 durch eine Exponentialfunktion zur Basis e.

b) Stellen Sie eine Funktionsgleichung für die Wachstumsgeschwindigkeit auf und geben Sie die Wachstumsgeschwindigkeiten für die Jahre 2000 und 2023 in Personen pro Jahr an.

12 ≡ **Abbau eines Medikaments**

Vor einer langwierigen Operation wird Patienten ein Medikament für die Vollnarkose injiziert, das mit einer Halbwertszeit von 50 Minuten abgebaut wird.

a) Ein Patient erhält 30 Minuten vor der Operation 5 mg des Medikaments. Welche Menge ist bei Operationsbeginn noch vorhanden?

b) Eine Stunde nach der ersten Injektion erhält der Patient eine zweite Dosis des Medikaments von 5 mg. Er beginnt aufzuwachen, wenn höchstens noch 1 mg des Medikaments in seinem Körper vorhanden ist. Wann ist dies der Fall?

13 ≡ **Radiocarbon-Methode**

Die Radiocarbon-Methode (^{14}C-Methode) ist ein wichtiges Verfahren zur Altersbestimmung in der Archäologie und Geologie. Sie beruht auf dem radioaktiven Zerfall des Kohlenstoffisotops ^{14}C, das mit einer Halbwertszeit von 5730 Jahren zerfällt.
Lebende Organismen enthalten einen bestimmten Anteil von ^{14}C, der durch ständigen Ausgleich mit der Umgebung stabil bleibt und gleich der bekannten, im Wesentlichen konstanten ^{14}C-Konzentration in der Natur ist.
Mit dem Absterben eines Organismus wird der Kohlenstoffaustausch unterbunden und das im Organismus vorhandene ^{14}C zerfällt unaufhörlich. Der Prozentsatz des noch vorhandenen ^{14}C lässt einen Rückschluss auf das Alter eines Fundes zu.

^{14}C wird gelesen: „C 14"

Am 19. September 1991 fand ein deutsches Ehepaar beim Bergsteigen am Hauslabjoch (Italien) eine Gletschermumie, die als „Ötzi" weltweit berühmt wurde. In der Kleidung von Ötzi fand man Gräser, die noch ca. 53 % der ursprünglichen ^{14}C-Menge enthielten.
Zu welcher Zeit lebte Ötzi?

4.5 Wachstum vergleichen – Produktregel

Vorbereiten
Globalverlauf
Seite 22

Gegeben ist die Funktion f mit $f(x) = x \cdot e^{-x}$.

- Untersuchen Sie den Globalverlauf von f am Funktionsterm. Zeichnen Sie dann den Graphen von f mit einem Rechner und überprüfen Sie damit Ihre Ergebnisse.
- Die Funktion f ist das Produkt zweier Funktionen. Warum ist die Ableitung von f nicht das Produkt der Ableitungen dieser Funktionen? Begründen Sie.

Nachschlagen
Seite 139

Lösung – Graph von f

Für $x \to -\infty$ gilt für die einzelnen Faktoren des Funktionsterms $x \to -\infty$ und $e^{-x} \to \infty$. Somit ist plausibel, dass $f(x) \to -\infty$ für $x \to -\infty$ gilt.
Für $x \to \infty$ gilt für die einzelnen Faktoren des Funktionsterms $x \to \infty$ und $e^{-x} \to 0$. Über den Verlauf kann also keine Aussage gemacht werden. Daher untersucht man das Verhalten der Funktionswerte für $x \to \infty$ mit einer Wertetabelle.
Man erkennt, dass der Funktionswert $f(x+1)$ aus dem Funktionswert $f(x)$ durch Multiplikation mit $\frac{x+1}{x}$ und Division durch e hervorgeht.
Für $x \to \infty$ geht der Faktor $\frac{x+1}{x}$ gegen 1. Der Divisor e ändert sich aber nicht. Somit gilt $f(x) \to 0$ für $x \to \infty$. Der Funktionsgraph bestätigt diesen Globalverlauf.

x	$e^{-x} = \frac{1}{e^x}$	$f(x) = \frac{x}{e^x}$
1	$\frac{1}{e}$	$\frac{1}{e} \approx 0{,}37$
2	$\frac{1}{e^2}$	$\frac{2}{e^2} \approx 0{,}27$
3	$\frac{1}{e^3}$	$\frac{3}{e^3} \approx 0{,}15$
4	$\frac{1}{e^4}$	$\frac{4}{e^4} \approx 0{,}07$
5	$\frac{1}{e^5}$	$\frac{5}{e^5} \approx 0{,}03$

$\cdot 2 : e$; $\cdot \frac{3}{2} : e$; $\cdot \frac{4}{3} : e$; $\cdot \frac{5}{4} : e$

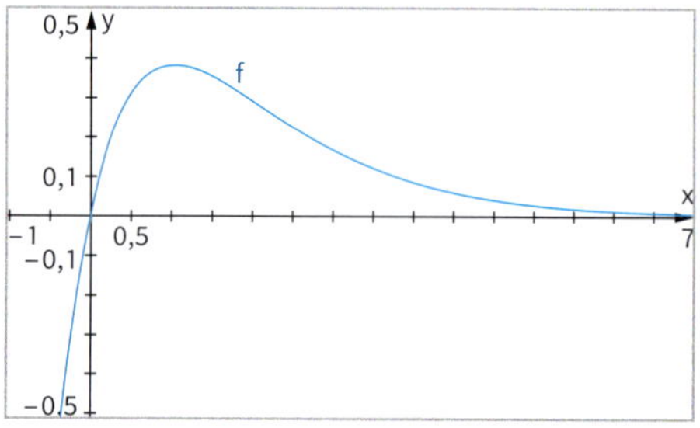

Lösung – Ableitung von f

Die Ableitung von x ist 1; die Ableitung von e^{-x} ist $-e^{-x}$.
Das Produkt dieser Ableitungen ist $-e^{-x}$. Für jedes x ist der Wert $-e^{-x}$ negativ.
Am Graphen von f erkennt man aber, dass für $x < 1$ die Steigungen positiv sind. Also kann $-e^{-x}$ nicht die Ableitung von f sein.

WES-135805-408

„Die e-Funktion dominiert."

Produktregel

Satz: Wenn zwei Funktionen u und v die Ableitungen u′ und v′ haben, dann hat die Funktion f mit $\mathbf{f(x) = u(x) \cdot v(x)}$ die Ableitung $\mathbf{f'(x) = u'(x) \cdot v(x) + u(x) \cdot v'(x)}$.

Wachstumsvergleich der e-Funktion mit Potenzfunktionen

Satz: Die e-Funktion wächst für $x \to \infty$ schneller gegen ∞ als jede Potenzfunktion.

(1) $\mathbf{x^n \cdot e^{-x} \to 0}$ für $\mathbf{x \to \infty}$

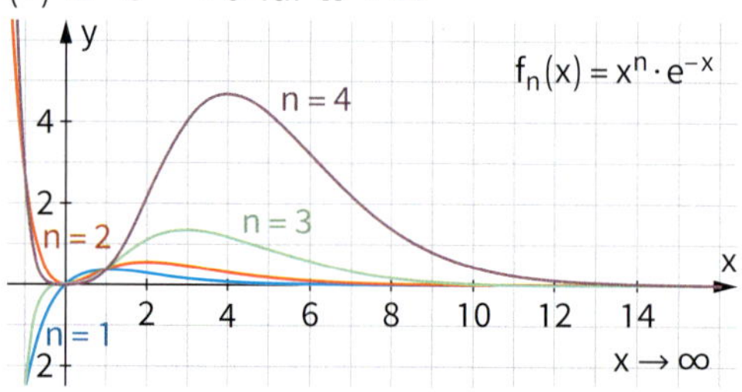

(2) $\mathbf{x^n \cdot e^{x} \to 0}$ für $\mathbf{x \to -\infty}$

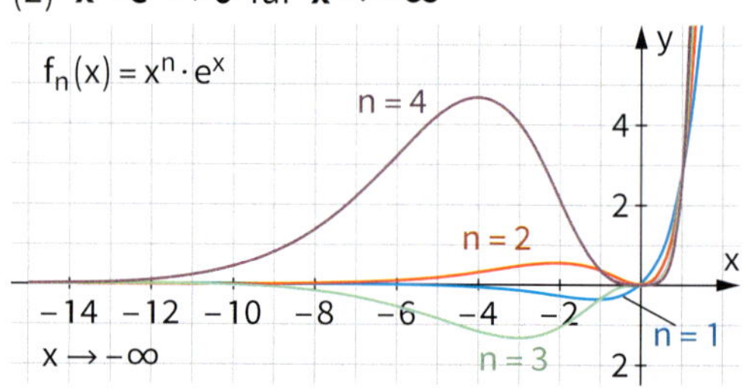

Produktregel anwenden

$f(x) = (2x+1)\cdot e^{-x}$

Teilfunktionen zuordnen	$u(x) = 2x+1$	$v(x) = e^{-x}$
Teilfunktionen ableiten	$u'(x) = 2$	$v'(x) = -e^{-x}$

Produktfunktion ableiten

$$\begin{aligned} f'(x) &= u'(x)\cdot v(x) + u(x)\cdot v'(x) \\ &= 2\cdot e^{-x} + (2x+1)\cdot(-e^{-x}) \quad \text{e-Funktion ausklammern} \\ &= (2-(2x+1))\cdot e^{-x} \\ &= (1-2x)\cdot e^{-x} \end{aligned}$$

Bemerkung: Die Produktregel kann man sich mithilfe von Aufgabe 16 plausibel machen.

1 **Produktregel anwenden**

Bilden Sie die Ableitung der Funktion f.

a) $f(x) = (5x-2)\cdot e^{-x}$ b) $f(x) = 10\cdot x^2\cdot e^{-0,2x}$ c) $f(x) = e^x\cdot(x^2-x)$

d) $f(x) = \frac{1}{x}\cdot e^x$ e) $f(x) = (x^2+1)\cdot e^{2x+1}$ f) $f(x) = x^2\cdot(e^x+e^{-x})$

2 **Mit und ohne Produktregel ableiten**

Bestimmen Sie die Ableitung der Funktion f mit der Produktregel. Fassen Sie danach den Funktionsterm zusammen und bestimmen Sie die Ableitung von f ohne Produktregel. Geben Sie an, welche Ableitung einfacher zu bilden war.

a) $f(x) = \frac{1}{x}\cdot x$ b) $f(x) = x^2\cdot x^3$ c) $f(x) = e^x\cdot e^x$

d) $f(x) = e^x\cdot e^{-x}$ e) $f(x) = e^{3x}\cdot e^{5x}$ f) $f(x) = 4\cdot e^{2x}\cdot e^{3x}$

3 **Ableitungen prüfen**

Kumeirah hat Ableitungen berechnet. Kontrollieren Sie, ob sie alles richtig gemacht hat, und korrigieren Sie, falls nötig, ihre Ergebnisse.

a) $f(x) = x\cdot e^{2x}$
$f'(x) = e^{2x} + x\cdot e^2$

b) $f(x) = (x^2+3)\cdot e^x$
$f'(x) = 2x\cdot e^x + (x^2+3)\cdot e^x$

4 **Höhere Ableitungen bestimmen**

Ermitteln Sie die erste, zweite und dritte Ableitung der Funktion f. Erläutern Sie, welchen Vorteil es hat, wenn man vor jeder Ableitung ausklammert.

a) $f(x) = (4x+1)\cdot e^x$ b) $f(x) = (x^2+1)\cdot e^x$ c) $f(x) = (2x+1)\cdot e^{-x}$ d) $f(x) = 5x^2\cdot e^{-0,25x}$

Prüfe dich!
Lösungen auf Seite 233

5 Bilden Sie die erste Ableitung der Funktion f mithilfe der Produktregel.

a) $f(x) = 3x\cdot e^x$ b) $f(x) = (4x+2)\cdot e^x$

c) $f(x) = x^2\cdot e^{-2x}$ d) $f(x) = 5x\cdot e^x - 0,2x$

6 Berechnen Sie die erste und zweite Ableitung der Funktion f.

a) $f(x) = (3x+5)\cdot e^x$ b) $f(x) = (x^2+1)\cdot e^{-x}$

---

7 **Tangentengleichung bestimmen**

Gegeben ist die Funktion f mit $f(x) = \frac{1}{x}\cdot e^x$.

a) Zeigen Sie, dass der Graph von f an der Stelle 1 eine waagerechte Tangente hat. Geben Sie die Gleichung dieser Tangente an.

b) Bestimmen Sie die Gleichung der Tangente an den Graphen von f an der Stelle –1.

8 ## Wachstumsverhalten untersuchen

Untersuchen Sie das Verhalten des Graphen von f.

a) $f(x) = \frac{x^2}{e^x}$ für $x \to \infty$

b) $f(x) = \frac{x^3}{e^x}$ für $x \to -\infty$

c) $f(x) = x \cdot e^x$ für $x \to -\infty$

d) $f(x) = 50 \cdot x^2 \cdot e^{-0,5x}$ für $x \to \infty$

9 ## Graphen und Funktionsterme zuordnen

Ordnen Sie die Funktionsterme und die Graphen einander zu. Begründen Sie Ihre Zuordnung mit mindestens zwei Argumenten.

$f(x) = (x-1)^2 \cdot e^x$	$g(x) = (x-1) \cdot e^x$	$h(x) = (1-x) \cdot e^x$	$i(x) = (x-1) \cdot e^{-x}$

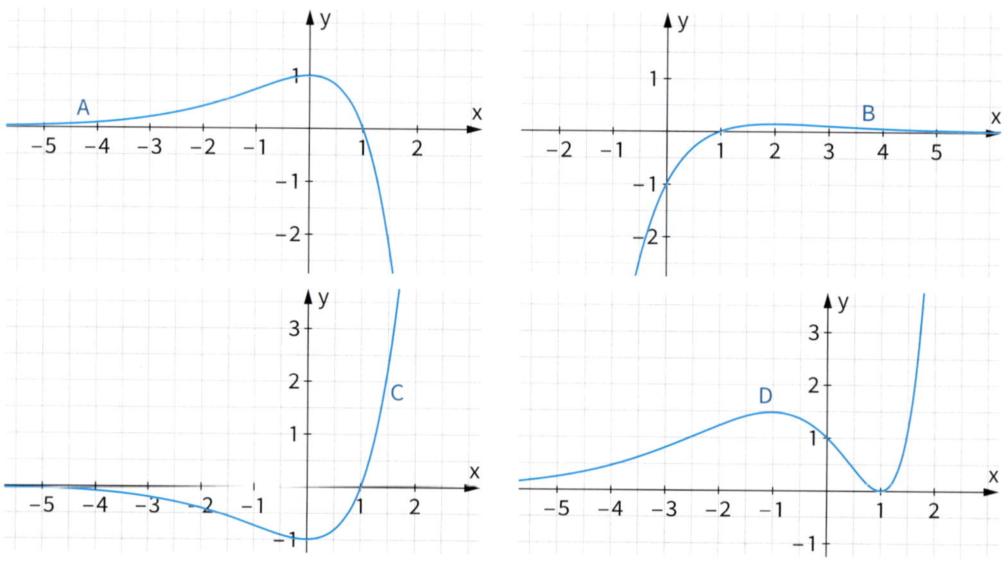

Extrempunkte bestimmen

Bestimmen Sie die Extrempunkte des Graphen der Funktion f mit $f(x) = (x^2 - x - 1) \cdot e^x$.

Lösung

e^x ist stets ungleich null!

1. Ableitung bestimmen	$f'(x) = (2x-1) \cdot e^x + (x^2 - x - 1) \cdot e^x = (x^2 + x - 2) \cdot e^x$
Notwendiges Kriterium	Aus $f'(x) = 0$ folgt $x^2 + x - 2 = 0$ und damit $x_1 = -2$; $x_2 = 1$
2. Ableitung bestimmen	$f''(x) = (2x+1) \cdot e^x + (x^2 + x - 2) \cdot e^x = (x^2 + 3x - 1) \cdot e^x$
Hinreichendes Kriterium	$f''(-2) = -3 \cdot e^{-2} < 0$ Also: Hochpunkt $H(-2 \mid 5e^{-2})$
	$f''(1) = 3e > 0$ Also: Tiefpunkt $T(1 \mid -e)$

10 ## Hoch- und Tiefpunkte bestimmen

Bestimmen Sie alle Hoch- und Tiefpunkte des Graphen der Funktion f.

a) $f(x) = (2x-1) \cdot e^x$

b) $f(x) = (x+4) \cdot e^{2x}$

c) $f(x) = (x^2 + 3x - 14) \cdot e^{-x}$

d) $f(x) = (-x^2 + 2x + 2) \cdot e^x$

11 ## Produkt einer quadratischen Funktion mit der e-Funktion untersuchen

Die Funktion f ist gegeben durch $f(x) = (x^2 - 8) \cdot e^x$.

a) Untersuchen Sie das Verhalten des Graphen von f für $x \to \infty$ und $x \to -\infty$.

b) Bestimmen Sie die Koordinaten der Hoch- und Tiefpunkte von f.

c) Skizzieren Sie ohne weitere Rechnung einen passenden Funktionsgraphen.

Wendepunkt und Wendetangente

Gegeben ist die Funktion f mit $f(x) = x \cdot e^{-x}$.
Bestimmen Sie den Wendepunkt des Graphen und die Gleichung der Wendetangente.

Lösung

Ableitungen bestimmen	$f'(x) = (1-x) \cdot e^{-x}$ $\quad f''(x) = (x-2) \cdot e^{-x}$
Notwendiges Kriterium	Aus $f''(x) = 0$ folgt: $x = 2$
Hinreichendes Kriterium	$x = 2$ ist Nullstelle von $f''(x)$ mit Vorzeichenwechsel, also Wendepunkt $W(2 \mid 2e^{-2})$
Gleichung der Wendetangente	$f'(2) = -e^{-2}$; also $y = -e^{-2} \cdot (x-2) + 2e^{-2} = -e^{-2} \cdot x + 4e^{-2}$

12 ≡ **Wendetangente**

Gegeben ist die Funktion f mit $f(x) = 5 \cdot (x+1) \cdot e^{-0,5x}$.

a) Bestimmen Sie die Nullstellen von f und untersuchen Sie das Verhalten des Graphen für $x \to \infty$ und $x \to -\infty$. Skizzieren Sie damit ohne weitere Rechnung und ohne Verwendung eines Rechners einen möglichen Graphen von f.

b) Bestimmen Sie die Gleichung der Wendetangente.

13 ≡ **Dreiecksberechnungen mit Wendetangente**

Gegeben ist die Funktion f mit $f(x) = 10x \cdot e^{-x}$.

a) Begründen Sie, dass der Graph von f immer unterhalb der Geraden zu $y = 4$ liegt.

b) Die Wendetangente an den Graphen von f bildet zusammen mit den beiden Koordinatenachsen ein Dreieck. Berechnen Sie den Flächeninhalt dieses Dreiecks.

---

14 ≡ a) Bestimmen Sie alle Extrempunkte des Graphen von f mit $f(x) = (-3x+2) \cdot e^{-x}$.

b) Zeigen Sie, dass der Graph von f mit $f(x) = (x^2 - 15) \cdot e^{x}$ einen Tiefpunkt an der Stelle 3 hat.

Prüfe dich! Lösungen auf Seite 233

15 ≡ Gegeben sind die Funktionen f und g mit $f(x) = -20x \cdot e^{x}$ und $g(x) = 10x^2 \cdot e^{x}$.

a) Begründen Sie, dass der Graph (1) zur Funktion g und der Graph (2) zur Funktion f gehört.

b) Untersuchen Sie, ob der Hochpunkt des Graphen (1) und der mögliche Wendepunkt des Graphen (2) zusammenfallen.

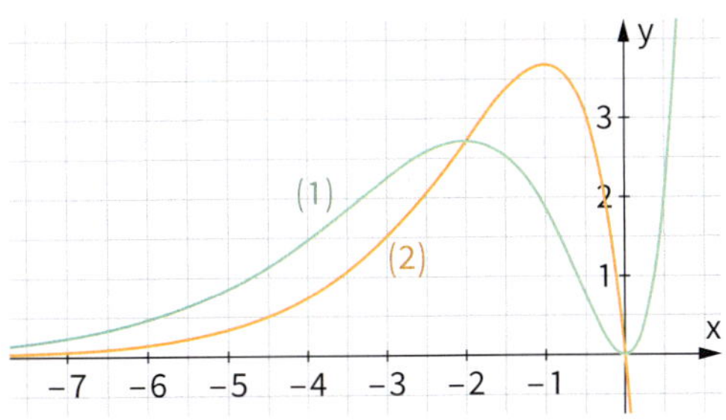

---

16 ≡ **Produktregel mit grafischer Veranschaulichung begründen**

a) Geben Sie den Differenzenquotienten eines Produkts $u(x) \cdot v(x)$ zweier Funktionen u und v an.

b) Bestimmen Sie die Flächeninhalte A_1 und A_2 in der Abbildung.
Zerlegen Sie danach den Differenzenquotienten in zwei Summanden und untersuchen Sie das Verhalten dieser Summanden für $h \to 0$.
Begründen Sie damit die Produktregel.

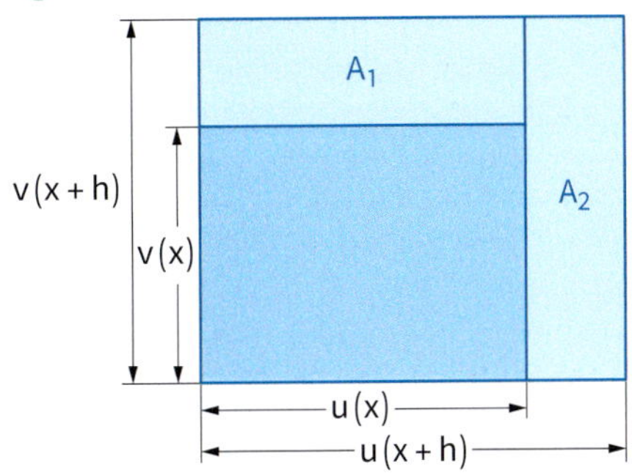

Ausbreitung von Epidemien

Ab März 2020 haben sich in Europa und der ganzen Welt so viele Menschen so schnell mit dem Coronavirus infiziert, dass die Gefahr einer Überlastung der Gesundheitssysteme bestand. Daher wurden von den Regierungen zahlreiche Gegenmaßnahmen bis hin zu Shutdowns des öffentlichen Lebens verfügt.

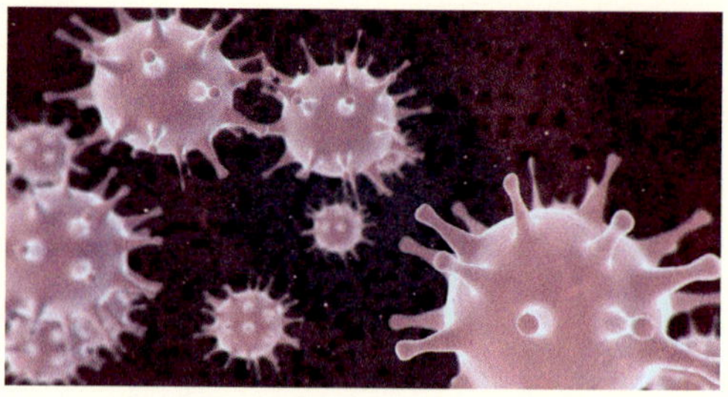

Die Verbreitung der Epidemie wurde durch verschiedene Kenngrößen beschrieben, die täglich publiziert und in den verschiedenen Phasen der Epidemie verschieden häufig verwendet wurden.

Die **Reproduktionszahl R** gibt an, wie viele Menschen eine infizierte Person in einer bestimmten Zeiteinheit durchschnittlich ansteckt. Das Robert-Koch-Institut (RKI) berechnet die Reproduktionszahl zu einem Zeitpunkt t als Quotient aus der Anzahl der Neuinfektionen in den letzten 4 Tagen bis einschließlich t und der Anzahl der Neuinfektionen in den 4 Tagen davor.

Reproduktionszahl in Deutschland
laut Berechnug des RKI

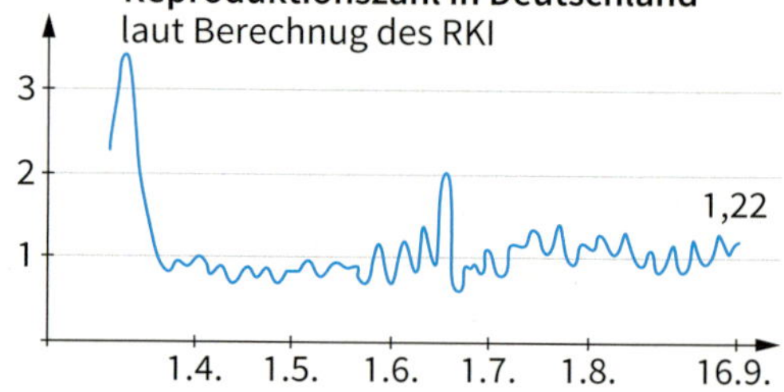

- Ist $R > 1$, so steigt die Zahl der Neuinfektionen. Die Zahl der Infektionen wächst exponentiell; die Krankheit breitet sich also weiter aus und das Gesundheitssystem könnte an seine Grenzen stoßen.
- Ist $R = 1$, so liegt ein lineares Wachstum der Fallzahlen vor.
- Ist $R < 1$, so gibt es immer weniger Neuinfektionen; die Epidemie nimmt exponentiell ab.

1 **Corona in NRW**

a) Die Tabelle zeigt die Anzahl der mit Corona infizierten Personen in Nordrhein-Westfalen im Januar 2021 jeweils am Ende des Tages.

Datum	21.01.	22.01.	23.01.	24.01.	25.01.	26.01.	27.01.	28.01.	29.01.
Anzahl	460 710	464 140	467 472	470 083	471 080	472 483	475 014	478 264	481 042

Berechnen Sie die Reproduktionszahl für den 29. Januar 2021.

b) Von der Reproduktionszahl kann man auf die Wachstumsart schließen.
Hier soll umgekehrt für exponentielles und lineares Wachstum die Reproduktionszahl berechnet werden.
Die Funktion f beschreibt die Gesamtanzahl f(t) der Infektionen zum Zeitpunkt t in Tagen nach Beginn. Erläutern Sie, dass für die Reproduktionszahl R(t) zum Zeitpunkt t gilt:
$R(t) = \frac{f(t) - f(t-4)}{f(t-4) - f(t-8)}$

c) Betrachten Sie exponentielles Anwachsen der Anzahl der Infektionen, das durch $f(t) = 2^t$ beschrieben wird. Berechnen Sie die Reproduktionszahl R(t). Was fällt auf?
Verallgemeinern Sie auf exponentielles Wachstum, das durch $f(t) = a \cdot b^t$ mit Anfangswert a und Basis $b > 1$ beschrieben wird. Zeigen Sie, dass R(t) unabhängig von t ist und $R(t) > 1$ gilt.

d) Betrachten Sie lineares Wachstum der Anzahl der Infektionen, das durch $f(t) = m \cdot t + n$ beschrieben wird. Zeigen Sie, dass R unabhängig von t, m und n den Wert 1 hat.
e) Das Abklingen einer Epidemie erfolgt exponentiell gemäß $f(t) = a \cdot b^t$ mit Basis $0 < b < 1$. Welche Folgerung können Sie daraus für die Reproduktionszahl R ziehen?

Schon geringe Veränderungen der Reproduktionszahl haben große Auswirkungen.
Liegt der R-Wert bei 1,1, verdoppelt sich die Zahl der Infizierten in gut sieben Zeiteinheiten; steigt er auf 1,4, so dauert es nur gut zwei Zeiteinheiten, bis doppelt so viele Menschen infiziert sind.
Die Ausbreitung einer Epidemie kann somit durch die **Verdopplungszeit** beschrieben werden. Das ist die Zeitspanne, in der sich die Anzahl der Infektionen verdoppelt.

2 Reproduktionszahl und Verdopplungszeit

a) Betrachten Sie exponentielles Anwachsen der Anzahl der Infektionen mit einem Funktionsterm der Form $f(t) = a \cdot b^t$. Überprüfen Sie die Aussagen, die im Text zu den Werten von 1,1 und 1,4 für R getroffen werden.
b) Bestimmen Sie die Verdopplungszeit für eine beliebige Basis b.
Zeichnen Sie den Graphen der Funktion, die jeder Reproduktionszahl die zugehörige Verdopplungszeit zuordnet. Beschreiben Sie den Graphen und stellen Sie einen Zusammenhang zum Text her.
c) Leiten Sie einen Term für die Verdopplungszeit bei linearem Wachstum gemäß $f(t) = m \cdot t + n$ her und interpretieren Sie Ihr Ergebnis.

Die **7-Tage-Inzidenz** ist eine wichtige Grundlage für die Einschätzung der Entwicklung der Corona-Pandemie. Dieser Wert ist die Anzahl der Neuinfektionen pro 100 000 Einwohner in den letzten 7 Tagen.

Covid-19: 7-Tage-Inzidenz pro 100 000 Einwohner
Stand: 29.01.2021, 00:00 Uhr

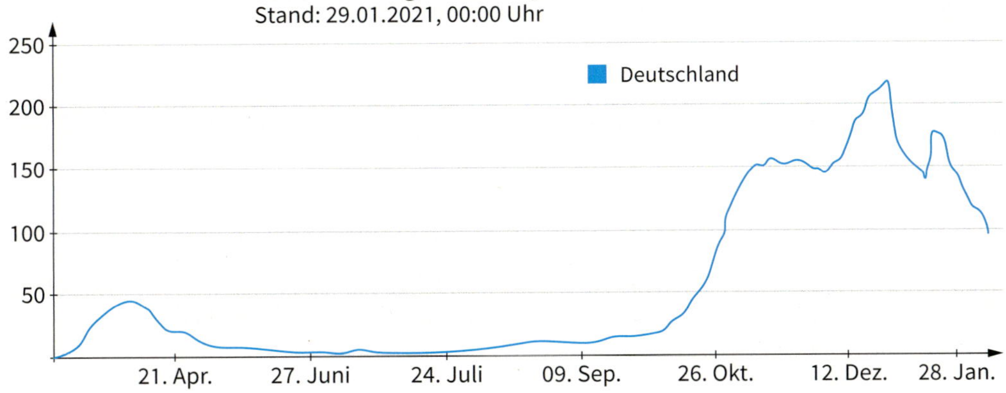

3 7-Tage-Inzidenz

a) Die 7-Tage-Inzidenz ist zur Beschreibung der Auslastung der Gesundheitssysteme eingeführt worden. Analysieren Sie, ob die 7-Tage-Inzidenz dafür geeignet ist.
b) Betrachten Sie die Ausbreitung einer Epidemie, bei der die Gesamtanzahl der Infektionen durch $f(t) = 1{,}4^t$ beschrieben wird, wobei t in Tagen gemessen wird. Die Population beträgt 100 000 Einwohner. Berechnen Sie die 7-Tage-Inzidenz-Werte für die Zeitpunkte t von 7 bis 15. Beschreiben Sie Ihr Ergebnis.

Mein Merkzettel

Seite 144

Euler'sche Zahl
$e \approx 2{,}71828...$ irrational

Die e-Funktion $f(x) = e^x$
Ableitung: $f'(x) = e^x$ **„wie f"** Stammfunktion: $F(x) = e^x + c;\ c \in \mathbb{R}$

Seite 136
Seite 148

Exponentielles Wachstum

- kann beschrieben werden durch
  $f(t) = a \cdot b^t;\quad a \neq 0,\ b > 0$ und $b \neq 1$
  (a: **Anfangswert**, b: **Wachstumsfaktor**)
- oder mit Basis e: $f(t) = a \cdot e^{k \cdot t}$
  $k = \ln(b)$ **natürlicher Logarithmus** von b
- $b = 1 + \frac{p}{100}$ Zunahme um p % pro Zeiteinheit
  $b = 1 - \frac{p}{100}$ Abnahme um p % pro Zeiteinheit

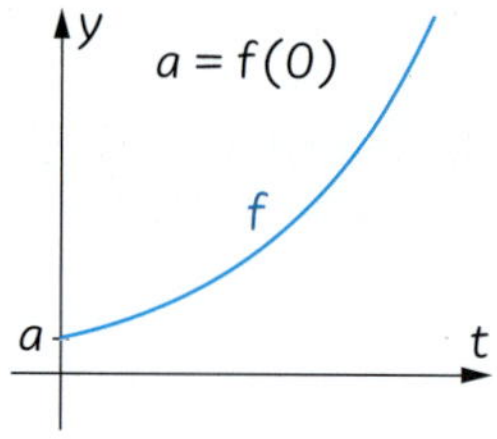

Zunahme:
$b > 1$ bzw. $k > 0$

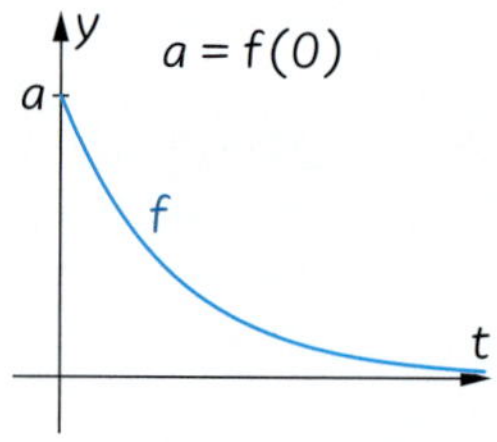

Abnahme:
$0 < b < 1$ bzw. $k < 0$

Seite 137
Seite 149

Funktionsgleichung aufstellen

Gegeben: Zunahme von 20 % pro Stunde bei einem Anfangsbestand von 8

$a = 8 \quad b = 1 + \frac{20}{100} = 1{,}2$

$f(t) = 8 \cdot 1{,}2^t$ bzw.

$f(t) = 8 \cdot e^{\ln(1{,}2) \cdot t} \approx 8 \cdot e^{0{,}1823 \cdot t}$; t in Stunden

Gegeben: Abnahme von 3 % pro Tag bei einem Anfangsbestand von 50

$a = 50 \quad b = 1 - \frac{3}{100} = 0{,}97$

$f(t) = 50 \cdot 0{,}97^t$ bzw.

$f(t) = 50 \cdot e^{\ln(0{,}97) \cdot t} \approx 50 \cdot e^{-0{,}0305 \cdot t}$; t in Tagen

Seite 137
Seite 149

Verdopplungszeit / Halbwertszeit berechnen

- Verdopplungszeit t_V und Halbwertszeit t_H sind unabhängig vom Anfangswert

Gegeben: Zunahme von 20 % pro Stunde

Ansatz: $b^{t_V} = 2$ bzw. $t_V = \frac{\ln(2)}{k}$ mit $k = \ln(b)$

$b = 1 + \frac{20}{100} = 1{,}2$; damit $t_V = \frac{\ln(2)}{\ln(1{,}2)} \approx 3{,}80$

Die Verdopplungszeit beträgt etwa 3,8 Stunden.

Gegeben: Abnahme von 3 % pro Tag

Ansatz: $b^{t_H} = 0{,}5$ bzw. $t_H = \frac{\ln(0{,}5)}{k}$ mit $k = \ln(b)$

$b = 1 - \frac{3}{100} = 0{,}97$; damit $t_H = \frac{\ln(0{,}5)}{\ln(0{,}97)} \approx 22{,}76$

Die Halbwertszeit beträgt etwa 23 Tage.

Seite 150

Parameter k bestimmen

Gegeben: Zunahme eines Anfangsbestands von 200 auf 1200 in 4 Zeiteinheiten

$1200 = 200 \cdot e^{k \cdot 4}$; also $e^{k \cdot 4} = 6$ und damit $k = \frac{\ln(6)}{4} \approx 0{,}4479$

Seite 146

Ableitung von $f(x) = e^{k \cdot x + n}$

$f'(x) = k \cdot e^{k \cdot x + n}$

Ableitung von $f(x) = 0{,}5 \cdot e^{-0{,}8x + 2}$

$f'(x) = (-0{,}8) \cdot 0{,}5 \cdot e^{-0{,}8x + 2} = -0{,}4 \cdot e^{-0{,}8x + 2}$

Seite 152

Produktregel

$f(x) = u(x) \cdot v(x)$

$f'(x) = u'(x) \cdot v(x) + u(x) \cdot v'(x)$

$f(x) = \underbrace{(3x + 2)}_{u(x)} \cdot \underbrace{e^{4x}}_{v(x)}$

$f'(x) = 3 \cdot e^{4x} + (3x + 2) \cdot 4 \cdot e^{4x}$
$= (12x + 11) \cdot e^{4x}$

Wachstum bei Produkten untersuchen

„Die e-Funktion dominiert"

$f(x) = (3x + 2) \cdot e^{4x}$

- Verhalten für $x \to \infty$:
  $3x + 2 \to \infty$ und $e^{4x} \to \infty$; also $f(x) \to \infty$
- Verhalten für $x \to -\infty$:
  $3x + 2 \to -\infty$ und $e^{4x} \to 0$; also $f(x) \to 0$

Wiederholen für die Klausur

Teil A – Aufgaben ohne Hilfsmittel

Lösungen auf Seite 234

1 **e-Funktion ableiten**

Bilden Sie die erste Ableitung und vereinfachen Sie so weit wie möglich.

a) $f(x) = 4 \cdot e^{2 - \frac{3}{4}x}$ b) $f(x) = (x^2 + 3) \cdot e^{1 - 2x}$ c) $f(x) = e^{-2x} + \sqrt{5}\,x$ d) $f(x) = 3 - 2 \cdot e^{2x + 1}$

2 **Graphen zuordnen**

Ordnen Sie die Funktionsterme und die Graphen einander begründet zu.

$f(x) = x \cdot e^x$ $g(x) = x^2 \cdot e^x$ $h(x) = x \cdot e^{-x}$ $k(x) = x^2 \cdot e^{-x}$

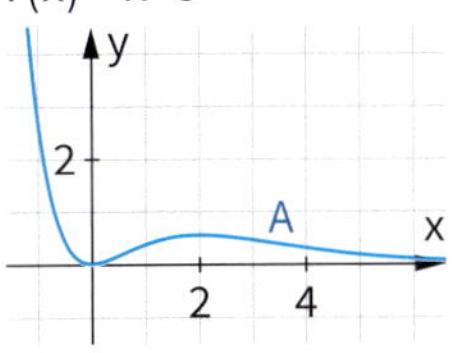

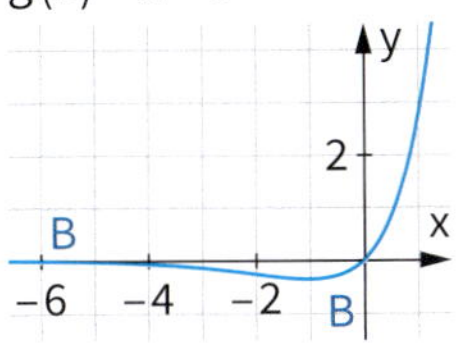

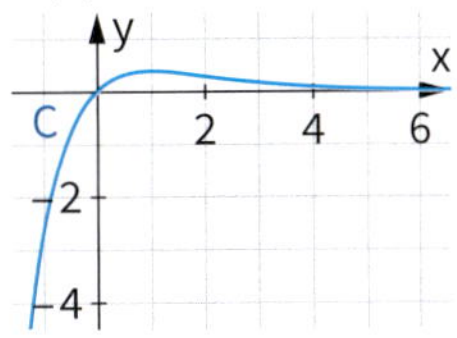

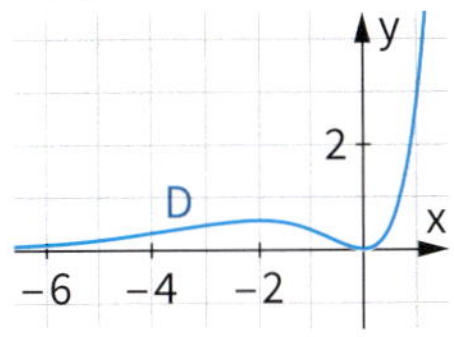

3 **e-Funktionen vergleichen**

Gegeben sind die Funktionen g und h mit $g(x) = e^{x-1}$ und $h(x) = e^x - 1$.

a) Skizzieren Sie die Graphen von g und h. Beschreiben Sie, wie die beiden Graphen aus dem Graphen der Funktion f mit $f(x) = e^x$ hervorgehen.

b) Berechnen Sie die Schnittstelle von g und h.

Teil B – Aufgaben mit Hilfsmitteln

4 **Tierpopulation**

Eine Tierpopulation hat sich in zehn Jahren von 800 auf 2500 Tiere vermehrt.

a) Beschreiben Sie diesen Wachstumsprozess mithilfe einer Exponentialfunktion.

b) Ermitteln Sie, wie viel Prozent das jährliche Wachstum beträgt, und bestimmen Sie die Verdopplungszeit.

5 **Alter von Whisky**

Das Alter von Whisky kann nach einer Methode von Libby mithilfe des Gehaltes am radioaktiven Wasserstoff-Isotop Tritium ^3H bestimmt werden. Dessen Gehalt ist im natürlichen Wasserkreislauf konstant; in abgetrennten Flüssigkeitsproben kommt kein neues Tritium aus der Atmosphäre hinzu. Der Gehalt nimmt ab mit einer Halbwertszeit von 12,3 Jahren. Bestimmen Sie das Alter eines Whiskys, der nur noch 30 % des ursprünglichen Tritiumgehaltes aufweist.

6 **e-Funktion untersuchen**

Die Funktion f ist gegeben durch $f(x) = \left(2 - \frac{1}{2}x\right) \cdot e^x$.

a) Bestimmen Sie die Nullstellen und die Extremstellen von f.

b) Die Gerade g mit der Gleichung $y = \frac{3}{2}x + 2$ berührt den Graphen der Funktion f im Punkt B. Ermitteln Sie die Koordinaten von B. Zeichnen Sie die Graphen von f und g.

7 **Tangente an den Graphen einer e-Funktion**

Gegeben ist die Funktion f mit $f(x) = e^{3x}$.

a) Zeigen Sie, dass die Gerade mit $y = 3x + 1$ die Tangente an den Graphen der Funktion f an der Stelle $x = 0$ ist.

b) Die Tangent schließt mit den Koordinatenachsen ein Dreieck ein. Berechnen Sie den Flächeninhalt dieses Dreiecks.

5 Trigonometrische Funktionen

In der Natur und Technik gibt es sich wiederholende Vorgänge, wie zum Beispiel Sonnenaufgang und Sonnenuntergang, Ebbe und Flut oder die Position der Rotorspitze eines Windrades.

- Was versteht man unter dem Bogenmaß eines Winkels?
- Welche Eigenschaften haben die Sinus- und die Kosinusfunktion mit dem Definitionsbereich der reellen Zahlen?
- Welche Ableitungen haben die Sinus- und die Kosinusfunktion?
- Wie lassen sich periodische Vorgänge modellieren?

5.1 Sinus- und Kosinusfunktion

Vorbereiten
Seite 210

Das Rad einer Wassermühle hat einen Radius von 1 m. Betrachten Sie einen Punkt P auf dem Rand des Rades.
Welche Höhe über der waagerechten Achse hat der Punkt P in Abhängigkeit vom Drehwinkel α? Zeichnen Sie den Graphen der Funktion, die jedem Drehwinkel α die Höhe von P über der Achse zuordnet.

WES-135805-501

Sinus und Kosinus am Einheitskreis

Wird der Punkt (1 | 0) auf dem Einheitskreis (M (0 | 0) und r = 1) um einen Winkel α gedreht, so lassen sich die Koordinaten des Bildpunktes P_α in Abhängigkeit von α angeben: $P_\alpha(\cos(\alpha) \mid \sin(\alpha))$. Die Koordinaten eines Punktes P_α können als Funktionswerte $y = \sin(\alpha)$ und $y = \cos(\alpha)$ übertragen werden.

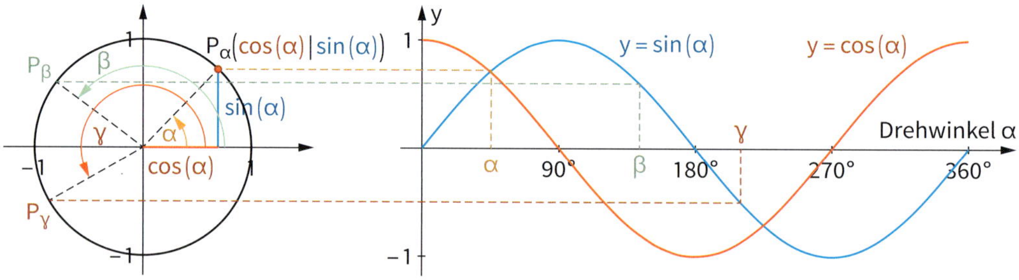

Graph der Sinusfunktion

Der Graph der Funktion mit der Gleichung $y = \sin(\alpha)$ heißt Sinuskurve.

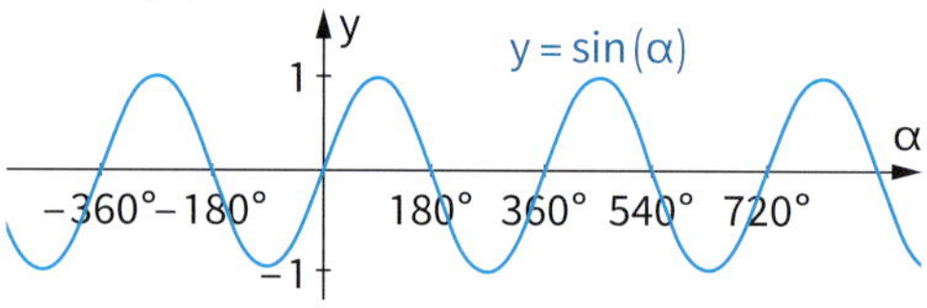

Graph der Kosinusfunktion

Der Graph der Funktion mit der Gleichung $y = \cos(\alpha)$ heißt Kosinuskurve.

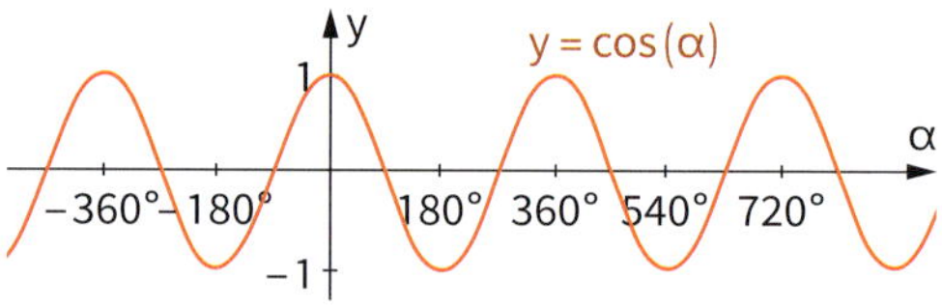

- Auch Winkel über 360° hinaus und negative Drehwinkel (im Uhrzeigersinn) sind zugelassen.
- Ein Punkt P_α auf einem Kreis um M (0 | 0) mit dem Radius r hat bei einem Drehwinkel α die Koordinaten $P_\alpha(r \cdot \cos(\alpha) \mid r \cdot \sin(\alpha))$.

1 **P (cos (α) | sin (α)) am Einheitskreis**

Zeichnen Sie einen Einheitskreis mit r = 1 dm. Der Punkt (1 | 0) wird mit dem Drehwinkel α auf dem Kreis gedreht. Ermitteln Sie zeichnerisch die Koordinaten des Bildpunktes P.

a) α = 75° b) α = 156° c) α = 281° d) α = –320°

2 **Winkel am Einheitskreis**

Bestimmen Sie am Einheitskreis die Winkel α mit 0° ≤ α ≤ 360°, für die gilt:

a) sin (α) = 0,24 b) sin (α) = –0,56 c) cos (α) = 0,75 d) cos (α) = –0,32

3 **Besondere Winkel**

Bestimmen Sie die Winkel α mit –360° ≤ α ≤ 360°, für die gilt:

a) sin (α) = 0 b) sin (α) = 1 c) sin (α) = –1 d) cos (α) = 1

4 Bestimmen Sie mithilfe des Rechners. Runden Sie sinnvoll.

a) $\sin(119{,}5°)$ b) $\sin(775{,}4°)$ c) $\cos(254{,}5°)$ d) $\cos(-514{,}6°)$
e) $\sin(-202{,}8°)$ f) $-\sin(-358{,}1°)$ g) $\cos(-153{,}1°)$ h) $-\cos(-261{,}5°)$

Prüfe dich! Lösungen auf Seite 235

Einstieg

Bogenlänge eines Winkels

Die Punkte Q(1 | 0) und P liegen auf dem Einheitskreis. Im Punkt Q beginnend bewegt sich P auf dem Kreisbogen und kann durch den Winkel α oder auch durch die Maßzahl x des auf dem Kreisbogen zurückgelegten Weges beschrieben werden.

- Berechnen Sie x für den von Q nach P auf dem Kreisbogen zurückgelegten Weg bei einen eingeschlossenen Winkel α von 45° und von 1°.
- Erläutern Sie die Formel $x = \frac{\pi \cdot \alpha}{180°}$ für beliebige Winkel α.

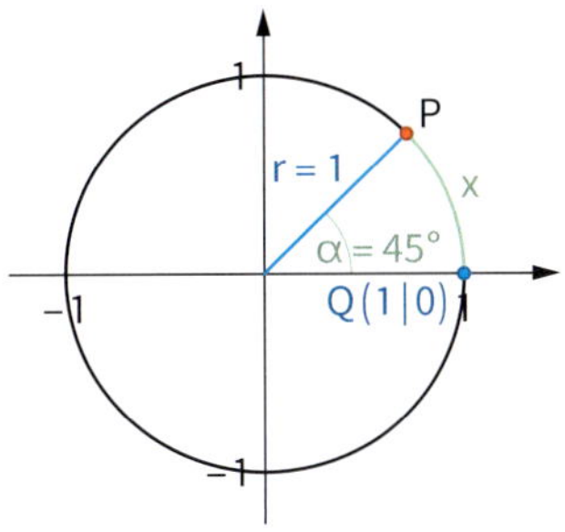

Bogenmaß eines Winkels

Die Maßzahl x der Bogenlänge am Einheitskreis eines zugehörigen Winkels α bezeichnet man als **Bogenmaß des Winkels**. Das Bogenmaß ist eine reelle Zahl. Zum Vollwinkel von 360° gehört die Maßzahl 2 π des Kreisumfangs.

Es gilt: $\frac{\mathbf{x}}{\mathbf{2\pi}} = \frac{\boldsymbol{\alpha}}{\mathbf{360°}}$

Die Größe eines Winkels kann man im Bogenmaß (RAD) oder im Gradmaß (DEG) angeben.

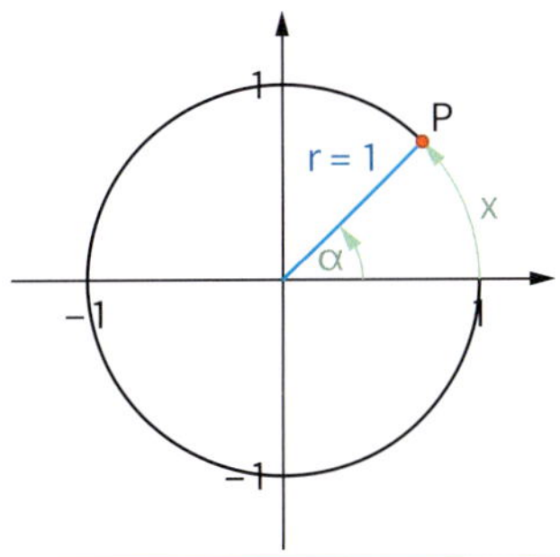

WES-135805-502

Taschenrechner:
- *Gradmaß (DEG)*
- *Bogenmaß (RAD)*

Gradmaß und Bogenmaß

α = 60° entspricht $x = \frac{\pi \cdot \alpha}{180°} = \frac{\pi \cdot 60°}{180°} = \frac{\pi}{3}$

x = π entspricht $\alpha = \frac{180° \cdot x}{\pi} = \frac{180° \cdot \pi}{\pi} = 180°$

α	0°	90°	180°	270°	360°
x	0	$\frac{\pi}{2}$	π	$\frac{3\pi}{2}$	2 π

5 **Vom Gradmaß zum Bogenmaß**

Gegeben sind Winkelgrößen im Gradmaß. Berechnen Sie das zugehörige Bogenmaß.

a) 37°; 109°; 348°; 258°; 17,5°; 339,8° b) −55°; 456°; −125°; −518°; −256,8°

6 **Vom Bogenmaß zum Gradmaß**

Gegeben sind Winkelgrößen im Bogenmaß. Berechnen Sie das zugehörige Gradmaß.

a) 2,67; 5,14; 0,5; −3,25; 23,6; −1,3; 20,4 b) $\frac{3}{2}\pi$; $\frac{\pi}{4}$; $\frac{5}{4}\pi$; $-\frac{7}{4}\pi$; $-\frac{3}{8}\pi$; $-\frac{5}{8}\pi$; $\frac{7}{8}\pi$; $-\frac{\pi}{6}$

7 **Der Einheitskreis und die Quadranten**

In welchen Quadranten zeigt der schwarze Zeiger eines Winkels mit dem angegebenen Bogenmaß?

a) 2 b) −2 c) 12
d) 20 e) −200 f) 314 259

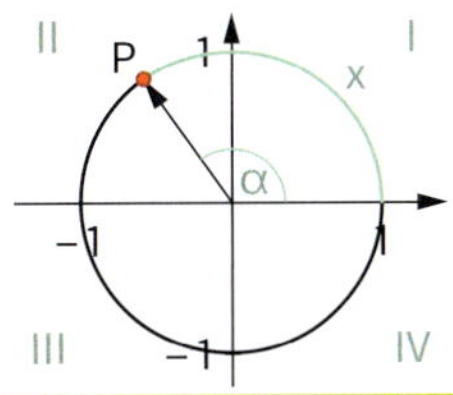

8 Wandeln Sie die angegebene Größe in das Bogenmaß bzw. Gradmaß um.

a) 50° b) 120° c) 250° d) $\frac{1}{2}\pi$ e) $\frac{4}{3}\pi$ f) $-\frac{3}{2}\pi$

Prüfe dich! Lösungen auf Seite 235

WES-135805-503

Sinus- und Kosinusfunktion mit ℝ als Definitionsbereich

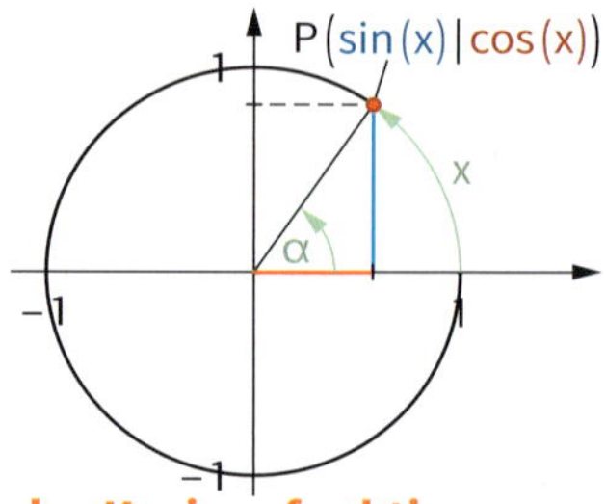

Die **Sinusfunktion** ordnet jedem Winkel x im Bogenmaß den Sinus dieses Winkels zu. Man schreibt **f(x) = sin(x)**.
Genauso definiert man die **Kosinusfunktion f(x) = cos(x)**.

Definitionsbereich: $D = \mathbb{R}$
Wertebereich: $W = \{y \in \mathbb{R} \mid -1 \leq y \leq 1\}$

Eigenschaften der Sinusfunktion

- Die Sinusfunktion ist eine periodische Funktion mit der Periodenlänge 2π: $\sin(x + 2\pi) = \sin(x)$
- Die Sinusfunktion hat Nullstellen bei $\ldots, -2\pi, -\pi, 0, \pi, 2\pi, 3\pi, \ldots$
  allgemein: $k\pi$ mit $k \in \mathbb{Z}$
- Der Graph der Sinusfunktion ist punktsymmetrisch zum Koordinatenursprung. $\sin(-x) = -\sin(x)$

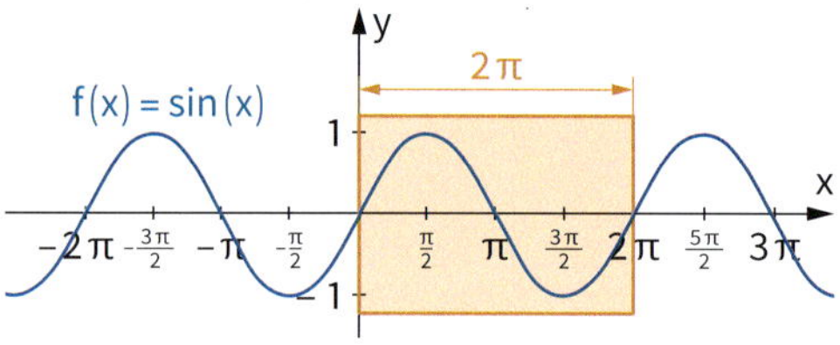

x	0	$\frac{\pi}{2}$	π	$\frac{3\pi}{2}$	2π
sin(x)	0	1	0	−1	0

Eigenschaften der Kosinusfunktion

- Die Kosinusfunktion ist eine periodische Funktion mit der Periodenlänge 2π: $\cos(x + 2\pi) = \cos(x)$
- Die Kosinusfunktion hat Nullstellen bei $\ldots, -\frac{3\pi}{2}, -\frac{\pi}{2}, \frac{\pi}{2}, \frac{3\pi}{2}, \frac{5\pi}{2}, \ldots$
  allgemein: $k\pi + \frac{\pi}{2}$ mit $k \in \mathbb{Z}$
- Der Graph der Kosinusfunktion ist achsensymmetrisch zur y-Achse. $\cos(-x) = \cos(x)$

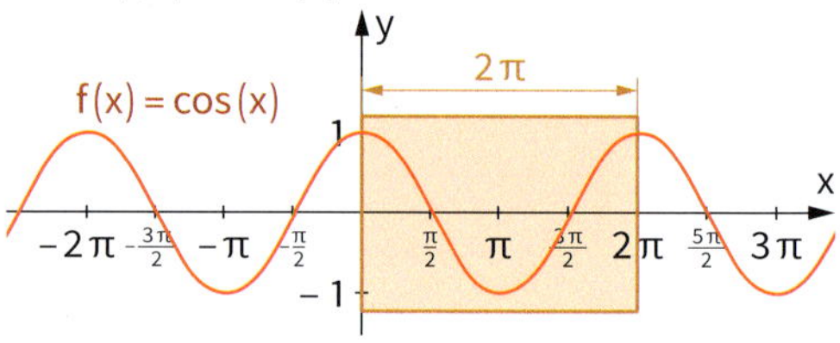

x	0	$\frac{\pi}{2}$	π	$\frac{3\pi}{2}$	2π
cos(x)	1	0	−1	0	1

9 Graphen mit einem Rechner zeichnen

Gerrit hat im Internet einen Graphen der Sinusfunktion gefunden. Mit seinem Rechner versucht er diesen Graphen zu zeichnen. Nehmen Sie Stellung.

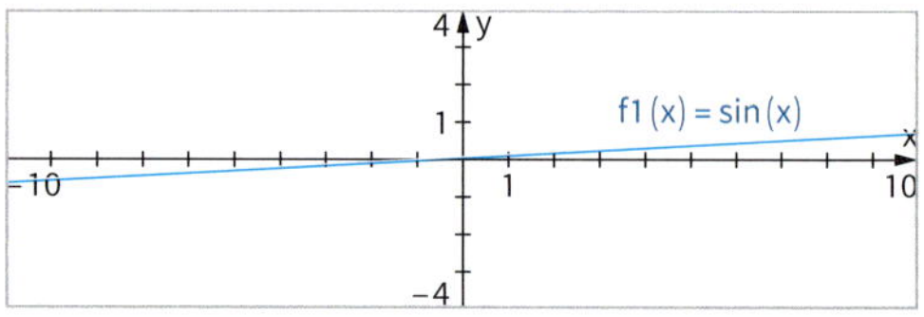

10 Graphen ohne Rechner skizzieren

Skizzieren Sie den Graphen der Sinus- und der Kosinusfunktion, ohne einen Rechner zu verwenden.

11 Wahr oder falsch

Begründen oder widerlegen Sie die Aussage zur Sinus- und zur Kosinusfunktion.

a) Der Funktionsgraph der Sinusfunktion ist punktsymmetrisch zum Ursprung.
b) Alle Nullstellen der Sinusfunktion liegen bei Vielfachen von π.
c) Alle Funktionswerte der Kosinusfunktion wiederholen sich im Abstand von π.
d) Die Kosinusfunktion hat mehrere zur y-Achse parallele Symmetrieachsen.
e) Alle Nullstellen der Kosinusfunktion liegen $\frac{\pi}{2}$ vor einer Nullstelle der Sinusfunktion.

12 Größte und kleinste Funktionswerte

Bestimmen Sie alle Stellen, an denen der größtmögliche bzw. kleinstmögliche Funktionswert angenommen wird, für die Sinusfunktion [die Kosinusfunktion].

13 ≡ **Zusammengesetzte Funktionen**

Zeichnen Sie den Graphen der Funktion für $-13 \le x \le 13$.

a) $y = 1 + \sin(x)$ b) $y = \frac{1}{2}x - \cos(x)$ c) $y = \frac{1}{10}x^2 - \cos(x)$ d) $y = \frac{1}{x} - \sin(x)$

14 ≡ **Funktionswerte schätzen**

Stellen Sie sich die Sinuskurve und den Einheitskreis vor.
Lassen Sie sich einen Winkel beziehungsweise einen Sinuswert nennen.
Schätzen Sie den Sinuswert des Winkels beziehungsweise geben Sie Winkel an, die den jeweiligen Sinuswert haben.
Kontrollieren Sie Ihr Ergebnis mit einem Taschenrechner.

15 ≡ **Alle Lösungen angeben**

a) Frank hat die Gleichung $\sin(x) = 0{,}9$ wie in der Abbildung mit seinem Rechner gelöst. Vollziehen Sie diese Lösung mit Ihrem Rechner nach.

b) Carolin meint: *„Das sind nicht alle Lösungen. Ich habe weitere Lösungen gefunden: $\pi - 1{,}12$ und $2\pi + 1{,}12$“* Nehmen Sie Stellung zu dieser Aussage und begründen Sie dies mithilfe des abgebildeten Graphen.

$\sin^{-1}(0.9)$	1.11977

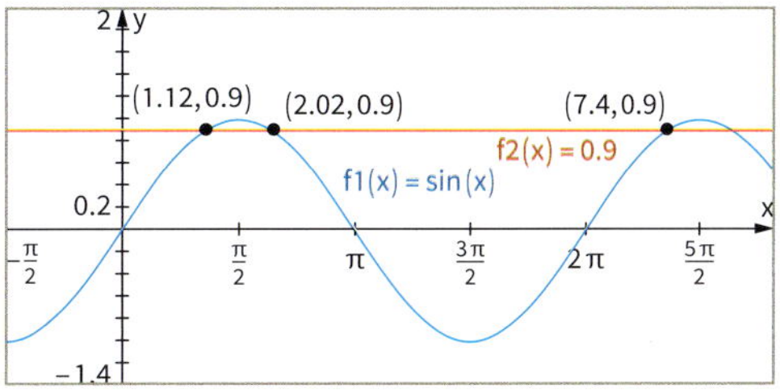

Die Umkehrung des Sinus wird oft mit „$\sin^{-1}$“ gekennzeichnet.

c) Bestimmen Sie alle Lösungen für x auf dem Intervall $[-\pi; 2\pi]$, für die gilt:

(1) $\sin(x) = 0$ (2) $\sin(x) = -1$ (3) $\sin(x) = 0{,}5$ (4) $\sin(x) = -0{,}75$

Beachten Sie: Viele Rechner liefern nur Werte aus dem Intervall $\left[-\frac{\pi}{2}; \frac{\pi}{2}\right]$. Weitere Lösungen erhält man mithilfe von Symmetrieüberlegungen.

16 ≡ **Exakte Werte**

Hier können Sie exakte Werte für x angeben. Begründen Sie.

a) $\sin(x) = 1$ b) $\sin(x) = 0$ c) $\cos(x) = 0$ d) $\cos(x) = -1$
e) $\cos(x) = \frac{1}{2}$ f) $\sin(x) = \frac{1}{2}$ g) $\cos(x) = -\frac{1}{2}\sqrt{2}$ h) $\cos(x) = -\frac{1}{2}\sqrt{3}$

17 ≡ **Gleichungen mit dem Schnittpunktverfahren lösen**

Mia hat die Gleichung $3x - \sin(x) = 4$ mit einem Rechner gelöst. Erläutern Sie, wie Mia dabei vorgegangen ist.
Bestimmen Sie mit diesem Verfahren die Lösungen der trigonometrischen Gleichung.

a) $x - \sin(x) = 2$ b) $\sin(x) = x^2$
c) $x^2 - \cos(x) = 3$ d) $x \cdot \sin(x) = x$

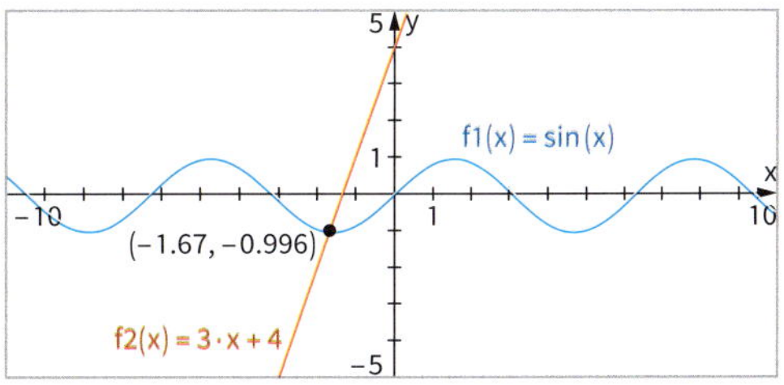

18 ≡ **Trigonometrische Gleichungen**

Begründen Sie, dass die trigonometrische Gleichung keine Lösung hat.

a) $\sin(x) = x^2 + 1$ b) $\sin(x) = -x^2 - 1$ c) $\cos(x) = -x^2$ d) $\cos(x) = x^4 + 2$

---

19 ≡ Zeichnen Sie den Graphen der Funktion f.

a) $f(x) = \sin(x) + 1$ b) $f(x) = \cos(x) - 1$

20 ≡ Bestimmen Sie die Lösung der trigonometrischen Gleichung $\cos(x) = x^2$.

Prüfe dich!
Lösungen auf Seite 235

5.2 Allgemeine Sinusfunktion

Vorbereiten
Seite 16

Die Sinuskurve soll nacheinander wie folgt gestreckt und verschoben werden:

(1) Strecken mit dem Faktor 1,5 in Richtung der y-Achse
(2) Strecken mit dem Faktor $\frac{1}{2}$ in Richtung der x-Achse
(3) Verschieben um $\frac{\pi}{6}$ Einheiten nach rechts
(4) Verschieben um eine Einheit nach oben

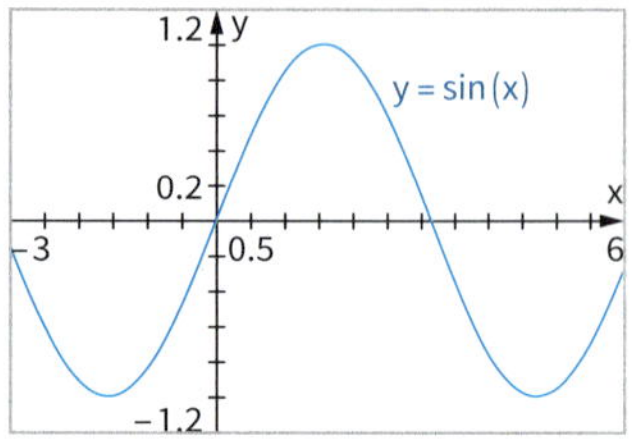

Verdeutlichen Sie dies durch die Funktionsterme und die Funktionsgraphen.

WES-135805-504

Allgemeine Sinusfunktion

Aus dem Graphen der Sinusfunktion f mit $f(x) = \sin(x)$ erhält man den Graphen der **allgemeinen Sinusfunktion** g mit $\mathbf{g(x) = a \cdot \sin(b \cdot (x - c)) + d}$ wie folgt:

|a|: Amplitude

(1) **Strecken** mit dem Faktor a in Richtung der **y-Achse**

$f_1(x) = a \cdot \sin(x)$

Ist $a < 0$, so wird dabei an der x-Achse gespiegelt.

$f(x) = \sin(x)$
$f_1(x) = 1{,}5 \cdot \sin(x)$

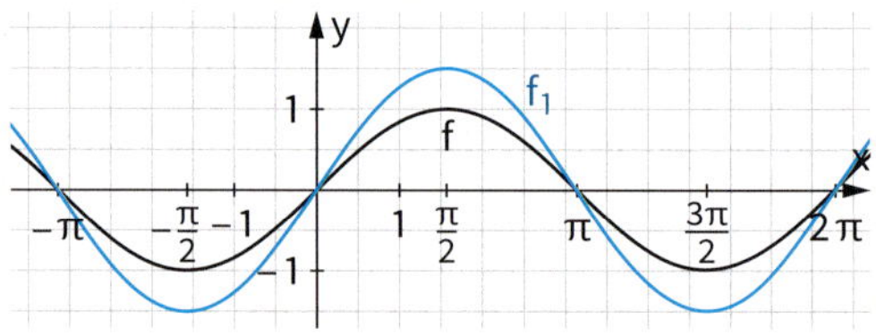

Periodenlänge $p = \frac{2\pi}{b}$

(2) Dann **Strecken** mit dem Faktor $\frac{1}{b}$ in Richtung der **x-Achse**

$f_2(x) = a \cdot \sin(b\,x)$

Ist $b < 0$, so wird dabei an der y-Achse gespiegelt.

$f_2(x) = 1{,}5 \cdot \sin(2\,x)$

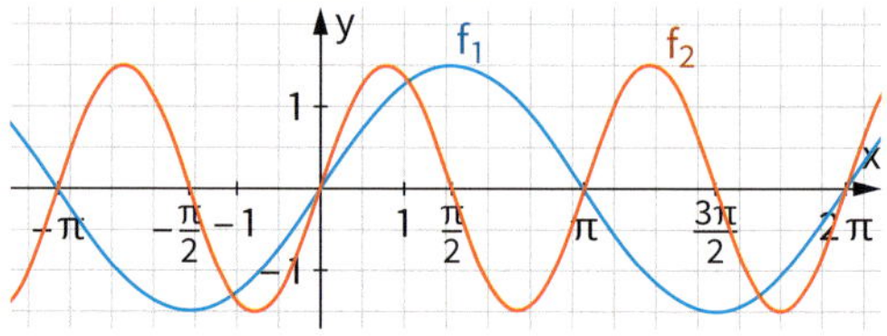

(3) Dann **Verschieben** um c Einheiten in Richtung der **x-Achse**

$f_3(x) = a \cdot \sin(b \cdot (x - c))$

Für $c > 0$ wird nach rechts verschoben, für $c < 0$ nach links.

$f_3(x) = 1{,}5 \cdot \sin\left(2 \cdot \left(x - \frac{\pi}{6}\right)\right)$

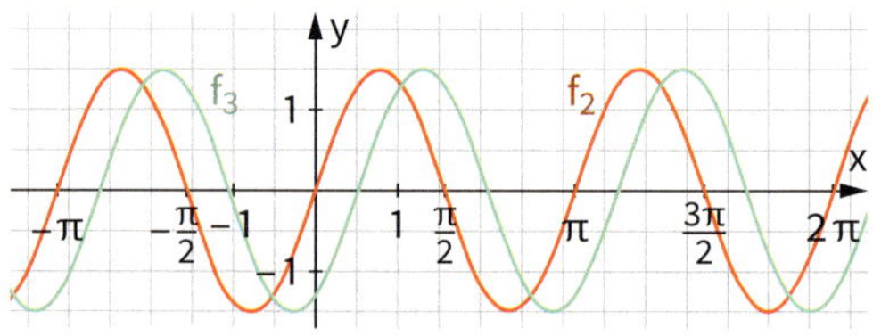

(4) Dann **Verschieben** um d Einheiten in Richtung der **y-Achse**

$g(x) = a \cdot \sin(b \cdot (x - c)) + d$

Für $d > 0$ wird nach oben verschoben, für $d < 0$ nach unten.

$f_4(x) = 1{,}5 \cdot \sin\left(2 \cdot \left(x - \frac{\pi}{6}\right)\right) + 1$

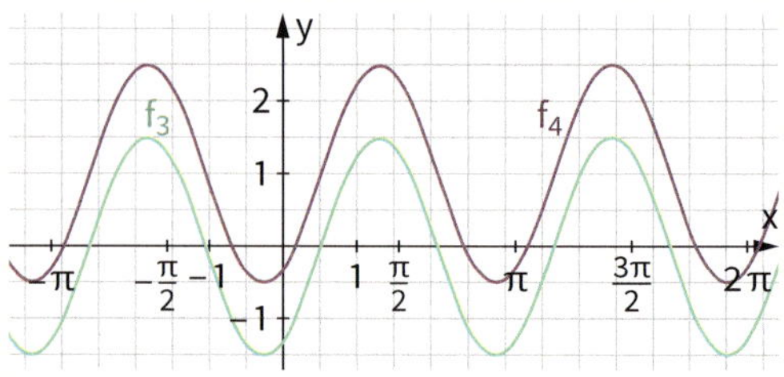

Klammer beachten

Vorsicht! Löst man im Funktionsterm die Klammer auf, so kann man die Verschiebung in Richtung der x-Achse nicht mehr unmittelbar ablesen.

$$\sin\left(2\cdot\left(x+\frac{\pi}{4}\right)\right)=\sin\left(2x+\frac{\pi}{2}\right)$$

Verschiebung um $\frac{\pi}{4}$ nach links

1 Sinuskurve verschieben und strecken

Zeichnen Sie die Sinuskurve und führen Sie die angegebenen Transformationen aus. Ermitteln Sie den Funktionsterm des neuen Graphen.

a) Strecken mit dem Faktor 3 in Richtung der y-Achse; dann Strecken mit dem Faktor 2 in Richtung der x-Achse; dann Verschieben um π Einheiten in Richtung der x-Achse nach rechts; dann Verschieben um 4 Einheiten in Richtung der y-Achse nach oben

b) Strecken mit dem Faktor −2 in Richtung der y-Achse; dann Strecken mit dem Faktor $\frac{1}{3}$ in Richtung der x-Achse; dann Verschieben um $\frac{\pi}{2}$ Einheiten in Richtung der x-Achse nach links; dann Verschieben um 1,5 Einheiten in Richtung der y-Achse nach unten

2 Gestreckte und verschobene Graphen

Beschreiben Sie, wie der Graph der Funktion aus dem Graphen zu $y=\sin(x)$ hervorgeht.

a) $y=2\cdot\sin\left(2\cdot\left(x+\frac{\pi}{4}\right)\right)$ b) $y=3\cdot\sin\left(\frac{1}{2}\cdot(x-\pi)\right)+1$ c) $y=\frac{1}{2}\cdot\sin(3\cdot(x-1))$

3 Graphen überprüfen

Lukas hat im Internet Graphen allgemeiner Sinusfunktionen gefunden. Kontrollieren Sie und geben Sie gegebenenfalls an, welcher Graph stattdessen gezeichnet wurde.

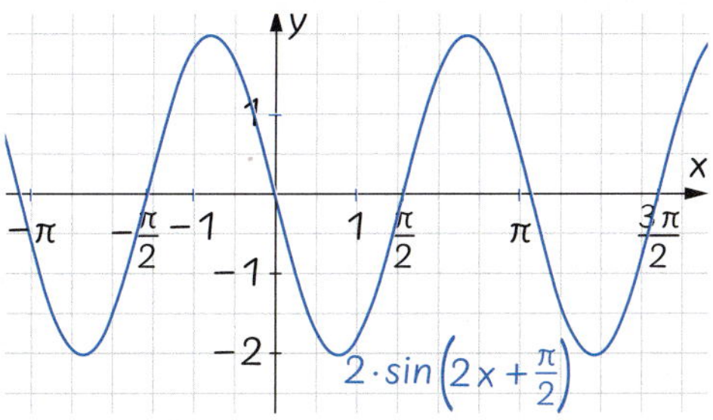

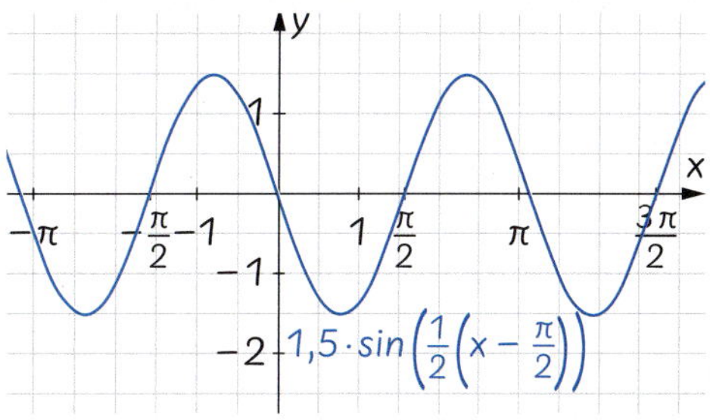

4 Reihenfolge beim Strecken und Verschieben

Gegeben ist die Sinusfunktion f.

a) Beschreiben Sie, wie der Graph der Funktion g_1 mit $g_1(x)=\sin\left(2\cdot\left(x-\frac{\pi}{2}\right)\right)$ aus dem Graphen von f hervorgeht.

b) Beschreiben Sie, wie der Graph der Funktion g_2 mit $g_2(x)=\sin(2x-\pi)$ aus dem Graphen von f hervorgeht, indem Sie zuerst in Richtung der x-Achse verschieben und danach in Richtung der x-Achse strecken.

c) Zeigen Sie, dass $g_1(x)=g_2(x)$ gilt, und erklären Sie den Zusammenhang.

d) Beschreiben Sie, in welchen Schritten man durch Strecken und Verschieben den Graphen der Funktion g mit $g(x)=a\cdot\sin(bx+c)+d$ aus der Sinuskurve erhalten kann.

5 Beschreiben Sie, wie der Graph der Funktion f aus der Sinuskurve hervorgeht.

a) $f(x)=\frac{1}{3}\cdot\sin(2\cdot(x-1))+4$ b) $f(x)=-2\cdot\sin\left(\frac{\pi}{2}\cdot(x+2)\right)-2$ c) $f(x)=\sin\left(2x+\frac{\pi}{4}\right)$

Prüfe dich!
Lösungen auf Seite 235

WES-135805-505

Falls Graph fällt: halbe Periodenlänge addieren

Funktionsterm aus Graphen bestimmen

Maximum: $y_{max} = 2{,}5$ *Minimum:* $y_{min} = -0{,}5$

Parameter bestimmen:

1) $d = \frac{\mathbf{y_{max} + y_{min}}}{\mathbf{2}} = \frac{2{,}5 + (-0{,}5)}{2} = 1$

2) $a = \frac{\mathbf{y_{max} - y_{min}}}{\mathbf{2}} = \frac{2{,}5 - (-0{,}5)}{2} = \frac{3}{2}$

3) $b = \frac{\mathbf{2\pi}}{\mathbf{p}} = \frac{2\pi}{\pi} = 2$

4) c ist die erste **positive** Stelle, an der **f(x) = d** gilt und der Graph **ansteigt**

$c = \frac{\pi}{4}$

Funktionsgleichung angeben:

$f(x) = a \cdot \sin(b \cdot (x - c)) + d = \frac{3}{2} \cdot \sin\left(2 \cdot \left(x - \frac{\pi}{4}\right)\right) + 1$

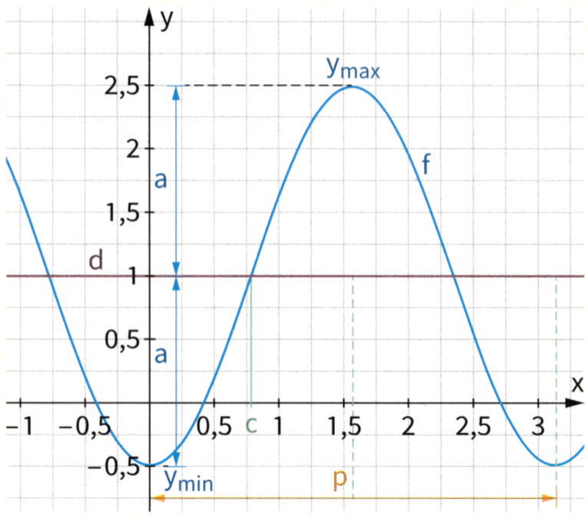

6 Vom Graphen zum Funktionsterm

Bestimmen Sie den Funktionsterm der allgemeinen Sinusfunktion.

a)

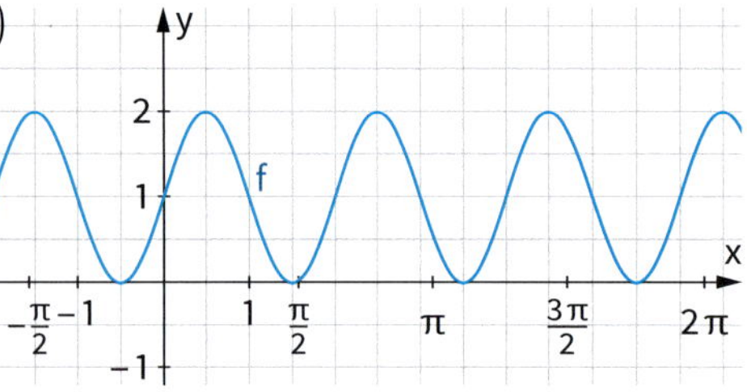

b)

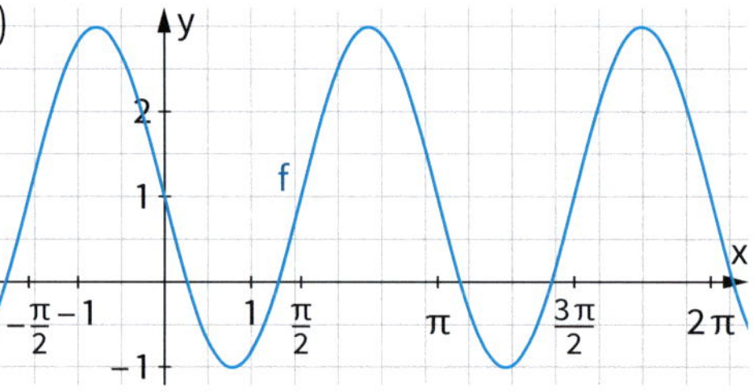

c)

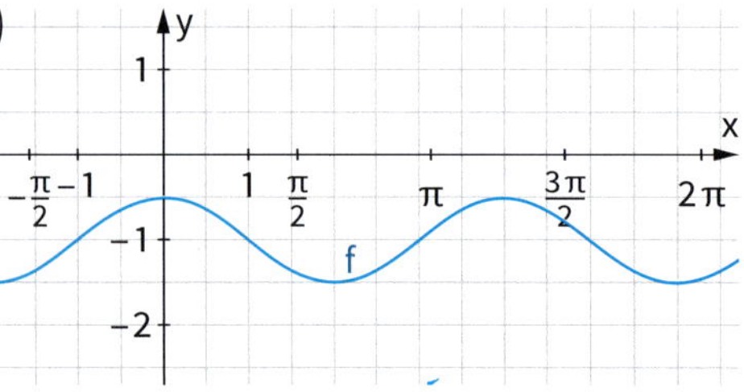

d)

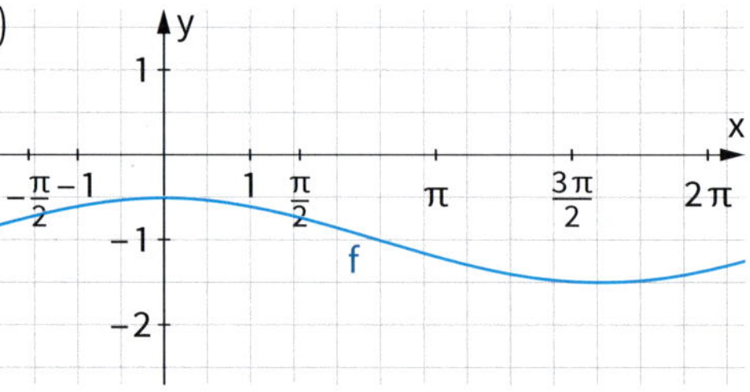

Prüfe dich!
Lösungen auf Seite 235

7 Bestimmen Sie einen Funktionsterm einer allgemeinen Sinusfunktion.

a)

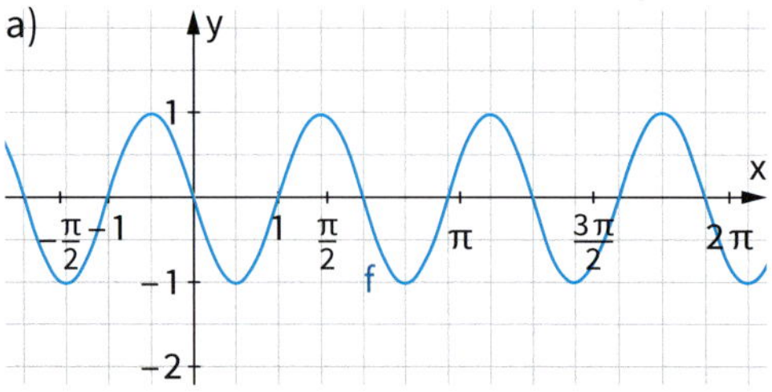

b)

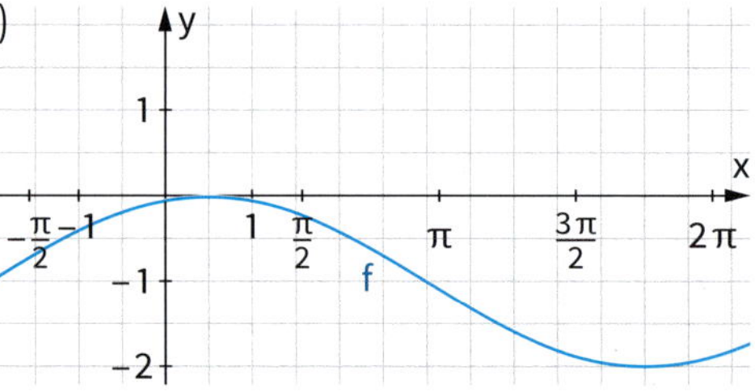

8 Funktion zu vorgegebenen Eigenschaften bestimmen

Ermitteln Sie den Term einer allgemeinen Sinusfunktion mit folgenden Eigenschaften:

- Der Graph mit dem Punkt P(0 | 3) ist achsensymmetrisch zur y-Achse.
- Die kleinste positive Nullstelle der Funktion ist 2π.

WES-135805-506

Modellieren mithilfe einer allgemeinen Sinusfunktion

Modellierung

$f(x) = a \cdot \sin(b \cdot (x - c)) + d$

- $d = 0;\ a = 175$
- $\frac{p}{2} \approx 7{,}5$; also $p \approx 15$ und damit $b \approx \frac{2\pi}{15}$
- Die erste Nullstelle ist etwa an der Stelle 4,3. Dort fällt der Graph aber. Also muss noch die halbe Periodenlänge addiert werden. $c \approx 4{,}3 + 7{,}5 = 11{,}8$

Damit erhält man:

$f(x) \approx 175 \cdot \sin\left(\frac{2\pi}{15} \cdot (x - 11{,}8)\right)$

Pegelstand der Elbe bei St. Pauli

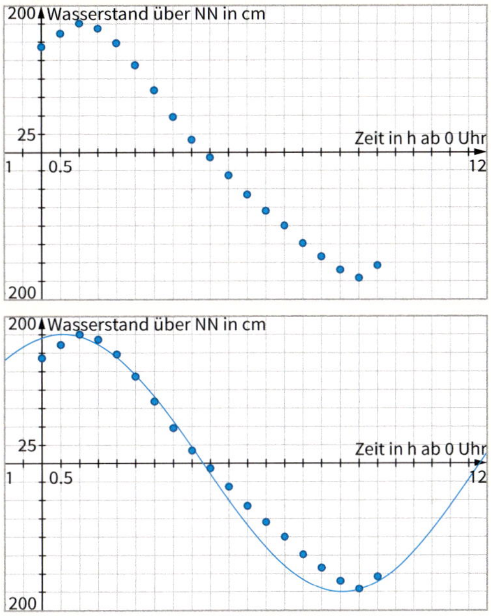

Auswertung

Der Vergleich zwischen dem Graphen von f und den Messwerten lässt zumindest teilweise auf eine gute Näherung schließen. Insgesamt scheint der Graph etwas zu „breit" zu sein.

9 ≡ **Mittlere Sonnenscheindauer**

Welche allgemeine Sinusfunktion beschreibt die mittlere Sonnenscheindauer in Stuttgart möglichst gut?

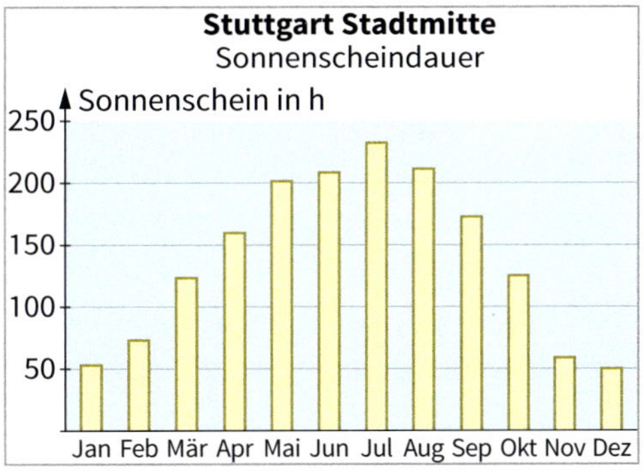

10 ≡ **Anzahl der Sonnenstunden**

Die Tabelle zeigt die durchschnittliche Anzahl der Sonnenstunden pro Tag im Verlauf des Jahres in Lillehammer (Norwegen). Modellieren Sie die Daten mithilfe einer allgemeinen Sinusfunktion und zeichnen Sie den Graphen.

Monat	Jan	Feb	Mär	Apr	Mai	Jun	Jul	Aug	Sep	Okt	Nov	Dez
Stunden pro Tag	1,1	2,1	4,4	6,2	7,1	7,8	7,5	6,4	4,5	2,6	1,3	0,7

11 ≡ **Astronomische Sonnenscheindauer**

Unter der *astronomischen Sonnenscheindauer* versteht man die Zeitspanne zwischen Sonnenaufgang und Sonnenuntergang. Die Tabelle zeigt die ungefähre astronomische Sonnenscheindauer in Stunden für Orte auf dem 50. Breitengrad.

Datum	22.6.	22.7.	22.8.	22.9.	22.10.	22.11.	22.12.	22.1.	22.2.	22.3.	22.4.	22.5.
Dauer in h	16,2	15,4	13,8	12,0	10,2	8,6	7,8	8,7	10,3	12,2	13,9	15,4

a) Bestimmen Sie eine allgemeine Sinusfunktion, mit der die astronomische Sonnenscheindauer für Orte auf dem 50. Breitengrad gut angenähert wird.

b) Bestimmen Sie die astronomische Sonnenscheindauer am 10. Juli.

5.3 Ableitung der Sinus- und der Kosinusfunktion

Vorbereiten
Seite 58

- Zeichnen Sie den Graphen der Sinus- und der Kosinusfunktion. Skizzieren Sie dann durch grafisches Differenzieren darunter jeweils den Graphen der Ableitungsfunktion.
- Äußern Sie eine Vermutung zum Funktionsterm der Ableitung und überprüfen Sie diese mithilfe eines Rechners.

Lösung

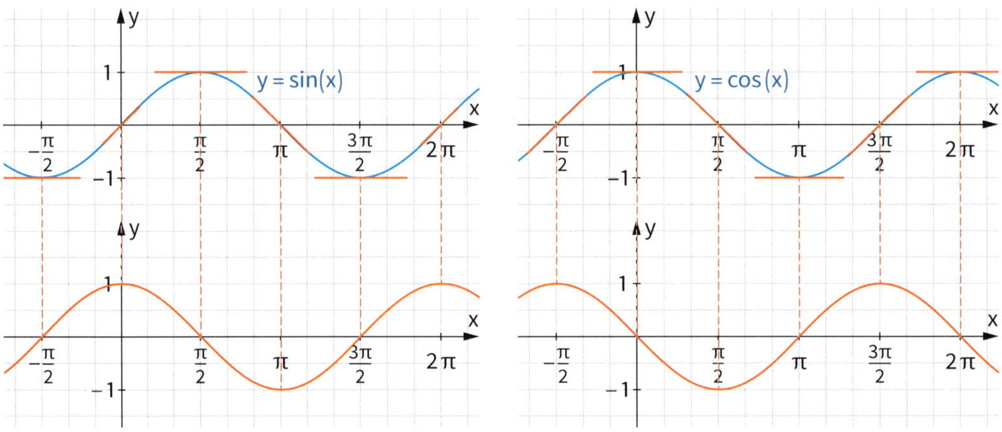

siehe Tangente an den Graphen einer Funktion

In den Hoch- und Tiefpunkten haben die Graphen jeweils die Steigung null. In den Nullstellen wird die Steigung extremal. Den Graphen kann man entnehmen, dass die extremalen Steigungen etwa 1 bzw. – 1 sind. Die Graphen der Sinus- und der Kosinusfunktion haben jeweils die Periode 2 π. Entsprechend haben auch die Graphen der Ableitung die Periode 2 π.

Die Graphen der Ableitungsfunktionen sehen aus wie die um $\frac{\pi}{2}$ nach links verschobenen Graphen der Ausgangsfunktionen. Man kann vermuten, dass sin (x) als Ableitung cos (x) hat und cos (x) als Ableitung – sin (x) hat.

Die entsprechenden Eingaben in einem Rechner bestätigen diese Vermutung. Die Graphen fallen zusammen.

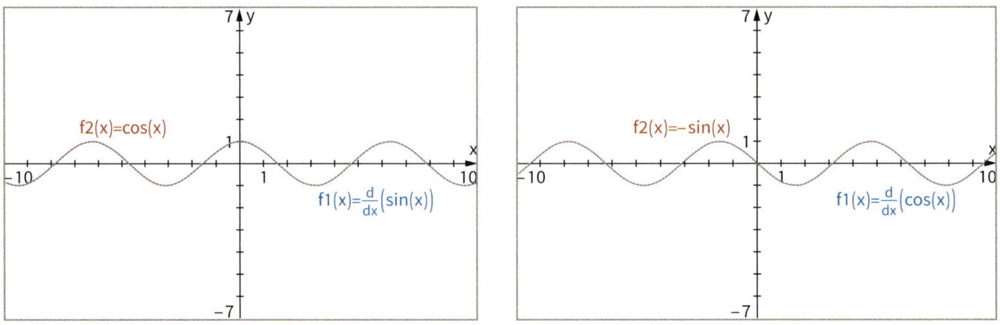

WES-135805-507

Ableitung der Sinusfunktion

Satz: Für $f(x) = \sin(x)$ gilt $f'(x) = \cos(x)$.

Ableitung der Kosinusfunktion

Satz: Für $f(x) = \cos(x)$ gilt $f'(x) = -\sin(x)$.

Faktor- und Summenregel anwenden

$f(x) = 2 \cdot \sin(x) - 3 \cdot \cos(x) + 1$

$f'(x) = 2 \cdot \cos(x) + 3 \cdot \sin(x)$

1 Ableitungen bestimmen

Bestimmen Sie die Ableitung der Funktion f.

a) $f(x) = 3 \cdot \sin(x)$ b) $f(x) = x - \sin(x)$ c) $f(x) = \frac{\sin(x)}{\pi}$

d) $f(x) = 3x^4 - 7 \cdot \sin(x)$ e) $f(x) = \frac{x^3 - 2 \cdot \sin(x)}{2\pi}$ f) $f(x) = 5 \cdot \sin(x) + 5 - \pi x^3$

2 Ableitung an einzelnen Stellen

a) Bestimmen Sie die Ableitung der Sinusfunktion bzw. der Kosinusfunktion für die Stellen $0;\ \frac{\pi}{2};\ \frac{\pi}{4};\ \frac{3}{4}\pi;\ \pi;\ \frac{3}{2}\pi;\ 2\pi.$

b) Welche Werte können bei der Ableitung der Sinusfunktion bzw. der Kosinusfunktion nicht vorkommen?

c) An welchen Stellen hat die Sinusfunktion bzw. die Kosinusfunktion die Ableitung $0;\ \frac{1}{2};\ -\frac{1}{2};\ 1;\ -1?$

3 Tangente an der Sinuskurve

Die Tangente an den Graphen der Sinusfunktion an der Stelle $x_0 = \frac{3}{4}\pi$ schließt zusammen mit den Koordinatenachsen im 1. Quadranten ein Dreieck ein. Bestimmen Sie den Flächeninhalt dieses Dreiecks.

Prüfe dich! Lösungen auf Seite 235

4 Bestimmen Sie die Ableitung der Funktion f.

a) $f(x) = \cos(x) - 3x^2$ b) $f(x) = \sin(x) - \cos(x)$ c) $f(x) = 8 - \cos(x) + x$

5 Die beiden Tangenten an den Stellen $x = 0$ und $x = \pi$ an den Graphen der Sinusfunktion schließen zusammen mit der x-Achse ein Dreieck ein. Skizzieren Sie den Graphen und das Dreieck und bestimmen Sie den Flächeninhalt des Dreiecks.

---

6 Tangenten-Trapez

Drei Tangenten an den Graphen der Sinusfunktion in einem Hochpunkt und in den beiden Wendepunkten links und rechts vom Hochpunkt schließen zusammen mit der x-Achse ein Trapez ein. Bestimmen Sie den Flächeninhalt eines solchen Trapezes.

7 Ableitung einer allgemeinen Sinusfunktion

Berechnen Sie die erste und die zweite Ableitung der Funktion f.

a) $f(x) = -3 \cdot \sin\left(\frac{\pi}{4} \cdot (x+1)\right) - 2$ b) $f(x) = \sin\left(2 \cdot (x - \pi)\right) + 1$ c) $f(x) = 5 \cdot \cos(-3x + 1)$

$f(x) = \sin(b \cdot (x - c))$
$f'(x) = b \cdot \cos(b \cdot (x - c))$

8 Begründung der Ableitungsregel für die Sinusfunktion

Begründen Sie mithilfe der Abbildung am Einheitskreis:

(1) Für den Differenzenquotienten zur Sinusfunktion gilt:
$$\frac{\sin(x+h) - \sin(x)}{h} = \frac{|PS|}{h}$$

(2) Für kleine h gilt $h \approx |PR|$ und damit
$$\frac{\sin(x+h) - \sin(x)}{h} \approx \cos(\alpha')$$

(3) Es gilt $\alpha = \alpha'$.
Hinweis: Eine Tangente durch einen Punkt P auf dem Kreisbogen ist immer orthogonal zum Radius zu P.

(4) Für $h \to 0$ gilt: $\frac{\sin(x+h) - \sin(x)}{h} \to \cos(\alpha) = \cos(x)$

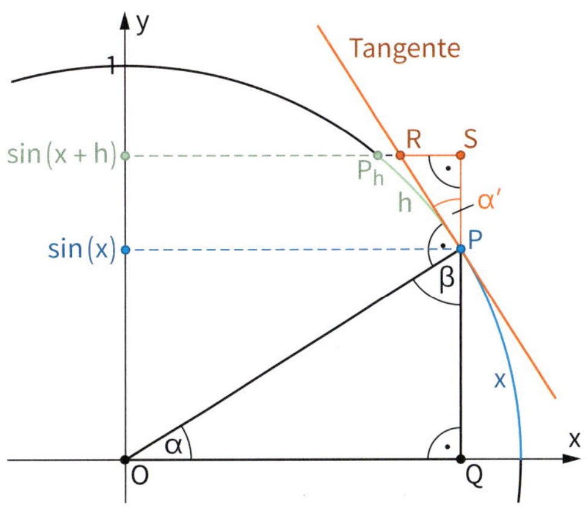

Mein Merkzettel

Seite 163

Bogenmaß

Die zugehörige Bogenlänge eines Winkels am Einheitskreis heißt **Bogenmaß** *des Winkels.*

Es gilt: $x = \frac{\alpha}{180°} \cdot \pi$

α	0°	90°	180°	270°	360°
x	0	$\frac{\pi}{2}$	π	$\frac{3}{2}\pi$	2π

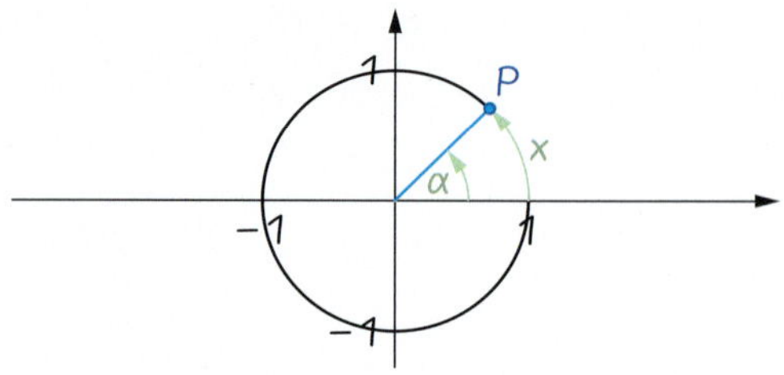

Seite 164

Sinusfunktion

$f(x) = \sin(x)$ für $x \in \mathbb{R}$

Der Graph heißt **Sinuskurve**.

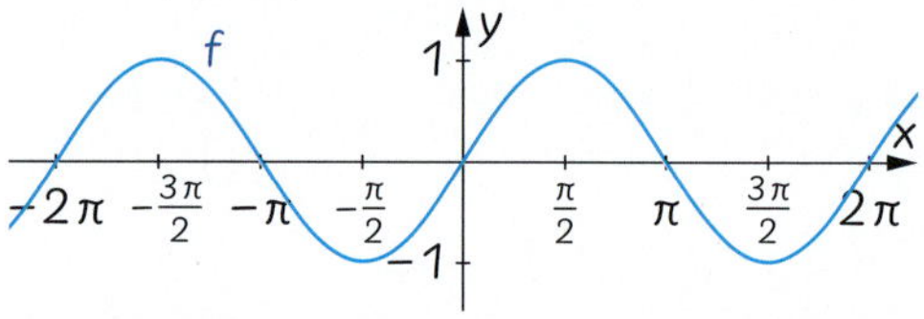

Periodenlänge 2π, d. h. $\sin(x + 2\pi) = \sin(x)$.

Nullstellen: $k\pi$ mit $k \in \mathbb{Z}$:

$\dots, -2\pi, -\pi, 0, \pi, 2\pi, 3\pi, \dots$

Hochpunkte: $H_k\left(\frac{\pi}{2} + 2k\pi \mid 1\right)$ mit $k \in \mathbb{Z}$

Tiefpunkte: $T_k\left(-\frac{\pi}{2} + 2k\pi \mid -1\right)$ mit $k \in \mathbb{Z}$

Wendepunkte: $W_k(k\pi \mid 0)$ mit $k \in \mathbb{Z}$

Der Graph der Sinusfunktion ist punktsymmetrisch zum Koordinatenursprung.

$\sin(-x) = -\sin(x)$

Kosinusfunktion

$f(x) = \cos(x)$ für $x \in \mathbb{R}$

Der Graph heißt **Kosinuskurve**.

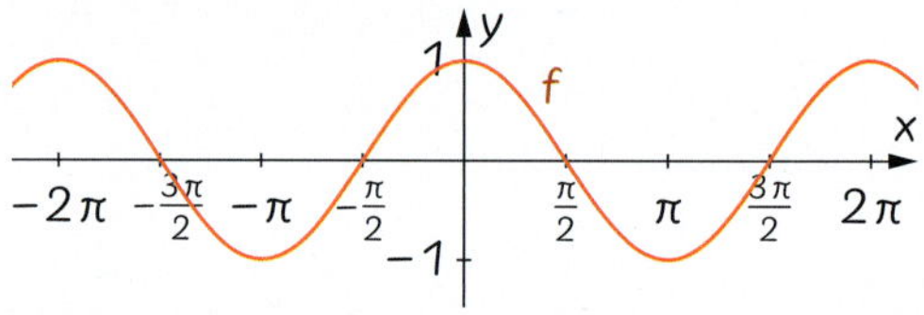

Periodenlänge 2π, d. h. $\cos(x + 2\pi) = \cos(x)$.

Nullstellen: $k\pi + \frac{\pi}{2}$ mit $k \in \mathbb{Z}$

$\dots, -\frac{3\pi}{2}, -\frac{\pi}{2}, \frac{\pi}{2}, \frac{3\pi}{2}, \frac{5\pi}{2}, \dots$

Hochpunkte: $H_k(2k\pi \mid 1)$ mit $k \in \mathbb{Z}$

Tiefpunkte: $T_k((2k+1)\pi \mid -1)$ mit $k \in \mathbb{Z}$

Wendepunkte: $W_k\left(k\pi + \frac{\pi}{2} \mid 0\right)$ mit $k \in \mathbb{Z}$

Der Graph der Kosinusfunktion ist achsensymmetrisch zur y-Achse.

$\cos(-x) = \cos(x)$

Seite 170

Ableitung der Sinusfunktion

$f(x) = \sin(x)$

$f'(x) = \cos(x)$

Ableitung der Kosinusfunktion

$f(x) = \cos(x)$

$f'(x) = -\sin(x)$ Achtung: minus Sinus!

Seite 166

Allgemeine Sinusfunktion

$f(x) = a \cdot \sin(b \cdot (x - c)) + d$

$f(x) = 2{,}5 \cdot \sin\left(2 \cdot \left(x - \frac{\pi}{2}\right)\right) + 1$

Der Graphen der Funktion f entsteht aus dem Graphen der Sinusfunktion:

- $a = 2{,}5$ mit dem Faktor 2,5 in y-Richtung gestreckt,
- $b = 2$ mit dem Faktor $\frac{1}{2}$ in x-Richtung gestreckt,
- $c = \frac{\pi}{2}$ um $\frac{\pi}{2}$ nach rechts verschoben und
- $d = 1$ um 1 nach oben verschoben.

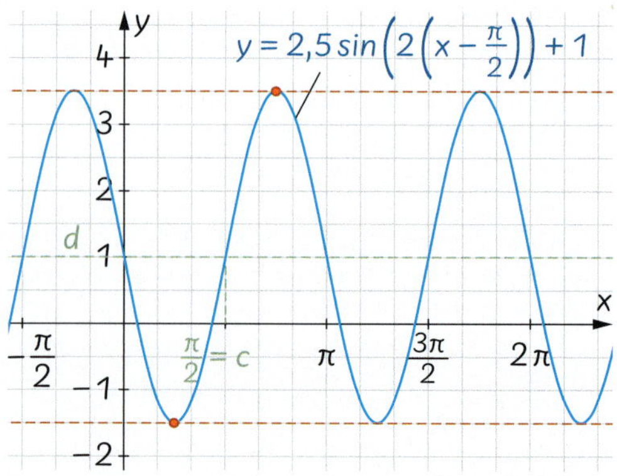

Wiederholen für die Klausur

Teil A – Aufgaben ohne Hilfsmittel

Lösungen auf Seite 236

1 Gradmaß und Bogenmaß

Übertragen Sie die Tabelle in Ihr Heft und ergänzen Sie die fehlenden Angaben, ohne einen Rechner zu verwenden. Überprüfen Sie anschließend mit einem Rechner.

α im Gradmaß	180°	■	36°	■	■	1°	■	■	20°	■	■
x im Bogenmaß, (Vielfache von π)	■	2π	■	$\frac{\pi}{8}$	■	■	$\frac{7\pi}{15}$	■	■	20π	$\frac{3}{2}\pi$
x im Bogenmaß, (dezimal)	3,142	■	■	■	0,314	■	■	1	■	■	■

2 Graphen von Sinusfunktionen zuordnen

Ordnen Sie den abgebildeten Graphen die folgenden Funktionsgleichungen zu und begründen Sie Ihre Zuordnung:

(1) $f(x) = \sin(x) + 2$ (2) $f(x)\ y = \sin(x + 2)$ (3) $f(x) = 2 \cdot \sin(x)$ (4) $f(x) = \sin(2x)$

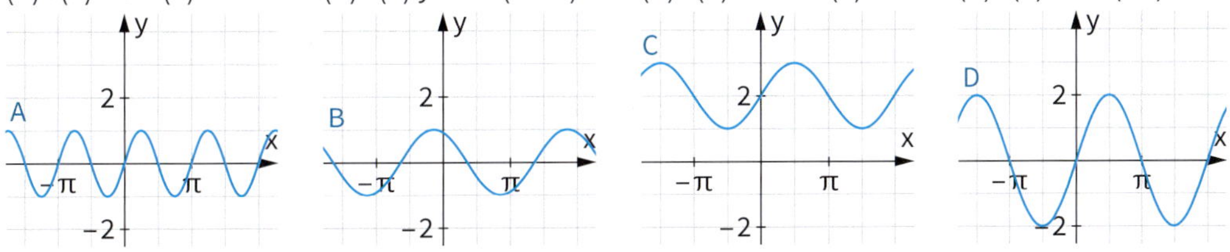

3 Funktionsterm bestimmen

Der Graph der Sinusfunktion wird mit dem Faktor 3 in Richtung der y-Achse und mit dem Faktor $\frac{1}{2}$ in Richtung der x-Achse gestreckt. Danach wir der Graph um 5 Einheiten nach rechts und um 7 Einheiten nach unten verschoben.
Geben Sie für den neuen Graphen eine passende Funktionsgleichung an.

Teil B – Aufgaben mit Hilfsmitteln

4 Allgemeine Sinusfunktion

Beschreiben Sie, wie der Graph der Funktion aus dem Graphen zu $y = \sin(x)$ hervorgeht.

a) $y = 3 \cdot \sin(4 \cdot (x + \pi))$ b) $y = -0{,}5 \cdot \sin\left(\frac{1}{3}x\right) - 2$ c) $y = \sin\left(2 \cdot \left(x + \frac{\pi}{8}\right)\right)$

5 Ableitung einer Sinusfunktion

Gegeben ist die Funktion f mit $f(x) = \sin(2x)$.

a) Beschreiben Sie, wie der Graph von f aus der Sinuskurve hervorgeht.
b) Stellen Sie eine Vermutung für den Funktionsterm von f′ auf und begründen Sie diese geometrisch.

6 Ableitung einer Kosinusfunktion

Gegeben ist die Funktion f mit $f(x) = -\cos(x)$.

a) Zeichnen Sie den Graphen von f in ein geeignetes Koordinatensystem.
b) Berechnen Sie $f'(x)$.
c) Zeichnen Sie den Graphen von f′ in das gleiche Koordinatensystem und erklären Sie die Zusammenhänge beider Graphen.
d) Erklären Sie die Bedeutung des Terms $\frac{f\left(\frac{\pi}{2} + h\right) - f\left(\frac{\pi}{2}\right)}{h}$ für $h \to 0$ und bestimmen Sie diesen Grenzwert.

6 Folgen und Reihen

Wie viele Reiskörner passen auf ein Schachspiel, wenn man ein Korn auf das erste Feld legt, zwei Körner auf das zweite Feld, vier Körner auf das dritte Feld und auf jedes weitere Feld doppelt so viele Körner wie auf dem vorhergehenden Feld?

Dieses Problem wird in diesem Kapitel mithilfe von Zahlenfolgen gelöst.

- **Was sind Folgen und wie kann man sie darstellen?**
- **Woran erkennt man arithmetische Folgen und geometrische Folgen?**
- **Wie bestimmt man den Grenzwert einer Folge?**
- **Was ist eine Reihe?**

6.1 Darstellungen von Folgen

Die Abbildung zeigt, wie die sogenannten Dreieckszahlen entstehen.
Berechnet man weitere Dreieckszahlen, so kann man diese Zahlen fortlaufend aufschreiben: 1, 3, 6, 10, 15, …
Eine andere Schreibweise ist:
$D_1 = 1,\ D_2 = 3,\ D_3 = 6,\ D_4 = 10,\ D_5 = 15, \dots$

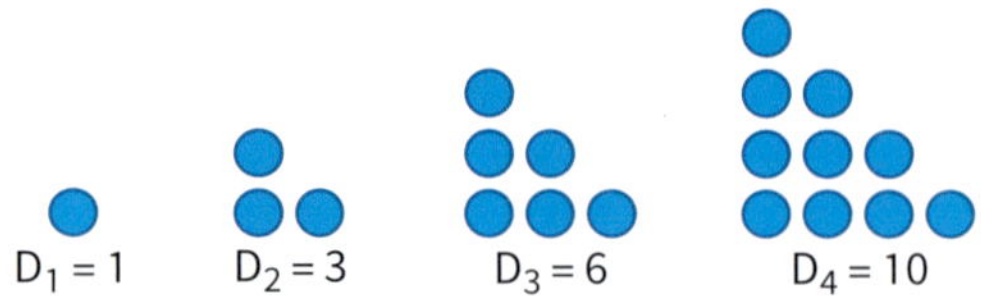

- Berechnen Sie weitere Dreieckszahlen. Erläutern Sie, wie Sie dabei vorgegangen sind.
- Wie kann man aus einer gegebenen Dreieckszahl die nächste Dreieckszahl bestimmen?
- Begründen Sie anhand der Abbildungen, dass $D_{n-1} + D_n = n^2$ für $n > 1$ gilt.
- Finden Sie eine Formel, mit der man jede Dreieckszahl sofort berechnen kann, ohne die vorherigen Zahlen zu kennen.

WES-135805-601

Folgen

Eine **Folge** ist eine Funktion, bei der jeder natürlichen Zahl n eine reelle Zahl a_n zugeordnet wird.
Eine Folge notiert man häufig so: $a_1, a_2, a_3, a_4, \dots$
Die Zahlen $a_1, a_2, a_3, a_4, \dots$ nennt man **Folgenglieder** der Folge und n heißt **Platznummer** des Folgenglieds a_n.
In der Regel wählt man $n \geq 1$, d. h. man beginnt eine Folge mit dem Folgenglied a_1.
Um eine Folge von einem Folgenglied a_n zu unterscheiden, bezeichnet man die Folge mit (a_n).

(a_n) Folge der Vielfachen von 5

$a_1,\ a_2,\ a_3,\ a_4,\ a_5, \dots$
$5,\ 10,\ 15,\ 20,\ 25, \dots$

Das Folgenglied $a_4 = 20$ hat die Platznummer 4.

Rekursive Darstellung einer Folge

Eine Bildungsvorschrift für eine Folge, bei der das n-te Folgenglied aus dem $(n-1)$-ten Folgenglied berechnet wird, nennt man **rekursive Darstellung** der Folge.
Ein Folgenglied muss angegeben werden, damit man weitere Folgenglieder **rekursiv** berechnen kann.

$\mathbf{a_1 = 5}$ **und** $\mathbf{a_n = a_{n-1} + 5\ (n > 1)}$

$a_1 = 5$
$a_2 = a_1 + 5 = 5 + 5 = 10$
$a_3 = a_2 + 5 = 10 + 5 = 15$
$a_4 = a_3 + 5 = 15 + 5 = 20$

Explizite Darstellung einer Folge

Eine Bildungsvorschrift für eine Folge, bei der man durch Angabe der Platznummer das n-te Folgenglied **direkt** berechnen kann, nennt man **explizite Darstellung** der Folge.

$\mathbf{a_n = 5 \cdot n}$

$a_4 = 5 \cdot 4 = 20$
$a_{200} = 5 \cdot 200 = 1000$

1 **Bildungsvorschriften finden**

Bestimmen Sie zu der Folge jeweils eine rekursive und eine explizite Bildungsvorschrift.
(1) Die Folge (a_n) der Vielfachen von 3.
(2) Die Folge (b_n) der ungeraden natürlichen Zahlen.
(3) Die Folge (c_n) der Potenzen von 2 mit natürlichen Exponenten größer als null.

2 **Folgenglieder berechnen und explizite Darstellung finden**

Berechnen Sie die Folgenglieder a_2 bis a_{10} der Folge (a_n). Finden Sie eine explizite Darstellung.
a) $a_1 = 0;\ a_n = a_{n-1} + 1$
b) $a_1 = 100;\ a_n = a_{n-1} - 1$
c) $a_1 = 4;\ a_n = -a_{n-1}$
d) $a_1 = 0{,}1;\ a_n = -2\,a_{n-1}$
e) $a_1 = 3;\ a_n = 3\,a_{n-1}$
f) $a_1 = 7;\ a_n = a_{n-1}$

3 **Hex-Numbers**

Die sogenannten Hex-Numbers H_n entstehen aus der abgebildeten Bilderfolge.

a) Ermitteln Sie H_4.

b) Berechnen Sie aus H_4 die nächste Hex-Number H_5.

c) Verallgemeinern Sie das Bildungsgesetz und formulieren Sie eine rekursive Bildungsvorschrift für H_n.

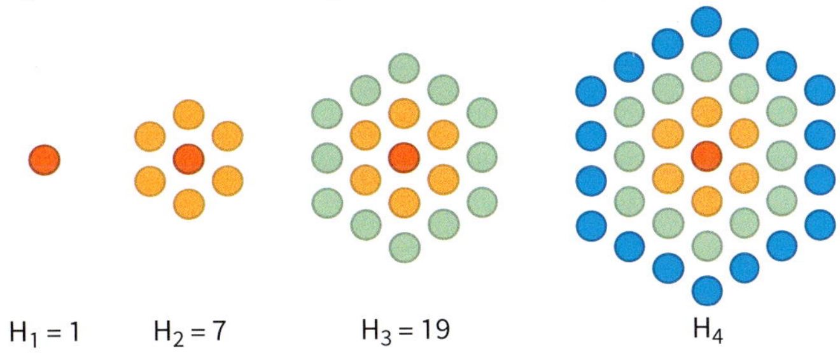

4 **Bildungsvorschrift bestimmen**

Geben Sie für die Zahlenfolge eine mögliche Darstellung an.

a) 2, 5, 8, 11, … b) −2, 4, −8, 16, … c) 1, 1, 1, 1, … d) $-\frac{1}{2}, -\frac{1}{3}, -\frac{1}{4}, -\frac{1}{5}, \ldots$

5 **Bildungsvorschrift nicht eindeutig**

Von einer Folge liegen die ersten drei Folgenglieder vor: 1, 3, 5.

Alex: „*Eine explizite Darstellung ist* $a_n = 2n - 1$.“

Paul: „*Eine explizite Darstellung ist* $a_n = \frac{-1}{6}n^3 + n^2 + \frac{1}{6}n$.“

Zoi: „*Eine rekursive Darstellung der Folge ist* $a_n = a_{n-1} + 2$ *mit* $a_1 = 1$.“

a) Überprüfen Sie die drei Behauptungen.

b) Vergleichen Sie jeweils das vierte Folgenglied der Folge von Alex, Paul und Zoi.

6 **Verschiedene Bildungsvorschriften bestimmen**

a) Von einer Folge sind die ersten drei Folgenglieder bekannt: 1, 2, 4. Finden Sie mindestens zwei Bildungsvorschriften, die für das vierte Folgenglied jeweils verschiedene Werte liefern.

b) Denken Sie sich eine Bildungsvorschrift für eine Folge aus und nennen Sie einer anderen Person die ersten drei Folgenglieder. Lassen Sie diese Person eine Bildungsvorschrift bestimmen und vergleichen Sie.

7 **Graphen von Folgen**

a) Abgebildet ist der Graph der Folge (a_n) mit $a_n = a_{n-1} + n - 1$ und $a_1 = 0$. Erläutern Sie anhand der Abbildung, wie man den Graphen einer Folge zeichnet. Benennen Sie Unterschiede und Gemeinsamkeiten zum Graphen einer Funktion mit dem Definitionsbereich ℝ.

b) Berechnen Sie die Folgenglieder a_2 bis a_{10} der Folge (a_n) und zeichnen Sie den Graphen der Folge.

(1) $a_n = \frac{1}{10} \cdot n^2$ (2) $a_n = 1 + \frac{1}{n^2}$

(3) $a_n = 5 - 3n$ (4) $a_n = (-1)^n \cdot 2^n$

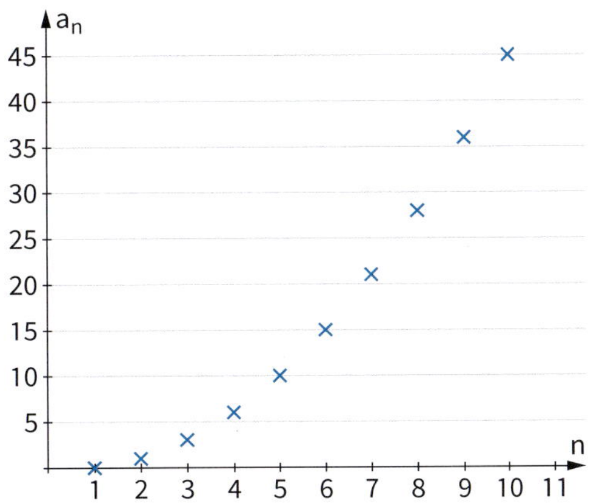

8 Geben Sie eine rekursive und eine explizite Bildungsvorschrift für die Folge an.

a) Die Folge (a_n) der Vielfachen von 11.

b) Das erste Folgenglied ist 10. Die Folgenglieder halbieren sich bei jedem Schritt.

Prüfe dich! Lösungen auf Seite 237

9 Berechnen Sie die Folgenglieder a_2 bis a_{10} der Folge (a_n) mit $a_1 = 2$ und $a_n = 2a_{n-1} + 1$. Zeichnen Sie den Graphen der Folge.

6.2 Geometrische und arithmetische Folgen

Der Mathematiker Helge von Koch (1870–1924) konstruierte 1904 einen Streckenzug, der als „mathematisches Monster“ in die Geschichte der Mathematik einging und als Koch’sche Kurve bezeichnet wird.

Schrittweise Konstruktion der Kurve für $n = 3$

$n = 1$
Eine gerade Linie der Länge L_1 zeichnen.

$n = 2$
Linie in drei gleich lange Teilstrecken zerlegen. Über der mittleren Teilstrecke ein gleichseitiges Dreieck einzeichnen. Die Grundseite entfernen.

$n = 3$
Dieses Vorgehen für jede Teilstrecke der zweiten Kurve wiederholen.

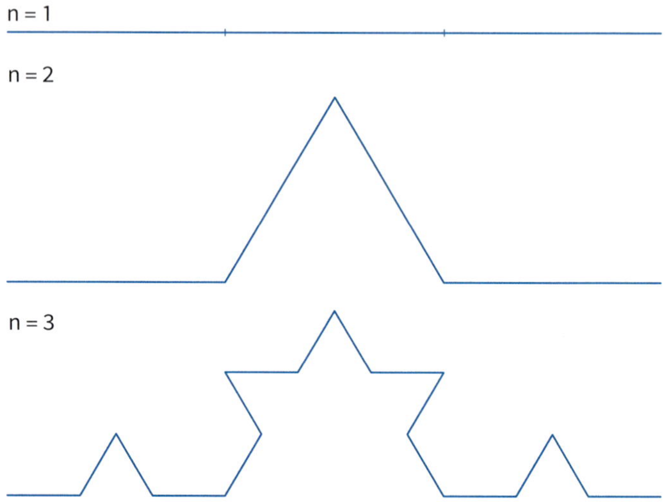

Die Längen L_n der Kurven bestimmen

Zuerst wählt man für die Länge der Anfangslinie: z.B. $L_1 = 9\,\text{cm}$.

Die zweite Kurve besteht aus 4 Teilstrecken. Jede Teilstrecke hat ein Drittel der Länge der Anfangslinie, somit gilt für die Gesamtlänge der zweiten Kurve $L_2 = 4 \cdot 3\,\text{cm} = 12\,\text{cm}$.

Die dritte Kurve besteht aus $4 \cdot 4 = 16$ Teilstrecken. Jede Teilstrecke hat ein Drittel der Länge einer Teilstrecke der zweiten Kurve, also 1 cm. Die Gesamtlänge der dritten Kurve beträgt somit $L_3 = 16 \cdot 1\,\text{cm} = 16\,\text{cm}$.

Bei jeder weiteren Kurve wird die Anzahl der Teilstrecken der vorherigen Kurve vervierfacht. Die Länge jeder Teilstrecke wird auf $\frac{1}{3}$ der vorherigen Länge verkleinert. Also gilt für die Gesamtlänge die rekursive Bildungsvorschrift $L_n = \frac{4}{3} \cdot L_{n-1}$.

Schritt	1	2	3	4	…	n
Anzahl der Teilstrecken	1 $\xrightarrow{\cdot 4}$	4 $\xrightarrow{\cdot 4}$	16 $\xrightarrow{\cdot 4}$	64	…	4^{n-1}
Länge einer Teilstrecke in cm	9 $\xrightarrow{\cdot \frac{1}{3}}$	3 $\xrightarrow{\cdot \frac{1}{3}}$	1 $\xrightarrow{\cdot \frac{1}{3}}$	$\frac{1}{3}$	…	$9 \cdot \left(\frac{1}{3}\right)^{n-1}$
L_n Länge der Kurve in cm	9 $\xrightarrow{\cdot \frac{4}{3}}$	12 $\xrightarrow{\cdot \frac{4}{3}}$	16 $\xrightarrow{\cdot \frac{4}{3}}$	$\frac{64}{3}$	…	$9 \cdot \left(\frac{4}{3}\right)^{n-1}$

Aus der Tabelle kann man die explizite Bildungsvorschrift entnehmen: $L_n = 9 \cdot \left(\frac{4}{3}\right)^n$

Eigenschaften der Koch’schen Kurve

Je größer der Wert für n wird, desto länger wird die Kurve. Ab $n = 71$ ist die Kurve länger als der Erdumfang, der ca. 40 000 km beträgt. Obwohl die Kurve unendlich lang werden kann, passt sie, vorausgesetzt man könnte sie zeichnen, auf ein Blatt Papier, denn sie wird niemals höher oder breiter als die Kurve für $n = 2$. Das bedeutet, dass eine unendlich lange Kurve auf eine endliche Fläche passt, was eine überraschende Eigenschaft der Koch’schen Kurve ist.

Geometrische Folgen

Eine Folge (a_n) heißt **geometrische Folge**, wenn der Quotient $\frac{a_n}{a_{n-1}}$ zweier aufeinanderfolgender Folgenglieder immer gleich ist. Es gibt eine Zahl q, sodass für alle n die Gleichung $\frac{a_n}{a_{n-1}} = q$ erfüllt ist.

3, 6, 12, 24, 48, …

$q = \frac{6}{3} = \frac{12}{6} = \frac{24}{12} = \frac{48}{24} = \ldots = 2$

$3 \xrightarrow{\cdot 2} 6 \xrightarrow{\cdot 2} 12 \xrightarrow{\cdot 2} 24 \xrightarrow{\cdot 2} \ldots$

$3 \xrightarrow{\cdot 2} 3 \cdot 2 \xrightarrow{\cdot 2} 3 \cdot 2^2 \xrightarrow{\cdot 2} 3 \cdot 2^3 \xrightarrow{\cdot 2} \ldots$

Immer mit $q = 2$ multiplizieren

Rekursive Darstellung

$\mathbf{a_1}$ gegeben und $\mathbf{a_n = q \cdot a_{n-1}}$ für $n > 1$

$a_1 = 3$ und $a_n = 2 \cdot a_{n-1}$ für $n > 1$

Explizite Darstellung

$\mathbf{a_n = a_1 \cdot q^{n-1}}$

$a_n = 3 \cdot 2^{n-1}$

WES-135805-602

Explizite Darstellung bestimmen

Bestimmen Sie die explizite Darstellung der Folge (a_n) mit $2, \frac{4}{3}, \frac{8}{9}, \frac{16}{27}, \frac{32}{81}, \ldots$

Lösung

$a_1 = 2$ und $q = \frac{a_n}{a_{n-1}} = \frac{4}{3} : 2 = \frac{8}{9} : \frac{4}{3} = \ldots = \frac{2}{3}$

Explizite Darstellung: $a_n = a_1 \cdot q^{n-1} = 2 \cdot \left(\frac{2}{3}\right)^{n-1}$

Rekursive Darstellung bestimmen

Bestimmen Sie die rekursive Darstellung der Folge (a_n) mit 6, 12, 24, 48, 96, …

Lösung

$a_1 = 6$ und $q = \frac{a_n}{a_{n-1}} = \frac{12}{6} = \frac{24}{12} = \frac{48}{24} = \ldots = 2$

Rekursive Darstellung: $a_n = 2 \cdot a_{n-1}$ mit $a_1 = 6$

1 Darstellungen geometrischer Folgen

Von einer geometrischen Folge (a_n) sind a_1 und q gegeben. Geben Sie eine rekursive und eine explizite Darstellung für die Folge an. Bestimmen Sie die Folgenglieder für $n = 1$ bis $n = 5$. Geben Sie das Folgenglied mit Platznummer 100 an.

a) $a_1 = 6;\ q = 3$ b) $a_1 = 200;\ q = 0{,}1$ c) $a_1 = 1000;\ q = -\frac{1}{2}$

d) $a_1 = 4;\ q = \frac{3}{4}$ e) $a_1 = -6;\ q = 3$ f) $a_1 = 5;\ q = -0{,}4$

2 Verhalten geometrischer Folgen für sehr große Werte von n

Untersuchen Sie das Verhalten der Folgenglieder der geometrischen Folgen (a_n) für sehr große Werte von n. Erläutern Sie, wie dieses Verhalten mit dem Wert für q zusammenhängt.

(1) $a_1 = 1;\ q = 2{,}5$ (2) $a_1 = 100;\ q = 0{,}5$ (3) $a_1 = 10;\ q = -2$

3 Pendel

Ein Pendel wird um 20 cm nach rechts aus der Ruhelage bewegt und losgelassen. Der Betrag der Auslenkung beträgt 80 % des Betrages der vorherigen Auslenkung. Berechnen Sie die ersten fünf Folgenglieder der Folge, die die Auslenkung beschreibt. Bestimmen Sie eine rekursive und eine explizite Darstellung für diese Folge.

Einstieg

Arithmetische Folgen

Gegeben ist die Folge der ungeraden Zahlen: 1, 3, 5, 7, 9, …
Clara sagt: „*Die Differenz zwischen zwei Folgengliedern ist immer 2.*“
Joris meint: „*Das sind die geraden Zahlen plus 1.*“
Bestimmen Sie eine rekursive und eine explizite Darstellung für die Zahlenfolge.

WES-135805-603

Arithmetische Folgen

Eine Folge (a_n) heißt **arithmetische Folge**, wenn die Differenz $a_n - a_{n-1}$ zweier aufeinanderfolgender Folgenglieder immer gleich ist. Es gibt eine Zahl d, sodass für alle n die Gleichung $a_n - a_{n-1} = d$ erfüllt ist.

$7, 10, 13, 16, 19, \dots$

$d = 10 - 7 = 13 - 10 = 16 - 13 = 19 - 16 = \dots = 3$

$7 \xrightarrow{+3} 10 \xrightarrow{+3} 13 \xrightarrow{+3} 16 \xrightarrow{+3} \dots$

$7 \xrightarrow{+3} 7+3 \xrightarrow{+3} 7+2\cdot 3 \xrightarrow{+3} 7+3\cdot 3 \xrightarrow{+3} \dots$

Rekursive Darstellung

$\mathbf{a_1}$ gegeben und $\mathbf{a_n = a_{n-1} + d}$ für $n > 1$

$a_1 = 7$ und $a_n = a_{n-1} + 3$ für $n > 1$

Explizite Darstellung

$\mathbf{a_n = a_1 + d \cdot (n-1)}$

$a_n = 7 + 3 \cdot (n-1)$

Explizite Darstellung bestimmen

Bestimmen Sie die explizite Darstellung der Folge (a_n) mit $4, 14, 24, 34, 44, 54, \dots$

Lösung

$a_1 = 4$ und $d = a_n - a_{n-1} = 14 - 4 = \dots = 10$

$a_n = 4 + 10 \cdot (n-1)$

$a_n = a_1 + d \cdot (n-1)$

Rekursive Darstellung bestimmen

Bestimmen Sie die rekursive Darstellung der Folge (a_n) mit $-5, -3, -1, 1, 3, 5, \dots$

Lösung

$a_1 = -5$ und $d = a_n - a_{n-1} = -3 - (-5) = \dots = 2$

$a_n = a_{n-1} + 2$ mit $a_1 = -5$

$a_n = a_{n-1} + d$

4 **Darstellungen arithmetischer Folgen**

Von einer arithmetischen Folge (a_n) sind a_1 und d gegeben. Geben Sie eine rekursive und eine explizite Darstellung für die Folge an. Bestimmen Sie die Folgenglieder für $n = 1$ bis $n = 5$. Geben Sie das Folgenglied mit Platznummer 100 an.

a) $a_1 = 5$; $d = 2$ b) $a_1 = 3$; $d = -2$ c) $a_1 = 0$; $d = 1$ d) $a_1 = -4$; $d = 2$

5 **Größtes oder kleinstes Folgenglied einer arithmetischen Folge**

Untersuchen Sie, unter welchen Bedingungen es bei einer arithmetischen Folge ein kleinstes oder ein größtes Folgenglied gibt.

6 **Konstante Folge**

Eine Folge, bei der alle Folgenglieder den gleichen Wert haben, heißt *konstante Folge*.

a) Geben Sie drei Beispiele für eine konstante Folge an und bestimmen Sie für jedes Beispiel eine rekursive und eine explizite Darstellung.

b) Entscheiden Sie begründet, ob eine konstante Folge eine geometrische oder eine arithmetische Folge ist.

Prüfe dich! Lösungen auf Seite 237

7 Gegeben sind die ersten fünf Folgenglieder einer geometrischen oder einer arithmetischen Folge. Geben Sie für jede Folge eine rekursive und eine explizite Darstellung an.

(1) $5, 10, 20, 40, 80, \dots$ (2) $8, 5, 2, -1, -4, \dots$ (3) $9, 3, 1, \frac{1}{3}, \frac{1}{9}, \dots$ (4) $-6, 1, 8, 15, 22, \dots$

8 **Arithmetisches und geometrisches Mittel**

arithmetisches Mittel von a und b: $\frac{a+b}{2}$
geometrisches Mittel von a und b: $\sqrt{a \cdot b}$

a) Beweisen Sie: Ab der Platznummer 2 ist jedes Folgenglied einer arithmetischen Folge das arithmetische Mittel aus dem vorhergehenden und nachfolgenden Folgenglied.

b) Beweisen Sie: Ab der Platznummer 2 ist jedes Folgenglied einer geometrischen Folge das geometrische Mittel aus dem vorhergehenden und dem nachfolgenden Folgenglied.

9 Radioaktiver Zerfall

Im März 2011 kam es nach einem Erdbeben vor der japanischen Küste bei Fukushima zu einer Katastrophe im dortigen Atomkraftwerk. Dabei wurde das bei der Atomspaltung entstehende radioaktive Isotop Jod 131 freigesetzt. Da Jod 131 radioaktiv ist, zerfällt es von einem Tag auf den anderen auf 90,5 % der Masse, die am Vortag vorhanden war.

Angenommen, dass in einem Gebiet 1000 mg des Isotops 131 niedergegangen sind.

(1) Wie viel Milligramm sind nach 2, 3, 4, …, n Tagen davon noch vorhanden?

(2) Nach wie vielen Tagen beträgt die Masse weniger als 1 mg?

10 Das Nimm-Spiel

Für das Nimm-Spiel legt man 121 Streichhölzer auf einen Haufen. Es wird von zwei Personen, Person A und Person B, gespielt. Jede Person nimmt abwechselnd nach seiner Wahl ein, zwei oder drei Streichhölzer vom Haufen weg. Wer das letzte Streichholz erhält, hat gewonnen. Person A, die anfängt, überlegt sich folgende Strategie:

- Im ersten Zug nimmt Person A ein Streichholz weg.
- Im zweiten Zug ist Person B an der Reihe und nimmt ein, zwei oder drei Streichhölzer. Hat Person B ein Streichholz genommen, so nimmt Person A beim dritten Zug drei Streichhölzer, hat Person B zwei Streichhölzer genommen, so nimmt Person A ebenfalls zwei, hat Person B drei Streichhölzer genommen, nimmt Person A ein Streichholz.

a) Notieren Sie die Anzahl der Streichhölzer, die nach einem Zug, 3 Zügen, 5 Zügen, 7 Zügen, 9 Zügen, 11 Zügen, … noch im Haufen liegen.

b) Begründen Sie, warum nach dieser Strategie Person A stets gewinnt.

c) Wie verhält es sich, wenn mit 122 Streichhölzern gespielt wird?

11 Sierpinski-Dreieck

n = 1

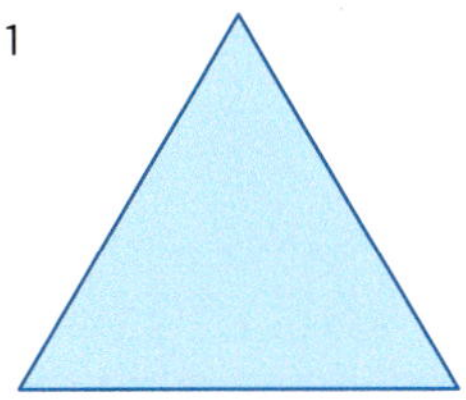

Ein gleichseitiges Dreieck mit dem Flächeninhalt 1 cm²zeichnen.

n = 2

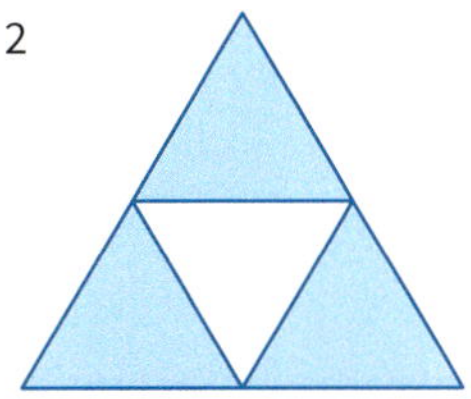

Die Mittelpunkte der Seiten verbinden und das innere Dreieck entfernen.

n = 3

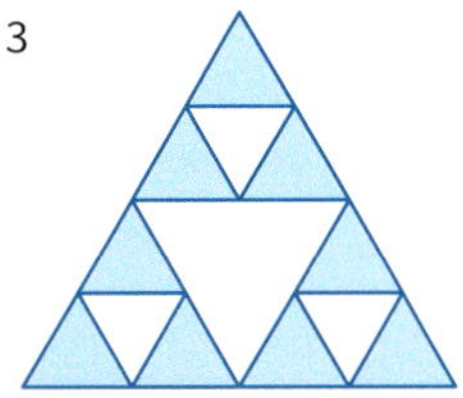

Mit den jeweils entstehenden Teildreiecken wird genauso verfahren wie in Schritt 2.

a) Berechnen Sie den Flächeninhalt der blau gefärbten Fläche in der dritten abgebildeten Figur.

b) Geben Sie eine Formel für den Flächeninhalt der blau gefärbten Fläche an, wenn man n Schritte der Konstruktion durchführt. Berechnen Sie mit dieser Formel den Flächeninhalt der blau gefärbten Fläche in der Abbildung, die die Figur nach sechs Konstruktionsschritten zeigt.

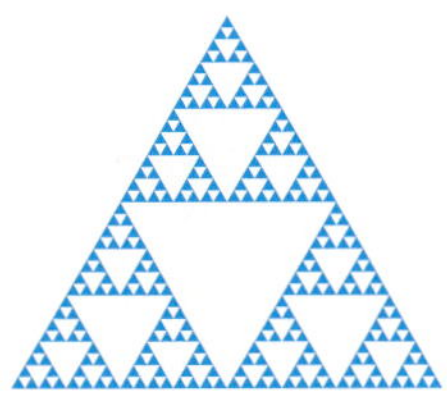

c) Untersuchen Sie, wie sich die blau gefärbte Fläche und ihr Flächeninhalt ändern, wenn man die Konstruktion der Figur fortführt.

6.3 Grenzwert einer Folge

Gegeben ist die Folge (a_n) mit $a_n = 3 + \frac{1}{2n}$.

- Beschreiben Sie, wie sich die Folgenglieder bei wachsender Platznummer n verhalten.

Im Graphen der Folge wurde um die Gerade zu $y = 3$ ein symmetrischer Streifen mit der Breite 0,2 gezeichnet.

- Untersuchen Sie, ob es eine Platznummer n gibt, von der an alle Folgenglieder in diesem Streifen $]3 - 0{,}1; 3 + 0{,}1[$ liegen.

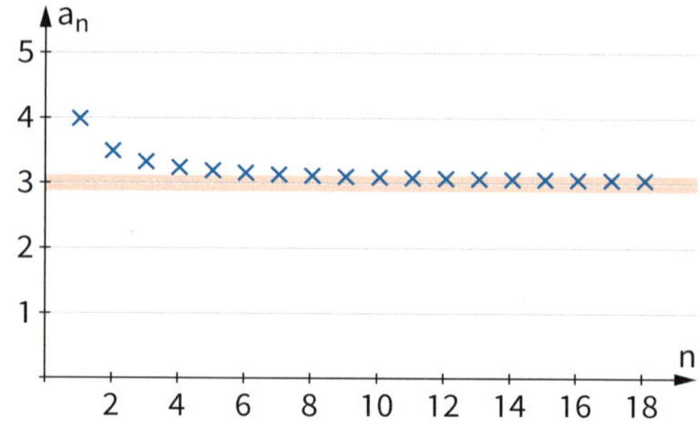

Lösung

- Für $n \to \infty$ gilt $\frac{1}{2n} \to 0$ und somit $a_n = 3 + \frac{1}{2n} \to 3$. Die Folgenglieder a_n kommen also dem Wert 3 beliebig nah. Am Graphen erkennt man auch, dass sich die Folgenglieder dem Wert 3 von oben nähern, da für alle n gilt $a_n = 3 + \frac{1}{2n} > 3$.
- Der Streifen markiert das symmetrische Intervall $]3 - 0{,}1; 3 + 0{,}1[$ um den Wert 3.
  Für $n = 5$ gilt $a_5 = 3 + \frac{1}{2 \cdot 5} = 3{,}1$. Für $n = 6$ gilt $a_6 = 3 + \frac{1}{2 \cdot 6} = 3{,}08\overline{3} < 3{,}1$.
  Somit sind alle Folgenglieder ab der Platznummer 6 kleiner als 3,1 und größer als 3.
  Sie liegen damit im Intervall $]3 - 0{,}1; 3 + 0{,}1[$ und auch im abgebildeten Streifen.

WES-135805-604

Grenzwert einer Folge

Eine Zahl g heißt **Grenzwert der Folge** (a_n), falls gilt:

Zu jedem Intervall $]g - \varepsilon;\ g + \varepsilon[$ mit $\varepsilon > 0$ gibt es eine Platznummer n, von der an alle Folgenglieder an in diesem Intervall liegen.

Man schreibt: $\lim\limits_{n \to \infty} a_n = g$

Eine Folge, die einen Grenzwert hat, heißt **konvergent**.
Eine Folge, die keinen Grenzwert hat, heißt **divergent**.

Folge (a_n) mit $a_n = 1 + \frac{(-1)^n}{n}$

- Für $\varepsilon = 0{,}1$ liegen alle Folgenglieder a_n für $n > 10$ im Intervall $]1 - 0{,}1; 1 + 0{,}1[$.
- Für ein beliebig kleines $\varepsilon = \frac{1}{m}$ mit $m \in \mathbb{N}$ liegen alle Folgenglieder a_n für $n > m$ im Intervall $]1 - \varepsilon; 1 + \varepsilon[$, also $\lim\limits_{n \to \infty} a_n = 1$.

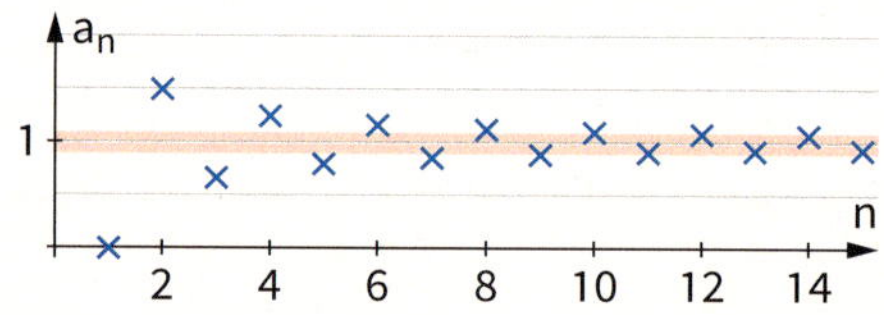

Grenzwert einer Folge begründen

Zeigen Sie, das die Folge (a_n) mit $a_n = 3 + \frac{1}{2n}$ den Grenzwert 3 hat.

Lösung

Man muss zeigen, dass es für jedes $\varepsilon > 0$ eine Platznummer n gibt, sodass alle Folgenglieder, deren Platznummer größer als n ist, im Intervall $]3 - \varepsilon; 3 + \varepsilon[$ liegen.
Gesucht wird also eine Platznummer n mit (1) $3 - \varepsilon < a_n$ und (2) $a_n < 3 + \varepsilon$.

Zu (1)
Die Bedingung (1) ist für jedes n erfüllt, da für $\varepsilon > 0$ und $n \geq 1$ immer $3 - \varepsilon < 3 < 3 + \frac{1}{2n}$ gilt.

Zu (2)

$$3 + \frac{1}{2n} < 3 + \varepsilon \quad | -3$$
$$\frac{1}{2n} < \varepsilon \quad | \cdot \frac{n}{\varepsilon}$$
$$\frac{1}{2\varepsilon} < n$$

Wählt man für n eine natürliche Zahl mit $n > \frac{1}{2\varepsilon}$, dann gilt für a_n:
$a_n = 3 + \frac{1}{2n} < 3 + \varepsilon$

1 **Nullfolgen**

Eine Folge heißt *Nullfolge*, wenn sie gegen 0 konvergiert.

a) Begründen Sie, dass die vier Folgen Nullfolgen sind: $a_n = \frac{3}{n}$, $b_n = \frac{1}{n^2}$, $c_n = \frac{2}{7n}$, $d_n = 0{,}1^n$

b) Geben Sie drei weitere Nullfolgen an.

2 **Grenzwerte mithilfe von Wertetabellen bestimmen**

Betrachten Sie die Wertetabelle der Folge für große Platznummern. Untersuchen Sie, welchen Grenzwert g die Folge vermutlich hat. Ermitteln Sie, von welcher Platznummer an alle Folgenglieder im Intervall $]g - \varepsilon;\ g + \varepsilon[$ mit $\varepsilon = 0{,}1; 0{,}05; 0{,}002$ liegen.

a) $a_n = 0{,}1^n$ b) $a_n = 1 - \frac{1}{10^n}$ c) $a_n = 5 + \frac{(-1)^n}{n}$ d) $a_{n+1} = 0{,}2 \cdot a_n$ mit $a_1 = 100$

3 **Grenzwertsätze bestätigen**

Gegeben sind die Folgen (a_n) und (b_n) mit $a_n = 4 - \frac{1}{n^2}$ und $b_n = 2 + \frac{1}{n}$.

a) Bestimmen Sie die Grenzwerte von (a_n) und (b_n).

b) Bestimmen Sie den Grenzwert von $(a_n + b_n)$, $(a_n - b_n)$, $(a_n \cdot b_n)$ und $\left(\frac{a_n}{b_n}\right)$.
Bestätigen Sie damit die folgenden Grenzwertsätze.

Grenzwertsätze für Folgen

Für zwei konvergente Folgen (a_n) und (b_n) gilt:

$$\lim_{n\to\infty}(a_n + b_n) = \lim_{n\to\infty} a_n + \lim_{n\to\infty} b_n \qquad \lim_{n\to\infty}(a_n \cdot b_n) = \lim_{n\to\infty} a_n \cdot \lim_{n\to\infty} b_n$$

$$\lim_{n\to\infty}(a_n - b_n) = \lim_{n\to\infty} a_n - \lim_{n\to\infty} b_n \qquad \lim_{n\to\infty}\left(\frac{a_n}{b_n}\right) = \frac{\lim_{n\to\infty} a_n}{\lim_{n\to\infty} b_n}$$

4 Untersuchen Sie, welche Folgen konvergent und welche Folgen divergent sind.

(1) $a_n = 100 + \frac{5}{n}$ (2) $a_{n+1} = 1{,}4 \cdot a_n$ mit $a_1 = 300$ (3) $a_{n+1} = \frac{a_n}{3}$ mit $a_1 = -27$

Prüfe dich!
Lösungen auf Seite 237

5 **Periodische Dezimalzahlen als Grenzwert**

Geben Sie jeweils den Grenzwert der Folge als Dezimalzahl und Bruch an.

a) $a_1 = 0{,}2;\ a_2 = 0{,}22;\ a_3 = 0{,}222; \ldots$ b) $b_1 = 0{,}34;\ b_2 = 0{,}3434;\ b_3 = 0{,}343434; \ldots$

c) $c_1 = -0{,}9;\ c_2 = -0{,}99;\ c_3 = -0{,}999; \ldots$ d) $d_1 = 3{,}5;\ d_2 = 3{,}55;\ d_3 = 3{,}555; \ldots$

6 **Grenzwert von geometrischen Folgen**

a) Untersuchen Sie, ob die geometrische Folge einen Grenzwert hat.

(1) $a_n = 9 \cdot \left(\frac{3}{4}\right)^{n-1}$ (2) $b_n = 9 \cdot \left(\frac{4}{3}\right)^{n-1}$

b) Gegeben ist eine geometrische Folge mit $a_n = a_1 \cdot q^{n-1}$ mit $a_1 \neq 0$ und $q \neq 0$.
Untersuchen Sie, für welche Werte von q eine geometrische Folge einen Grenzwert hat, für welche Werte nicht.

7 **Grenzwerte bestimmen**

Um die Grenzwertsätze anwenden zu können, ist es manchmal sinnvoll, eine Termumformung vorzunehmen.
Bestimmen Sie den Grenzwert der Folgen (a_n) und (b_n) mit

$a_n = \frac{3n^2 + 4n + 7}{9n^2 + 7n}$ und $b_n = \frac{(4n+1)\cdot(2n+3)}{7n^2 + 4n + 2}$.

Gehen Sie dazu wie im Beispiel vor.

Termumformungen

Gegeben ist (a_n) mit $a_n = \frac{2n - n^2}{3n + n^2}$.

Es gilt: $a_n = \frac{2n - n^2}{3n + n^2} = \frac{\frac{2}{n} - 1}{\frac{3}{n} + 1}$ *n^2 ausklammern und kürzen*

$\frac{2}{n} - 1$ hat den Grenzwert -1

$\frac{3}{n} + 1$ hat den Grenzwert 1

also hat (a_n) den Grenzwert $\frac{-1}{1} = -1$

6.4 Geometrische und arithmetische Reihen

Einer Legende nach soll das Schachspiel vor über tausend Jahren in Indien entstanden sein. Der indische Weise Sissa ibn Dahir erfand das Schachspiel für seinen Herrscher Shihram. Dieser war von dem neuen Spiel so begeistert, dass er Sissa ibn Dahir einen Wunsch frei stellte. Der Weise wünschte sich ein mit Reiskörnern belegtes Schachbrett: *auf das erste Feld ein Reiskorn, auf das zweite Feld zwei Reiskörner, auf das dritte Feld vier Reiskörner, auf jedes weitere Feld doppelt so viele Reiskörner wie auf das vorhergehende*. Der Herrscher wollte diesen Wunsch zunächst nicht erfüllen, weil er ihn für zu bescheiden hielt.

- Ermitteln Sie die Gesamtanzahl an Reiskörnern, die Sissa ibn Dahir erhalten hätte, wenn seinem Wunsch Folge geleistet worden wäre.
- Berechnen Sie auch ungefähr, wie viele Tonnen Reis theoretisch auf dem Schachbrett liegen, wenn 15 500 Reiskörner etwa 1 kg wiegen.

Lösung

- Auf dem ersten Feld befindet sich 1 Reiskorn, auf dem zweiten Feld $1 \cdot 2 = 2$ und auf dem dritten Feld $2^2 = 4$. Ein Schachspiel hat 64 Felder.

$\sum_{i=1}^{63}(1+2^i)$	18446744073709551677
$\frac{18446744073709551677}{15500}$	1.19011252E15

  Die Gesamtanzahl an Reiskörnern ergibt sich als Summe: $1 + 2 + 2^2 + 2^3 + 2^4 + \dots + 2^{63}$
  Mithilfe des Summenbefehls erhält man $1 + 2 + 2^2 + 2^3 + 2^4 + \dots + 2^{63} \approx 18{,}45 \cdot 10^{18}$.
- 15 500 Reiskörner wiegen ungefähr 1 kg, dann wiegen alle Körner etwa $1{,}19 \cdot 10^{15}$ kg. Theoretisch würden damit $1{,}19 \cdot 10^{12}$ Tonnen Reis auf dem Schachbrett liegen. Das sind 1190 Milliarden Tonnen. Zum Vergleich: Für das Erntejahr 2024/2025 rechnet man ungefähr mit einem weltweiten Ertrag von 500 Millionen Tonnen Reis.

WES-135805-605

Reihen

Eine **Reihe** (s_n) ist eine Folge, die aus einer Folge (a_n) entsteht, wenn man die Folgenglieder a_1 bis a_n addiert.

$s_1 = a_1,\ s_2 = a_1 + a_2,\ s_3 = a_1 + a_2 + a_3,\ \dots$

$s_n = a_1 + a_2 + \ldots + a_n = \sum_{i=1}^{n} a_i$

2, 4, 6, 8, 10, …
Folge (a_n) mit $a_n = 2n$
Teilsummen der Reihe (s_n)
$s_1 = 2,\ s_2 = 2 + 4 = 6,\ s_3 = 2 + 4 + 6 = 12$
$s_{50} = 2 + 4 + \ldots + 100 = \sum_{i=1}^{50} 2i = 2550$

Geometrische Reihen

Eine **geometrische Reihe** (s_n) entsteht aus einer geometrischen Folge (a_n) mit $a_n = a_1 \cdot q^{n-1}$ und $a_1 \neq 0,\ q \neq 0$.

Explizite Darstellung für $q \neq 1$:

$s_n = \sum_{i=1}^{n} a_1 \cdot q^{n-1} = a_1 \cdot \frac{1 - q^n}{1 - q}$

5, 15, 45, 135, … mit $a_1 = 5$ und $q = 3$
Folge (a_n) mit $a_n = 5 \cdot 3^{n-1}$
Teilsummen der Reihe (s_n)
$s_1 = 5,\ s_2 = 5 + 15 = 20,\ s_3 = 5 + 15 + 45 = 65, \dots$
$s_{10} = 5 \cdot \frac{1 - 3^{10}}{1 - 3} = 5 \cdot \frac{1 - 59\,049}{-2} = 147\,620$

Arithmetische Reihen

Eine **arithmetische Reihe** (s_n) entsteht aus einer arithmetischen Folge (a_n) mit $a_n = a_1 + (n-1) \cdot d$.

Explizite Darstellung:

$s_n = \sum_{i=1}^{n} (a_1 + (n-1) \cdot d) = n \cdot a_1 + \frac{n \cdot (n-1)}{2} \cdot d$

2, 12, 22, 32, … mit $a_1 = 2$ und $d = 10$
Folge (a_n) mit $a_n = 2 + 10 \cdot (n-1)$
Teilsummen der Reihe (s_n)
$s_1 = 2,\ s_2 = 2 + 12 = 14,\ s_3 = 2 + 12 + 22 = 36, \dots$
$s_{20} = 20 \cdot 2 + \frac{20 \cdot 19}{2} \cdot 10 = 1940$

1 **Geometrische Reihen**

Gegeben ist eine geometrische Folge (a_n) durch a_1 und q. Schreiben Sie die Folgenglieder der geometrischen Reihe als Summe auf und bestimmen Sie s_n mithilfe der Summenformel.

a) $a_1 = 4;\ q = 2$ b) $a_1 = 2;\ q = \frac{1}{3}$ c) $a_1 = 1;\ q = -\frac{1}{2}$ d) $a_1 = 10;\ q = -5$

Teilsumme der Reihe (s_n) bestimmen

$5 + 5^2 + 5^3 + \ldots + 5^{10} = ?$

Lösung

(s_n) ist eine geometrische Reihe mit der Folge (a_n): $a_n = 5 \cdot 5^{n-1}$ mit $a_1 = 5,\ q = 5$

n bestimmen: $5^{10} = 5 \cdot 5^{n-1}$, also $n = 10$

s_{10} berechnen: $s_{10} = 5 \cdot \frac{1 - 5^{10}}{1 - 5} = 12\,207\,030$

$4 + 6 + 8 + 10 + \ldots + 100 = ?$

Lösung

(s_n) ist eine arithmetische Reihe mit der Folge (a_n): $a_n = 4 + (n-1) \cdot 2$ mit $a_1 = 4,\ d = 2$

n bestimmen: $100 = 4 + (n-1) \cdot 2$, also $n = 49$

s_{49} berechnen: $s_{49} = 49 \cdot 4 + \frac{1}{2} \cdot 49 \cdot 48 \cdot 2 = 2548$

2 **Teilsumme bestimmen**

Entscheiden Sie, ob die Teilsumme Teil einer geometrischen Reihe oder einer arithmetischen Reihe ist. Berechnen Sie den Wert der Summe.

a) $3 + 3^2 + 3^3 + \ldots + 3^{12}$ b) $1 + \frac{1}{2} + \frac{1}{4} + \ldots + \frac{1}{1024}$ c) $1 - 5 + 25 - \ldots - 3125$

d) $7 + 10 + 13 + \ldots + 31$ e) $20 + 16 + 12 + \ldots - 36 - 40$ f) $11 + 22 + 33 + \ldots + 99$

3 **Konvergenz der geometrischen Reihe**

a) Betrachten Sie die Folgen (s_n) mit $s_n = \frac{1 - q^n}{1 - q}$ für verschiedene Werte von q und erzeugen Sie Wertetabellen. Untersuchen Sie, wie der Wert von q das Verhalten der Folge beeinflusst.

(1) $q = 2$ (2) $q = -1$ (3) $q = \frac{1}{2}$ (4) $q = \frac{1}{10}$ (5) $q = -\frac{1}{3}$ (6) $q = 5$

b) Ermitteln Sie, welche Voraussetzungen erfüllt sein müssen, damit (s_n) konvergiert. Ermitteln Sie den Grenzwert.

4 a) Geben Sie die ersten sechs Folgenglieder s_1 bis s_6 der geometrischen Reihe (s_n) an, die aus der geometrischen Folge (a_n) mit $a_n = 10 \cdot a_{n-1}$ und $a_1 = 2{,}5$ erzeugt werden.

b) Bestimmen Sie den Wert der Summe $6 + 11 + 16 + 21 + \ldots + 61$.

Prüfe dich! Lösungen auf Seite 237

5 **Summe der Zahlen von 1 bis 100**

Über den Mathematiker Carl Friedrich Gauß kursiert folgende Geschichte: Als er ein junger Schüler war, wollte sein Mathematiklehrer die Klasse beschäftigen und stellte folgende Aufgabe: „*Berechnet die Summe der ersten 100 Zahlen.*“ Gauß wusste sehr schnell die korrekte Antwort, sie lautet 5050.

a) Gauß hat die Zahlen nach dem abgebildeten Schema addiert. Erläutern Sie das Schema und wie Gauß zu seiner Lösung gekommen ist.

1	+ 2	+ 3	…	+ 98	+ 99	+ 100
+ 100	+ 99	+ 98	…	+ 3	+ 2	+ 1
= 101	+ 101	+ 101	…	+ 101	+ 101	+ 101
= 100 · 101						

b) Zeigen Sie $1 + 2 + 3 + 4 + \ldots + n = \frac{n \cdot (n+1)}{2}$.

c) Bestimmen Sie.

(1) $3 + 6 + 9 + 12 + \ldots + 210$ (2) $10 + 13 + 16 + 19 + \ldots + 217$ (3) $4 + 10 + 16 + 22 + \ldots + 76$

Weitere Verfahren zur Bestimmung von Nullstellen

Bisektionsverfahren – Intervallhalbierungsverfahren

Die Nullstellen der ganzrationalen Funktion f mit $f(x) = x^3 + 6x^2 - 30$ sollen bestimmt werden. Zunächst prüft man, ob Teiler von -30 als Nullstellen der Funktion f infrage kommen. Für keinen der Teiler $\pm 1, \pm 2, \pm 3, \pm 5, \pm 6, \pm 10, \pm 15, \pm 30$ gilt $f(x) = 0$. Deshalb versucht man eine Nullstelle durch systematisches Probieren zu finden, indem man einige Funktionswerte berechnet und prüft, ob sie kleiner oder größer als null sind:

(1) Für $x_1 = 0$ gilt $f(0) = -30 < 0$ und für $x_2 = 3$ gilt $f(3) = 51 > 0$.
Der Punkt $P_1(0 \mid f(0))$ liegt also unterhalb der x-Achse, der Punkt $P_2(3 \mid f(3))$ liegt dagegen oberhalb der x-Achse. Zwischen den Punkten P_1 und P_2 muss der Graph von f die x-Achse mindestens einmal schneiden. Also muss im Intervall [0; 3] mindestens eine Nullstelle von f liegen.

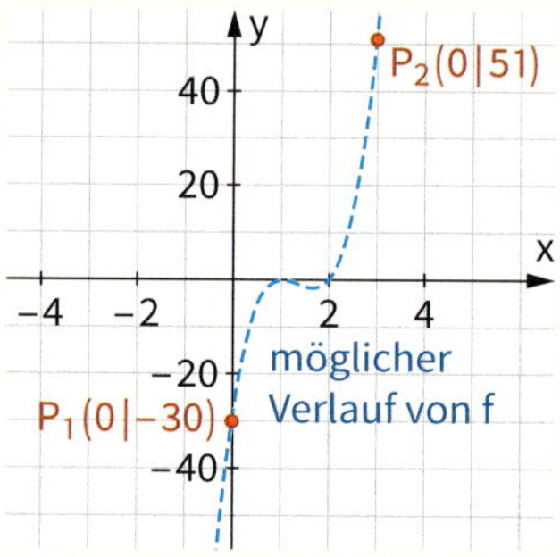

(2) Im nächsten Schritt prüft man deshalb den Wert, der genau in der Mitte zwischen $x_1 = 0$ und $x_2 = 3$ liegt:
$x_3 = \frac{x_1 + x_2}{2} = \frac{0 + 3}{2} = 1{,}5$
Für $x_3 = 1{,}5$ gilt $f(1{,}5) = -13{,}125 < 0$.
Der Punkt $P_3(1{,}5 \mid -13{,}125)$ liegt unterhalb der x-Achse. Der Graph von f muss die x-Achse also zwischen P_3 und P_2 schneiden.
Eine Nullstelle liegt also im Intervall [1,5; 3].

(3) Weitere Anwendung des Verfahrens:
Im nächsten Schritt prüft man den Wert, der genau in der Mitte zwischen $x_3 = 1{,}5$ und $x_2 = 3$ liegt:
$x_4 = \frac{x_3 + x_2}{2} = \frac{1{,}5 + 3}{2} = 2{,}25$
Für $x_4 = 2{,}25$ gilt $f(2{,}25) \approx 11{,}77 > 0$.
Der Punkt $P_4(2{,}25 \mid 11{,}77)$ liegt oberhalb der x-Achse. Der Graph von f muss die x-Achse also zwischen P_3 und P_4 schneiden.
Eine Nullstelle liegt also im Intervall [1,5; 2,25].

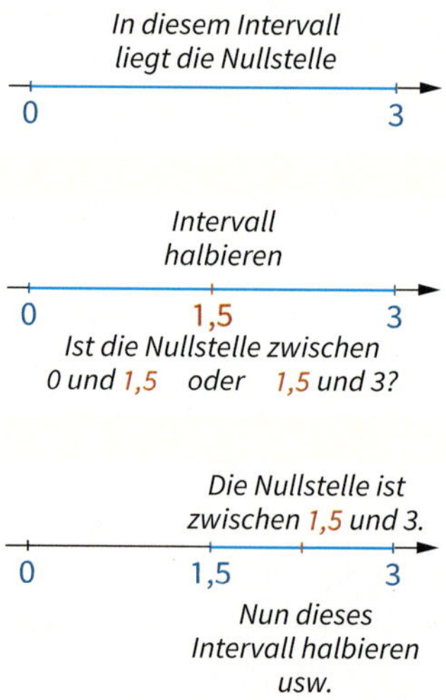

untere Näherungszahl	obere Näherungszahl	Mittelwert	f(Mittelwert)	Differenz der Näherungszahlen
0	3	1,5	−13,125	3
1,5	3	2,25	≈ 11,766	1,5
1,5	2,25	1,875	≈ −2,314	0,75
1,875	2,25	2,0625	≈ 4,297	0,375
1,875	2,0625	1,96875	≈ 0,887	0,1875
1,875	1,96875	1,921875	≈ −0,740	0,09375
1,921875	1,96875	1,9453125	≈ 0,005	0,046875

Die gesuchte Nullstelle der Funktion f im Intervall [0; 3] liegt ungefähr bei 1,95.

Bei dem beschriebenen Verfahren erzeugt man bei jedem Schritt aus einem Intervall, in dem die gesuchte Nullstelle liegt, ein neues, nur noch halb so großes Intervall, in dem die gesuchte Nullstelle liegt. Man nennt es daher Intervallhalbierungsverfahren (Bisektionsverfahren).

Intervallhalbierungsverfahren

1. Schritt: Legen Sie zwei x-Werte x_1 und x_2 mit einem positiven und einem negativen Funktionswert fest.
2. Schritt: Bilden Sie aus den beiden x-Werten x_1 und x_2 den Mittelwert $x_3 = \frac{x_1 + x_2}{2}$
3. Schritt: Berechnen Sie den Funktionswert des Mittelwertes und entscheiden Sie, ob die Nullstelle im Intervall $[x_1; x_3]$ oder $[x_3; x_2]$ liegt.
4. Schritt: Wiederholen Sie die Schritte 2 und 3, bis die gewünschte Genauigkeit erreicht ist.

WES-135805-606

Man bezeichnet das Intervallhalbierungsverfahren als ein *Iterationsverfahren*, da sich die Berechnungen von Schritt zu Schritt wiederholen. Es liefert dabei einen immer besseren Näherungswert.

Iteration (lat.): Wiederholung
iterativ (lat.): wiederholend

1 Näherungswerte für Nullstellen

Gegeben ist die Funktion f mit $f(x) = x^3 + 6x^2 - 30$.

a) Begründen Sie, dass die Funktion f zwischen $x_1 = -4$ und $x_2 = -2$ mindestens eine Nullstelle hat.

b) Berechnen Sie das arithmetische Mittel x_3 von x_1 und x_2 und bestimmen Sie den Funktionswert an der Stelle x_3. Liegt die Nullstelle nun zwischen x_1 und x_3 oder zwischen x_3 und x_2?

c) Berechnen Sie analog zu Teilaufgabe b) eine noch bessere Näherung für die Nullstelle.

2 Problematische Nullstellen

Gegeben ist die Funktion f mit $f(x) = x^3 - \frac{23}{4}x^2 + 10x - \frac{75}{16}$.
Der Graph von f ist abgebildet.
Bestimmen Sie alle Nullstellen der Funktion f. Eine Nullstelle kann nicht mit dem Intervallhalbierungsverfahren bestimmt werden. Erläutern Sie, woran das liegt.

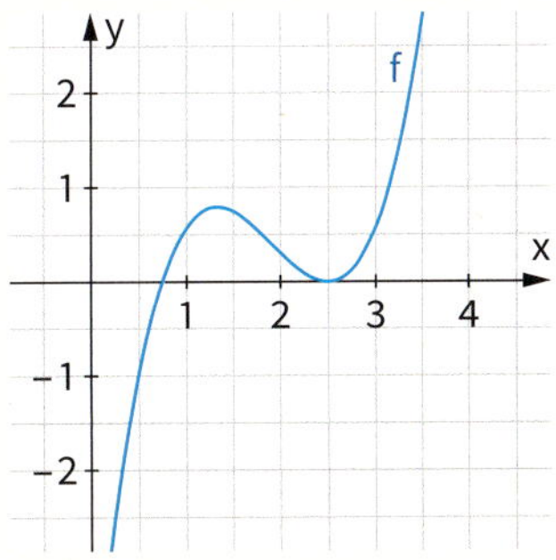

3 Intervallhalbierungsverfahren anwenden

Gegeben ist die Funktion f mit $f(x) = x^4 - 6x^3 + 20x$.

a) Begründen Sie: 0 ist eine Nullstelle von f.

b) Bestimmen Sie die weiteren Nullstellen näherungsweise mithilfe des Intervallhalbierungsverfahrens.

4 Anzahl der Schritte bestimmen

Die Funktion f mit $f(x) = x^4 - 7x - 5$ hat zwei Nullstellen; eine liegt im Intervall $[1; 2{,}2]$, die andere im Intervall $[-1; 0]$. Beide sollen mithilfe des Intervallhalbierungsverfahrens angenähert werden.

a) Wie lang ist das Intervall, in dem sich die positive Nullstelle nach 5 Schritten des Intervallhalbierungsverfahrens befindet?

b) Wie viele Schritte muss man durchführen, damit das Intervall für die negative Nullstelle eine Länge von höchstens 0,001 hat?

5 Lösen von Gleichungen

Bestimmen Sie mithilfe des Intervallhalbierungsverfahrens näherungsweise die Lösung der angegebenen Gleichung. a) $\sqrt{x^3 + 10} = -x^2 + 10$ b) $x^2 - 2 = \cos(x)$

Regula Falsi – Fixpunktverfahren

Nachschlagen
Seite 110

Beim Newton-Verfahren muss man die erste Ableitung von f bestimmen können. Da dies nicht immer möglich ist, wird hier ein weiteres Verfahren vorgestellt, das statt mit Tangenten mit Sekanten arbeitet: die **Regula Falsi** (lateinisch: Regel des Falschen), weil man bei diesem Verfahren statt der Nullstelle der Funktion die Schnittstelle einer Sekante mit der x-Achse bestimmt. Eine Möglichkeit des Verfahrens ist das sogenannte **Fixpunktverfahren**.

Regula Falsi – Fixpunktverfahren

Gegeben ist ein Näherungswert x_1 für die Nullstelle einer Funktion f. Eine Sekante durch den Punkt $P(x_1 | f(x_1))$ und einen festen Punkt $F(a | f(a))$ (Fixpunkt) auf dem Graphen von f schneidet die x-Achse an der Stelle x_2.
Die Stelle x_2 ist oft ein besserer Näherungswert für die Nullstelle von f als die Stelle x_1.

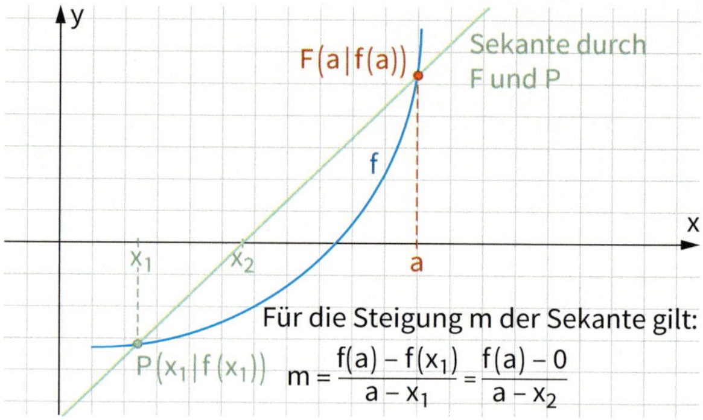

Wiederholte Anwendung des Verfahrens:

Man stellt die Gleichung $\frac{f(a) - f(x_1)}{a - x_1} = \frac{f(a)}{a - x_2}$

nach x_2 um. Es ergibt sich: $x_2 = a - \frac{f(a) \cdot (a - x_1)}{f(a) - f(x_1)}$

Wendet man das Verfahren wiederholt an,

erhält man allgemein: $x_{n+1} = a - \frac{f(a) \cdot (a - x_n)}{f(a) - f(x_n)}$

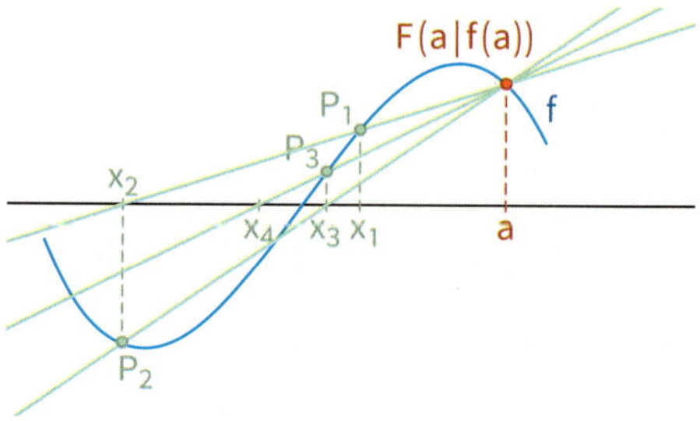

Von der Funktion f mit $f(x) = x^3 - x^2 + x - 2$ wird eine Nullstelle gesucht. Wählt man zum Beispiel $a = 2$, also den Fixpunkt $F(2 | 4)$, so erhält man für x_{n+1} durch Einsetzen in die Formeln:

$x_{n+1} = 2 - \frac{4 \cdot (2 - x_n)}{4 - (x_n^3 - x_n^2 + x_n - 2)}$, also vereinfacht: $x_{n+1} = 2 - \frac{4x_1 - 8}{x_n^3 - x_n^2 + x_n - 6}$

Wählt man nun $x_1 = 1$ mit $f(1) = -1$ als erste Näherung für die Nullstelle und überträgt das Verfahren auf einen Rechner, ergeben sich folgende Näherungswerte:

$x_1 = 1$	$x_2 = 1{,}2$
$x_3 \approx 1{,}2908$	$x_4 \approx 1{,}3285$
$x_5 \approx 1{,}3436$	$x_6 \approx 1{,}3495$
$x_7 \approx 1{,}3517$	$x_8 \approx 1{,}3526$
$x_9 \approx 1{,}3529$	$x_{10} \approx 1{,}3531$

	x	$2 - \frac{4x - 8}{x^3 - x^2 - x - 6}$
1	1	1,2
2	1,2	1,290780142
3	1,290780142	1,328509065
4	1,328509065	1,343556931
5	1,343556931	1,349456211
6	1,349456211	1,351753083
7	1,351753083	1,352644957
8	1,352644957	1,352990908
9	1,352990908	1,353125044
10	1,353125044	1,353177046

1 **Gleichungen lösen**

Bestimmen Sie Näherungswerte für die folgenden Gleichungen, indem Sie das Regula-Falsi-Verfahren viermal hintereinander anwenden.

a) $x^3 + x - 12 = 0$ b) $x^3 - x^2 = -2x + 1$ c) $x^3 + 7 = x^2 + 5x$

Reihendarstellungen für die Zahl π

Die Kreiszahl π gibt für einen Kreis das Verhältnis von Umfang zum Durchmesser an. Mit verschiedenen Verfahren wurde schon in Babylon (etwa 1900–1600 v. Chr) und in Ägypten (etwa 1550 v. Chr.) versucht, den Wert von π möglichst genau zu bestimmen.

Im 14. Jahrhundert stellte der indische Mathematiker **Madhava** eine Reihe mit dem Grenzwert $\frac{\pi}{4}$ auf. In Europa wurde diese Reihe im 17. Jahrhundert als **Leibniz-Reihe** bekannt.

$$\frac{\pi}{4} = \sum_{k=0}^{\infty} \frac{(-1)^k}{2k+1} = 1 - \frac{1}{3} + \frac{1}{5} - \frac{1}{7} + \frac{1}{9} - \ldots$$

Leonhard Euler gab 1748 die Zahl π auf 148 Stellen an. Dabei nutzte er eine Reihe mit dem Grenzwert $\frac{\pi^2}{6}$, die später als **Riemannsche Zeta-Funktion** $\zeta(2)$ untersucht wurde.

$$\frac{\pi^2}{6} = \sum_{k=1}^{\infty} \frac{1}{k^2} = \frac{1}{1^2} + \frac{1}{2^2} + \frac{1}{3^2} + \frac{1}{4^2} + \ldots$$

Anfang des 20. Jahrhunderts stellte der indische Mathematiker **Srinivasa Ramanujan** eine Reihe mit $\frac{1}{\pi}$ als Grenzwert auf.

$$\frac{1}{\pi} = \frac{\sqrt{8}}{9801} \cdot \sum_{k=0}^{\infty} \frac{(4k)! \cdot (1103 + 26\,390\,k)}{(k!)^4 \cdot 396^{4k}}$$

Aktuelle Bestimmungen der Zahl π nutzen den Chudnovsky-Algorithmus, für den **David und Gregory Chudnovsky** die Reihe von Ramanujan weiterentwickelten. Computerprogramme wie *y-cruncher* bestimmen in wenigen Minuten Milliarden von Nachkommastellen der Zahl π.

$$\frac{1}{\pi} = \frac{12}{\sqrt{640\,320^3}} \cdot \sum_{k=0}^{\infty} \frac{(-1)^k \cdot (6k)! \cdot (545\,140\,134\,k + 13\,591\,409)}{(3k)! \cdot (k!)^3 \cdot 640\,320^{3k}}$$

Im April 2025 lag der Weltrekord bei 300 000 000 000 000 Nachkommastellen für die Zahl π.

π ≈ 3,14159 26535 89793 23846 26433 83279 50288 41971 69399 37510 58209 74944 59230
78164 06286 20899 86280 34825 34211 70679 82148 08651 32823 06647 09384 46095
50582 23172 53594 08128 48111 74502 84102 70193 85211 05559 64462 29489 54930
38196 44288 10975 66593 34461 28475 64823 37867 83165 27120 19091 45648 56692
34603 48610 45432 66482 13393 60726 02491 41273 72458 70066 06315 58817 48815
20920 96282 92540 91715 36436 78925 90360 01133 05305 48820 46652 13841 46951
94151 16094 33057 27036 57595 91953 09218 61173 81932 61179 31051 18548 07446
23799 62749 56735 18857 52724 89122 79381 83011 94912 98336 73362 44065 66430
86021 39494 63952 24737 19070 21798 60943 70277 05392 17176 29317 67523 84674
81846 76694 05132 00056 81271 45263 56082 77857 71342 75778 96091 73637 17872
14684 40901 22495 34301 46549 58537 10507 92279 68925 89235 42019 95611 21290
21960 86403 44181 59813 62977 47713 09960 51870 72113 49999 99837 29780 49951
05973 17328 16096 31859 50244 59455 34690 83026 42522 30825 33446 85035 26193
11881 71010 00313 78387 52886 58753 32083 81420 61717 76691 47303 59825 34904
28755 46873 11595 62863 88235 37875 93751 95778 18577 80532 17122 68066 13001
92787 66111 95909 21642 01989 38095 25720 10654 85863 27886 59361 53381 82796
82303 01952 03530 18529 68995 77362 25994 13891 24972 17752 83479 13151...

Mein Merkzettel

Seite 176

Folgen

$n \mapsto a_n$ mit $n \in \mathbb{N}$, $n \geq 1$ und $a_n \in \mathbb{R}$
(a_n) steht für alle Zahlen einer Folge.

Rekursive Darstellung:
a_n berechnet man aus a_{n-1}.

Explizite Darstellung:
a_n berechnet man direkt aus n.

11, 22, 33, 44, 55, …
Die Folge (a_n) der Vielfachen von 11:
$a_1 = 11$, $a_2 = 22$, $a_3 = 33$, $a_4 = 44$, $a_5 = 55$, …
33 ist das Folgenglied mit der Platznummer 3.

Rekursive Darstellung: $a_1 = 11$, $a_n = a_{n-1} + 11$

Explizite Darstellung: $a_n = 11 \cdot n$

Seite 179

Geometrische Folgen

Von einem Folgenglied zum nächsten wird immer mit derselben Zahl q multipliziert.

Rekursive Darstellung: $a_n = q \cdot a_{n-1}$ für $n > 1$ mit a_1 gegeben

Explizite Darstellung: $a_n = a_1 \cdot q^{n-1}$

4, 12, 36, 108, 324, …
„immer mal 3"
$q = \frac{a_n}{a_{n-1}} = 3$

Rekursive Darstellung: $a_1 = 4$, $a_n = 3 \cdot a_{n-1}$

Explizite Darstellung: $a_n = 4 \cdot 3^{n-1}$

Seite 180

Arithmetische Folgen

Von einem Folgenglied zum nächsten kommt immer dieselbe Zahl d dazu.
d kann auch negativ sein.

Rekursive Darstellung: $a_n = a_{n-1} + d$ für $n > 1$ mit a_1 gegeben

Explizite Darstellung: $a_n = a_1 + d \cdot (n-1)$

6, 16, 26, 36, 46, …
„immer plus 10"
$d = a_n - a_{n-1} = 10$

Rekursive Darstellung: $a_1 = 6$, $a_n = a_{n-1} + 10$

Explizite Darstellung: $a_n = 6 + 10 \cdot (n-1)$
$= 10 \cdot n - 4$

Seite 182

Grenzwert g einer Folge (a_n)

Zu jedem Intervall $]g - \varepsilon; g + \varepsilon[$ mit $\varepsilon > 0$ gibt es eine Platznummer n, von der an alle Folgenglieder a_n in diesem Intervall liegen.

Man schreibt: $\lim\limits_{n \to \infty} a_n = g$

Eine Folge mit Grenzwert heißt **konvergent**.
Eine Folge ohne Grenzwert heißt divergent.

(1) $a_n = 5 - \frac{3}{n}$; $\quad \lim\limits_{n \to \infty} a_n = \lim\limits_{n \to \infty} \left(5 - \frac{3}{n}\right) = 5$

(2) $a_n = \frac{7n - 5}{n + 4}$ jeweils n ausklammern

$$= \frac{n \cdot \left(7 - \frac{5}{n}\right)}{n \cdot \left(1 + \frac{4}{n}\right)} = \frac{7 - \frac{5}{n}}{1 + \frac{4}{n}}$$

also $\lim\limits_{n \to \infty} a_n = \lim\limits_{n \to \infty} \frac{7 - \frac{5}{n}}{1 + \frac{4}{n}} = \frac{7 - 0}{1 + 0} = 7$

Seite 184

Reihen

(a_n) ist eine Folge mit den Folgengliedern $a_1, a_2, a_3, \ldots$
Die **Reihe (s_n)** ist eine Folge der Teilsummen s_n
$s_1 = a_1$
$s_2 = a_1 + a_2$
$s_3 = a_1 + a_2 + a_3$
…
$s_n = a_1 + a_2 + \ldots + a_n = \sum\limits_{i=1}^{n} a_i$

Geometrische Reihe (s_n)
mit geometrischer Folge (a_n)
$a_n = 4 \cdot 3^{n-1}$ und $q = 3$
Teilsummen:
$s_1 = 4$
$s_2 = 4 + 12 = 16$
$s_3 = 4 + 12 + 36 = 52$
…
$\mathbf{s_n = a_1 \cdot \frac{1 - q^n}{1 - q}}$ für $q \neq 1$

$s_{10} = 4 \cdot \frac{1 - 3^{10}}{1 - 3} = 118\,096$

Arithmetische Reihe (s_n)
mit arithmetischer Folge (a_n)
$a_n = 10 \cdot n - 4$ und $d = 10$
Teilsummen:
$s_1 = 6$
$s_2 = 6 + 16 = 22$
$s_3 = 6 + 16 + 26 = 48$
…
$\mathbf{s_n = n \cdot a_1 + \frac{1}{2} \cdot n \cdot (n-1) \cdot d}$

$s_{10} = 10 \cdot 6 + \frac{1}{2} \cdot 10 \cdot 9 \cdot 10 = 510$

Wiederholen für die Klausur

Teil A – Aufgaben ohne Hilfsmittel

Lösungen auf Seite 237

1 Folgenglieder berechnen

Berechnen Sie die Folgenglieder a_2 bis a_{10}.

a) $a_n = a_{n-1} + 10,\ a_1 = 7$ b) $a_n = \frac{1}{10} \cdot a_{n-1},\ a_1 = 5$ c) $a_n = 2\,a_{n-1} - 1,\ a_1 = 0{,}5$

2 Arithmetische Folge

Die Folgenglieder $a_4 = 15$ und $a_5 = 19$ gehören zu einer arithmetischen Folge (a_n).
Bestimmen Sie a_1, a_{50} und a_{100}.

3 Rekursive und explizite Darstellung

Geben Sie eine explizite oder eine rekursive Darstellung für die Folge an.
Falls die Folge konvergent ist, geben Sie auch den Grenzwert an.

a) Die Folge der Vielfachen von 13. b) Die Folge der natürlichen Zahlen größer null.
c) Die Folge der ungeraden Zahlen. d) 2; 0,2; 0,02; 0,002; 0,0002; …
e) 3,1; 3,01; 3,001; 3,0001; … f) $\frac{1}{2}, \frac{2}{3}, \frac{3}{4}, \frac{4}{5}, \frac{5}{6}, \ldots$

4 Grenzwert bestimmen

a) Bestimmen Sie den Grenzwert der Folge (a_n) mit $a_n = \frac{3n-2}{n+1}$.
b) Geben Sie zwei verschiedene Folgen mit dem Grenzwert 2 an.

Teil B – Aufgaben mit Hilfsmittel

5 Entwicklung des Kapitals beschreiben

a) Geben Sie das Kapital nach 10 Jahren an.
b) Beschreiben Sie die Entwicklung des Kapitals mithilfe einer Folge.
Berechnen Sie das Kapital nach n Jahren.

Schnell zum großen Vermögen
Bei unserem Ratensparvertrag zahlen Sie jedes Jahr 250 Euro ein. Jahr um Jahr wird das eingezahlte Kapital mit 1,5 % verzinst. Damit profitieren Sie vom Zinseszinseffekt, der Ihr Geld schnell vermehrt!

6 Abbau eines Medikaments

Ein Patient nimmt täglich 5 mg eines Medikaments ein. Im Laufe eines Tages werden 40 % des im Körper befindlichen Medikaments abgebaut und ausgeschieden.
Die Reihe (s_n) gibt an, wie viel Milligramm des Medikaments sich unmittelbar nach der Einnahme am n-ten Tag im Körper befinden.

a) Zeigen Sie, dass (s_n) eine geometrische Reihe bildet, und berechnen Sie s_5, s_{10} und s_{13}.
b) Bestimmen Sie den Grenzwert der geometrischen Reihe (s_n). Erläutern Sie die Bedeutung dieses Werts im Sachzusammenhang.

7 Verschachtelte Dreiecke

Zeichnen Sie in ein gleichseitiges Dreieck mit 12 cm Seitenlänge ein zweites Dreieck durch Verbinden der Seitenmitten.
Zeichnen Sie ein drittes Dreieck durch Verbinden der Seitenmitten des zweiten Dreiecks.
Fahren Sie so fort.
Notieren Sie die ersten 5 Glieder der Folge der

a) Seitenlängen der Dreiecke;
b) Umfänge der Dreiecke;
c) Flächeninhalte der Dreiecke.

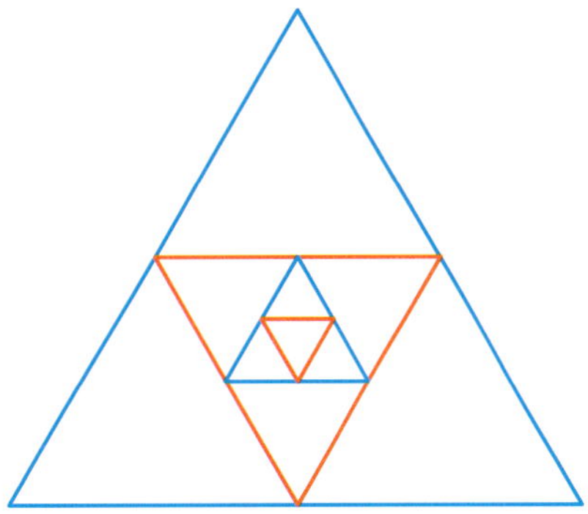

Vorbereiten und Wiederholen

Viel neues Wissen ist dazugekommen.

Die 3-Minuten-Runden helfen dieses Wissen wachzuhalten.

Die Informationen zum Nachschlagen und die Aufgaben zum Wiederholen und Vorbereiten erleichtern den Einstieg in neue Themen.

Die Lösungen können zur selbstständigen Kontrolle der Rechnungen genutzt werden.

- **3-Minuten-Runden zum Wachhalten für den Unterricht**
- **Wissensspeicher: Informationen zum Nachschlagen**
- **Aufgaben zum Wiederholen und Vorbereiten auf ein neues Thema**
- **Symbole und Sprechweisen**
- **Lösungen zur Selbstkontrolle**

3-Minuten-Runden

1

2^3 $(-3)^4$

7^{-1} $\left(\frac{4}{5}\right)^3$

10^{-4} $0{,}2^{-1}$

2

Gleichung lösen

$0 = \frac{2}{3}x - 5$

$0 = x^2 - 9$

$0 = x^2 + 6x + 8$

3

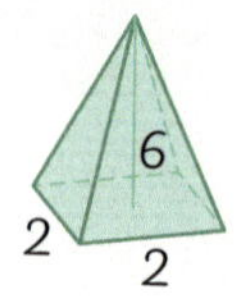

$V = ?$

4

$\frac{3}{4} + \frac{1}{2}$ $\frac{7}{8} - \frac{3}{5}$

$\frac{6}{5} + \frac{1}{4}$ $\frac{7}{3} - \frac{3}{7}$

5

Vereinfachen

$a + 3b - 6a + b$

$16xy - 4y + 3yx$

$u \cdot (3v + w) - 2vu$

6

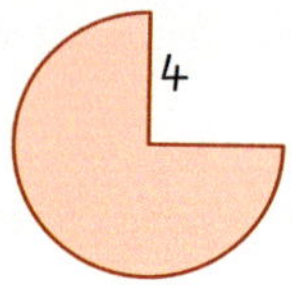

$A = ?$

7

Ausklammern

– so weit wie möglich

$ab + 3a$ $7xy^2 + 14y$

$9x^3 + 27x^2 + 45x^4$

8

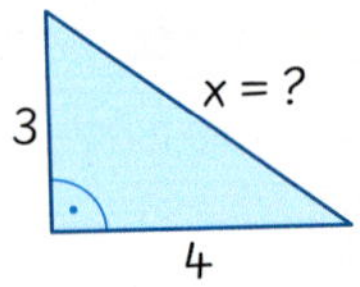

9

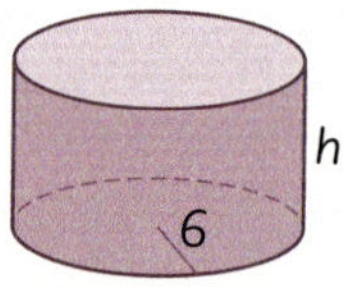

$V = ?$

$O = ?$

10

$\sqrt{49} + \sqrt{25}$

$\sqrt{169} - \sqrt{6{,}25}$

$\sqrt{2} \cdot \sqrt{18}$

11

Lösung des **Gleichungssystems?**

$2x + y = 14$

$x + 2y = 16$

12

Arithmetisches Mittel und **Median** bestimmen

7; 10; 5; 9; 14

13

Ausmultiplizieren

$(x + 3) \cdot (x^2 - 4)$

$(x + 2y) \cdot (4y - 3)$

$(2x + 1) \cdot (x + 1) \cdot (4 - x)$

14

Einmal Würfeln

P(Augenzahl < 3)

P(Augenzahl ungerade)

$P(\square) = \frac{2}{3}$

15

Gleichung lösen

$4x - 6 = 2x + 9$

$3x^2 - 21 = 6$

$6x^2 - 5x = 2 \cdot (3x^2 + 10)$

16

15 % von 120

40 % von 30

75 % von 60

$33{,}\overline{3}$ % von 210

17

Baumdiagramm

für 2-mal Ziehen ohne Zurücklegen

18

Ist das Dreieck **rechtwinklig?**

Seitenlängen: $a = 5$ cm; $b = 7$ cm; $c = 5$ cm

19
Wie viel **Prozent** sind grau markiert?

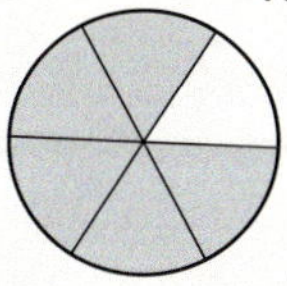

20
Vereinfachen
$\sqrt{2a \cdot 18a}$ $\sqrt{xy^2} : \sqrt{x}$
$\sqrt{28a} \cdot \sqrt{7mn^2}$

21
60 % von 50 % von 40 €
20 % von 30 % von 50 kg
4 % von 50 % von 200 m^3

22
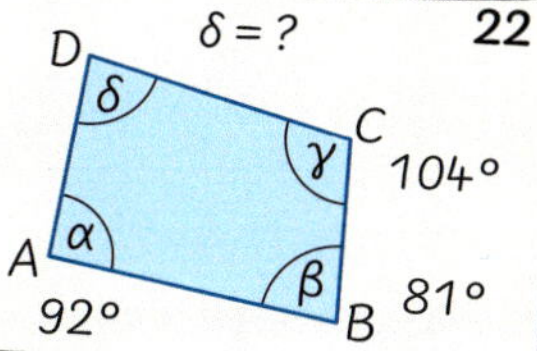

23
Gleichung der Geraden
durch die Punkte
A(1|3) und B(5|5)

24
Zahlen gesucht
Die Summe zweier Zahlen ist 200, ihre Differenz ist 6.

25
$\sqrt{121 \cdot 225}$
$\sqrt{108} : \sqrt{3}$
$\sqrt{0{,}08 \cdot 0{,}18}$
$\sqrt{4} + \sqrt{12}$

26
Abstand der Punkte
A(0|2) und B(4|5)
C(−3|1) und D(9|4)

27
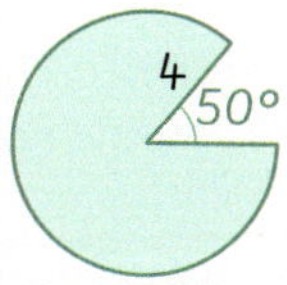

A = ?

28
Nullstellen gesucht
$f(x) = x^2 - 0{,}25$
$g(x) = x^2 + 3x - 10$
$h(x) = x^2 - 8x + 12$

29
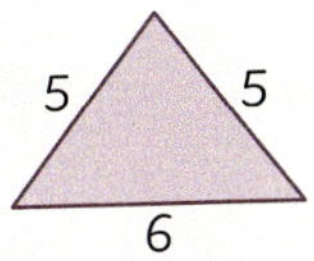

A = ?

30
$\frac{1}{4} + \frac{1}{8} - \frac{1}{6}$
$\frac{1}{2} + \frac{2}{3} - \frac{4}{5}$
$\frac{3}{2} - \frac{5}{4} - \frac{10}{7}$

31
Wahr oder falsch?
A(2|−1) und B(−2|1) liegen auf dem Graphen der Funktion f mit $f(x) = 0{,}5x^2 - 3$.

32
Wahrscheinlichkeit
für „Mindestens einmal Wappen" bei drei Münzwürfen

33
Schnittpunkt der Geraden
$y = 2x - 1$ und
$y = -x + 5$

34
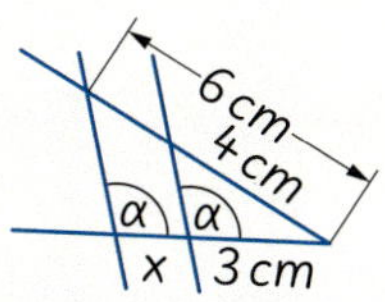

x = ?

35
Vereinfachen
$(a-b)^2 + 2ab$
$(a+b) \cdot (a-b) + b^2$
$(a+b)^2 - (a-b)^2$

36
Wahrscheinlichkeit
für „Augensumme größer als 8" beim Werfen zweier Würfeln

Funktionsgleichung gesucht 37

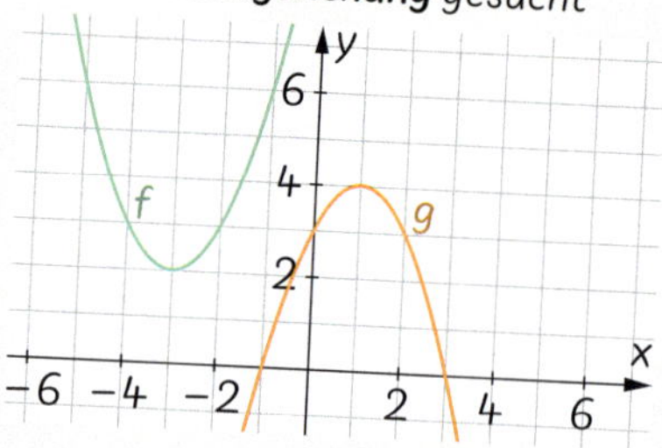

38

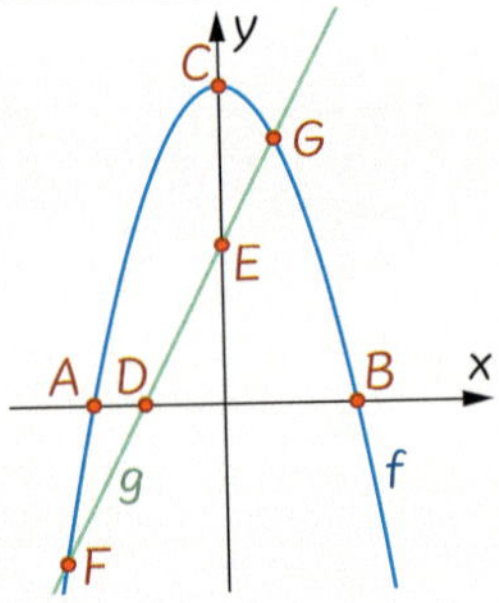

Koordinaten der Punkte?

$f(x) = 6 - x^2$

$g(x) = 2x + 3$

Zuordnen 39

$\frac{f(b) - f(a)}{b - a}$ $\lim\limits_{b \to a} \frac{f(b) - f(a)}{b - a}$

lokale Änderungsrate
Differenzenquotient
Tangentensteigung
Ableitung an einer Stelle
Sekantensteigung
mittlere Änderungsrate

Wahr oder falsch? 40

- Eine Tangente hat immer genau einen Punkt mit einem Graphen gemeinsam.
- Tangente und Sekante sind Geraden.
- Eine Tangente an die Normalparabel hat immer eine positive Steigung.
- Die Sekantensteigung gibt die mittlere Änderungsrate an.

41

funktionaler Zusammenhang	lokale Änderungsrate
Zeit → Weg	Momentangeschwindigkeit
■	momentaner Benzinverbrauch
Zeit → Geschwindigkeit	■
■	Steigung in einem Punkt

Gleichung der Normalen? 42

Gegeben ist die Gleichung der Tangente durch den angegeben Punkt.

$y = 2x - 4$ P(3|2)

$y = -3x + 1$ Q(1|−2)

$y = x + 2$ R(0|2)

$y = -0{,}1x$ O(0|0)

Lokale / globale Extrempunkte? 43

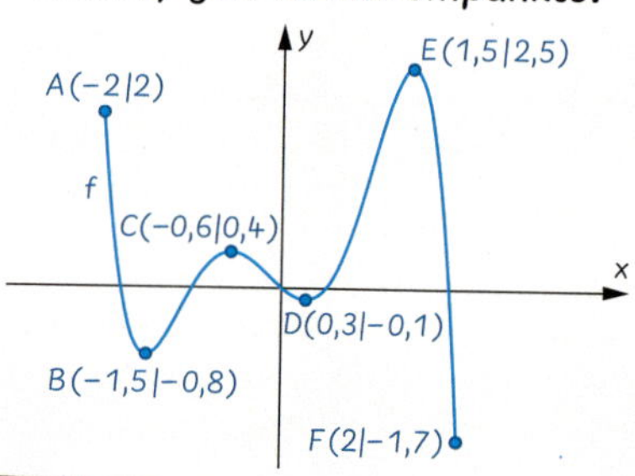

Hat der Graph von f **Hoch-, Tief-** oder **Sattelpunkte**? – Begründen 44

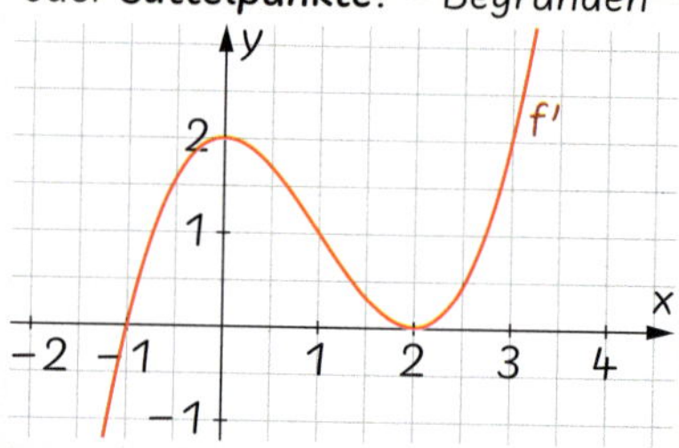

45

$f(x) = x^2$

- **Wert gesucht**

$f'(2)$ $f'(0)$ $f'(-3)$

- **x-Wert gesucht**

$f'(x) = 0{,}5$ $f'(x) = -3$ $f'(x) = 0$

46

Rechnung ergänzen

$f(x) = 3x^2;\ x_0 = 1$

$\frac{f(1+h) - f(1)}{h} = \frac{3 \cdot (1+h)^2 - 3 \cdot 1^2}{h} = \ldots$

$\lim\limits_{h \to 0} \frac{f(1+h) - f(1)}{h} = \ldots$

47

Grafisch differenzieren

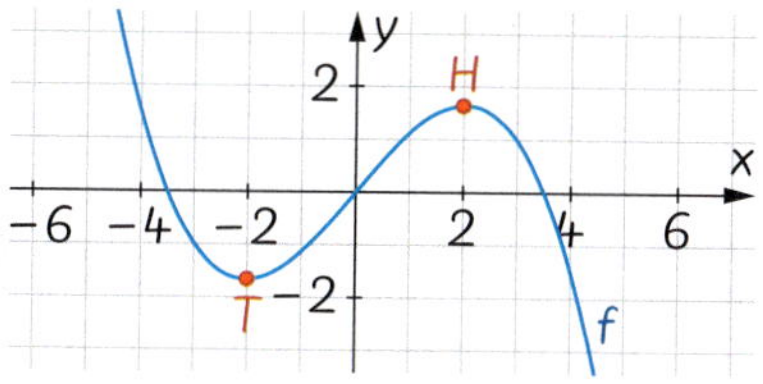

48

Gleichung der Tangente?

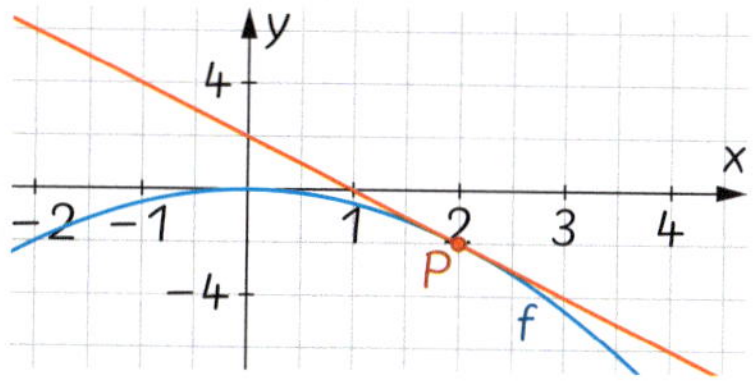

49

Entscheiden und begründen

Die Tangente an den Graphen von f mit $f(x) = -0{,}5x^2 - 2$ an der Stelle $x_0 = 4$ hat die Gleichung

$y = -4x - 6$ $y = -4x + 6$

$y = 4x + 6$ $y = 4x - 6$

50

Aussagen ergänzen

- Ist die Steigung eines Graphen in einem Intervall positiv, so verläuft der Graph der Ableitungsfunktion …
- Gilt $f'(x) < 0$ für alle x aus einem Intervall, so ist die Funktion f …

51

Monotonieverhalten untersuchen

- Funktion f mit $f(x) = x^3 + 2x$
- Funktion g mit $g(x) = -x^3 + 3x^2 - 3x$
- Funktion h mit $h'(x) = -x^2$

52

Nullstellen mit **Vielfachheit**

$f_1(x) = x^2 - 9$

$f_2(x) = (x^2 - 4) \cdot (x + 4)$

$f_3(x) = x^3 - 6x^2 + 9x$

$f_4(x) = 2x^4 - 4x^2$

53

$f(x) = \frac{1}{3}x^3 - x$

- Symmetrie?
- Nullstellen?
- Extrem- und Wendepunkte?

54

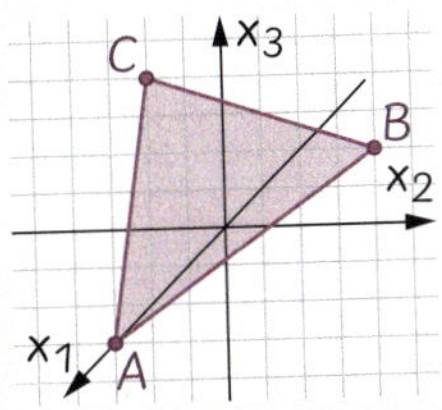

Punkte zuordnen

(3|0|0)

(2|0|3)

(−2|1|0)

WES-135805-701

Regeln und Rechengesetze

Zahlen runden

- *Ziffer nach Rundungsstelle 0, 1, 2, 3 oder 4:*
  abrunden: *Rundungsstelle bleibt gleich; Stellen rechts durch 0 ersetzen*
- *Ziffer nach Rundungsstelle 5, 6, 7, 8, oder 9:*
  aufrunden: *Rundungsstelle plus 1; Stellen rechts durch 0 ersetzen*

Vorrangregeln

- *Klammern zuerst*
  $47 - (22 + 15) = 47 - 37$
  $50 - [(20 - 5) + 15] = 50 - [15 + 15]$
- *Potenzrechnung vor Punktrechnung*
  $4 \cdot 7^2 = 4 \cdot 49$
- *Punktrechnung vor Strichrechnung*
  $72 - 8 \cdot 4 = 72 - 32$
  $23 + 16 : 2 = 23 + 8$
  $12 \cdot 3 - 35 : 7 = 36 - 5$

Kommutativgesetz

„Vertauschen ist erlaubt"

$a + b = b + a$ $\quad$ $a \cdot b = b \cdot a$

$59 + 27 = 27 + 59$ $\quad$ $37 \cdot 2 = 2 \cdot 37$

Assoziativgesetz

„Die Reihenfolge ist egal"

$a + b + c = a + (b + c)$ $\quad$ $a \cdot b \cdot c = a \cdot (b \cdot c)$

$5 + 2 + 8 = 5 + (2 + 8)$ $\quad$ $3 \cdot 4 \cdot 25 = 3 \cdot (4 \cdot 25)$

Distributivgesetz

$a \cdot (b + c) = a \cdot b + a \cdot c$

Ausmultiplizieren: $6 \cdot (12 + 9) = 6 \cdot 12 + 6 \cdot 9$

Jeden Summanden mit Vorfaktor multiplizieren

Ausklammern: $5 \cdot 7 + 5 \cdot 8 = 5 \cdot (7 + 8)$

Den Faktor, der in jedem Summanden vorkommt, als Vorfaktor vor die Klammer stellen

Rechnen mit der Null

- *Ist ein Faktor 0, so ist das Produkt 0.*
  $24 \cdot 0 = 0$ $\quad$ $0 \cdot 7 = 0$
- *Durch 0 darf man nicht dividieren.*
  24 : 0 ist verboten!
  Denn $0 \cdot \square = 24$ *geht nicht.*

1 Runden

a) Auf Zehner: 237 −678 2343 306

b) Auf Hunderter: 312 −785 3721 28912

c) Auf Tausender: 12 388 67 811 −378 622

d) Auf Millionen: 8 426 278 12 613 413

e) Auf zwei Stellen nach dem Komma:
75,3468 1,2479 0,6975 −4,3314 0,0278

2 Vorrangregeln beachten

Berechnen Sie ohne Rechner.

a) $(71 - 11) \cdot 4 - 5 \cdot 8$

b) $(95 - 50 - 35)^3 - 10 \cdot 2^2 \cdot 5^2$

c) $(17{,}5 - 0{,}5 \cdot 3 + 12 : 4 - 3^2) : 10$

d) $1234 - [234 - (34 - 4)] + 4 \cdot 51$

e) $(347 - 237) \cdot (34 - 62 + 26)$

f) $(17 + 93) : [246 - (31 + 204)]$

3 Vorteilhaft rechnen

Verwenden Sie die Rechengesetze.

a) $17 \cdot 63 + 17 \cdot 27$ $\quad$ b) $37 \cdot 420 - 37 \cdot 320$

c) $39 \cdot 28 - 39 \cdot 9 \cdot 2$ $\quad$ d) $79 - 5 \cdot 79 - 6 \cdot 79$

e) $18 : 5 + 12 : 5$ $\quad$ f) $65 : 7 - 62 : 7 + 4 : 7$

g) $5 : 13 + 21 : 13$ $\quad$ h) $333 : 3 - 222 : 2 + \pi$

i) $8{,}3 \cdot 19{,}2 - 19{,}2 \cdot 7{,}3$ $\quad$ j) $88 \cdot 90 - 80 \cdot 99$

4 Reihenfolge geschickt wählen

Rechnen Sie möglichst geschickt.

a) $323 - 30 + 7$ $\quad$ b) $25 - 7 + 27$

c) $55 - 6 + 66 - 5$ $\quad$ d) $1024 + 378 - 24 - 78$

e) $-534 + 99 + 434$ $\quad$ f) $145 + 22 + 355 + 778$

g) $-43 - 589 + 743 - 11$ $\quad$ h) $324 - 156 - 234 + 256$

i) $13{,}45 - 12{,}23 - 1{,}4 - 2{,}05 + 2{,}23$

j) $0{,}73 + 1{,}86 - 0{,}33 - 1{,}36 - 0{,}9$

5 Ausmultiplizieren

Multiplizieren Sie aus und berechnen Sie.

a) $6 \cdot \left(\frac{7}{3} - \frac{3}{2}\right)$ $\quad$ b) $15 \cdot \left(\frac{1}{3} + \frac{3}{5}\right)$ $\quad$ c) $\frac{6}{5} \cdot \left(\frac{5}{3} - \frac{5}{2}\right)$

d) $21 \cdot \left(\frac{5}{7} - \frac{2}{3}\right)$ $\quad$ e) $12 \cdot \left(\frac{5}{3} + \frac{3}{4}\right)$ $\quad$ f) $\frac{22}{21} \cdot \left(\frac{21}{11} + \frac{21}{2}\right)$

6 0 und 1

Berechnen Sie die Terme.

a) $(397{,}5 - 22{,}57 \cdot 13{,}08 + 0{,}24) \cdot (17{,}3 - 7{,}3 - 10)$

b) $(3 \cdot 11 + 11 \cdot 4 - 7 \cdot 11) \cdot (32^9 - 29^7 + \pi)$

c) $\frac{23 + 6^3 - 13}{10 + 6 \cdot 36} \cdot \sqrt{11}$

d) $1234 \cdot \frac{12^2 - 11}{133} + 4321 \cdot \frac{10}{3^2 + 1}$

e) $\frac{5^6 - \sqrt{3} + 7}{5\pi + 8\pi} \cdot \frac{32\pi - 19\pi}{7 - \sqrt{3} + 5^3 \cdot 5^3}$

Brüche

WES-135805-702

Bruchbegriffe

Brüche geben Anteile von Ganzen an.

$\frac{7}{12}$ — **Zähler:** *Gibt an, wie viele Teile man nimmt*
— **Bruchstrich**
— **Nenner:** *Gibt an, wie man die Teile nennt*

„sieben Zwölftel"

Bei einem ***unechten Bruch*** *ist der Zähler größer als der Nenner. Unechte Brüche kann man in der* ***gemischten Schreibweise*** *angeben.*

$\frac{14}{3} = 4 + \frac{2}{3} = 4\frac{2}{3}$

3 passt 4-mal in 14, übrig bleiben $\frac{2}{3}$

Erweitern und Kürzen

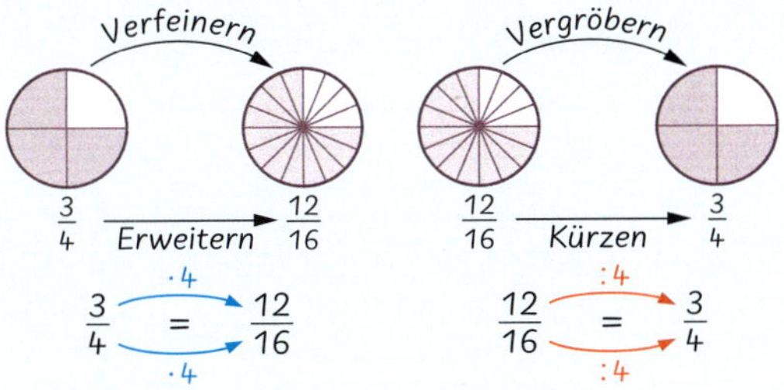

Der Wert des Bruchs bleibt gleich.

Brüche addieren und subtrahieren

- *Falls nötig, auf den gleichen Nenner bringen*
- *Zähler addieren/subtrahieren*
- *Nenner beibehalten*

$\frac{1}{4} + \frac{2}{5} = \frac{5}{20} + \frac{8}{20} = \frac{5+8}{20} = \frac{13}{20}$

$\frac{5}{6} - \frac{3}{4} = \frac{10}{12} - \frac{9}{12} = \frac{10-9}{12} = \frac{1}{12}$

Brüche multiplizieren

„Zähler mal Zähler, Nenner mal Nenner"

Frühzeitig kürzen: $\frac{9}{14} \cdot \frac{8}{21} = \frac{\overset{3}{\cancel{9}} \cdot \overset{4}{\cancel{8}}}{\underset{7}{\cancel{14}} \cdot \underset{7}{\cancel{21}}} = \frac{12}{49}$

Durch einen Bruch dividieren

- *Mit dem* ***Kehrbruch*** *multiplizieren*

$\frac{2}{5} : \frac{3}{4} = \frac{2}{5} \cdot \frac{4}{3} = \frac{2 \cdot 4}{5 \cdot 3} = \frac{8}{15}$

Brüche und Prozente

Prozente *sind Brüche mit dem Nenner 100.*

$\frac{1}{100} = 1\,\%$ $\qquad \frac{100}{100} = 1 = 100\,\%$

$\frac{4}{5} = \frac{80}{100} = 80\,\%$

1 Anteil angeben

a) 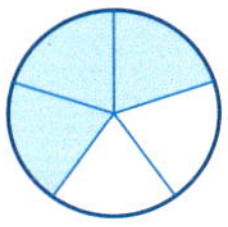 b) 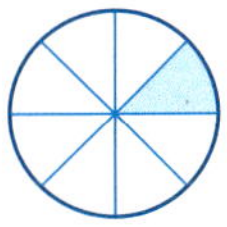 c) 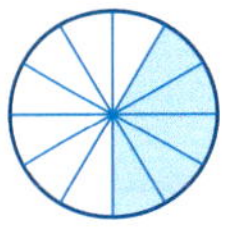

d) 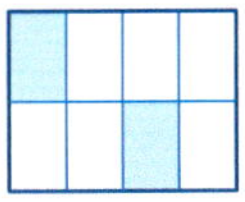 e) 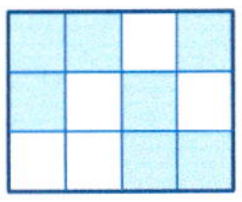 f) 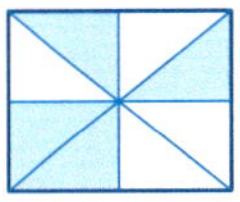

2 Gemischte Schreibweise

Schreiben Sie in der gemischten Schreibweise.

a) $\frac{8}{3}$ b) $\frac{9}{2}$ c) $\frac{7}{5}$ d) $\frac{25}{17}$

3 Unechter Bruch

Schreiben Sie als unechten Bruch.

a) $1\frac{5}{8}$ b) $3\frac{1}{4}$ c) $9\frac{7}{10}$ d) $4\frac{4}{8}$

4 Erweitern

a) $\frac{1}{2} = \frac{\square}{12}$ b) $\frac{4}{3} = \frac{\square}{33}$ c) $\frac{3}{5} = \frac{\square}{30}$

d) $\frac{11}{7} = \frac{44}{\square}$ e) $\frac{5}{9} = \frac{60}{\square}$ f) $\frac{3}{8} = \frac{36}{\square}$

5 Kürzen

Kürzen Sie den Bruch vollständig.

a) $\frac{4}{12}$ b) $\frac{8}{22}$ c) $\frac{15}{50}$ d) $\frac{54}{12}$

e) $\frac{25}{125}$ f) $\frac{96}{120}$ g) $\frac{56}{126}$ h) $\frac{108}{72}$

6 Brüche vergleichen

Untersuchen Sie, welcher Bruch größer ist.

a) $\frac{5}{6}$; $\frac{6}{5}$ b) $\frac{3}{8}$; $\frac{2}{3}$ c) $\frac{5}{12}$; $\frac{3}{6}$

d) $\frac{9}{6}$; $\frac{4}{5}$ e) $\frac{12}{100}$; $\frac{3}{25}$ f) $\frac{5}{18}$; $\frac{7}{24}$

7 Brüche addieren und subtrahieren

a) $\frac{1}{2} + \frac{3}{4}$ b) $\frac{7}{8} + \frac{5}{12}$ c) $\frac{5}{6} + \frac{5}{9}$

d) $\frac{8}{5} - \frac{3}{2}$ e) $\frac{15}{11} - \frac{4}{5}$ f) $\frac{5}{36} - \frac{10}{81}$

8 Brüche multiplizieren und dividieren

Kürzen Sie frühzeitig, falls möglich.

a) $\frac{1}{6} \cdot \frac{2}{5}$ b) $\frac{3}{16} \cdot \frac{12}{7}$ c) $\frac{7}{12} \cdot \frac{18}{21}$

d) $\frac{7}{3} : \frac{1}{2}$ e) $\frac{37}{10} : \frac{37}{4}$ f) $\frac{90}{11} : \frac{50}{33}$

9 Vom Bruch zur Prozentzahl

Schreiben Sie als Prozent.

a) $\frac{3}{4}$ b) $\frac{3}{5}$ c) $\frac{3}{25}$ d) $\frac{7}{50}$

10 Von der Prozentzahl zum Bruch

Schreiben Sie als vollständig gekürzten Bruch.

a) 50 % b) 20 % c) 70 % d) 45 %

WES-135805-703

Prozentrechnung

Prozentrechnung

Der **Prozentsatz p %** gibt den Anteil des **Prozentwertes W** am **Grundwert G** an.

Prozentsatz berechnen:

$p\,\% = \frac{G}{W}$

Wie viel Prozent sind 150 € von 750 €?

$p\,\% = \frac{150\,€}{750\,€} = 0{,}2 = 20\,\%$

Prozentwert berechnen:

$W = G \cdot \frac{p}{100}$

Berechnen Sie 40 % von 300 €.

$W = 300\,€ \cdot \frac{40}{100} = 300\,€ \cdot 0{,}4 = 120\,€$

Grundwert berechnen:

$G = W \cdot \frac{100}{p}$

Berechnen Sie den Grundwert, wenn 70 % des Grundwertes 980 € sind.

$G = 980\,€ \cdot \frac{100}{70} = 980\,€ : 0{,}7 = 1400\,€$

Prozentuale Zunahme und Abnahme

Grundwert **um p % erhöhen**:

Prozentwert zu **(100 + p) %** berechnen

$W = G \cdot \left(1 + \frac{p}{100}\right)$

Grundwert **um p % vermindern**:

Prozentwert zu **(100 – p) %** berechnen

$W = G \cdot \left(1 - \frac{p}{100}\right)$

1 Prozentsatz berechnen

a) 15 kg von 30 kg Getreide

b) 20 Liter von 80 Liter Öl

c) 17 Stunden von 48 Stunden

d) 11 m^3 von 1200 m^3 Sand

2 Prozentwert berechnen

a) 75 % von 160 Pkw
b) 30 % von 70 kg
c) 80 % von 3,4 kW
d) 67 % von 1800 kcal

3 Grundwert berechnen

a) 20 % sind 6 cm^2
b) 12,5 % sind 4 min
c) 40 % sind 370 km
d) 19 % sind 3515 €

4 Vermischte Aufgaben

Geben Sie zunächst an, welche der Größen G, W oder p % gesucht wird.

a) Benno möchte sich ein Smartphone für 570 € kaufen und hat bereits 80 % gespart.

b) Bei einer Qualitätskontrolle waren 34 Bauteile defekt, was 2,5 % der Tagesproduktion ausmacht.

c) Nach einer Veranstaltung wurden 210 Personen von den insgesamt 1400 Teilnehmerinnen und Teilnehmern befragt.

5 Zunahme und Abnahme

a) Eine Insektenpopulation bestand aus 600 Insekten. Nach einem Jahr lag die Anzahl um 12 % höher. Berechnen Sie die neue Anzahl der Insekten.

b) Familie Noormann konnte ihren jährlichen Stromverbrauch von 3200 kWh um 4 % senken. Berechnen Sie den neuen jährlichen Stromverbrauch.

WES-135805-704

Reelle Zahlen

Reelle Zahlen

Die Menge der **reellen Zahlen** ℝ umfasst die Menge der natürlichen Zahlen ℕ, der ganzen Zahlen ℤ, der rationalen Zahlen ℚ und der irrationalen Zahlen.

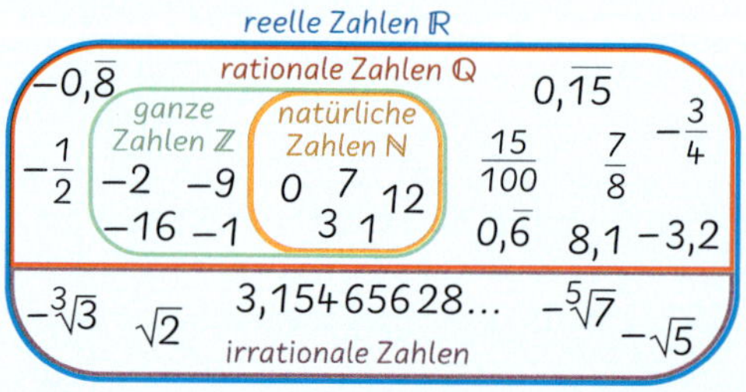

Jeder Punkt auf der Zahlengeraden entspricht einer reellen Zahl und umgekehrt.

1 Rational oder irrational?

a) 5,372
b) $\sqrt{36}$
c) $-\frac{9}{16}$
d) $-\sqrt{8}$
e) $2,\overline{3}$
f) 3,03003…
g) $\sqrt{0{,}01}$
h) $4 \cdot \pi$
i) 0

2 Zahlen auf der Zahlengeraden

a) Berechnen Sie die Länge der Diagonalen in einem Quadrat mit der Kantenlänge 1.

b) Zeichnen Sie eine Zahlengerade und tragen Sie auf der Zahlengeraden den Punkt ein, der der reellen Zahl $\sqrt{2}$ entspricht.
Nutzen Sie für die Konstruktion Ihr Ergebnis aus Teilaufgabe a).

Potenzen

WES-135805-705

Potenzen

Für reelle Zahlen a und natürliche Zahlen n definiert man:

$a^0 = 1 \qquad a^1 = a$

$a^n = \underbrace{a \cdot a \cdot a \cdot \ldots \cdot a}_{n \text{ Faktoren } a}$

a^n — Exponent: n, Basis: a

Ist $a \neq 0$, so definiert man: $a^{-n} = \frac{1}{a^n}$

n-te Wurzel

*Die **n-te Wurzel** einer reellen Zahl $a > 0$ ist diejenige nichtnegative Zahl, die mit n potenziert die Zahl a ergibt.*

Schreibweise: $\sqrt[n]{a}$

$\sqrt[n]{a}$ — Wurzelexponent: n, Radikand: a

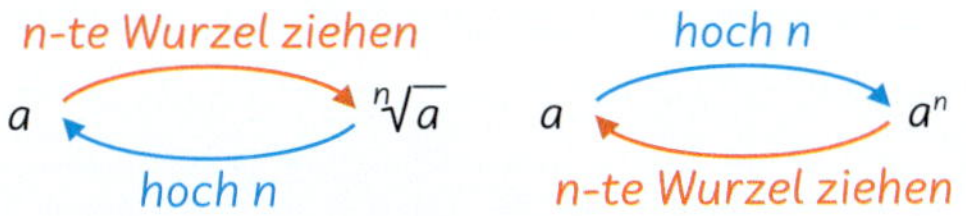

Potenzen mit rationalen Exponenten

Für reelle Zahlen $a > 0$, natürliche Zahlen $n \geq 2$ und ganze Zahlen m definiert man:

$a^{\frac{1}{n}} = \sqrt[n]{a} \qquad 64^{\frac{1}{3}} = \sqrt[3]{64} = 4$

$a^{\frac{m}{n}} = \sqrt[n]{a^m} \qquad 4^{-\frac{2}{3}} = 4^{\frac{-2}{3}} = \sqrt[3]{4^{-2}} = \sqrt[3]{\frac{1}{4^2}}$

Potenzgesetze

Potenzen mit gleicher Basis

$a^m \cdot a^n = a^{m+n} \qquad \frac{a^m}{a^n} = a^{m-n}$ für $a \neq 0$

Potenzen mit gleichen Exponenten

$a^m \cdot b^m = (a \cdot b)^m \qquad \frac{a^m}{b^m} = \left(\frac{a}{b}\right)^m$ für $b \neq 0$

Potenzieren einer Potenz

$(a^m)^n = a^{m \cdot n}$

Schreibweise mit abgetrennter Zehnerpotenz

- *Große Zahlen schreibt man häufig als Produkt einer Zehnerpotenz und einer Zahl zwischen 1 und 10.*

  $31\,000\,000 = 3{,}1 \cdot 10\,000\,000 = 3{,}1 \cdot 10^7$

- *Kleine positive Zahlen schreibt man häufig als Produkt einer Zehnerpotenz mit negativem Exponenten und einer Zahl zwischen 1 und 10.*

  $0{,}0045 = 4{,}5 \cdot 0{,}001 = 4{,}5 \cdot 10^{-3}$

1 Potenzen berechnen

a) $2^5 \quad 2^3 \quad 2^0 \quad 2^{-1} \quad 2^{-4}$

b) $3^4 \quad 3^3 \quad 3^1 \quad 3^{-1} \quad 3^{-2}$

c) $\left(\frac{1}{2}\right)^3 \quad \left(\frac{1}{2}\right)^2 \quad \left(\frac{1}{2}\right)^0 \quad \left(\frac{1}{2}\right)^{-1} \quad 0{,}5^{-3}$

d) $(-5)^3 \quad (-5)^2 \quad (-5)^{-1} \quad (-5)^{-4}$

2 Vorzeichen bei Potenzen

Berechnen Sie die Potenzen und erklären Sie, worauf man bei den Vorzeichen achten muss.

$-2^4 \qquad (-2)^4 \qquad (-2)^3 \qquad -2^3$

3 Potenzgesetze für die Multiplikation

Wenden Sie die Potenzgesetze für die Multiplikation an. Achten Sie auf einschränkende Bedingungen für die Basis.

a) $x^3 \cdot x^5$ b) $t^4 \cdot t^{-2}$ c) $z^{-8} \cdot z^6$

d) $x^2 \cdot y^3 \cdot x^5$ e) $w^4 \cdot w^{-2} \cdot w^3$ f) $x^{\frac{1}{2}} \cdot x^4$

g) $u^{\frac{1}{3}} \cdot u^{\frac{1}{4}}$ h) $r^{\frac{2}{5}} \cdot r^{\frac{5}{6}} \cdot r^{\frac{1}{10}}$ i) $x^{2k} \cdot x^3$

j) $t^{3a+2} \cdot t^{-a+3}$ k) $(3a)^6 \cdot \left(\frac{1}{3}b\right)^6$ l) $(y^2)^5$

m) $(2t)^3$ n) $(11xy)^2$ o) $(2rs^2t)^3$

p) $(u+v)^2 \cdot (u+v)^3$ q) $(x-2y)^{10} \cdot (x-2y)^{20}$

4 Potenzgesetze für die Division

Wenden Sie die Potenzgesetze für die Division an. Achten Sie auf einschränkende Bedingungen für die Basis.

a) $\frac{x^5}{x^2}$ b) $\frac{v^4}{v^{-1}}$ c) $\frac{a^3}{a^5}$

d) $\frac{x^4y^7z^3}{xy^2z^{-3}}$ e) $\frac{(2-p)^4}{(2-p)^2}$ f) $a^{\frac{3}{4}} : a^{\frac{1}{3}}$

5 Distributivgesetz

Vereinfachen Sie so weit wie möglich.

a) $p \cdot (p^3 + 2)$ b) $xy^6 \cdot \left(x^2y^{-\frac{1}{3}} + x^3\right)$

c) $\frac{3xy + 2x}{x}$ d) $(t^8u^2 - 6t^5u^7) : tu$

6 Potenzen und Wurzel

Vereinfachen Sie so weit wie möglich.

a) $\sqrt[3]{a^6}$ b) $t^{\frac{7}{8}} \cdot t^{-\frac{5}{8}}$ c) $\sqrt[3]{x^2} \cdot \sqrt[6]{x^5}$

d) $\sqrt[6]{y^5} : \sqrt[3]{y^2}$ e) $b^{\frac{2}{3}} : b^{\frac{1}{3}}$ f) $\sqrt[3]{x^2} : \sqrt[6]{x^4}$

7 Zehnerpotenzen abtrennen

a) 23 000 b) 567 000 000 c) 1 800 000

d) 0,000 74 e) 0,000 034 f) 0,000 000 56

8 Ohne Zehnerpotenzen schreiben

a) $2{,}9 \cdot 10^5$ b) $3{,}7 \cdot 10^{12}$ c) $1{,}356 \cdot 10^9$

d) $4{,}6 \cdot 10^{-5}$ e) $2{,}11 \cdot 10^{-9}$ f) $-1{,}67 \cdot 10^{-4}$

WES-135805-706

Terme mit Variablen

Terme addieren und subtrahieren

$7a + 2a + 4b = 9a + 4b$

$8x^2y + 3y - x^2y = 7x^2y + 3y$

Nur gleichartige Terme können beim Addieren bzw. Subtrahieren zusammengefasst werden.

Terme multiplizieren

$5a \cdot 2ab = 5 \cdot 2 \cdot a \cdot a \cdot b = 10a^2b$

$4y \cdot (-3xy) = 4 \cdot (-3) \cdot x \cdot y \cdot y = -12xy^2$

In Produkten darf man die Faktoren beliebig vertauschen, klammern und mit Potenzschreibweise vereinfachen.

Klammer auflösen bei Addition/Subtraktion

„Plusklammer“: *Klammer weglassen*

$a + (b + c) = a + b + c \qquad a + (b - c) = a + b - c$

„Minusklammer“: *Rechenzeichen in der Klammer umkehren und Klammer weglassen*

$a - (b + c) = a - b - c \qquad a - (b - c) = a - b + c$

Ausmultiplizieren

„Produkt in Summe umwandeln“

$-4x \cdot (2y + 3x) = -8xy - 12x^2$

Ausklammern/Faktorisieren

„Summe in Produkt umwandeln“

$8xy + 4x^2z = 4x \cdot 2y + 4x \cdot xz$

$= 4x \cdot (2y + xz)$

In jedem Summanden kommt der gleiche Faktor vor. Der Faktor kann dann ausgeklammert werden.

Produkt aus zwei Klammern

$(a + b) \cdot (c + d) = a \cdot c + a \cdot d + b \cdot c + b \cdot d$

Binomische Formeln

1. binom. Formel $(a + b)^2 = a^2 + 2ab + b^2$

2. binom. Formel $(a - b)^2 = a^2 - 2ab + b^2$

3. binom. Formel $(a + b) \cdot (a - b) = a^2 - b^2$

z. B.: $(2x + 3)^2 = (2x)^2 + 2 \cdot 2x \cdot 3 + 3^2 = 4x^2 + 12x + 9$

$(2x + 3y) \cdot (2x - 3y) = (2x)^2 - (3y)^2 = 4x^2 - 9y^2$

1 Terme vereinfachen

Fassen Sie so weit wie möglich zusammen.

a) $3ab - (2a - b \cdot a) + 2 \cdot 3a - 5a \cdot b$

b) $-(x^2 + x \cdot 5) - (x - 3x \cdot x) + 6x$

c) $(xy - z \cdot 3) + (3z \cdot 2 - x \cdot y) - 5y \cdot x$

d) $a - a \cdot x - bx + (x \cdot b - ax) - a$

2 Ausmultiplizieren

a) $4x \cdot (6 - y)$

b) $4y \cdot (2x + 4)$

c) $(-3y) \cdot (2x - 5y)$

d) $(-4x) \cdot (x^2 + 6y)$

3 Ausklammern

Klammern Sie so weit wie möglich aus.

a) $3x^3y - 2xy^2$

b) $abc + 2abc^2$

c) $-5xz + 4x^2yz$

d) $(ef)^2 - 3e^3f$

4 Produkt aus zwei Klammern

Multiplizieren Sie aus und fassen Sie so weit wie möglich zusammen.

a) $(a + 2) \cdot (a + 3)$

b) $(x - 3) \cdot (2x + 5)$

c) $(x^2 - 2x) \cdot (3x - 4)$

d) $(7 + a) \cdot (2a - 3)$

5 Binomische Formeln anwenden

a) $(x + 3)^2$

b) $(e - f)^2$

c) $(2a + 4)^2$

d) $(2x - 5y)^2$

e) $(2x^2 - 1)^2$

f) $(e^2 + f^3)^2$

g) $(x + 2) \cdot (x - 2)$

h) $(2a + b) \cdot (2a - b)$

i) $(x - 2y) \cdot (2y + x)$

j) $(a^2 - b) \cdot (a^2 + b)$

6 Als Produkt schreiben

Formen Sie den Term in ein Produkt um.

a) $x^2 + 12x + 36$

b) $x^2 - 24x + 144$

c) $a^2 - 6ab + 9b^2$

d) $4z^2 + 16z + 16$

e) $x^2 - y^2$

f) $4a^2 - 25$

g) $9a^2 - 16b^2$

h) $36x^6 - y^4$

7 Quotienten vereinfachen

Vereinfachen Sie den Quotienten mithilfe der binomischen Formeln.

a) $\frac{(a-1)^2 - 1}{a}$

b) $\frac{(a+b)^2 - a^2}{b}$

c) $\frac{(2x+h)^2 - (2x)^2}{h}$

d) $\frac{(x^2+h)^2 - x^4}{h}$

8 Vermischte Aufgaben

Vereinfachen Sie so weit wie möglich.

a) $(x - 3)^2 + (x - 1)^2 - 2x \cdot (x - 4)$

b) $(a - 3b)^2 - (b - a)^2 + 3a \cdot (6 - b)$

c) $6x \cdot (-4xy + 1) - 12x^2 \cdot (5y + 1) - 3 \cdot (-xy)$

d) $(-2) \cdot (x - 2) \cdot (x + 2) - (3x + 1) \cdot (3x - 1)$

e) $(2x - y) \cdot (2x + y) - 3 \cdot (x - 2y) \cdot (x + 2y)$

Gleichungen mit einer Variablen

WES-135805-707

Variable und Gleichung

__Variablen__ sind Platzhalter für unbekannte Zahlen. Mit ihnen stellt man __Gleichungen__ auf.

$3x = x + 4 \qquad -4a + 5 = -3 \cdot (a - 5)$

Lösung und Lösungsmenge

Eine Zahl heißt __Lösung__ einer Gleichung, wenn beim Einsetzen dieser Zahl eine wahre Aussage entsteht. Alle Lösungen einer Gleichung ergeben die __Lösungsmenge__.

$2x = 8 \qquad L = \{4\}$

$x \cdot x = x + 6 \qquad L = \{-2; 3\}$

$x = x + 2 \qquad L = \{\ \}$ *leere Menge*

$2x = x + x \qquad L = \mathbb{R}$

Äquivalenzumformungen

- *Auf beiden Seiten einer Gleichung denselben Term addieren oder subtrahieren*
- *Beide Seiten mit derselben Zahl (außer 0) multiplizieren oder durch dieselbe Zahl (außer 0) dividieren*

Strategie zum Lösen einer Gleichung

Zusammenfassen – Sortieren – Isolieren

Zusammenfassen: $2x + 5 + x - 4 = 7x + 9$

$3x + 1 = 7x + 9 \qquad | -1$

$3x = 7x + 8 \qquad | -7x$

$-4x = 8 \qquad | :(-4)$

$x = -2$

Probe: $2 \cdot (-2) + 5 + (-2) - 4 \overset{?}{=} 7 \cdot (-2) + 9$

$-5 = -5$ *wahr*

$L = \{-2\}$

Strategie beim Modellieren

Eine 10 cm lange Holzleiste soll in vier gleich lange Stücke zersägt werden. Für die Schnittbreite nimmt man 2 mm an.

(1) *Sachsituation vereinfachen:*

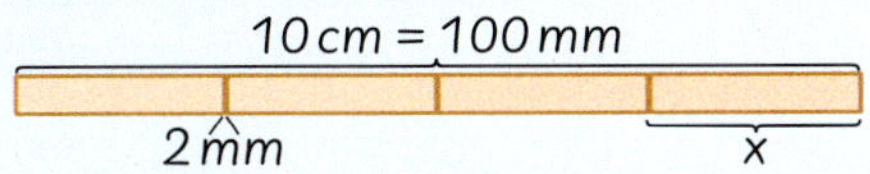

(2) *Länge eines Stückes in mm: x*

$4 \cdot x + 2 \cdot 3 = 100$

(3) $4x = 94$; *also* $x = 23{,}5 \qquad L = \{23{,}5\}$

(4) *Probe am Sachverhalt:*

$4 \cdot 23{,}5\,\text{mm} + 3 \cdot 2\,\text{mm} = 100\,\text{mm} = 10\,\text{cm}$

(5) *Die Stücke sind jeweils 23,5 mm lang.*

1 Gleichungen lösen

Lösen Sie die Gleichung und führen Sie die Probe durch.

a) $3x + 5 = 26$ b) $-12x - 15 = -2x$
c) $-8x + 12 = 3x - 21$ d) $-5x - 1 = 5x + 4$
e) $2x - 4 = 5 + 3x$ f) $\frac{1}{6}x + \frac{4}{5} = \frac{2}{3}x - \frac{1}{10}$

2 Gleichungen ohne Klammern

a) $20x + 9 - 4x = 31$ b) $15 - x = 3x - 5 + x$
c) $7 - 3x + 10x = 8x + 7$ d) $\frac{1}{3}x - \frac{4}{5} + \frac{1}{4}x = -\frac{9}{20}$

3 Gleichungen mit Klammern

a) $21 = 10 \cdot (x - 6)$
b) $3 \cdot (4x + 8) = 5 \cdot (2x + 1)$
c) $2x \cdot (x + 10) = x^2 + 5 \cdot (4x + 5)$
d) $(x + 6) \cdot (x - 8) = x \cdot (x + 2)$

4 Lösungsmenge bestimmen

a) $6x - 14 = 2 \cdot (5 + 3x)$
b) $x \cdot (x - 9) = -5x + 16 - 4x$
c) $7x \cdot (3 - 4x) = 14 \cdot (1{,}5x - 2x^2)$

5 Gleichungen angeben

Geben Sie zu jeder Teilaufgabe von Aufgabe 4 mindestens eine weitere Gleichung mit der gleichen Anzahl an Lösungen an. Erläutern Sie Ihr Vorgehen.

6 Zahlenrätsel

a) Das Vierfache einer Zahl vermindert um 5 ist dasselbe wie das Dreifache der Zahl.
b) Subtrahiert man 3 von einer Zahl und multipliziert das Ergebnis mit −7, so ergibt sich dasselbe, wie wenn man zum Dreizehnfachen dieser Zahl 11 addiert.
c) Das Quadrat einer Zahl vermindert um 3 ist gleich 6.

7 Kantenmodell

Aus einem 2 m langen Metalldraht soll das Kantenmodell eines Quaders gebaut werden. Die mittlere Kante soll dabei doppelt so lang wie kürzeste Kante und halb so lang wie die längste Kante sein. Berechnen Sie die Seitenlängen des Kantenmodells.

8 Seltsame Gleichungen

Geben Sie die Lösungsmenge an.

a) $x + x = x \cdot x$ b) $x - x = x + x$ c) $x : x = x \cdot x$
d) $x : 3 = 3 : x$ e) $x - 3 = 3 - x$ f) $x^x = x$

WES-135805-708

Lineare Funktionen

Lineare Funktion

Eine Funktion mit der Funktionsgleichung $\boldsymbol{y = m \cdot x + b}$ *heißt lineare Funktion.*
Der Graph einer linearen Funktion ist eine ***Gerade****. Sie hat die* ***Steigung*** *m und verläuft durch den Punkt P(0|b).*

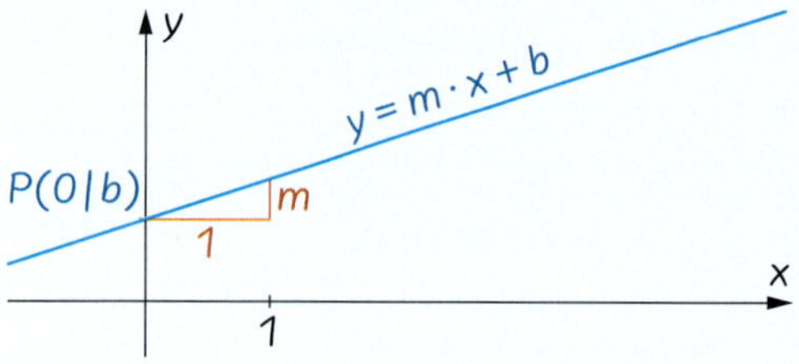

Graphen einer linearen Funktion zeichnen

m > 0	**m < 0**
$f(x) = 2x - 1$	$f(x) = -2x + 3$
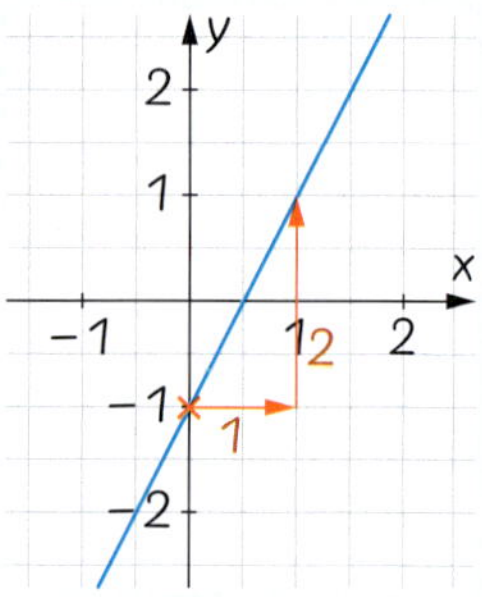	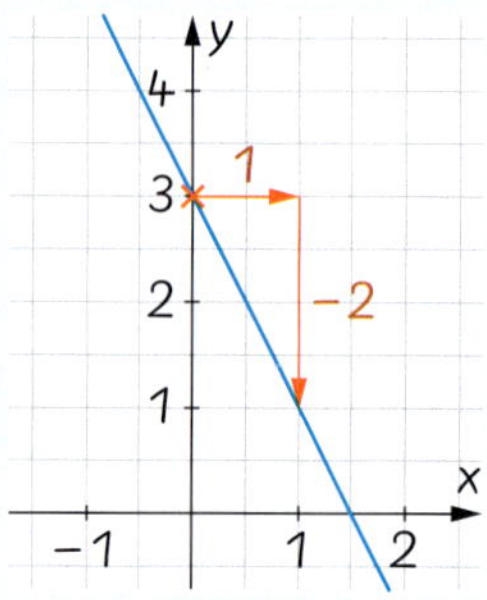
„Punkt (0|−1) markieren, dann 1 nach rechts und 2 nach oben"	*„Punkt (0|3) markieren, dann 1 nach rechts und 2 nach unten"*

Lineare Funktionen bestimmen

Punkt und Steigung gegeben

Gerade durch P(3|−4) mit Steigung −3:

(1) $y = (-3) \cdot x + b$

(2) *Koordinaten von P einsetzen:*
$-4 = (-3) \cdot 3 + b$; *also* $b = 5$

(3) $y = -3x + 5$

Zwei Punkte gegeben

Gerade durch P(3|−4) und Q(−1|8):

(1) $m = \frac{8-(-4)}{-1-3} = \frac{12}{-4} = -3$;
also $y = (-3) \cdot x + b$

(2) *Koordinaten von P oder Q einsetzen:*
$-4 = (-3) \cdot 3 + b$; *also* $b = 5$

(3) $y = -3x + 5$

1 Parameter ablesen

Lesen Sie aus der Abbildung m und b ab und geben Sie die Funktionsgleichung an.

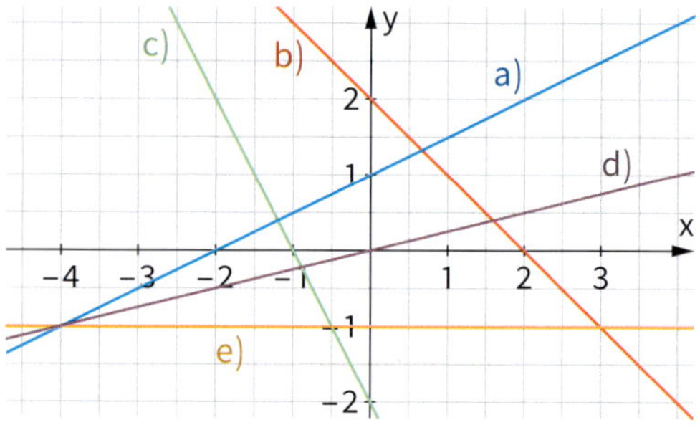

2 Gerade zeichnen

Zeichen Sie die Gerade durch den Punkt P mit der Steigung m.

a) P(4|5); $m = 2$ b) P(0|3); $m = -1$
c) P(−2|−3); $m = \frac{1}{3}$ d) P(2|0); $m = 0{,}4$

3 Gerade durch Punkt P mit Steigung m

Die Gerade hat die Steigung m und verläuft durch den Punkt P. Bestimmen Sie rechnerisch die Gleichung der Geraden.

a) P(5|3); $m = 4$ b) P(−1|2); $m = 0{,}4$
c) P(10|−9); $m = -2{,}5$ d) P(0|8); $m = -7$

4 Gerade durch zwei Punkte

Bestimmen Sie rechnerisch die Gleichung der Geraden durch die Punkte P und Q.

a) P(2|4); Q(5|8)
b) P(−2|−4); Q(4|−12)
c) P(0|−5); Q(3|−1)

5 Punkte auf einer Geraden

Prüfen Sie rechnerisch, ob die Punkte A, B und C auf einer Geraden liegen.

a) A(1|−2); B(4|0); C(5|6)
b) A(−2|11); B(0|1); C(3|−14)
c) A(6|5); B(−1|−7); C(0|−3)

6 Schnittpunkte mit den Koordinatenachsen

Eine Gerade verläuft durch den Punkt P(−3|6) und den Punkt Q(6|8).

a) Berechnen Sie die Steigung der Geraden.
b) Bestimmen Sie die Funktionsgleichung der zugehörigen linearen Funktion.
c) Berechnen Sie die Koordinaten der Schnittpunkte der Geraden mit den Koordinatenachsen.

Lineare Gleichungssysteme

WES-135805-709

Lineares Gleichungssystem

$$\left|\begin{matrix} -x+2y=8 \\ 5x-4y=-22 \end{matrix}\right|$$

Eine Lösung eines Systems aus zwei linearen Gleichungen mit zwei Variablen ist ein ***Zahlenpaar (x | y)****, das beide Gleichungen erfüllt.*

Mit Einsetzungsverfahren lösen

(1) *Eine der beiden Gleichungen nach einer Variablen auflösen:*
$-x+2y=8$; *also* $x=2y-8$

(2) *Den Term in die andere Gleichung einsetzen und die Gleichung lösen:*
$5\cdot(2y-8)-4y=-22$; *also* $y=3$

(3) *Die Zahl in den Term aus (1) einsetzen:*
$x=2\cdot 3-8=-2$

(4) *Lösungsmenge angeben:* $L=\{(-2\,|\,3)\}$

Mit Additionsverfahren lösen

(1) *Gleichungen erzeugen, bei denen die Koeffizienten zu einer Variablen Gegenzahlen sind:*

$$\left|\begin{matrix} -x+2y=8 \\ 5x-4y=-22 \end{matrix}\right| \cdot 5$$

$$\left|\begin{matrix} -5x+10y=40 \\ 5x-4y=-22 \end{matrix}\right|$$

(2) *Beide Gleichungen addieren und die so erhaltene Gleichung lösen:*

$$\left|\begin{matrix} -5x+10y=40 \\ 5x-4y=-22 \end{matrix}\right| \oplus$$

$$6y=18$$
$$y=3$$

(3) *Die Zahl in eine der beiden ursprünglichen Gleichungen einsetzen:*
$-x=2\cdot 3=8$; *also* $x=-2$

(4) *Lösungsmenge angeben:* $L=\{(-2\,|\,3)\}$

Sonderfälle bei der Lösungsmenge

Keine Lösung

$$\left|\begin{matrix} -x+2y=8 \\ x-2y=5 \end{matrix}\right| \oplus$$

$0=13$ *falsche Aussage*

$L=\{\ \}$ *leere Menge*

Unendlich viele Lösungen

$$\left|\begin{matrix} -x+2y=8 \\ x-2y=-8 \end{matrix}\right| \oplus$$

$0=0$ *wahre Aussage*

$L=\{(x\,|\,y)\,|\,x=2y-8\}$

1 Einsetzungsverfahren

a) $\left|\begin{matrix} x+y=0 \\ 2x-y=9 \end{matrix}\right|$
b) $\left|\begin{matrix} x+2y=0 \\ -4x-3y=5 \end{matrix}\right|$
c) $\left|\begin{matrix} -2x+y=4 \\ 3x-4y=-6 \end{matrix}\right|$
d) $\left|\begin{matrix} 0{,}5x-0{,}4y=1 \\ 0{,}1x+0{,}2y=3 \end{matrix}\right|$

2 Gleichsetzungsverfahren

Lösen Sie das lineare Gleichungssystem, indem Sie zunächst die beiden Terme auf der rechten Seite der Gleichungen gleichsetzen.

a) $\left|\begin{matrix} y=3x+4 \\ y=x+2 \end{matrix}\right|$
b) $\left|\begin{matrix} y=-5x+3 \\ y=3x-5 \end{matrix}\right|$
c) $\left|\begin{matrix} y=-0{,}8x \\ y=-0{,}4x-40 \end{matrix}\right|$
d) $\left|\begin{matrix} y=27x+28 \\ y=28x+27 \end{matrix}\right|$

3 Schnittpunkt zweier Geraden

Berechnen Sie den Schnittpunkt der Geraden mit den angegebenen Gleichungen.

a) $y=7x-3$ und $y=x+9$
b) $y=0{,}1x-0{,}5$ und $y=-0{,}3x+0{,}3$
c) $y=x$ und $y=-x$

4 Parallele Geraden

a) Begründen Sie ohne zu rechnen, dass die Geraden zu $y=0{,}6x-1{,}3$ und $y=0{,}6x+0{,}4$ keinen Schnittpunkt haben.
b) Geben Sie die Gleichungen zweier weiterer Geraden an, die sich nicht schneiden.

5 Additionsverfahren

a) $\left|\begin{matrix} -2x+3y=5 \\ 2x-y=3 \end{matrix}\right|$
b) $\left|\begin{matrix} x+4y=10 \\ -2x-3y=5 \end{matrix}\right|$
c) $\left|\begin{matrix} -2x+y=4 \\ 3x-y=-6 \end{matrix}\right|$
d) $\left|\begin{matrix} 6x-0{,}4y=1 \\ -3x+0{,}2y=3 \end{matrix}\right|$

6 Leere Menge

a) Begründen Sie ohne zu rechnen, dass die Gleichungssysteme keine Lösung haben.
(1) $\left|\begin{matrix} 3x+2y=5 \\ 3x+2y=4 \end{matrix}\right|$
(2) $\left|\begin{matrix} 3x+2y=5 \\ 6x+4y=9 \end{matrix}\right|$
b) Geben Sie zwei weitere lineare Gleichungssysteme an, deren Lösungsmenge leer ist.

7 Lösungsmenge angeben

a) $\left|\begin{matrix} -4x+6y=8 \\ 2x-3y=-4 \end{matrix}\right|$
b) $\left|\begin{matrix} 5x-12y=8 \\ 50x-120y=88 \end{matrix}\right|$
c) $\left|\begin{matrix} 5x-5y=5 \\ 3x-2y=2 \end{matrix}\right|$
d) $\left|\begin{matrix} 0{,}7x+0{,}7y=0{,}49 \\ x+y=0{,}7 \end{matrix}\right|$

8 Tierisches

Auf einer Wiese sind Hühner und Ziegen. Daniel zählt 20 Köpfe und 56 Beine. Wie viele Tiere jeder Sorte sind auf der Wiese?

WES-135805-710

Quadratische Funktionen

Quadratische Funktion

Eine Funktion f mit der Funktionsgleichung $\mathbf{f(x) = a\,x^2 + b\,x + c}$ *und* $a \neq 0$ *heißt* ***quadratische Funktion****. Der Graph einer quadratischen Funktion heißt* ***Parabel****.*

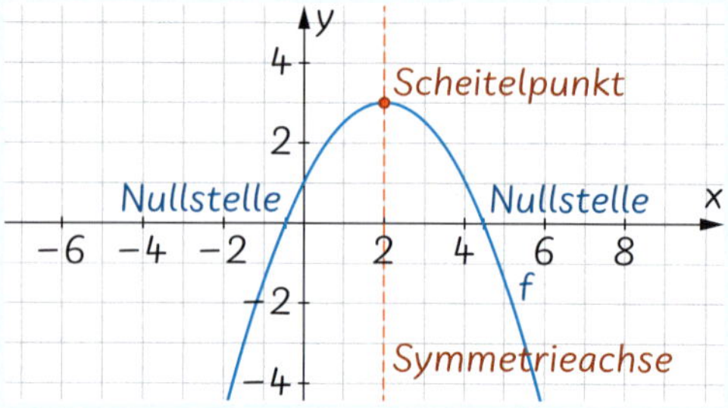

Die Darstellungsform $f(x) = a\,x^2 + b\,x + c$ *nennt man* ***allgemeine Form****.*

Weitere Darstellungsformen

Scheitelpunktform $\quad \mathbf{f(x) = a \cdot (x - d)^2 + e}$

Der Scheitelpunkt der Parabel ist $\mathbf{S\,(d\,|\,e)}$*.*

$f(x) = 0{,}5 \cdot (x - 3)^2 - 2$

$\quad = 0{,}5 \cdot (x - 3)^2 + (-2) \qquad S(3\,|-2)$

Der Graph entsteht aus der Normalparabel durch Strecken mit dem Faktor 0,5 in y-Richtung, dann Verschieben um 3 Einheiten nach rechts und um 2 Einheiten nach unten.

Faktorisierte Form/Linearfaktorform

$\mathbf{f(x) = a \cdot (x - x_1) \cdot (x - x_2)}$

Die Nullstellen der Funktion sind x_1 *und* x_2*.*

$f(x) = -3 \cdot (x + 1) \cdot (x - 2)$

$\quad = -3 \cdot (x - (-1)) \cdot (x - 2)$

Nullstellen von f: -1 *und* 2

Scheitelpunkt bestimmen

$f(x) = x^2 + 8\,x + 5 \qquad \left(\frac{8}{2}\right)^2 = 16$

$\quad = \underbrace{x^2 + 2 \cdot 4\,x + 16}_{} - 16 + 5$

$\quad = \quad (x + 4)^2 \quad - 16 + 5$

$\quad = \quad (x + 4)^2 \quad - 11$

$S(-4\,|-11)$

Streckfaktor bestimmen

Parabel mit Scheitelpunkt $S\,(3\,|-2)$ *durch den Punkt* $P\,(4\,|-1{,}5)$*:*

(1) $f(x) = a \cdot (x - 3)^2 - 2$

(2) *Koordinaten von P einsetzen:*

$\quad -1{,}5 = a \cdot (4 - 3)^2 - 2;$ *also* $a = 0{,}5$

1 Parabel zeichnen

Zeichnen Sie die zugehörige Parabel.

a) $f(x) = 0{,}5\,x^2 - 2$ b) $f(x) = (x - 1)^2 + 1$
c) $f(x) = -(x - 3) \cdot (x + 2)$ d) $f(x) = x^2 - 4\,x + 5$

2 Lage der Parabel

Beschreiben Sie die Lage der zugehörigen Parabel im Koordinatensystem.

a) $f(x) = -(x - 2{,}5)^2 + 1$
b) $f(x) = 2\,x^2 - 3$
c) $f(x) = -1{,}5 \cdot (x - 6) \cdot (x + 8)$

3 Normalparabel verschieben und strecken

Geben Sie die Gleichung der quadratischen Funktion f an, deren Graph wie folgt aus der Normalparabel zu $y = x^2$ entsteht:

a) Strecken mit dem Faktor 3 in y-Richtung, Verschieben um 2 Einheiten in y-Richtung und um −5 Einheiten in x-Richtung
b) Stauchen mit dem Faktor 0,7 in y-Richtung, Spiegeln an der x-Achse, Verschieben um 8 Einheiten in negative y-Richtung und um 3,5 Einheiten in x-Richtung

4 Scheitelpunkt bestimmen

Bestimmen Sie den Scheitelpunkt der zugehörigen Parabel.

a) $f(x) = x^2 - 7$ b) $f(x) = x^2 - 5\,x + 2$
c) $f(x) = 3\,x^2 - 13$ d) $f(x) = (x - 5) \cdot (x - 9)$

5 Streckfaktor bestimmen

Berechnen Sie den Streckfaktor a der Parabel mit Scheitelpunkt $S\,(4\,|\,1)$, die durch den Punkt $P\,(8\,|\,9)$ verläuft.

6 Funktionsgleichung zur Parabel bestimmen

a) Die Parabel hat den Scheitelpunkt $S\,(8\,|-18)$ und verläuft durch den Punkt $N\,(5\,|\,0)$.
b)

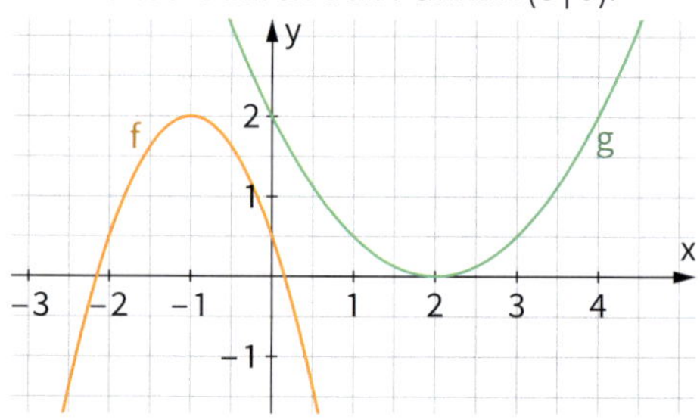

c) Die Parabel schneidet die x-Achse an den Stellen 1 und 3 und verläuft durch den Punkt $P\,(2\,|\,10)$.

Quadratische Gleichungen

WES-135805-711

Mit pq-Formel lösen

Die quadratische Gleichung $\mathbf{x^2 + p x + q = 0}$ *hat die Lösungen*

$$x_{1,2} = -\frac{p}{2} \pm \sqrt{\left(\frac{p}{2}\right)^2 - q},$$

sofern der Term unter der Wurzel positiv ist.

$$2x^2 - 12x - 32 = 0 \quad | :2$$
$$x^2 - 6x - 16 = 0$$
$$x_{1,2} = -\left(\frac{-6}{2}\right) \pm \sqrt{\left(\frac{-6}{2}\right)^2 - (-16)}$$
$$= -(-3) \pm \sqrt{9 + 16}$$
$$x_1 = 3 + 5 = 8;\ x_2 = 3 - 5 = -2 \qquad L = \{-2; 8\}$$

Mit quadratischer Ergänzung lösen

$$x^2 - 6x - 16 = 0 \quad | +16$$
$$x^2 - 6x = 16 \quad | + \left(\frac{6}{2}\right)^2$$
$$x^2 - 2 \cdot 3x + 3^2 = 16 + 3^2 \quad | \text{ binom. Formel}$$
$$(x - 3)^2 = 25 \quad | \sqrt{\ }$$
$$x - 3 = \pm 5$$
$$x_1 = 5 + 3 = 8;\ x_2 = -5 + 3 = -2 \qquad L = \{-2; 8\}$$

Spezialfall – durch Ausklammern lösen

$$4x^2 + 8x = 0 \quad | \text{ Ausklammern}$$
$$4x \cdot (x + 2) = 0 \quad | \text{ Satz vom Nullprodukt}$$
$$x = 0 \text{ oder } x + 2 = 0$$
$$x_1 = 0;\ x_2 = -2 \qquad L = \{-2; 0\}$$

Satz von Vieta

Wenn x_1 *und* x_2 *Lösungen der quadratischen Gleichung* $\mathbf{x^2 + p x + q = 0}$ *sind, dann gilt:*

$$\mathbf{x_1 + x_2 = -p} \text{ und } \mathbf{x_1 \cdot x_2 = q}$$

Schnittpunktverfahren

$$-x^2 - 4x = 4 + x$$

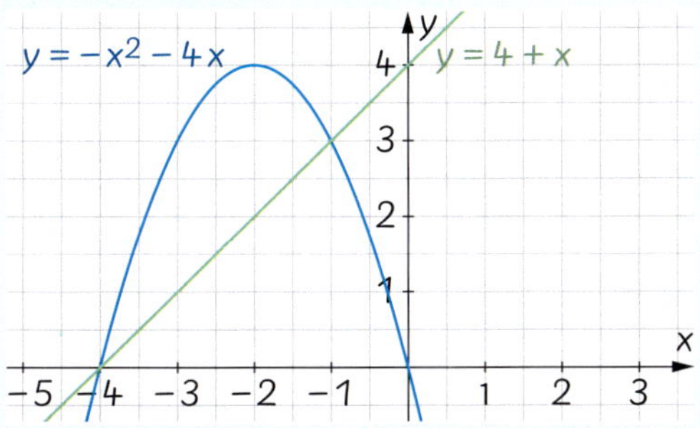

Die Lösungen entsprechen den x-Koordinaten der Schnittpunkte der beiden Graphen.
$L = \{-4; -1\}$

1 pq-Formel
Lösen Sie die Gleichung mit der pq-Formel.
a) $x^2 - x - 6 = 0$ b) $x^2 - 9x + 14 = 0$
c) $3x^2 - 6x + 6 = 0$ d) $2x^2 - 6x + 4 = 0$

2 Quadratische Ergänzung
Lösen Sie die Gleichung mit der quadratischen Ergänzung.
a) $x^2 - 2x - 3 = 0$ b) $x^2 + 5x - 50 = 0$
c) $x^2 + 4x - 87 = 0$ c) $x^2 + 12x + 46 = 0$

3 Nullstellen
Berechnen Sie die Nullstellen der Funktion f.
a) $f(x) = x^2 - 5x$ b) $f(x) = 12x^2 - 108$
c) $f(x) = (x - 4)^2 + 9$ d) $f(x) = -(x + 7) \cdot (x - 1)$
e) $f(x) = x^2 - 8x + 15$ f) $f(x) = -x^2 - 6x - 12$

4 Wahl eines Lösungsverfahrens
Erläutern Sie, warum das Lösungsverfahren von der Form der gegebenen quadratischen Gleichung abhängig ist. Klassifizieren Sie.

5 Gleichungen lösen
Berechnen Sie die Lösung der Gleichung.
a) $7x^2 = -21x$ b) $288 = 2 \cdot (x + 6)^2$
c) $x^2 - x = 2x + 40$ d) $0{,}5 \cdot (x - 4)^2 = 0{,}5$

6 Satz von Vieta
Lösen Sie die Gleichung mithilfe des Satzes von Vieta.
a) $x^2 - 5x + 6 = 0$ b) $x^2 + 6x - 40 = 0$
c) $x^2 + 11x + 30 = 0$ d) $x^2 - 98x - 200 = 0$

7 Quadratische Gleichungen grafisch lösen
Lösen Sie die Gleichung grafisch.
a) $x^2 + 2x + 3 = x + 5$ b) $x^2 - 5 = -x - 3$

8 Basketball
Bei einem Korbwurf kann die Flugbahn des Basketballs durch den Graphen der Funktion f mit $f(x) = -0{,}25 \cdot (x^2 - 4{,}5x - 5{,}5)$ beschrieben werden. Hierbei gibt x die horizontale Entfernung in Metern und f(x) die Höhe des Balls in Metern an.
a) Die Werferin steht im Ursprung. Berechnen Sie, in welcher Höhe der Ball die Hand der Werferin verlässt und nach wie vielen Metern er auf dem Boden auftrifft.
b) Bestimmen Sie, wie hoch der Ball am höchsten Punkt seiner Flugbahn ist.

WES-135805-712

Exponentialfunktionen

Exponentialfunktion

Eine Funktion f mit der Funktionsgleichung $f(x) = b^x$ *und* $b > 0;\ b \neq 1$ *heißt* ***Exponentialfunktion zur Basis b****. Ihr Graph verläuft vollständig oberhalb der x-Achse und durch den Punkt (0 | 1).*

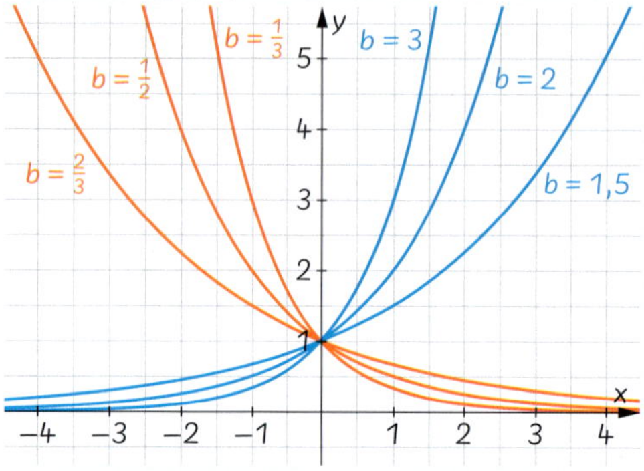

Wächst der x-Wert um s, so wird der Funktionswert b^x *mit dem Faktor* b^s *multipliziert.*

Der Graph der Funktion g mit $g(x) = a \cdot b^x$ *entsteht aus dem Graphen von f durch Strecken mit dem Faktor a in y-Richtung.*

1 Exponentielles Wachstum

Das Volumen einer Hefekultur verdoppelt sich jede Stunde. Zu Beginn hat die Hefekultur ein Volumen von 1 cm^3.

a) Bestimmen Sie das Volumen der Hefekultur nach 1; 2; 3; 4 ... Stunden sowie 1; 2; 3; 4 ... Stunden vor Beobachtungsbeginn.

b) Ermitteln Sie einen Term für die Funktion *Zeit in Stunden → Volumen in* cm^3.

2 Änderung der Funktionswerte

Wie ändert sich der Funktionswert bei der Funktion f mit $f(x) = 2^x$, wenn man den x-Wert

a) um 3 vergrößert; b) um 3 verkleinert;
c) um 0,5 vergrößert; d) um 0,5 verkleinert;
e) verdoppelt; f) halbiert?

3 Funktionsterm bestimmen

Bestimmen Sie einen passenden Funktionsterm der Form $f(x) = a \cdot b^x$.

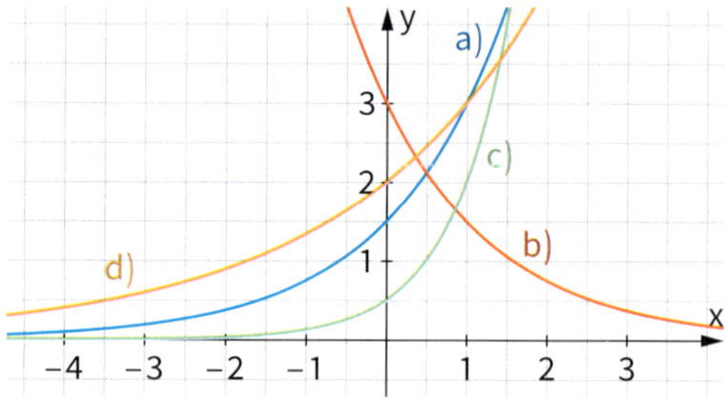

WES-135805-713

Exponentialgleichungen

Logarithmus

Der ***Logarithmus*** *einer positiven Zahl y* ***zur Basis b*** *mit* $b > 0;\ b \neq 1$ *ist diejenige Zahl x, mit der man b potenzieren muss, um y zu erhalten.*

Schreibweise: $\log_b(y)$

$\log_3(81) = 4$, *denn* $3^4 = 81$

$\log_9(3) = \frac{1}{2}$, *denn* $9^{\frac{1}{2}} = \sqrt{9} = 3$

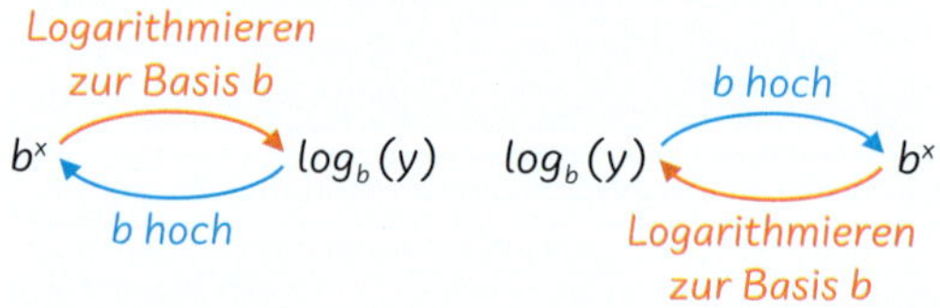

Exponentialgleichung lösen

$0{,}5 = 2 \cdot 0{,}7^x \quad | :2$

$0{,}25 = 0{,}7^x \quad | \log_{0,7}$

$x = \log_{0,7}(0{,}25)$

$x \approx 3{,}9$

1 Logarithmus berechnen

Berechnen Sie den Logarithmus, ohne einen Rechner zu verwenden.

a) $\log_5(125)$ b) $\log_{10}(1000)$ c) $\log_2(64)$
d) $\log_6(216)$ e) $\log_4(1024)$ f) $\log_3(27)$
g) $\log_{25}(5)$ h) $\log_8(2)$ i) $\log_{30}(1)$

2 Exponentialgleichungen 1

Lösen Sie die Exponentialgleichung, ohne einen Rechner zu verwenden.

a) $0{,}6 \cdot 10^x = 60$ b) $3 - 1{,}5 \cdot 2^x = 0$
c) $6^x - 4 \cdot 3^x = 0$ d) $2^{3x} = 8^x$
e) $x^x = x$ f) $x^x = 2x$

3 Exponentialgleichungen 2

Lösen Sie die Exponentialgleichung.

a) $0{,}8 = 4 \cdot 0{,}5^x$ b) $12 - 3^x = 1$
c) $1{,}5^x + 8 = 10$ d) $3 - 0{,}8^{x-1} = 2{,}5$
e) $(2^x - 5) \cdot (2^x - 3) = 0$ f) $5^{2x} - 4 = 7$

Satz des Pythagoras

Begriffe am rechtwinkligen Dreieck

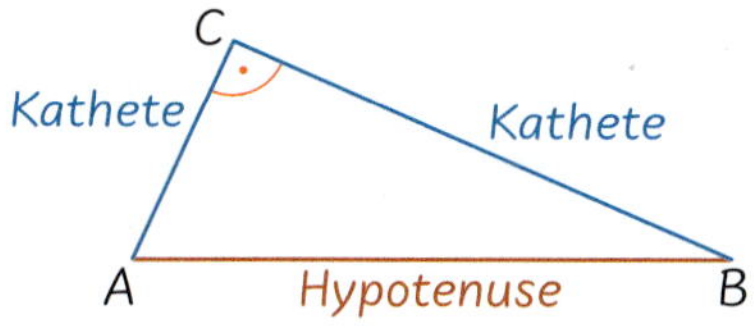

Satz des Pythagoras

Ist das Dreieck ABC rechtwinklig mit rechtem Winkel bei C, dann gilt: $a^2 + b^2 = c^2$

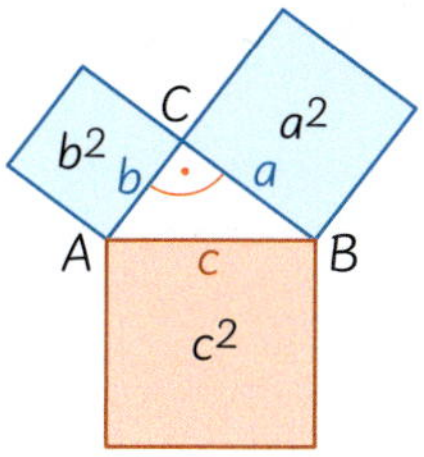

$a = 4\,cm;\ b = 3\,cm$
$c = 5\,cm$
$c^2 = a^2 + b^2$
$= (4\,cm)^2 + (3\,cm)^2$
$= 16\,cm^2 + 9\,cm^2$
$= 25\,cm^2$

Umkehrung des Satzes des Pythagoras

Gilt $a^2 + b^2 = c^2$ *im Dreieck ABC, dann hat das Dreieck bei C einen rechten Winkel.*

Abstand zweier Punkte

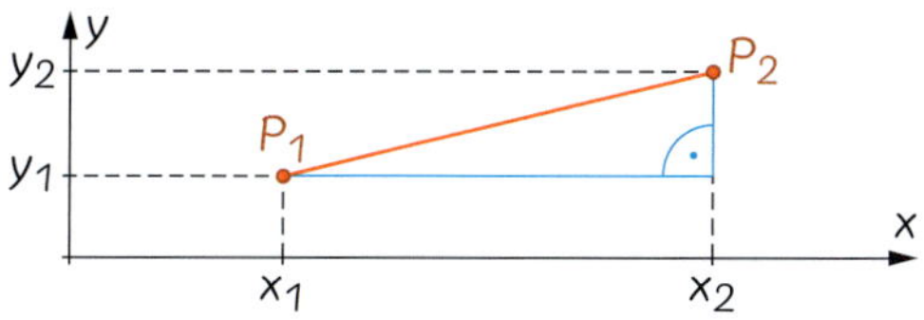

$|P_1P_2| = \sqrt{(x_2 - x_1)^2 + (y_2 - y_1)^2}$

1 Länge der Hypotenuse

Im rechtwinkligen Dreieck sind die Längen der beiden Katheten gegeben. Berechnen Sie die Länge der Hypotenuse.

a) 5 cm; 12 cm
b) 8 cm; 6 cm
c) 8 cm; 15 cm
d) 3 cm; 5 cm
e) 7 cm; 9 cm
f) 6 cm; 6 cm

WES-135805-714

2 Fehlende Seitenlänge berechnen

Berechnen Sie die Länge der fehlenden Seite im Dreieck ABC mit rechtem Winkel bei C.

a) a = 80 dm; b = 19 dm
b) a = 10 m; c = 26 m
c) b = 99 mm; c = 101 mm
d) a = 35 km; c = 37 000 m

3 Auf Rechtwinkligkeit prüfen

Prüfen Sie rechnerisch, ob das Dreieck ABC rechtwinklig ist. Falls ja, geben Sie den Eckpunkt mit rechtem Winkel an.

a) a = 9 cm; b = 10 cm; c = 11 cm
b) a = 50 cm; b = 48 cm; c = 14 cm
c) a = 5 cm; b = 12 cm; c = 9 cm
d) a = 20 cm; b = 12 cm; c = 16 cm

4 Abstand zweier Punkte berechnen

a) $P_1(3|8)$; $P_2(-4|10)$
b) $P_1(-5|6)$; $P_2(-9|-2)$
c) $P_1(11|12)$; $P_2(23|24)$

5 Raumdiagonalen

Bestimmen Sie eine Formel für die Länge der Raumdiagonalen in einem Würfel mit der Kantenlänge a.

Schrägbilder

Schrägbild zeichnen

Schrägbild eines Würfels zeichnen:

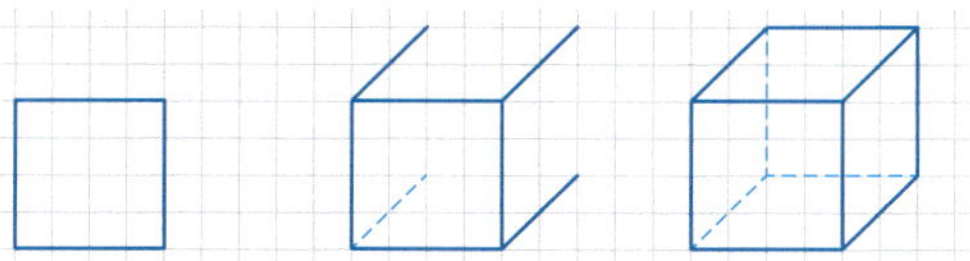

(1) *Vorderfläche zeichnen*
(2) *Nach hinten laufende Kanten verkürzt zeichnen, die verdeckte Kante gestrichelt zeichnen; für 1 cm jeweils eine Kästchendiagonale*
(3) *Restliche Kanten ergänzen, verdeckte Kanten gestrichelt zeichnen*

WES-135805-715

1 Schrägbilder zeichnen

a) Zeichnen Sie das Schrägbild eines Würfels mit der Kantenlänge 4 cm.
b) Zeichnen Sie das Schrägbild eines Quaders mit der Länge 7 cm, der Breite 4 cm und der Höhe 3 cm.

2 Schrägbild einer Pyramide

Zeichnen Sie das Schrägbild der angegebenen geraden Pyramide mit der Höhe 10 cm.

a) Die Grundfläche ist ein Quadrat mit der Kantenlänge 5 cm.
b) Die Grundfläche ist ein Rechteck mit der Länge 4 cm und der Breite 3 cm.

WES-135805-716

Trigonometrie

Sinus, Kosinus, Tangens

In einem rechtwinkligen Dreieck hängt das Verhältnis zweier Seiten nur von der Größe eines spitzen Winkels ab.

***Sinus** eines Winkels α*

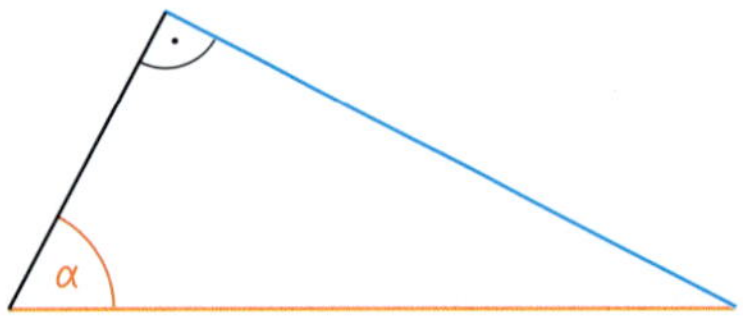

$\sin(\alpha) = \frac{\text{Länge der Gegenkathete zu } \alpha}{\text{Länge der Hypotenuse}}$

***Kosinus** eines Winkels α*

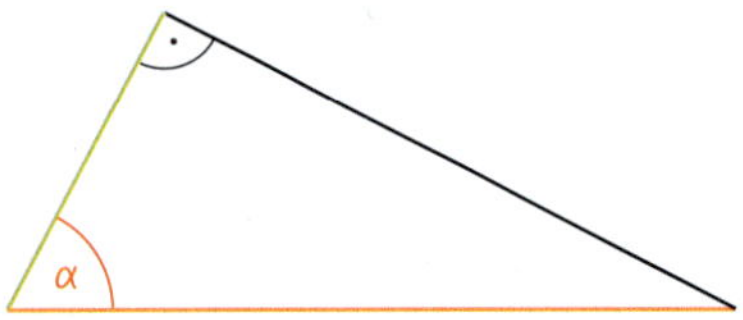

$\cos(\alpha) = \frac{\text{Länge der Ankathete zu } \alpha}{\text{Länge der Hypotenuse}}$

***Tangens** eines Winkels α*

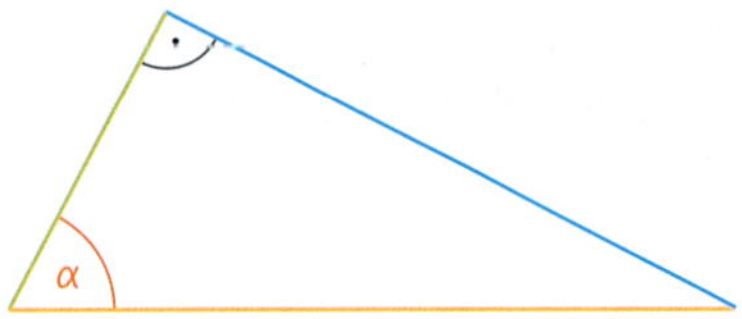

$\tan(\alpha) = \frac{\text{Länge der Gegenkathete zu } \alpha}{\text{Länge der Ankathete zu } \alpha}$

Winkel und Seitenlängen in rechtwinkligen Dreiecken berechnen

(0) *Ggf. Skizze anfertigen und Größen markieren*

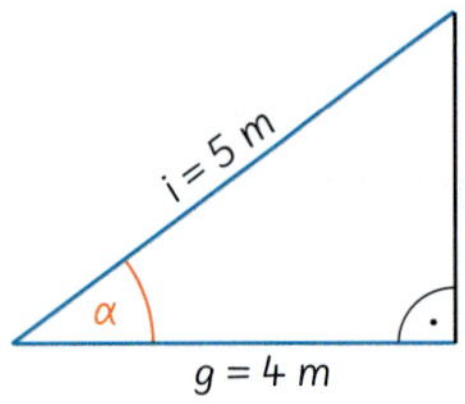

Gesucht ist α.

(1) *Gleichung für Sinus, Kosinus oder Tangens auswählen:*

$\cos(\alpha) = \frac{g}{i}$

(2) *Größen einsetzen und Gleichung lösen:*

$\cos(\alpha) = \frac{4\,m}{5\,m} = 0{,}8$; *also* $\alpha \approx 37°$

1 Winkel und Seitenlängen berechnen

Berechnen Sie im rechtwinkligen Dreieck den Winkel α bzw. die Länge der Seite x.

a)

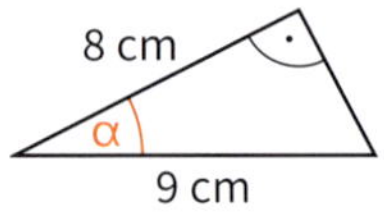

b)

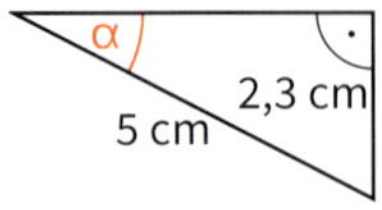

c)

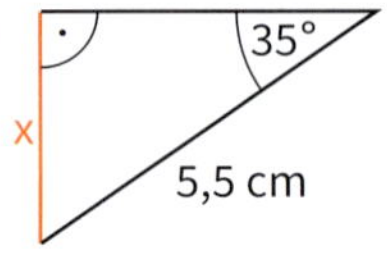

d)

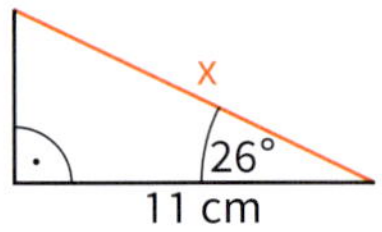

2 Höhe einer Leiter

Eine 3 m lange Leiter ist an eine Wand gelehnt, mit der sie einen Winkel von 31° bildet.

a) Wie hoch reicht die Leiter an der Wand?

b) Wie weit steht die Leiter von der Wand ab?

3 Sinus- und Kosinuswerte exakt berechnen

Bestätigen Sie die Werte in der Tabelle an den Abbildungen mit dem Satz des Pythagoras.

α	30°	45°	60°
sin (α)	$\frac{1}{2}$	$\frac{1}{2}\sqrt{2}$	$\frac{1}{2}\sqrt{3}$
cos (α)	$\frac{1}{2}\sqrt{3}$	$\frac{1}{2}\sqrt{2}$	$\frac{1}{2}$

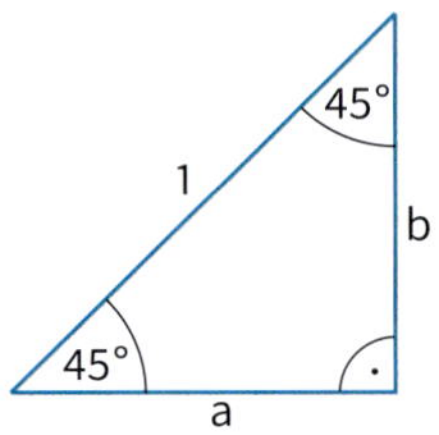

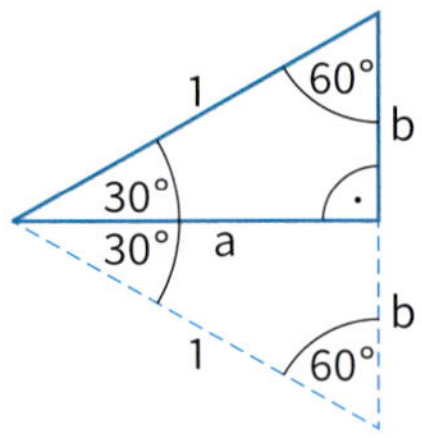

4 Schieflage eines Turms

In dem kleinen Ort Bad Frankenhausen in Thüringen neigt sich ein 56 m hoher Turm jährlich um 2 cm. Er hat schon einen Überhang von 4,60 m und macht damit dem Schiefen Turm von Pisa Konkurrenz, der eine Schieflage von 4,43° hat.

a) Berechnen Sie die Schieflage des Turms von Bad Frankenhausen.

b) Statiker haben herausgefunden, dass es bei einem Überhang von 6,07 m für den Turm von Bad Frankenhausen kritisch wird. Berechnen Sie die Schieflage bei diesem Überhang und geben Sie an, wann diese erreicht wird.

Mathematische Symbole und Sprechweisen

Zahlen

Symbol	Sprechweise
1000	*„tausend“*
1 000 000	*„eine Million“*
1 000 000 000	*„eine Milliarde“*
1 000 000 000 000	*„eine Billion“*
2,34	*„zwei Komma drei vier"*
$0,\overline{3}$	*„null Komma Periode drei“*
$0,1\overline{6}$	*„null Komma eins Periode sechs“*
$\frac{1}{2}$	*„ein Halb“*
$\frac{2}{3}$	*„zwei Drittel“*
$1\frac{2}{5}$	*„ein zwei Fünftel“*
–24	*„minus vierundzwanzig“*
π	*„pi“*

Mathematische Schreib- und Sprechweisen

Symbol	Beispiel	Sprechweise
+	$8 + 4$	*„8 plus 4“* oder *„Die **Summe** von 8 und 4“*
–	$7 - 2$	*„7 minus 2“* oder *„7 **vermindert um** 2“* oder *„Die **Differenz** von 7 und 2“*
·	$5 \cdot 6$	*„5 mal 6“* oder *„5 **multipliziert mit** 6“* oder *„Das **Produkt** von 5 und 6"*
:	$9 : 3$	*„9 geteilt durch 3“* oder *„9 **dividiert durch** 3“* oder *„Der **Quotient** von 9 und 3“*
<	$7 < 19$	*„7 ist **kleiner** als 19.“*
>	$2 > 1$	*„2 ist **größer** als 1.“*
=	$6 = 2 \cdot 3$	*„6 ist **gleich** 2 mal 3.“*
≈	$197 \approx 200$	*„197 ist **ungefähr** 200.“*
$\lvert\ \rvert$	$\lvert -4 \rvert = 4$	*„Der **Betrag** von –4 ist 4.“*
$\square^2$	$3^2 = 9$	*„3 zum **Quadrat** ist 9.“*
$\square^{\square}$	$2^5 = 32$	*„2 **hoch** 5 ist 32.“*
$\sqrt{\square}$	$\sqrt{9} = 3$	*„Die **Quadratwurzel** von 9 ist 3.“* oder *„Die Wurzel von 9 ist 3.“*
$\sqrt[3]{\square}$	$\sqrt[3]{8} = 2$	*„Die **Kubikwurzel** von 8 ist 2.“* oder *„Die **3-te Wurzel** von 8 ist 2.“*
$\sqrt[\square]{\square}$	$\sqrt[5]{32} = 2$	*„Die 5-**te Wurzel** von 32 ist 2.“*
$T_{\square}$	$T_6 = \{1, 2, 3, 6\}$	*„Die **Teilermenge** von 6 besteht aus 1, 2, 3 und 6.“*
ggT	$\text{ggT}(8, 12) = 4$	*„Der **größte gemeinsame Teiler** von 8 und 12 ist 4.“*
$(\square)_2$	$(101)_2$	*„eins null eins im **Zweiersystem**“*
%	10 %	*„10 **Prozent**“*
$\bar{x}$	$\bar{x} = 3$	*„Das **arithmetische Mittel** ist 3.“*
sin	$\sin(30°) = 0{,}5$	*„Der **Sinus** von 30 Grad ist 0,5.“*
cos	$\cos(\pi) = -1$	*„Der **Kosinus** von π ist –1.“*
tan	$\tan(45°) = 1$	*„Der **Tangens** von 45 Grad ist 1.“*
→	$x \to x_0$	*„x **gegen** x 0“*
lim	$\lim\limits_{x \to 0}(x + 2) = 2$	*„Der **Limes** für x gegen 0 von x plus 2 ist 2.“* oder *„Der **Grenzwert** für x gegen 0 von x plus 2 ist 2.“*

Griechisches Alphabet

α	β	γ	δ, Δ	ε	ζ
„Alpha“	*„Beta“*	*„Gamma“*	*„Delta“*	*„Epsilon“*	*„Zeta“*
η	θ, ϑ	ι	κ	λ	μ
„Eta“	*„Theta“*	*„Iota“*	*„Kappa“*	*„Lambda“*	*„Mü“*
ν	ξ	o	π	ρ	σ, Σ
„Nü“	*„Xi“*	*„Omikron“*	*„Pi“*	*„Rho“*	*„Sigma“*
τ	υ	φ, Φ	χ	ψ	ω, Ω
„Tau“	*„Ypsilon“*	*„Phi“*	*„Chi“*	*„Psi“*	*„Omega“*

Mengen

Symbol	Beispiel	Sprechweise
$\{\ldots\}$	$\{1, 2, 3, 4\}$	*„Die **Menge** besteht aus den Elementen 1, 2, 3 und 4.“*
$\in$	$3 \in M$	*„3 **gehört zur** Menge M.“* oder *„3 **ist Element** der Menge M.“*
$\{x \in M \mid \ldots\}$	$\{x \in M \mid x \text{ ungerade}\}$	*„Die Menge aller x aus M **mit der Eigenschaft** x ungerade“* oder *„Die Menge aller x aus M, **für die gilt**: x ist ungerade“*
$\{\ \}$		*„leere Menge“*
$\mathbb{N}$		*„Die Menge der **natürlichen Zahlen**“*
$\mathbb{Z}$		*„Die Menge der **ganzen Zahlen**“*
$\mathbb{Q}$		*„Die Menge der **rationalen Zahlen**“*
$\mathbb{R}$		*„Die Menge der **reellen Zahlen**“*
$\square_+$	$\mathbb{R}_+$	*„Die Menge der positiven reellen Zahlen einschließlich 0“*
$\setminus$	$\mathbb{R}\setminus\{0\}$	*„Die Menge der reellen Zahlen **ohne** 0“*
L	$L = \{\ \}$	*„Die **Lösungsmenge** ist die leere Menge.“* oder *„Die **Lösungsmenge** ist leer.“*
$[\ldots]$	$[-1; 3]$	*„Das **abgeschlossene Intervall** von –1 bis 3“*
$]\ldots[$	$]-1; 3[$	*„Das **offene Intervall** von –1 bis 3“*
$[\ldots[$	$[-1; 3[$	*„Das **rechtsoffene Intervall** von –1 bis 3“* oder *„Das bei –1 abgeschlossene und bei 3 offene Intervall“*
$]\ldots]$	$]-1; 3]$	*„Das **linksoffene Intervall** von –1 bis 3“* oder *„Das bei –1 offene und bei 3 abgeschlossene Intervall“*

Funktionen

Symbol	Beispiel	Sprechweise
$\mapsto$	$x \mapsto x^2$	*„Jeder Zahl x wird ihr Quadrat **zugeordnet**.“*
$y = \square$	$y = (x-2)^3$	*„Der **Funktionsterm** lautet x minus 2 in Klammern hoch 3.“*
$f, g \ldots$	$f(x) = (x-2)^3$	*„Die **Funktionsgleichung** lautet f von x ist gleich x minus 2 in Klammern hoch 3.“*
$f(\square)$	$f(3) = 27$	*„Der **Funktionswert** von f **an der Stelle** 3 ist 27.“*
D	$D = \mathbb{R}\setminus\{0\}$	*„Der **Definitionsbereich** ist R ohne null.“*
W	$W = \mathbb{R}_+$	*„Der **Wertebereich** ist R plus.“*
f'		*„f Strich“* oder *„Die **Ableitung** von f“* oder *„Die **Ableitungsfunktion** von f“*
$f'(\square)$	$f'(2) = 6$	*„Die **Ableitung** von f **an der Stelle** 2 ist 6.“* oder *„Die **Steigung** des Graphen von f **an der Stelle** 2 ist 6.“*
f''		*„f zwei Strich“* oder *„Die **zweite Ableitung** von f“*

Geometrie

Symbol	Beispiel	Sprechweise
P	P(3|4)	*„Der* ***Punkt*** *P mit den Koordinaten 3 und 4"*
P	P(3|4|8)	*„Der* ***Punkt*** *P mit den Koordinaten 3, 4 und 8"*
AB	g = AB	*„****Gerade*** *g durch A und B"*
$\overline{AB}$	$a = \overline{AB}$	*„****Strecke*** *a von A nach B"*
|AB|	|AB| = 4 cm	*„Die Strecke A B ist 4 cm lang."*
∥	g ∥ h	*„g ist* ***parallel*** *zu h."* oder *„Die Geraden g und h sind parallel zueinander."*
⊥	g ⊥ h	*„g ist* ***orthogonal*** *zu h."* oder *„Die Geraden g und h sind orthogonal zueinander."* oder *„Die Geraden g und h stehen senkrecht aufeinander."*
ABC	Dreieck ABC	*„Das Dreieck mit den Eckpunkten A, B und C"*
ABCD	Viereck ABCD	*„Das Viereck mit den Eckpunkten A, B, C und D"*
a, b …	a = 5 cm	*„Die* ***Länge*** *von a ist 5 cm."* oder *„Die* ***Strecke*** *a ist 5 cm lang."*
U	U = 12 cm	*„Der* ***Umfang*** *ist 12 cm."*
A	$A = 2\,cm^2$	*„Der* ***Flächeninhalt*** *ist 2 cm²."*
O	$O = 24\,cm^2$	*„Der* ***Oberflächeninhalt*** *ist 24 cm²."*
V	$V = 8\,cm^3$	*„Das* ***Volumen*** *ist 8 cm³."* oder *„Der* ***Rauminhalt*** *ist 8 cm³."*
°	$\gamma = 105°$	*„Gamma gleich 105* ***Grad****"* oder *„Der Winkel Gamma ist 105 Grad groß."*
$\sphericalangle$	$\sphericalangle(BAC)$	*„****Winkel*** *B A C"*
$\sphericalangle$	$\sphericalangle(g, h)$	*„Winkel g h"*
⦝	⦝	*„rechter Winkel"*
$\vec{v}$	$\vec{v} = \begin{pmatrix} 2 \\ -1 \\ 3 \end{pmatrix}$	*„Der* ***Vektor*** *v mit den Koordinaten 2, −1 und 3"*
$-\vec{v}$	$-\vec{v} = \begin{pmatrix} -2 \\ 1 \\ -3 \end{pmatrix}$	*„Der* ***Gegenvektor*** *zu v mit den Koordinaten −2, 1 und −3"*
$\overrightarrow{PQ}$	$\overrightarrow{PQ} = \begin{pmatrix} 2 \\ -1 \\ 3 \end{pmatrix}$	*„Der* ***Vektor*** *von P nach Q mit den Koordinaten 2, −1 und 3"* oder *„Der* ***Verbindungsvektor*** *P Q mit den Koordinaten 2, −1 und 3"*
$\overrightarrow{OA}$	$\vec{a} = \overrightarrow{OA}$	*„****Ortsvektor*** *a des Punktes A"*
$\vec{o}$		*„Nullvektor"*
$\vert\vec{v}\vert$	$\vert\vec{v}\vert = 6\,cm$	*„Die* ***Länge*** *des Vektors v ist 6 cm."* oder *„Der* ***Betrag*** *des Vektors v ist 6 cm."*
+	$\vec{v} + \vec{w}$	*„Die* ***Summe*** *der Vektoren v und w"* oder *„Der* ***Summenvektor*** *v plus w"*
−	$\vec{v} - \vec{w}$	*„Die* ***Differenz*** *der Vektoren v und w"* oder *„Der* ***Differenzvektor*** *v minus w"*
·	$2 \cdot \vec{v}$	*„Das 2-****Fache*** *des Vektors v"*

1 Funktionen

Lösungen zu Seite 11

6 a)

x	−3	−2	−1	0	1	2	3
f(x)	15	8	3	0	−1	0	3

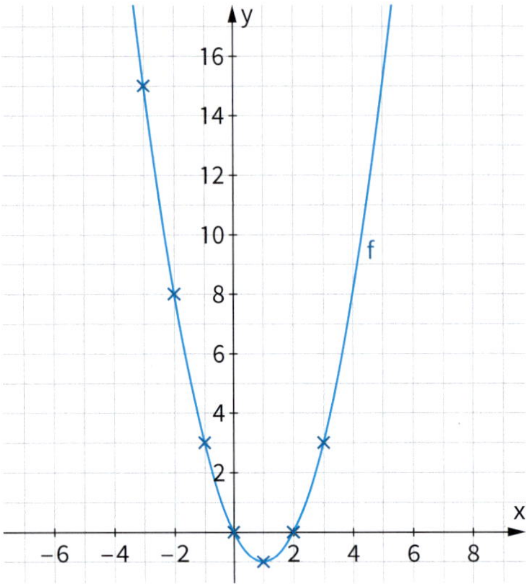

b) $D = \mathbb{R}$; $W = \{y \in \mathbb{R} \mid y \geq -1\}$

7 a) $f(x) = \frac{x}{10} \cdot 3$

b)

x in km/h	30	40	50	60	70
f(x) in m	9	12	15	18	21

x in km/h	80	90	100	110	120
f(x) in m	24	27	30	33	36

Lösungen zu Seite 13

13 $f(x) = \begin{cases} \frac{1}{2}x & \text{für } x \in [0; 4] \\ 3 & \text{für } x \in \,]4; 7] \end{cases}$

14 a) $D = \mathbb{R}$ b) $D = \mathbb{R}\setminus\{-2\}$ c) $D = [-2; \infty[$

Lösungen zu Seite 15

4

		Begründung
A	h	Der Graph ist achsensymmetrisch zur y-Achse und (0 | 0) gehört zum Graphen.
B	f	Der Graph ist punktsymmetrisch zum Koordinatenursprung.
C	g	Der Graph besteht aus zwei Teilen und ist achsensymmetrisch zur y-Achse.

5 Punkt A: $f(1) = 1$; also $A(1\,|\,\mathbf{1})$

Punkt B: $-1 = x^{-3} = \frac{1}{x^3}$; also $x = -1$ und $B(\mathbf{-1}\,|\,-1)$

Punkt C: $f\left(\frac{1}{2}\right) = 2^3 = 8$; also $C\left(\frac{1}{2}\,\middle|\,\mathbf{8}\right)$

Punkt D: $\frac{1}{27} = \frac{1}{x^3}$; also $x = 3$ und $D\left(\mathbf{3}\,\middle|\,\frac{1}{27}\right)$

Punkt E: $f(-10) = -\frac{1}{1000}$; also $E\left(-10\,\middle|\,\mathbf{-\frac{1}{1000}}\right)$

Lösungen zu Seite 18

8 a) $g(x) = f(-x) = (-x)^3$ b) $g(x) = -f(x) = -x^3$

c) $g(x) = -8 \cdot f(x) = -8 \cdot x^3$ d) $g(x) = f(x) + 4 = x^3 + 4$

e) $g(x) = f(x - (-3)) = f(x + 3) = (x + 3)^3$

f) $g(x) = f(2 \cdot x) = (2x)^3$

9

		Begründung
A	(4)	Der Graph zu $y = x^{-2}$ wurde um 1 nach rechts und um 3 nach oben verschoben; die Definitionslücke ist an der Stelle 1.
B	(5)	Der Graph zu $y = x^4$ wurde mit dem Faktor −2 in y-Richtung gestreckt und dann um 1 nach links und um 3 nach oben verschoben; (−1 | 3) gehört zum Graphen.
C	(7)	Der Graph zu $y = x^3$ wurde mit dem Faktor $\frac{1}{2}$ in y-Richtung gestreckt und dann um 1 nach rechts und um 2 nach oben verschoben; (1 | 2) gehört zum Graphen.

Lösungen zu Seite 21

3 a) Der Grad von f ist 2. Der Grad von g ist 4.

b) $h(x) = (x^2 - 1) \cdot (x^4 + x^2 + 1)$

$= x^6 + x^4 + x^2 - x^4 - x^2 - 1 = x^6 - 1$

Der Grad von h ist 6.

c) Jeder Summand des Polynoms von f wird mit jedem Summanden des Polynoms von g multipliziert. Insbesondere werden die Summanden mit den höchsten Exponenten multipliziert. Dabei werden die Exponenten addiert. Also gilt: Grad von $(f \cdot g)$ = (Grad von f) + (Grad von g)

Lösungen zu Seite 23

11 a) Grad $n = 5$ ungerade; $a_5 = -5 < 0$

Damit erhält man: Für $x \to \infty$ gilt $f(x) \to -\infty$; für $x \to -\infty$ gilt $f(x) \to \infty$.

b) Grad $n = 6$ gerade; $a_6 = 1 > 0$

Damit erhält man: Für $x \to \infty$ gilt $f(x) \to \infty$; für $x \to -\infty$ gilt $f(x) \to \infty$.

12

		Begründung
A	h	Grad $n = 4$ gerade; $a_4 = -1 < 0$ Für $x \to \infty$ gilt $h(x) \to -\infty$; für $x \to -\infty$ gilt $h(x) \to -\infty$.
B	f	Grad $n = 3$ ungerade; $a_3 = 1 > 0$ Für $x \to \infty$ gilt $f(x) \to \infty$; für $x \to -\infty$ gilt $f(x) \to -\infty$.
C	g	Grad $n = 6$ gerade; $a_6 = 1 > 0$ Für $x \to \infty$ gilt $g(x) \to \infty$; für $x \to -\infty$ gilt $g(x) \to \infty$.
D	i	Grad $n = 5$ ungerade; $a_5 = -1 < 0$ Für $x \to \infty$ gilt $i(x) \to -\infty$; für $x \to -\infty$ gilt $i(x) \to \infty$.

Lösungen zu Seite 26

7 a) Das Polynom von f enthält sowohl Potenzen von x mit geraden als auch mit ungeraden Exponenten. Also ist der Graph von f weder achsensymmetrisch zur y-Achse noch punktsymmetrisch zum Ursprung.

b) Das Polynom von f enthält nur Potenzen von x mit geraden Exponenten. Also ist der Graph von f achsensymmetrisch zur y-Achse.

c) Das Polynom von f enthält sowohl Potenzen von x mit geraden als auch mit ungeraden Exponenten. Also ist der Graph von f weder achsensymmetrisch zur y-Achse noch punktsymmetrisch zum Ursprung.

d) Das Polynom von f enthält nur Potenzen von x mit ungeraden Exponenten. Also ist der Graph von f punktsymmetrisch zum Ursprung.

8 a) $f(-x) = 2 \cdot (-x)^4 - (-x)^2 = 2x^4 - x^2 = f(x)$

b) $g(-x) = -3 \cdot (-x)^3 + 2 \cdot (-x)$
$= 3x^3 - 2x = -(-3x^3 + 2x) = -g(x)$

Lösungen zu Seite 29

4 a) Nullstellen von f: -5 und 2

b) $f(x) = x \cdot (x^2 - 7x + 12)$
Nullstellen von f: 0; 3 und 4

c) $f(x) = x \cdot (x^2 - 1)$
Nullstellen von f: -1; 0 und 1

d) $f(x) = \frac{1}{2}x^2 \cdot (x^2 - 6x + 8)$
Nullstellen von f: 0; 2 und 4

e) Nullstellen von f: -4; -2 und 2

f) Nullstellen von f: -4; -3; 2 und 4

Lösungen zu Seite 31

14 dreifache Nullstelle an der Stelle -2;
doppelte Nullstelle an der Stelle 2

15 Der Graph hat in etwa folgenden Verlauf:

a)

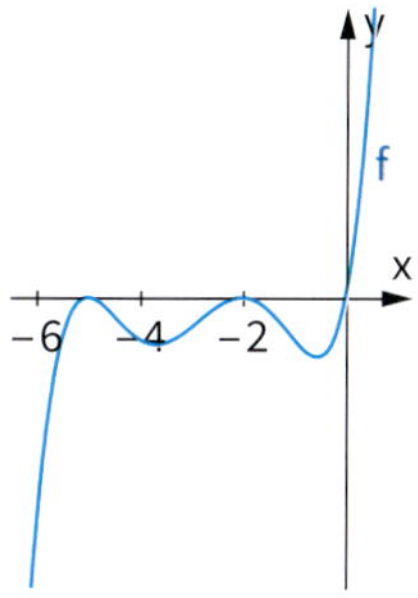

b)

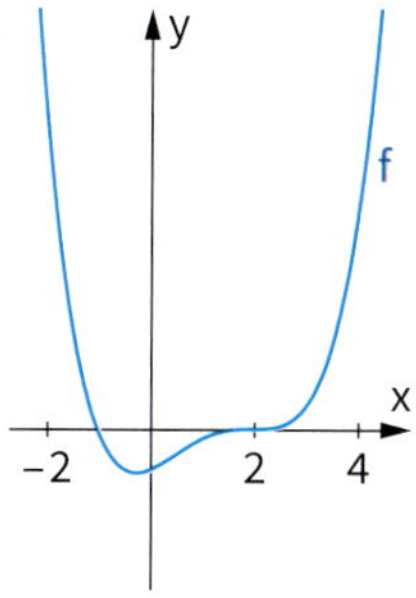

Wiederholen für die Klausur

Lösungen zu Seite 36

1 **Geradengleichungen**

a) $g(x) = 2x$

b) $h(x) = g(x - 3) + 2 = 2 \cdot (x - 3) + 2 = 2x - 4$

c) (1) $y = -4 \cdot (x - 3) - 5 = -4x + 7$
(2) $y = 0{,}3 \cdot (x + 2) + 6 = 0{,}3x + 6{,}6$

2 **Graphen verschieben und strecken**

a) Verschieben um 3 Einheiten nach unten

b) Strecken mit dem Faktor $\frac{1}{2}$ in y-Richtung und Spiegeln an der y-Achse

c) Verschieben um 3 Einheiten nach links

d) Verschieben um eine Einheit nach rechts und um 2 Einheiten nach oben

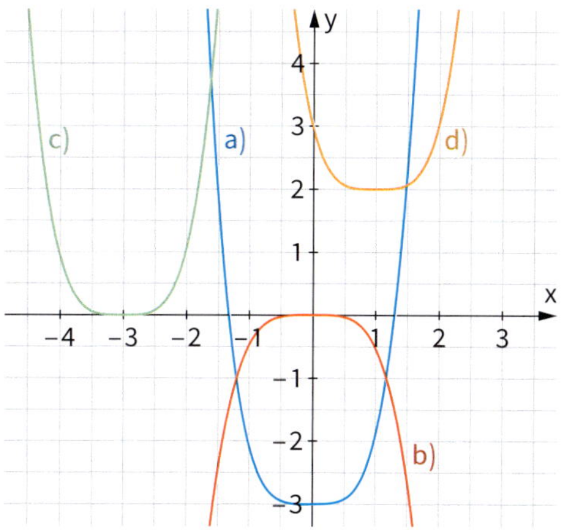

3 **Funktionsterm bestimmen**

a) $y = x^3 + 4$ b) $y = (-x)^3$ c) $y = (x + 2)^3$

d) $y = 5x^3$ e) $y = (3x)^3$ f) $y = 2 \cdot (x - 1)^3$

4 Wertetabelle vervollständigen

a)

x	−4	−3	−2	−1	1	2	3	4
f(x)	**9**	6	**7**	10	**10**	7	**6**	9

b)

x	−40	−11	−8	−4	4	8	11	40
f(x)	32	**17**	**10**	15	**−15**	−10	−17	**−32**

5 Funktionsgraphen auf Symmetrie untersuchen

a) Das Polynom von f enthält nur Potenzen von x mit ungeraden Exponenten. Also ist der Graph von f punktsymmetrisch zum Ursprung.

b) Das Polynom von f enthält nur Potenzen von x mit geraden Exponenten. Also ist der Graph von f achsensymmetrisch zur y-Achse.

c) Das Polynom von f enthält sowohl Potenzen von x mit geraden als auch ungeraden Exponenten. Also ist der Graph von f weder achsensymmetrisch zur y-Achse noch punktsymmetrisch zum Ursprung.

6 Graphen zuordnen

		Begründung
A	(5)	−1 ist eine doppelte Nullstelle und 1 ist eine einfache Nullstelle.
B	(1)	0 ist eine dreifache Nullstelle.
C	(6)	0 ist eine einfache Nullstelle.
D	(3)	Der Graph ist eine Parabel mit der doppelten Nullstelle 1.

7 Graphen skizzieren

Der Graph hat in etwa folgenden Verlauf:

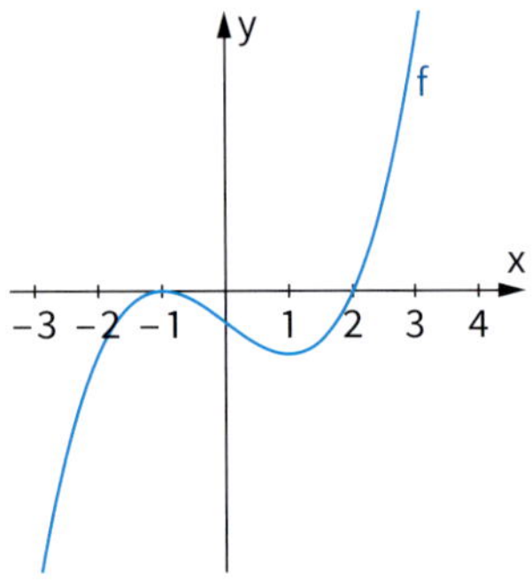

Lösungen zu Seite 37

8 Nullstellen berechnen

a) Nullstellen von f: −3; 0 und 4

b) Nullstellen von f: −3; −1 und $\frac{1}{3}$

c) $f(x) = x \cdot (x^2 + 5x + 6)$

Nullstellen von f: −3; −2 und 0

9 Volumen einer Schachtel

a) $V(x) = (40 - 2x) \cdot (30 - 2x) \cdot x$

x in cm; V(x) in cm^3

b) $V(x) = 4x^3 - 140x^2 + 1200x$; also ist V eine ganzrationale Funktion 3. Grades.

c) Nullstellen von V: 0; 15 und 20

Die Seitenlänge der ausgeschnittenen Quadrate muss kleiner sein als $30 : 2 = 15$ cm.

Damit ist $D =]0; 15[$.

d)

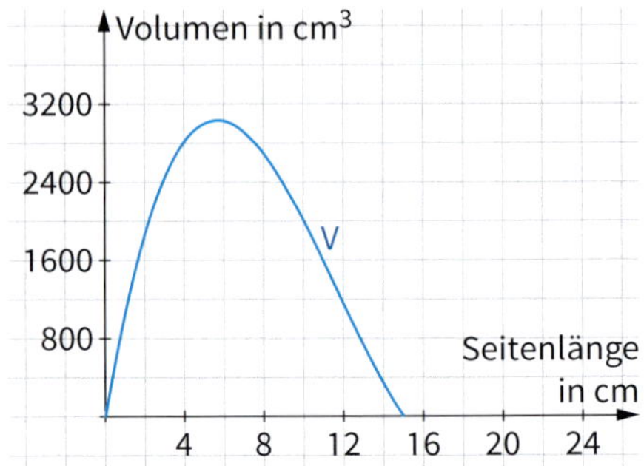

Mit wachsendem x nimmt das Volumen der Schachtel zu, bis es für $x \approx 5$ einen Höchstwert von etwa 3000 cm^3 annimmt. Danach nimmt das Volumen der Schachtel wieder ab.

10 Volumen eines Kegels

a) Volumen eines Kegels mit Radius r und Höhe x:

$V = \frac{\pi}{3} r^2 x$

Die Mantellinie hat Länge 1,5. Nach dem Satz des Pythagoras gilt also:

$x^2 + r^2 = 1{,}5^2 = 2{,}25$

Damit erhält man:

$V(x) = \frac{\pi}{3} \cdot (2{,}25 - x^2) \cdot x = -\frac{\pi}{3} x^3 + 0{,}75\,\pi x$

b) $-\frac{\pi}{3} x^3 + 0{,}75\,\pi x$ ist ein Polynom, also ist V eine ganzrationale Funktion 3. Grades.

c) Nullstellen von V: 0; −1,5 und 1,5

Die Höhe des Kegels muss kleiner sein als 1,5 m.

Damit ist $D =]0; 1{,}5[$.

d)

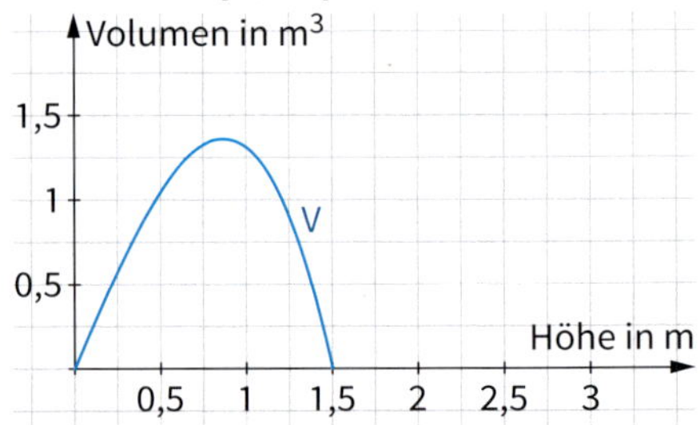

Mit wachsendem x nimmt das Volumen des Kegels zu, bis es für $x \approx 0{,}9$ einen Höchstwert von etwa 1,4 m^3 annimmt. Danach nimmt das Volumen des Kegels wieder ab.

e) $500\,l = 0{,}5\,m^3$
Die Gleichung $0{,}5 = -\frac{\pi}{3}x^3 + 0{,}75\,\pi x$ hat die Lösungen $x_1 \approx -1{,}60 \notin D$; $x_2 \approx 0{,}22$ und $x_3 \approx 1{,}38$.
Der Kegel muss mindestens 22 cm hoch sein, damit er 500 Liter Wasser beinhalten kann. Allerdings darf er nicht höher als 1,38 m sein.

11 Müngstener Brücke

a) Möglicher Ansatz für die Modellierung: nach unten geöffnete Parabel mit Scheitelpunkt $S(0|69)$

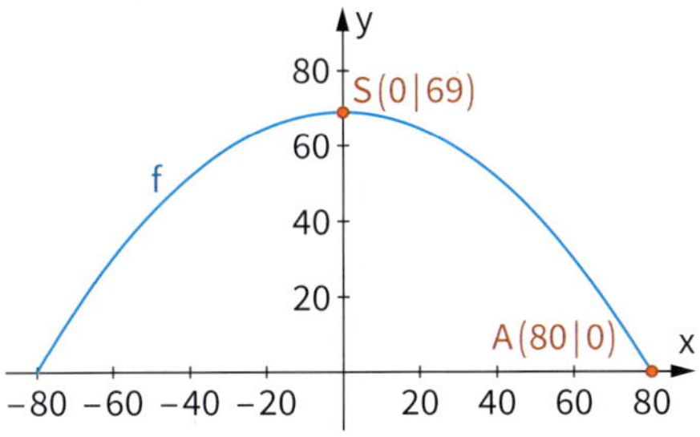

$f(x) = a \cdot x^2 + 69$ x und f(x) in m
$f(80) = 6400 \cdot a + 69 = 0$; also $a = -\frac{69}{6400}$
Der untere Brückenbogen wird durch die Parabel zu $f(x) = -\frac{69}{6400}x^2 + 69$ beschrieben.
$D = [-80; 80]$; $W = [0; 69]$

b) $f(40) = 51{,}75$
Die Sanierungsarbeiten finden in 51,75 m Höhe über dem Erdboden statt. Die Schienen befinden sich 10 m über dem Scheitelpunkt der Parabel, also in 79 m Höhe. Somit muss die Arbeitsbühne 27,25 m vom Punkt P aus abgeseilt werden.

c) Skizze:

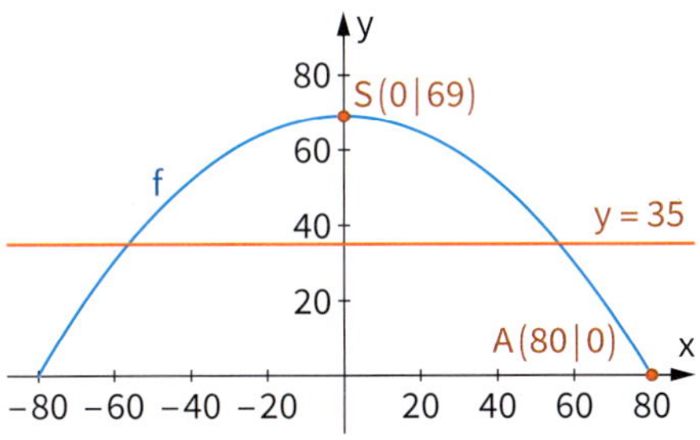

Die Gleichung $35 = -\frac{69}{6400}x^2 + 69$ hat die Lösungen $x_1 \approx -56{,}16$ und $x_2 \approx 56{,}16$.
Die Brücke in 35 m Höhe ist ca. 112,32 m breit.

2 Differenzialrechnung

Lösungen zu Seite 43

8 a) f: *Zeit in h → Wasserstand in m*

Zeitintervall	mittlere Änderungsrate in m/h
[6 Uhr; 8 Uhr]	$\frac{2{,}2-2{,}0}{8-6} = \frac{0{,}2}{2} = 0{,}1$
[8 Uhr; 9 Uhr]	$\frac{2{,}4-2{,}2}{9-8} = \frac{0{,}2}{1} = 0{,}2$
[9 Uhr; 12 Uhr]	$\frac{3{,}3-2{,}4}{12-9} = \frac{0{,}9}{3} = 0{,}3$
[12 Uhr; 16 Uhr]	$\frac{4{,}1-3{,}3}{16-12} = \frac{0{,}8}{4} = 0{,}2$
[16 Uhr; 20 Uhr]	$\frac{3{,}8-4{,}1}{20-16} = \frac{-0{,}3}{4} = -0{,}075$

Die mittlere Änderungsrate von f über dem Intervall [9 Uhr; 12 Uhr] ist am größten. Somit ist der Wasserstand in diesem Zeitintervall am stärksten gestiegen.

b) Die mittlere Änderungsrate von f über dem Intervall [16 Uhr; 20 Uhr] ist negativ. In diesem Zeitintervall ist der Wasserstand zurückgegangen.

c)

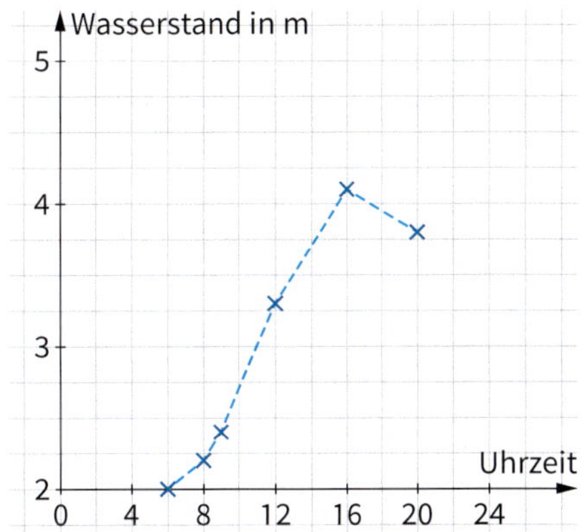

Am Graphen erkennt man, dass die Steigung nach 12 Uhr abnimmt und ab 16 Uhr sogar negativ wird. Das bedeutet, dass der Wasserstand nach 12 Uhr langsamer ansteigt und ab 16 Uhr sogar sinkt.

9 a) Gesucht ist die mittlere Änderungsrate von f über dem Intervall [20; 50].
Ablesen der Funktionswerte ergibt:
$\frac{f(50)-f(20)}{50-20} \approx \frac{155-35}{30} = \frac{120}{30} = 4$
Die Durchschnittsgeschwindigkeit des Radfahrers im Zeitintervall [20; 50] beträgt ca. 4 m/s.

b)

Zeitintervall	mittlere Änderungsrate in m/s
[20; 30]	$\frac{f(30)-f(20)}{30-20} \approx \frac{60-35}{10} = \frac{25}{10} = 2{,}5$
[30; 40]	$\frac{f(40)-f(30)}{40-30} \approx \frac{105-60}{10} = \frac{45}{10} = 4{,}5$
[40; 50]	$\frac{f(50)-f(40)}{50-40} \approx \frac{155-105}{10} = \frac{50}{10} = 5$

Im Zeitintervall [40; 50] hat der Radfahrer die höchste Durchschnittsgeschwindigkeit.

c) $\frac{g(50)-g(20)}{50-20} = \frac{0{,}05 \cdot 50^2 - 0{,}05 \cdot 20^2}{30} = \frac{105}{30} = 3{,}5$

Die mittlere Änderungsrate von g über [20; 50] ist kleiner als die mittlere Änderungsrate von f über [20; 50]. Der zweite Radfahrer fährt in diesem Zeitintervall im Durchschnitt also etwas langsamer als der erste.

Lösungen zu Seite 44

13 a) • Scheitelpunkt der Parabel: $S(2|3)$

• Steigung der Sekante durch S und $P(0|-1)$:

$\frac{-1-3}{0-2} = \frac{-4}{-2} = 2$

Gleichung der Sekante durch S und P:

$y = 2 \cdot (x-0) + (-1) = 2x - 1$

• Steigung der Sekante durch S und $Q(4|-1)$:

$\frac{-1-3}{4-2} = \frac{-4}{2} = -2$

Gleichung der Sekante durch S und Q:

$y = (-2) \cdot (x-4) + (-1) = -2x + 7$

b) Die Schnittstellen der Sekanten mit der x-Achse sind 0,5 und 3,5. Also hat die Dreiecksseite auf der x-Achse die Länge 3. Die zugehörige Höhe ist auch 3.

Damit gilt: $A = \frac{3 \cdot 3}{2} = 4{,}5$

Lösungen zu Seite 48

4 a) (1) Luftdruckänderung von 700 m bis 1130 m

(2) durchschnittliche Luftdruckänderung pro Meter von 700 m bis 1130 m

(3) momentane Luftdruckänderung bei 1130 m

b) (1) $p(1000) - p(800)$

(2) $\frac{p(1000)-p(800)}{1000-800}$

(3) $\lim\limits_{x \to 900} \frac{p(x)-p(900)}{x-900}$ oder $p'(900)$

5 a) $w(x) = 15x^2 + 150x$; $x_0 = 10$

Differenzenquotienten berechnen für

• x links von 10: z. B. $x = 9{,}999$

$\frac{w(x)-w(10)}{x-10} = \frac{15 \cdot 9{,}999^2 + 150 \cdot 9{,}999 - 3000}{9{,}999 - 10}$

$= \frac{-0{,}449985}{-0{,}001} = 449{,}985$

• x rechts von 10: z. B. $x = 10{,}001$

$\frac{w(x)-w(10)}{x-10} = \frac{15 \cdot 10{,}001^2 + 150 \cdot 10{,}001 - 3000}{10{,}001 - 10}$

$= \frac{0{,}450015}{0{,}001} = 450{,}015$

Daraus erhält man die Näherung: $w'(10) \approx 450$

Die momentane Durchflussgeschwindigkeit 10 min nach dem Deichbruch beträgt somit ungefähr $450\,m^3/s$.

b) $w(x) = 15x^2 + 150x$; $x_0 = 30$

Differenzenquotienten berechnen für

• x links von 30: z. B. $x = 29{,}999$

$\frac{w(x)-w(30)}{x-30} = \frac{15 \cdot 29{,}999^2 + 150 \cdot 29{,}999 - 18\,000}{29{,}999 - 30}$

$= \frac{-1{,}049985}{-0{,}001} = 1049{,}985$

• x rechts von 30: z. B. $x = 30{,}001$

$\frac{w(x)-w(30)}{x-30} = \frac{15 \cdot 30{,}001^2 + 150 \cdot 30{,}001 - 18\,000}{30{,}001 - 30}$

$= \frac{1{,}050015}{0{,}001} = 1050{,}015$

Daraus erhält man die Näherung: $w'(30) \approx 1050$

Der Wert ist also richtig.

Lösungen zu Seite 50

10

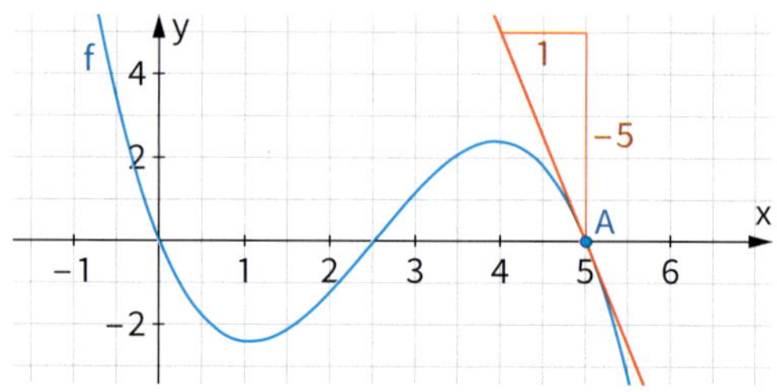

Die Steigung der Tangente beträgt –5.

11

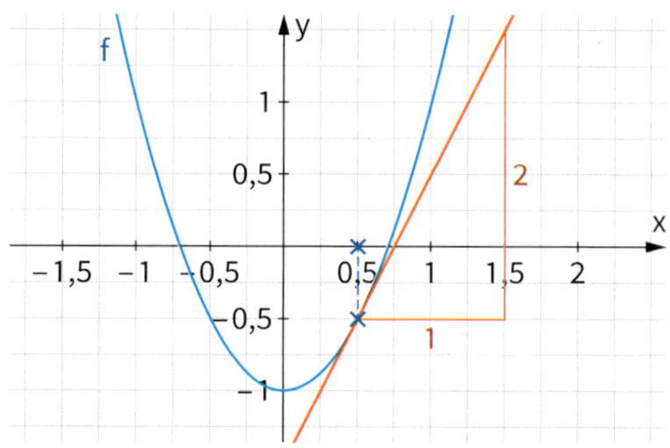

$f'(0{,}5) \approx \frac{2}{1} = 2$

Lösungen zu Seite 53

4 a) (1) $f'(3) = 2 \cdot 3 = 6$ (2) $f'(-4) = -8$

(3) $f'\left(\frac{1}{3}\right) = \frac{2}{3}$ (4) $f'(\sqrt{5}) = 2\sqrt{5}$

b) (1) $1 = 2 \cdot x_0$; also $x_0 = \frac{1}{2}$

(2) $x_0 = \frac{1}{18}$ (3) $x_0 = -2{,}5$

5 a) Der Graph von g entsteht aus der Normalparabel durch Spiegelung an der x-Achse.

b) Die Spiegelung an der x-Achse bewirkt, dass sich die Steigungen des Graphen von g und der Normalparabel nur durch das Vorzeichen unterscheiden. Es gilt also $g'(x_0) = -2 \cdot x_0$ für alle Stellen x_0 und damit $g'(2) = -2 \cdot 2 = -4$.

Lösungen zu Seite 55

10 $f(x) = x^2 + 1$; $x_0 = -1$

Für $h \neq 0$ gilt:

$$\frac{f(-1+h) - f(-1)}{h} = \frac{(-1+h)^2 + 1 - ((-1)^2 + 1)}{h} = \frac{(1 - 2h + h^2) + 1 - 2}{h} = \frac{-2h + h^2}{h} = \frac{h \cdot (-2 + h)}{h} = -2 + h$$

$$f'(-1) = \lim_{h \to 0} \frac{f(-1+h) - f(-1)}{h} = \lim_{h \to 0} (-2 + h) = -2$$

Lösungen zu Seite 62

11 a) Der Graph von f hat die Steigung 0 an den Stellen $x_1 = 1$; $x_2 = 3$; $x_3 = 5$ und $x_4 = 7$.

Die Ableitung ist positiv für $x < 1$; $x \in]3; 5[$ und $x \in]5; 7[$. Die Ableitung ist negativ für $x \in]1; 3[$ und $x > 7$.

b)

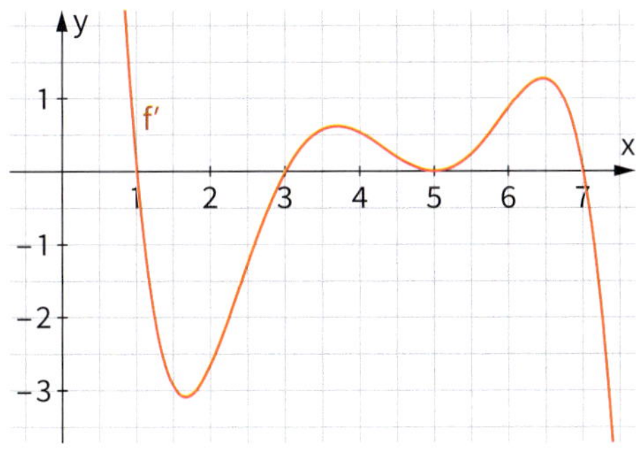

12 Die Nullstellen von g liegen an den Stellen $x_1 = 0$; $x_2 = 2$; $x_3 = 4$ und $x_4 = 6$. Sie entsprechen genau den Stellen, an denen der Graph von h die Steigung 0 hat. Umgekehrt trifft dies nicht zu. Also ist g die Ableitungsfunktion von h.

Lösungen zu Seite 63

15 a) Um 0 Uhr beträgt die Temperatur 4 °C.

Bis 5 Uhr fällt sie auf etwa 1 °C. Zu diesem Zeitpunkt erreicht sie einen Tiefpunkt T_1.

Danach steigt die Temperatur bis 9 Uhr auf 6 °C. Zu diesem Zeitpunkt erreicht sie einen Hochpunkt H_1. Der stärkste Anstieg erfolgt dabei um 7 Uhr im Wendepunkt W_1.

Bis 11 Uhr fällt die Temperatur auf 4 °C und erreicht zu diesem Zeitpunkt einen zweiten Tiefpunkt T_2. Am stärksten fällt sie dabei um 10 Uhr im Wendepunkt W_2.

Danach steigt die Temperatur bis 13 Uhr auf 10°C. Zu diesem Zeitpunkt erreicht sie einen zweiten Hochpunkt H_2. Der stärkste Anstieg erfolgt dabei um 12 Uhr im Wendepunkt W_3.

Ab 13 Uhr nimmt die Temperatur ständig ab, bis sie um 24 Uhr wieder etwa 4°C erreicht.

b)

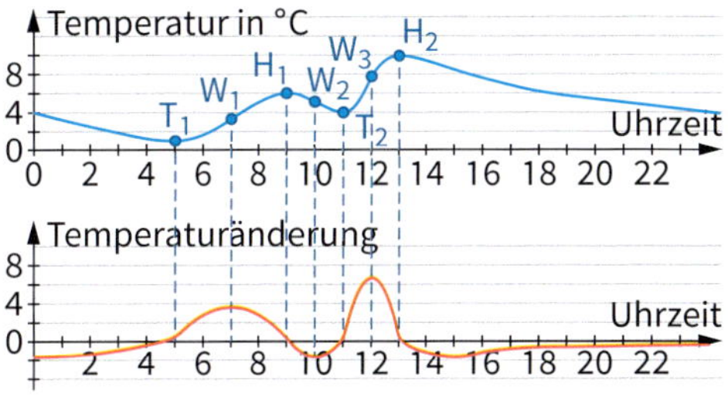

16 Individuelle Lösungen, z. B.:

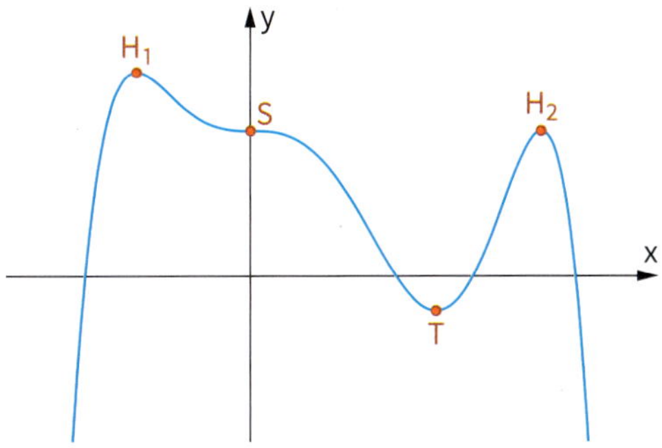

Lösungen zu Seite 65

4 a) $f'(x) = 4x^3$ $f'(4) = 4 \cdot 4^3 = 256$

b) $g'(t) = -4t^{-5} = -\frac{4}{t^5}$ $g'(-1) = -\frac{4}{(-1)^5} = 4$

c) $h'(s) = (k+2) \cdot s^{k+1}$ $h'(0) = 0$

Lösungen zu Seite 67

7 a) $f'(x) = 4x^3 + 15x^2$ b) $f'(x) = -24x^2 + 3x$

c) $f'(x) = 45x^4 - 7{,}5x^2$ d) $f'(x) = -8x + 8{,}3$

e) $f'(t) = 4\sqrt{2} \cdot t^3 - 12t + 1$ f) $f'(t) = 3k \cdot t^2 - 10k^2 \cdot t$

8 a) Paul hat jeden Faktor einzeln abgeleitet. Er muss erst ausmultiplizieren.
$f(x) = 6x^3 + 3x^2$
Richtig ist: $f'(x) = 18x^2 + 6x$

b) Paul hat die Konstante 3 nicht abgeleitet.
Richtig ist: $g'(x) = 6x - 2$

c) Paul hat beim zweiten Summanden nach k statt nach x abgeleitet.
Richtig ist: $h'(x) = 6k \cdot x + 2k^2$

Lösungen zu Seite 71

5 $f'(x) = -10x$ $\quad f'(1) = -10$ $\quad f(1) = -3$
Gleichung der Tangente an der Stelle 1:
$y = -10 \cdot (x-1) - 3 = -10x + 7$
Gleichung der Normalen an der Stelle 1:
$y = \frac{1}{10} \cdot (x-1) - 3 = \frac{1}{10}x - \frac{31}{10} = 0{,}1x - 3{,}1$

Lösungen zu Seite 73

11 a) $f'(x) = \frac{1}{2}x^3$ $\quad f'(2) = 4$
$f(2) = 2$
Gleichung der Tangente in $P(2|2)$:
$y = 4 \cdot (x-2) + 2 = 4x - 6$
Gleichung der Normalen in $P(2|2)$:
$y = -\frac{1}{4} \cdot (x-2) + 2 = -\frac{1}{4}x + \frac{5}{2}$

b) Aus $-\frac{1}{f'(x_0)} = 16$ folgt $f'(x_0) = -\frac{1}{16}$.
Damit erhält man $-\frac{1}{16} = \frac{1}{2}x_0{}^3$; also $x_0 = -\frac{1}{2}$.
$f\left(-\frac{1}{2}\right) = \frac{1}{128}$
Im Punkt $Q\left(-\frac{1}{2}\middle|\frac{1}{128}\right)$ hat die Normale an den Graphen von f die Steigung 16.

12 Auf Schnittstelle prüfen:
$f(2) = \frac{1}{5} \cdot 2^2 - \frac{2}{5} \cdot 2 + 1 = \frac{4}{5} - \frac{4}{5} + 1 = 1$
$g(2) = -2^2 + 2 + 3 = 1$
Somit schneiden sich die Graphen von f und g an der Stelle $x = 2$.
Auf Orthogonalität prüfen:
$f'(x) = \frac{2}{5}x - \frac{2}{5}$ $\quad f'(2) = \frac{2}{5}$
$g'(x) = -2x + 1$ $\quad g'(2) = -3$
$f'(2) \cdot g'(2) \neq -1$
Die Graphen von f und g schneiden sich nicht orthogonal an der Stelle $x = 2$.

Lösungen zu Seite 74

17 $f'(x) = 12x^3 - \frac{3}{2}x^2$
$f'(-2) = 12 \cdot (-2)^3 - \frac{3}{2} \cdot (-2)^2 = -96 + 6 = -90$
$\tan(\alpha) = -90$; also $\alpha \approx -89{,}4°$

Wiederholen für die Klausur

Lösungen zu Seite 80

1 Mittlere Änderungsrate und Sekante

a) $\frac{f(8)-f(3)}{8-3} = \frac{8^2 - 8 - (3^2 - 3)}{5} = \frac{56-6}{5} = \frac{50}{5} = 10$
Gleichung der Sekante:
$y = 10 \cdot (x-3) + 6 = 10x - 24$

b) $\frac{f(2)-f(-4)}{2-(-4)} = \frac{0{,}5 \cdot 2^3 - 1{,}5 \cdot 2^2 - (0{,}5 \cdot (-4)^3 - 1{,}5 \cdot (-4)^2)}{6}$
$= \frac{4 - 6 - (-32 - 24)}{6} = \frac{-2-(-56)}{6} = \frac{54}{6} = 9$
Gleichung der Sekante:
$y = 9 \cdot (x-2) - 2 = 9x - 20$

2 Ausdrücke im Sachzusammenhang

a) (1) Leistung der Solaranlage in Watt um 10 Uhr
(2) mittlere Änderungrate der Leistung in Watt pro Stunde zwischen 9 Uhr und 13 Uhr
(3) Änderung der Leistung in Watt zwischen 13 Uhr und 15 Uhr
(4) momentane Änderungrate der Leistung in Watt pro Stunde um 19 Uhr
(5) Zeitpunkte in Stunden nach 5 Uhr, in denen die Solaranlage keine Leistung mehr liefert

b) (1) $\frac{f(7)-f(1)}{7-1}$
(2) $f(12) - f(6)$
(3) $\lim\limits_{x \to 11{,}5} \frac{f(x) - f(11{,}5)}{x - 11{,}5}$ oder $\lim\limits_{h \to 0} \frac{f(11{,}5+h) - f(11{,}5)}{h}$
oder $f'(11{,}5)$

3 Steigung in einem Punkt

a) $P(1{,}5|1)$; $Q(0{,}5|0{,}5)$ $\quad m = \frac{1-0{,}5}{1{,}5-0{,}5} = 0{,}5$

b) $P(2{,}5|15)$; $Q(0{,}5|25)$ $\quad m = \frac{15-25}{2{,}5-0{,}5} = -5$

4 Ableitung bestimmen – h-Schreibweise

Für $h \neq 0$ gilt: $\frac{f(x+h)-f(x)}{h} = \frac{2 \cdot (x+h)^2 - 3 - (2x^2 - 3)}{h}$
$= \frac{2 \cdot (x^2 + 2xh + h^2) - 2x^2}{h}$
$= \frac{4xh + 2h^2}{h} = \frac{h \cdot (4x + 2h)}{h}$
$= 4x + 2h$

$f'(x) = \lim\limits_{h \to 0} \frac{f(x+h)-f(x)}{h} = \lim\limits_{h \to 0} (4x + 2h) = 4x$

5 Ableitungsgraphen skizzieren

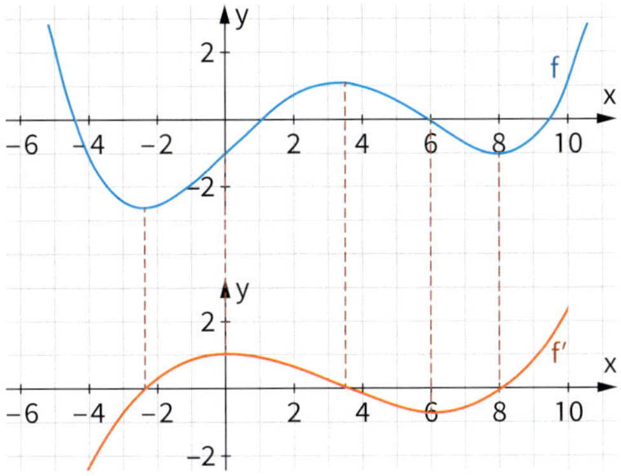

6 Ableitung an einer Stelle

a) $f'(x) = 8x^3 - 6x - \frac{1}{2}$

$f'(-2) = 8 \cdot (-8) - 6 \cdot (-2) - \frac{1}{2}$

$= -64 - (-12) - \frac{1}{2} = -52 - \frac{1}{2} = -52{,}5$

b) $f'(x) = -6x^3 + 4$

$f'\left(\frac{1}{2}\right) = -6 \cdot \frac{1}{8} + 4 = -\frac{3}{4} + 4 = \frac{13}{4}$

c) $f'(x) = 3 \cdot \sqrt{3}x^2 - 3$

$f'(1) = 3 \cdot \sqrt{3} \cdot 1 - 3 = 3\sqrt{3} - 3$

d) $f(x) = \frac{x^{12} - 4x^9 + 6}{3}$

$f'(x) = \frac{12x^{11} - 36x^8}{3} = 4x^{11} - 12x^8 = 4x^8 \cdot (x^3 - 3)$

$f'(-1) = 4 \cdot 1 \cdot ((-1) - 3) = -16$

7 Tangente und Normale

a) $f'(x) = x \qquad f'(4) = 4$

Gleichung der Tangente in $P(4|8)$:

$y = 4 \cdot (x - 4) + 8 = 4x - 8$

Gleichung der Normalen in $P(4|8)$:

$y = -\frac{1}{4} \cdot (x - 4) + 8 = -\frac{1}{4}x + 9$

b) $f'(x) = 3x^2 - 2 \quad f'(2) = 10$

$f(2) = 4$

Gleichung der Tangente in $P(2|4)$:

$y = 10 \cdot (x - 2) + 4 = 10x - 16$

Gleichung der Normalen in $P(2|4)$:

$y = -\frac{1}{10} \cdot (x - 2) + 4 = -\frac{1}{10}x + \frac{21}{5}$

Lösungen zu Seite 81

8 Pegelstände

a)

Zeitspanne	mittlere Änderungsrate in cm/h
06.06. – 07.06.	$\frac{931 - 836}{24} \approx 3{,}96$
07.06. – 08.06.	$\frac{959 - 931}{24} \approx 1{,}17$
08.06. – 09.06.	$\frac{981 - 959}{24} \approx 0{,}92$
09.06. – 10.06.	$\frac{964 - 981}{24} \approx -0{,}71$
10.06. – 11.06.	$\frac{936 - 964}{24} \approx -1{,}17$

Die größte mittlere Änderungsrate war von 6. bis 7. Juni, die kleinste von 10. bis 11. Juni.

b)

Zeitspanne	mittlere Änderungsrate in cm/h
06.06. – 09.06.	$\frac{981 - 836}{3 \cdot 24} \approx 2{,}01$
09.06. – 11.06.	$\frac{936 - 981}{2 \cdot 24} \approx -0{,}94$

Von 6. bis 9. Juni war die mittlere Änderungsrate positiv. Sie lag zwischen den mittleren Änderungsraten von 6. bis 7. Juni und von 8. bis 9. Juni.

Von 9. bis 11. Juni war die mittlere Änderungsrate negativ. Sie lag zwischen den mittleren Änderungsraten von 9. bis 10. Juni und von 10. bis 11. Juni.

9 Bergbahn

a) $h(0) = 500 \qquad h(10) = 1600$

Die Talstation liegt in 500 m Höhe und die Bergstation liegt in 1600 m Höhe.

b)

Zeitspanne	mittlere Änderungsrate in m/min
2. – 4. Minute	$\frac{h(4) - h(2)}{4 - 2} = 148{,}4$
6. – 8. Minute	$\frac{h(8) - h(6)}{8 - 6} = 88{,}4$

Die mittlere Änderungsrate zwischen der 2. und 4. Minute ist größer als die zwischen der 6. und 8. Minute.

c) $h'(t) = -2{,}1t^2 + 6t + 150 \qquad h'(5) = 127{,}5$

Dieser Wert gibt die momentane Änderungsrate der Höhe in Meter pro Minute in der 5. Minute an.

d) Der Graph von h′ ist eine nach unten geöffnete Parabel. Der Scheitelpunkt der Parabel liegt ungefähr an der Stelle $t \approx 1{,}43$. Dies erhält man z. B. mit einem Rechner:

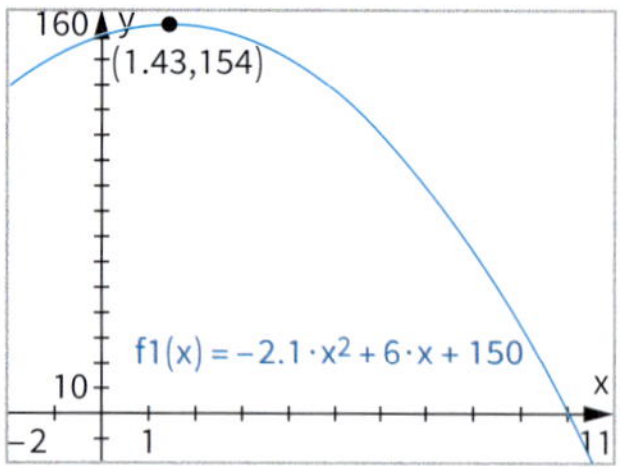

Die momentane Änderungsrate von h etwa 1,43 min, also etwa 1 min 26 s nach dem Start ist am größten.

e) Mittlere Änderungrate von h über [0; 10]:

$\frac{h(10) - h(0)}{10 - 0} = \frac{1600 - 500}{10} = 110$

Gesucht ist also der Zeitpunkt t, sodass gilt:

$h'(t) = -2{,}1\,t^2 + 6\,t + 150 = 110$

Diese Gleichung hat die Lösungen $t_1 \approx -3{,}16$ und $t_2 \approx 6{,}02$. Da t_1 nicht im Definitionsbereich von h liegt, ist t_2 die einzig zulässige Lösung. Die momentane Änderungsrate von h etwa 6 Minuten nach dem Start entspricht der mittleren Änderungsrate von h über [0; 10].

10 Tangente an den Graphen?

a) $f(3) = 3^3 - 3 \cdot 3^2 + 3 \cdot 3 + 18 = 27$

$g(3) = 9 \cdot 3 = 27$

Somit liegt der Punkt P(3|27) auf der Geraden g und auf dem Graphen von f.

b) $f'(x) = 3\,x^2 - 6\,x + 3$ $\quad f'(3) = 12$

Gleichung der Tangente in P(3|27):

$y = 12 \cdot (x - 3) + 27 = 12\,x - 9$

Die Gerade g ist also keine Tangente an den Graphen von f in P(3|27).

11 Kinderrutsche

a)

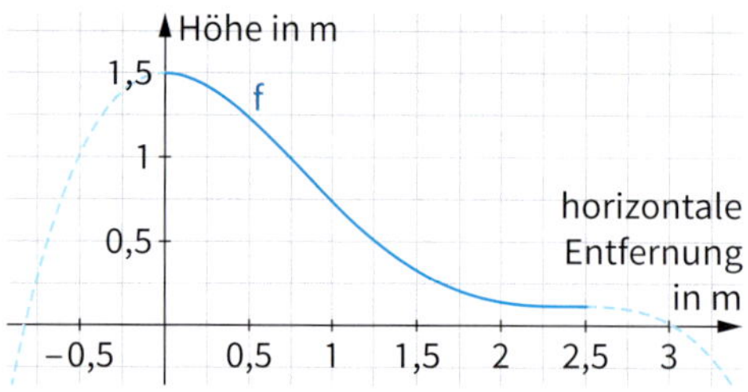

Nach dem Start verläuft die Rutsche immer steiler nach unten, bis etwa einen Meter in horizontaler Richtung. Danach verläuft die Rutsche nicht mehr so steil nach unten. Am Ende verläuft die Rutsche etwa waagerecht.

b) $f'(x) = -\frac{1}{2}x^3 + \frac{12}{5}x^2 - \frac{72}{25}x$

$f'(0) = 0$

$f'(2{,}5) = -0{,}0125$

Zu Beginn verläuft die Rutsche waagerecht. Am Ende hat die Rutsche eine kleine Neigung.

c)
- Steigungswinkel bei 10 cm:
  $f'(0{,}1) = -0{,}2645$
  $\tan(\alpha) = -0{,}2645$; also $\alpha \approx -14{,}8°$
- Steigungswinkel bei 1 m:
  $f'(1) = -0{,}98$
  $\tan(\alpha) = -0{,}98$; also $\alpha \approx -44{,}4°$
- Steigungswinkel bei 2 m:
  $f'(2) = -0{,}16$
  $\tan(\alpha) = -0{,}16$; also $\alpha \approx -9{,}1°$

d) Man zeichnet den Graphen der Ableitungsfunktion f′ mit einem Rechner.
Die Stelle, an der die Rutsche am steilsten abwärts verläuft, ist die Stelle, an der der Tiefpunkt des Graphen von f′ liegt.
Man berechnet dann den Funktionswert von f für diese Stelle und hat beide Koordinaten des gesuchten Punktes.

3 Ableitungen anwenden

Lösungen zu Seite 86

7 a) $f'(x) = 3\,x^2 - 12\,x + 9$

Aus $f'(x) = 0$ folgt: $x_1 = 1$; $x_2 = 3$

Intervall für x	$x < 1$	$1 < x < 3$	$x > 3$
Bsp. für f′(x)	$f'(0) = 9$	$f'(2) = -3$	$f'(4) = 9$
Vorzeichen f′(x)	+	−	+

In]−∞; 1[und]3; ∞[ist f streng monoton wachsend. In]1; 3[ist f streng monoton fallend.

b) $f'(x) = -3\,x^3 + 6\,x^2 = -3\,x^2 \cdot (x - 2)$

Aus $f'(x) = 0$ folgt: $x_1 = 0$ (doppelt); $x_2 = 2$

Intervall für x	$x < 0$	$0 < x < 2$	$x > 2$
Bsp. für f′(x)	$f'(-1) = 9$	$f'(1) = 3$	$f'(3) = -27$
Vorzeichen f′(x)	+	+	−

In]−∞; 2[ist f streng monoton wachsend.
In]2; ∞[ist f streng monoton fallend.

8 (1) f′ ist negativ für $x < -4$. Nach dem Monotoniesatz folgt somit die Aussage.

(2) f′ ist positiv für $-2 \le x \le 2$. Nach dem Monotoniesatz folgt somit die Aussage.

(3) Es gilt $f'(-4) = 0$. Außerdem ist f' links von −4 negativ und rechts von −4 positiv, also ist f links von −4 streng monoton fallend und rechts von −4 streng monoton wachsend.
Daraus folgt, dass der Graph von f an der Stelle −4 einen Tiefpunkt hat.

(4) Es gilt $f'(8) = 0$. Außerdem ist f' sowohl links von 8 als auch rechts von 8 positiv, also ist f sowohl links von 8 als auch rechts von 8 streng monoton wachsend.
Daraus folgt, dass der Graph von f an der Stelle 8 einen Sattelpunkt hat.

Lösungen zu Seite 90

5 a) $f'(x) = x^2 + x - 6$
Aus $f'(x) = 0$ folgt: $x_1 = -3$; $x_2 = 2$

Intervall für x	$x < -3$	$-3 < x < 2$	$x > 2$
Bsp. für f'(x)	$f'(-4) = 6$	$f'(0) = -6$	$f'(3) = 6$
Vorzeichen f'(x)	+	−	+

Der Graph von f hat an der Stelle $x_1 = -3$ einen Hochpunkt und an der Stelle $x_2 = 2$ einen Tiefpunkt.

b) $f'(x) = \frac{1}{2}x^3 + \frac{3}{2}x^2 = \frac{1}{2}x^2 \cdot (x + 3)$
Aus $f'(x) = 0$ folgt: $x_1 = -3$; $x_2 = 0$

Intervall für x	$x < -3$	$-3 < x < 0$	$x > 0$
Bsp. für f'(x)	$f'(-4) = -8$	$f'(-1) = 1$	$f'(1) = 2$
Vorzeichen f'(x)	−	+	+

Der Graph von f hat an der Stelle $x_1 = -3$ einen Tiefpunkt und an der Stelle $x_2 = 0$ einen Sattelpunkt.

6 An der Stelle $x_1 = 0$ hat f' eine Nullstelle ohne Vorzeichenwechsel. Der Graph von f hat dort also einen Sattelpunkt.
An der Stelle $x_2 = 3$ hat f' eine Nullstelle mit Vorzeichenwechsel von − nach +. Der Graph von f hat dort also einen Tiefpunkt.

Lösungen zu Seite 93

13 Mögliche Extremstellen von f sind die Nullstellen von f' im Intervall $[-2; 3]$ sowie die Intervallgrenzen −2 und 3.
$f'(x) = x^3 - x^2 - 2x = x \cdot (x^2 - x - 2)$
Aus $f'(x) = 0$ folgt: $x_1 = -1$; $x_2 = 0$; $x_3 = 2$
Vergleich der Funktionswerte:

x	−2	−1	0	2	3
f(x)	$\frac{8}{3}$	$-\frac{5}{12}$	0	$-\frac{8}{3}$	$\frac{9}{4}$

Der größte Funktionswert von f im Intervall $[-2; 3]$ liegt an der Stelle $x = -2$ und beträgt $\frac{8}{3} = 2{,}\overline{6}$.
Der kleinste Funktionswert von f im Intervall $[-2; 3]$ liegt an der Stelle $x = 2$ und beträgt $-\frac{8}{3} = -2{,}\overline{6}$.

14 (1) Die Aussage ist falsch: f hat an der Stelle x_1 nur eine Nullstelle.
(2) Die Aussage ist wahr: Der Graph von f hat an der Stelle x_4 einen Tiefpunkt.
(3) Die Aussage ist falsch: Für z. B. $x > x_4$ gibt es größere Funktionswerte als $f(x_2)$.
Es handelt sich um ein *lokales* Maximum, da an der Stelle x_2 ein Hochpunkt liegt.
(4) Die Aussage trifft für den dargestellten Ausschnitt des Graphen zu.
(5) Die Aussage ist wahr: An der Stelle x_3 hat der Graph von f eine waagerechte Tangente. Rechts und links von x_3 ist f streng monoton fallend. Also hat f' hat an der Stelle x_3 eine Nullstelle ohne Vorzeichenwechsel und nimmt rechts und links von x_3 negative Werte an.

Lösungen zu Seite 97

7 a) $f'(x) = 12x^2 - 24x + 7$ $f''(x) = 24x - 24$
b) $f'(t) = -4t^7 - 8t^5 + 21t^2$ $f''(t) = -28t^6 - 40t^4 + 42t$

8 a) $f'(x) = -3x^2 - 6x + 9 = -3 \cdot (x^2 + 2x - 3)$
Aus $f'(x) = 0$ folgt: $x_1 = -3$; $x_2 = 1$
$f''(x) = -6x - 6$
$f''(-3) = 12 > 0$
Also: Tiefpunkt des Graphen an der Stelle $x_1 = -3$
$f''(1) = -12 < 0$
Also: Hochpunkt des Graphen an der Stelle $x_2 = 1$

b) $f'(x) = 3x^3 - 6x^2 + 3x = 3x \cdot (x^2 - 2x + 1)$
Aus $f'(x) = 0$ folgt: $x_1 = 0$; $x_2 = 1$ (doppelt)
$f''(x) = 9x^2 - 12x + 3$
$f''(0) = 3 > 0$
Also: Tiefpunkt des Graphen an der Stelle $x_1 = 0$
$f''(1) = 0$
Hier ist keine Aussage mit dem f''-Kriterium möglich. Das Vorzeichenwechsel-Kriterium zeigt, dass die Stelle $x_2 = 1$ keine Extremstelle ist.

9 (1) $]4; 6[$ (2) $]-2; 0[$ (3) $]2; 4[$ (4) $]0; 2[$

Lösungen zu Seite 101

9 a) $f'(x) = 3x^2 - 6x - 2$ $\quad f''(x) = 6x - 6 = 6 \cdot (x - 1)$

Aus $f''(x) = 0$ folgt: $x = 1$

Intervall für x	$x < 1$	$x > 1$
Bsp. für f″(x)	$f''(0) = -6$	$f''(2) = 6$
Vorzeichen f″(x)	−	+

Der Graph von f hat an der Stelle $x = 1$ einen Wendepunkt W.

Koordinaten: $W(1 \mid -4)$

$f'(1) = -5$

Die Steigung von f dort ist minimal.

b) $f'(x) = \frac{2}{3}x^3 - 2x$ $\quad f''(x) = 2x^2 - 2 = 2 \cdot (x^2 - 1)$

Aus $f''(x) = 0$ folgt: $x_1 = -1$; $x_2 = 1$

Intervall für x	$x < -1$	$-1 < x < 1$	$x > 1$
Bsp. für f″ (x)	$f''(-2) = 6$	$f''(0) = -2$	$f''(2) = 6$
Vorzeichen f″(x)	+	−	+

Der Graph von f hat an den Stellen $x_1 = -1$ und $x_2 = 1$ Wendepunkte W_1 und W_2.

Koordinaten: $W_1\left(-1 \middle| -\frac{5}{6}\right)$; $W_2\left(1 \middle| -\frac{5}{6}\right)$

$f'(-1) = \frac{4}{3}$; $f'(1) = -\frac{4}{3}$

Die Steigung von f ist an der Stelle $x_1 = -1$ maximal und an der Stelle $x_2 = 1$ minimal.

c) $f'(x) = \frac{1}{3}x^3 - \frac{1}{2}x^2 - 6x + 2$ $\quad f''(x) = x^2 - x - 6$

Aus $f''(x) = 0$ folgt: $x_1 = -2$; $x_2 = 3$

Intervall für x	$x < -2$	$-2 < x < 3$	$x > 3$
Bsp. für f″ (x)	$f''(-3) = 6$	$f''(0) = -6$	$f''(4) = 6$
Vorzeichen f″(x)	+	−	+

Der Graph von f hat an den Stellen $x_1 = -2$ und $x_2 = 3$ Wendepunkte W_1 und W_2.

Koordinaten: $W_1\left(-2 \middle| -\frac{49}{3}\right)$; $W_2\left(3 \middle| -\frac{87}{4}\right)$

$f'(-2) = \frac{28}{3}$; $f'(3) = -\frac{23}{2}$

Die Steigung von f ist an der Stelle $x_1 = -2$ maximal und an der Stelle $x_2 = 3$ minimal.

10 a)
- Am Graphen von z erkennt man, dass gilt: $z(x) > 0$ für $0 < x \le 12$
  Also nimmt die Wassermenge in den ersten 12 Stunden ständig zu.
- Gesucht ist das Maximum von z. Mit einem Rechner erhält man, dass der Graph von z einen Hochpunkt H an der Stelle $x \approx 3{,}8$ hat.
  Koordinaten gerundet: $H(3{,}8 \mid 250{,}3)$
  Randwert prüfen: $z(12) = 25{,}68$
  Die maximale momentane Zuflussrate beträgt ca. 250 Liter pro Stunde.

b)
- Die Gleichung $z(x) = 150$ hat die Lösungen $x_1 \approx 1{,}29$; $x_2 \approx 7{,}15$ und $x_3 \approx 14{,}06$.
  Wegen $0 < x \le 12$ ist die momentane Zuflussrate also im Zeitraum $[1{,}29; 7{,}15]$ größer als 150 Liter pro Stunde.
- Gesucht ist die Wendestelle von z.
  $z'(x) = 3{,}48x^2 - 52{,}2x + 148{,}3$
  Mit einem Rechner erhält man, dass der Graph von z′ einen Tiefpunkt an der Stelle $x \approx 7{,}5$ hat. Daher ist $x \approx 7{,}5$ Wendestelle von z.
  Nach etwa 7,5 Stunden nimmt die momentane Änderungsrate am stärksten ab.

Lösungen zu Seite 108

8 a) **Globalverlauf**

Für $x \to \infty$ gilt $f(x) \to \infty$; für $x \to -\infty$ gilt $f(x) \to -\infty$.

Symmetrie

Das Polynom von f enthält nur Potenzen von x mit ungeraden Exponenten. Also ist der Graph von f punktsymmetrisch zum Ursprung.

Nullstellen

$f(x) = \frac{1}{3}x \cdot (x^2 - 9)$

Aus $f(x) = 0$ folgt: $x_1 = -3$; $x_2 = 0$; $x_3 = 3$

Extrempunkte

$f'(x) = x^2 - 3$

Aus $f'(x) = 0$ folgt: $x_1 = -\sqrt{3}$; $x_2 = \sqrt{3}$

Nach dem Vorzeichenwechsel-Kriterium hat der Graph von f an der Stelle $x_1 = -\sqrt{3}$ einen Hochpunkt H und an der Stelle $x_2 = \sqrt{3}$ einen Tiefpunkt T.

Koordinaten gerundet:

$H(-1{,}73 \mid 3{,}46)$; $T(1{,}73 \mid -3{,}46)$

Wendepunkte

$f''(x) = 2x$

Aus $f''(x) = 0$ folgt: $x = 0$

Nach dem Vorzeichenwechsel-Kriterium hat der Graph von f an der Stelle $x = 0$ einen Wendepunkt $W(0 \mid 0)$

b) **Globalverlauf**

Für $x \to \infty$ gilt $f(x) \to \infty$; für $x \to -\infty$ gilt $f(x) \to \infty$.

Symmetrie

Das Polynom von f enthält sowohl Potenzen von x mit geraden als auch mit ungeraden Exponenten. Also ist der Graph von f weder achsensymmetrisch zur y-Achse noch punktsymmetrisch zum Ursprung.

Nullstellen

$f(x) = x^3 \cdot (x-3)$

Aus $f(x) = 0$ folgt: $x_1 = 0$ (dreifach); $x_2 = 3$

Extrempunkte

$f'(x) = 4x^3 - 9x^2 = x^2 \cdot (4x - 9)$

Aus $f'(x) = 0$ folgt: $x_1 = 0$ (doppelt); $x_2 = \frac{9}{4}$

Nach dem Vorzeichenwechsel-Kriterium hat der Graph von f an der Stelle $x_2 = \frac{9}{4}$ einen Tiefpunkt $T\left(\frac{9}{4} \middle| -\frac{2187}{256}\right)$

Wendepunkte

$f''(x) = 12x^2 - 18x = 6x \cdot (2x - 3)$

Aus $f''(x) = 0$ folgt: $x_1 = 0$; $x_2 = \frac{3}{2}$

Nach dem Vorzeichenwechsel-Kriterium hat der Graph von f an der Stelle $x_1 = 0$ einen Sattelpunkt S und an der Stelle $x_2 = \frac{3}{2}$ einen Wendepunkt W.

Koordinaten: $S(0|0)$; $W\left(\frac{3}{2} \middle| -\frac{81}{16}\right)$

9 a) Der Wall reicht von der 1. bis zur 2. Nullstelle, der Graben von der 2. bis zur 3. Nullstelle von f.

Aus $f(x) = 0$ folgt: $x_1 = 0$; $x_2 = 6$; $x_3 = 7$

Der Wall ist 6 m breit, der Graben 1 m.

Für die Höhe des Walls und die Tiefe des Grabens berechnet man die Extrema von f.

$f'(x) = 0{,}3x^2 - 2{,}6x + 4{,}2$

Aus $f'(x) = 0$ folgt: $x_1 \approx 2{,}15$; $x_2 \approx 6{,}52$

Nach dem Vorzeichenwechsel-Kriterium hat der Graph von f an der Stelle $x_1 \approx 2{,}15$ einen Hochpunkt und an der Stelle $x_2 \approx 6{,}52$ einen Tiefpunkt.

$f(x_1) \approx 4{,}01$; $f(x_2) \approx -0{,}16$

Der Wall ist ca. 4,01 m hoch und der Graben ca. 16 cm tief.

b)

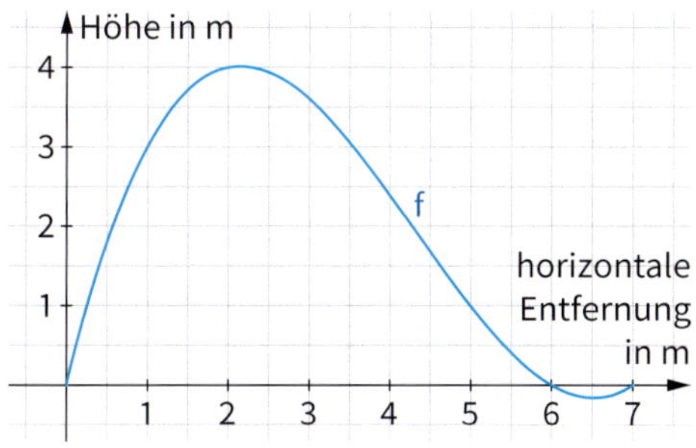

c) Gesucht ist das globale Maximum von f′ im Intervall [0; 6].

Der Graph von f′ ist eine nach oben geöffnete Parabel. Nach a) hat f′ die Nullstellen $x_1 \approx 2{,}15$ und $x_2 \approx 6{,}52$. Der größte Funktionswert von f′ liegt am Rand an der Stelle 0. Die Steigung an der steilsten Stelle des Walls ist somit $f'(0) = 4{,}2$.

10 $f'(x) = 0{,}06x^2 - 0{,}18x + 0{,}12$

Aus $f'(x) = 0$ folgt: $x_1 = 1$; $x_2 = 2$

Nach dem Vorzeichenwechsel-Kriterium hat der Graph von f an der Stelle $x_1 = 1$ einen Hochpunkt und an der Stelle $x_2 = 2$ einen Tiefpunkt.

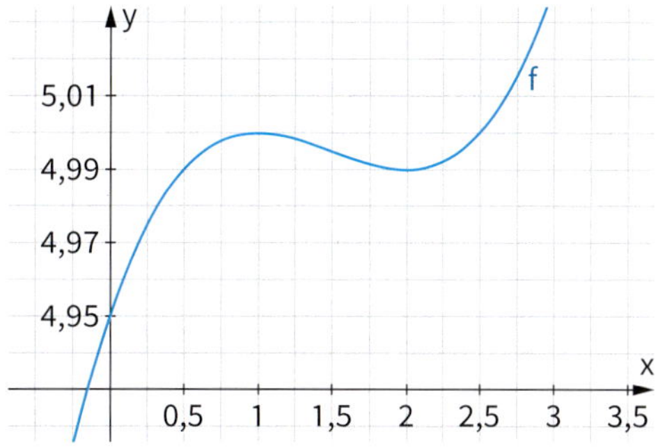

Lösungen zu Seite 114

5 **Extremalbedingung**

$V = a^2 \cdot b$ maximal

Nebenbedingung

$2 \cdot a^2 + 4 \cdot a b = 486$; nach b auflösen: $b = \frac{243}{2a} - \frac{1}{2}a$

Zielfunktion

$V(a) = a^2 \cdot \left(\frac{243}{2a} - \frac{1}{2}a\right)$

$= -\frac{1}{2}a^3 + \frac{243}{2}a$

Skizze

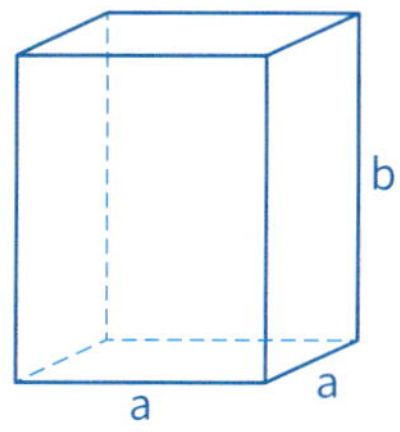

Definitionsbereich

Aus $b = 0$ folgt $a = \sqrt{243}$, also folgt $0 \le a \le \sqrt{243}$ und damit $D = [0; \sqrt{243}]$.

Extremstellen

$V'(a) = -\frac{3}{2}a^2 + \frac{243}{2}$

Aus $V'(a) = 0$ folgt $a = 9$ oder $a = -9$.

Wegen $a \ge 0$ kommt nur $a = 9$ als Lösung infrage.

Randwerte prüfen

$V(9) = 729$ $V(0) = 0$; $V(\sqrt{243}) = 0$

Also liegt an der Stelle $a = 9$ das globale Maximum.

Ergebnis im Sachzusammenhang

$a = 9\,\text{cm}$; $b = 9\,\text{cm}$ geometrisch möglich ✓

Der Quader mit quadratischer Grundfläche ist ein Würfel mit der Kantenlängen 9 cm. Das größtmögliche Volumen beträgt 729 cm³.

Lösungen zu Seite 119

3 Beispiellösung:

① $\left|\begin{array}{rcl} 6x+2y+\ z &=& 14 \\ 4x+3y+5z &=& -3 \\ -2x+\ y-2z &=& 7 \end{array}\right|$ vertauschen

② $\left|\begin{array}{rcl} -2x+\ y-2z &=& 7 \\ 4x+3y+5z &=& -3 \\ 6x+2y+\ z &=& 14 \end{array}\right|$ $\cdot 2$ ⊕; $\cdot 3$ ⊕

③ $\left|\begin{array}{rcl} -2x+\ y-2z &=& 7 \\ 5y+\ z &=& 11 \\ 5y-5z &=& 35 \end{array}\right|$ $\cdot(-1)$ ⊕

④ $\left|\begin{array}{rcl} -2x+\ y-2z &=& 7 \\ 5y+\ z &=& 11 \\ -6z &=& 24 \end{array}\right|$ $:(-6)$

⑤ $\left|\begin{array}{rcl} -2x+\ y-2z &=& 7 \\ 5y+\ z &=& 11 \\ z &=& -4 \end{array}\right|$ einsetzen und vereinfachen

⑥ $\left|\begin{array}{rcl} -2x+\ y &=& -1 \\ y &=& 3 \\ z &=& -4 \end{array}\right|$ einsetzen und vereinfachen

⑦ $\left|\begin{array}{rcl} x &=& 2 \\ y &=& 3 \\ z &=& -4 \end{array}\right|$

Das lineare Gleichungssystem hat Lösungsmenge $L = \{(2\,|\,3\,|\,-4)\}$.

4 x: Preis für eine Flasche Rotwein in €
y: Preis für eine Flasche Weißwein in €
z: Preis für eine Flasche Rosé in €

① $\left|\begin{array}{rcl} x+2y+2z &=& 34 \\ 2x+\ y+2z &=& 35 \\ 3x+2y+2z &=& 50 \end{array}\right|$ $\cdot(-2)$ ⊕; $\cdot(-3)$ ⊕

② $\left|\begin{array}{rcl} x+2y+2z &=& 34 \\ -3y-2z &=& -33 \\ -4y-4z &=& -52 \end{array}\right|$ $:(-4)$

③ $\left|\begin{array}{rcl} x+2y+2z &=& 34 \\ -3y-2z &=& -33 \\ y+\ z &=& 13 \end{array}\right|$ $\cdot 3$ ⊕

④ $\left|\begin{array}{rcl} x+2y+2z &=& 34 \\ -3y-2z &=& -33 \\ z &=& 6 \end{array}\right|$ einsetzen und vereinfachen

⑤ $\left|\begin{array}{rcl} x+2y &=& 22 \\ y &=& 7 \\ z &=& 6 \end{array}\right|$ einsetzen und vereinfachen

⑥ $\left|\begin{array}{rcl} x &=& 8 \\ y &=& 7 \\ z &=& 6 \end{array}\right|$

Eine Flasche Rotwein kostet 8 €, eine Flasche Weißwein 7 € und eine Flasche Rosé 6 €.

Lösungen zu Seite 121

6 a) $L = \{(0{,}5\,|\,3\,|\,-1)\}$
b) $L = \{\ \}$
c) $L = \{(-z-0{,}5\,|\,z+4\,|\,z)\,|\,z \in \mathbb{R}\}$

Lösungen zu Seite 124

6 a) **Funktion und Ableitung**

$f(x) = ax^2 + bx$

$f'(x) = 2ax + b$

Bedingungen

$f(1) = 2 \quad f'(1) = 0$

Gleichungssystem

$\left|\begin{array}{rcl} a+b &=& 2 \\ 2a+b &=& 0 \end{array}\right|$

hat die Lösung $a = -2;\ b = 4$

Funktionsgleichung

$f(x) = -2x^2 + 4x$

erfüllt alle Bedingungen ✓

b) **Ansatz und Ableitung**

$f(x) = ax^2 + bx + c$

$f'(x) = 2ax + b$

Bedingungen

$f(-2) = 0 \quad f(1) = 6 \quad f'(1) = 0$

Gleichungssystem

$\left|\begin{array}{rcl} 4a-2b+c &=& 0 \\ a+\ b+c &=& 6 \\ 2a+\ b &=& 0 \end{array}\right|$

hat die Lösung $a = -\frac{2}{3};\ b = \frac{4}{3};\ c = \frac{16}{3}$

Funktionsgleichung

$f(x) = -\frac{2}{3}x^2 + \frac{4}{3}x + \frac{16}{3}$

erfüllt alle Bedingungen ✓

Lösungen zu Seite 127

15 a) **Bedingungen**

$f(0) = 0 \quad f(5) = 0 \quad f'(1) = 4 \quad f''\left(\frac{10}{3}\right) = 0$

Ansatz und Ableitungen

$f(x) = ax^3 + bx^2 + cx + d$

$f'(x) = 3ax^2 + 2bx + c$

$f''(x) = 6ax + 2b$

Gleichungssystem

$\left|\begin{array}{rcl} d &=& 0 \\ 125a+25b+5c+d &=& 0 \\ 3a+\ 2b+\ c &=& 4 \\ 20a+\ 2b &=& 0 \end{array}\right|$

hat die Lösung $a = \frac{1}{2};\ b = -5;\ c = \frac{25}{2}$

Funktionsgleichung

$f(x) = \frac{1}{2}x^3 - 5x^2 + \frac{25}{2}x$

erfüllt alle Bedingungen ✓

b) **Bedingungen**

$f(-2) = -3 \quad f(1) = 0$

Ansatz

$f(x) = a x^3 + c x$

Gleichungssystem

$$\left| \begin{array}{l} -8a - 2c = -3 \\ \quad a + \ \ c = 0 \end{array} \right|$$

hat die Lösung $a = \frac{1}{2}$; $c = -\frac{1}{2}$

Funktionsgleichung

$f(x) = \frac{1}{2}x^3 - \frac{1}{2}x$

erfüllt alle Bedingungen ✓

c) **Bedingungen**

$f(0) = 0 \quad f'(0) = 0 \quad f'(2) = 0 \quad f''(2) = 0 \quad f(1) = 11$

Ansatz und Ableitungen

$f(x) = a x^4 + b x^3 + c x^2 + d x + e$

$f'(x) = 4 a x^3 + 3 b x^2 + 2 c x + d$

$f''(x) = 12 a x^2 + 6 b x + 2 c$

Gleichungssystem

$$\left| \begin{array}{rcl} e & = & 0 \\ d & = & 0 \\ 32a + 12b + 4c + d & = & 0 \\ 48a + 12b + 2c & = & 0 \\ a + b + c + d + e & = & 11 \end{array} \right|$$

hat die Lösung $a = 3$; $b = -16$; $c = 24$; $d = 0$; $e = 0$

Funktionsgleichung

$f(x) = 3x^4 - 16x^3 + 24x^2$

erfüllt alle Bedingungen ✓

16 a) Das Koordinatensystem wird so gewählt, dass der Hochpunkt in $(0\,|\,4)$ liegt.

Bedingungen

$f(0) = 4 \quad f'(0) = 0 \quad f(4) = 0 \quad f'(4) = 0$

Ansatz und Ableitung

$f(x) = a x^3 + b x^2 + c x + d$

$f'(x) = 3 a x^2 + 2 b x + c$

Gleichungssystem

$$\left| \begin{array}{rcl} d & = & 4 \\ c & = & 0 \\ 64a + 16b + 4c + d & = & 0 \\ 48a + 8b + c & = & 0 \end{array} \right|$$

hat die Lösung $a = \frac{1}{8}$; $b = -\frac{3}{4}$; $c = 0$; $d = 4$

Funktionsgleichung

$f(x) = \frac{1}{8}x^3 - \frac{3}{4}x^2 + 4$

erfüllt alle Bedingungen ✓

b) **Ansatz und Ableitung** für die neue Funktion g

$g(x) = a x^3 + b x^2 + c x + d$

$g'(x) = 3 a x^2 + 2 b x + c$

Die Steigung an der steilsten Stelle ist die Steigung im Wendepunkt des Graphen.
Der Graph von g′ ist eine Parabel; die Extremstelle von g′ liegt also in der Mitte der beiden Nullstellen. Somit hat g die Wendestelle $x = 2$.

Bedingungen

$g'(0) = 0 \quad g(4) = 0 \quad g'(4) = 0$

$g'(2) = \tan(-45°) = -1$

Gleichungssystem

$$\left| \begin{array}{rcl} c & = & 0 \\ 64a + 16b + 4c + d & = & 0 \\ 48a + 8b + c & = & 0 \\ 12a + 4b + c & = & -1 \end{array} \right|$$

hat die Lösung $a = \frac{1}{12}$; $b = -\frac{1}{2}$; $c = 0$; $d = \frac{8}{3}$

Funktionsgleichung

$g(x) = \frac{1}{12}x^3 - \frac{1}{2}x^2 + \frac{8}{3}$

erfüllt alle Bedingungen ✓

$g(0) = \frac{8}{3} \approx 2{,}67$

Die neue Rutsche ist etwa 2,7 m hoch.

Wiederholen für die Klausur

Lösungen zu Seite 131

1 Graphen skizzieren

Der Graph hat in etwa folgenden Verlauf:

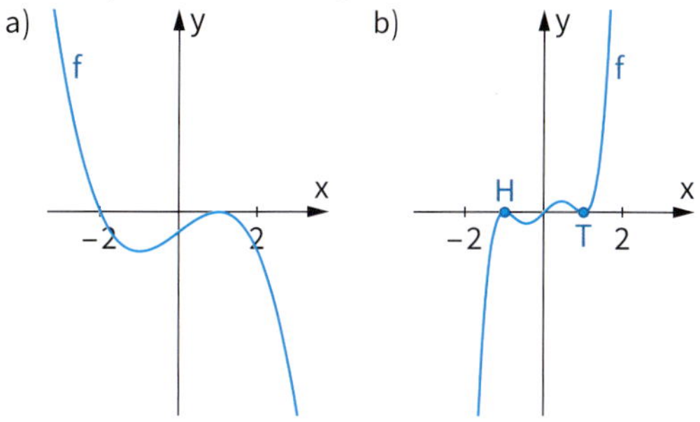

2 Abstand zwischen Hoch- und Tiefpunkt

$f'(x) = -12x^2 + 12x = -12x \cdot (x - 1)$

$f''(x) = -24x + 12 = -12 \cdot (2x - 1)$

Extrempunkte bestimmen:

Aus $f'(x) = 0$ folgt: $x_1 = 0$; $x_2 = 1$

$f''(0) = 12 > 0 \quad f(0) = -1 \quad$ Also: Tiefpunkt $T(0\,|\,-1)$

$f''(1) = -12 < 0 \quad f(1) = 1 \quad$ Also: Hochpunkt $H(1\,|\,1)$

Der Abstand zwischen den beiden Extrempunkten ist die Länge der Strecke $\overline{TH}$.

$|TH| = \sqrt{(1-0)^2 + (1-(-1))^2} = \sqrt{1+4} = \sqrt{5}$

3 Funktionsgleichung aufstellen

a) Der Graph hat mindestens einen Hoch- und einen Tiefpunkt. Die zugehörige Ableitung hat somit mindestens zwei einfache Nullstellen und ist deshalb mindestens vom Grad 2.
Der minimale Grad der Funktion ist also 3.

b) Die Funktion f hat an der Stelle $x = -1$ eine doppelte Nullstelle und an der Stelle $x = 3$ eine einfache Nullstelle.
Ansatz: $f(x) = a \cdot (x+1)^2 \cdot (x-3)$
Mit $f(0) = -1{,}5$ folgt: $f(x) = \frac{1}{2}(x+1)^2 \cdot (x-3)$

4 Ableitungsgraph und Funktionsgraph

a) An der Stelle $x_1 = -4$ hat f' eine Nullstelle mit Vorzeichenwechsel von + nach –. Also hat der Graph von f dort einen Hochpunkt.
An der Stelle $x_2 = 2$ hat f' eine Nullstelle mit Vorzeichenwechsel von – nach +. Also hat der Graph von f dort einen Tiefpunkt.
Weitere Extrempunkte gibt es in $[-5; 3]$ nicht.
An der Stelle $x_3 = -1$ hat der Graph von f' einen Hochpunkt auf der x-Achse. Somit hat der Graph von f dort einen Sattelpunkt.

b) Der Graph hat in etwa folgenden Verlauf:

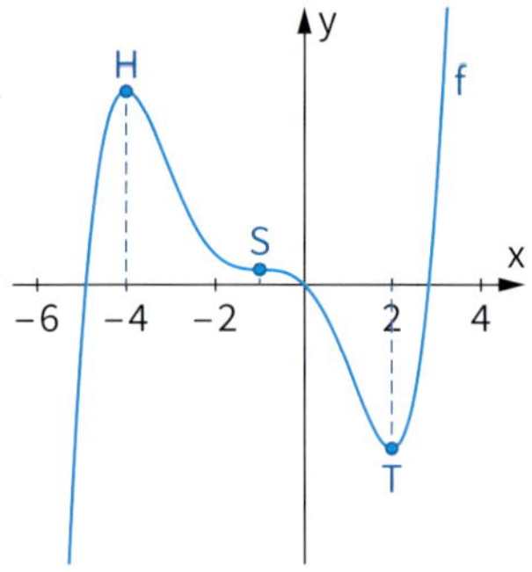

5 Aussagen beurteilen

(1) Die Aussage ist wahr: Für $-4 \le x \le 4$ gilt $f'(x) > 0$.
(2) Die Aussage ist falsch, da $f'(0) = 2{,}5 \neq 0$.
(3) Die Aussage ist falsch, da f für $-4 \le x \le 4$ streng monoton steigend ist.
(4) Die Aussage ist wahr: Im Intervall $[-4; 4]$ gibt es zwei Stellen mit $f'(x) = 1$, also zwei Stellen, an denen die Tangente die Steigung 1 besitzt.
(5) Die Aussage ist wahr: Im Intervall $[-4; 4]$ hat der Graph von f' an dieser Stelle einen Hochpunkt.

6 Funktion mit zusätzlichem Parameter

a) Im Polynom von f dürfen nur ungerade Exponenten von x auftreten. Somit folgt $t = 0$.

b) $f(x) = \frac{1}{2}x \cdot (x^2 + 2t \cdot x + 12)$
Nullstellen von f:
$x_1 = 0;\ x_2 = -t - \sqrt{t^2 - 12};\ x_3 = -t + \sqrt{t^2 - 12}$
f hat genau zwei Nullstellen, falls $t^2 - 12 = 0$, also $t^2 = 12$ gilt.
Daraus folgt: Für $t = -\sqrt{12}$ oder $t = \sqrt{12}$ hat f genau zwei Nullstellen.
In diesem Fall liegt an der Stelle $x_2 = -\sqrt{12}$ bzw. $x_2 = \sqrt{12}$ eine doppelte Nullstelle. Also handelt es sich dabei um eine Extremstelle.

c) $f'(x) = \frac{3}{2}x^2 + 2t \cdot x + 6 = \frac{3}{2} \cdot \left(x^2 + \frac{4}{3}t \cdot x + 4\right)$
Aus $f'(x) = 0$ folgt:
$x_1 = -\frac{2}{3}t - \sqrt{\frac{4}{9}t^2 - 4};\ x_2 = -\frac{2}{3}t + \sqrt{\frac{4}{9}t^2 - 4}$
Der Graph von f hat keine Extrempunkte, falls $\frac{4}{9}t^2 - 4 \le 0$, also $t^2 \le 9$ gilt.
Somit hat der Graph von f für $-3 \le t \le 3$ keine Extrempunkte.
Für $t = -3$ oder $t = 3$ liegt an der Stelle x_1 eine doppelte Nullstelle von f'. In diesem Fall hat der Graph von f dort einen Sattelpunkt.

Lösungen zu Seite 132

7 Flächengrößtes Rechteck

Skizze

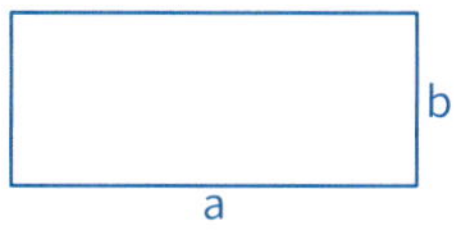

Extremalbedingung
$A = a \cdot b$ maximal

Nebenbedingung
$2a + 2b = 40$; aufgelöst nach b: $b = 20 - a$

Zielfunktion
$A(a) = a \cdot (20 - a) = -a^2 + 20a$

Definitionsbereich
$D = [0; 20]$

Extremstellen
$A'(a) = -2a + 20$
Aus $A'(a) = 0$ folgt $a = 10$.

Randwerte prüfen
$A(10) = 100$
$A(0) = 0;\ A(20) = 0$
An der Stelle $a = 10$ liegt das globale Maximum.

Ergebnis im Sachzusammenhang
$a = 10\,cm;\ b = 10\,cm$ geometrisch möglich ✓
Das Rechteck ist ein Quadrat mit der Seitenlänge 10 cm. Der maximale Flächeninhalt beträgt $100\,cm^2$.

8 **Lineare Gleichungssysteme**

a) $L = \{(1 \mid 2 \mid -1)\}$

b) $L = \{(z+3 \mid z \mid z) \mid z \in \mathbb{R}\}$

c) $L = \{\ \}$

9 **Funktionsterm bestimmen**

Bedingungen

$f(0) = 0 \quad f'(0) = 0 \quad f(2) = 4 \quad f(1) = 0$

Ansatz und Ableitung

$f(x) = a x^3 + b x^2 + c x + d$

$f'(x) = 3 a x^2 + 2 b x + c$

Gleichungssystem

$$\left|\begin{array}{rcl} d &=& 0 \\ c &=& 0 \\ 8a + 4b + 2c + d &=& 4 \\ a + b + c + d &=& 0 \end{array}\right|$$

hat die Lösung $a = 1;\ b = -1;\ c = 0;\ d = 0$

Funktionsgleichung

$f(x) = x^3 - x^2$

erfüllt alle Bedingungen ✓

10 **Funktion mit Parameter**

a) $f(x) = x \cdot (t \cdot x^2 - 3x + 9)$

Ist $\mathbf{t = 0}$, also $f(x) = -3x^2 + 9x$,

so hat f zwei Nullstellen $x_1 = 0;\ x_2 = 3$.

Für $\mathbf{t \neq 0}$ folgt aus $f(x) = 0$:

$x_1 = 0;\ x_{2,3} = \frac{3}{2t} \pm \sqrt{\frac{9}{4t^2} - \frac{9}{t}} = \frac{3 \pm \sqrt{9 - 36t}}{2t}$

- Ist $\mathbf{9 - 36t = 0}$, also $t = \frac{1}{4}$,
  so hat f zwei Nullstellen $x_1 = 0;\ x_2 = 6$.
- Ist $\mathbf{9 - 36t < 0}$, also $t > \frac{1}{4}$,
  so hat f eine Nullstelle $x_1 = 0$.
- Ist $\mathbf{9 - 36t > 0}$, also $t < \frac{1}{4}$,
  so hat f drei Nullstellen $x_1 = 0$;
  $x_{2,3} = \frac{3 \pm \sqrt{9 - 36t}}{2t}$.

b) $f'(x) = 3t \cdot x^2 - 6x + 9;\ f''(x) = 6t \cdot x - 6$

Aus $f''(x) = 0$ folgt: $x = \frac{1}{t}$

Der Graph von f hat also einen Wendepunkt an der Stelle $x = 3$ für $t = \frac{1}{3}$.

11 **Funktion untersuchen**

Nullstellen

Die Funktion f hat die Nullstellen $x_1 \approx -3{,}259$; $x_2 \approx 1{,}347$ und $x_3 \approx 3{,}049$.

Extrempunkte

Aus $f'(x) = 0$ folgt: $x_1 = -\sqrt{6};\ x_2 = 0;\ x_3 = \sqrt{6}$

$f''(x_1) < 0 \qquad f''(x_2) = 0 \qquad f''(x_3) > 0$

Der Graph von f hat an der Stelle $x_1 = -\sqrt{6}$ einen Hochpunkt H und an der Stelle $x_3 = \sqrt{6}$ einen Tiefpunkt T.

Koordinaten gerundet: $H(-\sqrt{6} \mid 7{,}88)$; $T(\sqrt{6} \mid -3{,}88)$

Wendepunkte

Aus $f''(x) = 0$ folgt: $x_1 = -\sqrt{3};\ x_2 = 0;\ x_3 = \sqrt{3}$

$f'''(x_1) > 0 \qquad f'''(x_2) < 0 \qquad f'''(x_3) > 0$

Der Graph von f hat an den Stellen $x_1 = -\sqrt{3}$ und $x_3 = \sqrt{3}$ Wendepunkte W_1 und W_2 und an der Stelle $x_2 = 0$ einen Sattelpunkt S.

Koordinaten gerundet:

$W_1(-\sqrt{3} \mid 5{,}64)$; $W_2(\sqrt{3} \mid -1{,}64)$; $S(0 \mid 2)$

12 **Pegelstand des Rheins**

a)

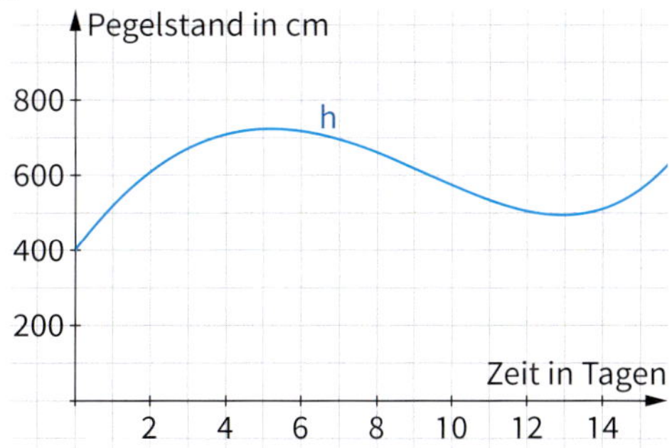

Definitionsbereich von h: $D = [0;\ 14]$

Der Pegelstand stieg bis etwa zum 6. Juni an. Danach nahm er bis etwa zum 13. Juni ab und stiegt dann wieder an.

b) Aus $h'(t) = 0$ folgt:

$t_1 \approx -17{,}43 \notin D;\ t_2 \approx 5{,}20;\ t_3 \approx 12{,}95$

$h''(t_2) < 0;\ h''(t_3) > 0$

Also hat der Graph von h an der Stelle t_2 einen Hochpunkt und an der Stelle t_3 einen Tiefpunkt.

Funktionswerte: $h(t_2) \approx 724{,}54;\ h(t_3) \approx 494{,}99$

Randwerte: $h(0) = 401;\ h(14) = 511{,}32$

Der höchste Pegelstand lag bei ca. 7,25 m; der tiefste Pegelstand bei 4,01 m.

c) Die Gleichung $h(t) = 650$ hat die Lösungen

$t_1 \approx 2{,}61;\ t_2 \approx 8{,}29;\ t_3 \approx 15{,}91 \notin D$.

Der Pegelstand war höher als 6,50 m im Zeitintervall $[2{,}61;\ 8{,}29]$, also etwa zwischen dem 3. Juni und dem 9. Juni.

d) Nach diesem Modell gilt:
$h(20) = 1719$
Das entspricht nicht dem tatsächlichen Pegelstand von 409 cm.
In diesem Modell steigen die Pegelstände ab $t \approx 12{,}9$ wieder. Damit ist das Modell ab diesem Zeitpunkt nicht zur Beschreibung der Pegelstände geeignet.

13 Wasser in einem Staubecken

Definitionsbereich von g: $D = [0; 12]$

a) Gesucht ist das Minimum von g.
$g'(t) = \frac{3}{4}t^2 - \frac{11}{2}t - 4$
Aus $g'(t) = 0$ folgt: $t_1 = -\frac{2}{3} \notin D$; $t_2 = 8$
$g''(t) = \frac{3}{2}t - \frac{11}{2}$; $g''(8) = \frac{13}{2} > 0$
Also: Tiefpunkt an der Stelle $t_2 = 8$
Die momentane Änderungsrate erreicht ihren tiefsten Wert nach 8 Monaten. Zu diesem Zeitpunkt sinkt die Wassermenge am schnellsten.

b) Die Wassermenge nimmt zu, solange die momentane Änderungsrate positiv ist.
Aus $g(t) = 0$ folgt: $t_1 = -4 \notin D$; $t_2 = 4$; $t_3 = 11$
Die Wassermenge nimmt zwischen 0 und 4 Monaten und nach 11 Monaten zu.

Im Definitionsbereich von g gibt es keine weiteren Extremstellen.
Randwerte: $g(0) = 44$; $g(12) = 32$
Die Wassermenge nimmt am stärksten beim Beobachtungsbeginn zu.

Lösungen zu Seite 133

14 Volumen eines Pakets

Skizze

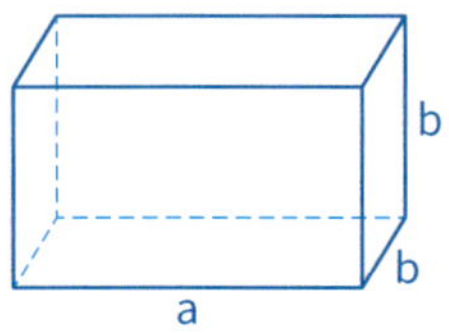

Extremalbedingung
$V = a \cdot b^2$ maximal
Nebenbedingung
$a + 4b = 360$; nach a auflösen: $a = 360 - 4b$
Zielfunktion
$V(b) = (360 - 4b) \cdot b^2 = -4b^3 + 360b^2$
Definitionsbereich
Aus der Bedingung $0 \le a \le 200$ folgt $40 \le b \le 90$ und damit $D = [40; 90]$.
Extremstellen
$V'(b) = -12b^2 + 720b = -12b \cdot (b - 60)$
Aus $V'(b) = 0$ folgt $b = 0$ oder $b = 60$. Wegen $b \ge 40$ kommt nur $b = 60$ als Lösung infrage.
Randwerte prüfen
$V(60) = 432\,000$
$V(40) = 320\,000$; $V(90) = 0$
An der Stelle $b = 60$ liegt das globale Maximum.
Ergebnis im Sachzusammenhang
$b = 60\,cm$; $a = 120\,cm$ geometrisch möglich ✓
Das Paket mit dem größten Volumen hat die Länge 120 cm, die Breite 60 cm und die Höhe 60 cm.
Das Volumen beträgt $432\,000\,cm^3$ bzw. $0{,}432\,m^3$.

15 Funktion dritten Grades bestimmen

Bedingungen
$f(-1) = 0$ $f''(-2) = 0$ $f'(-2) = 3$ $f(-2) = -3{,}5$
Ansatz und Ableitungen
$f(x) = ax^3 + bx^2 + cx + d$
$f'(x) = 3ax^2 + 2bx + c$
$f''(x) = 6ax + 2b$
Gleichungssystem
$$\left| \begin{array}{rcl} -a + b - c + d &=& 0 \\ -12a + 2b &=& 0 \\ 12a - 4b + c &=& 3 \\ -8a + 4b - 2c + d &=& -3{,}5 \end{array} \right|$$
hat die Lösung $a = 0{,}5$; $b = 3$; $c = 9$; $d = 6{,}5$
Funktionsgleichung
$f(x) = 0{,}5x^3 + 3x^2 + 9x + 6{,}5$
erfüllt alle Bedingungen ✓

16 Funktion vierten Grades bestimmen

Bedingungen
f hat nur gerade Exponenten
$f(0) = 2$ $f(2) = 0$ $f'(2) = 2$
Ansatz und Ableitung
$f(x) = ax^4 + bx^2 + c$
$f'(x) = 4ax^3 + 2bx$
Gleichungssystem
$$\left| \begin{array}{rcl} c &=& 2 \\ 16a + 4b + c &=& 0 \\ 32a + 4b &=& 2 \end{array} \right|$$
hat die Lösung $a = \frac{1}{4}$; $b = -\frac{3}{2}$; $c = 2$
Funktionsgleichung
$f(x) = \frac{1}{4}x^4 - \frac{3}{2}x^2 + 2$
erfüllt alle Bedingungen ✓

17 **Verlauf einer Krankheit**

a) Zu Beginn sind keine Personen erkrankt. Die Anzahl der Erkrankten steigt bis zum 5. Tag an, wobei der Anstieg am 2. Tag am stärksten ist. Nach dem 5. Tag mit der Maximalzahl von ca. 640 Erkrankten nimmt die Anzahl der Erkrankten erst langsam und dann immer stärker ab, bis am 8. Tag wieder keine Personen erkrankt sind.

b) **Bedingungen**

$f(0) = 0 \quad f(1) = 125 \quad f''(2) = 0 \quad f'(5) = 0 \quad f(8) = 0$

Ansatz und Ableitungen

$f(x) = a x^4 + b x^3 + c x^2 + d x + e$

$f'(x) = 4 a x^3 + 3 b x^2 + 2 c x + d$

$f''(x) = 12 a x^2 + 6 b x + 2 c$

Gleichungssystem

$$\left|\begin{array}{rrrrl} & & & & e = 0 \\ a + & b + & c + & d + & e = 125 \\ 48a + & 12b + & 2c & & = 0 \\ 500a + & 75b + & 10c + & d & = 0 \\ 4096a + & 512b + & 64c + & 8d + & e = 0 \end{array}\right|$$

hat die Lösung

$a = \frac{125}{917};\ b = -\frac{7500}{917};\ c = \frac{6000}{131};\ d = \frac{80000}{917};\ e = 0$

Funktionsgleichung

$f(x) = \frac{125}{917}x^4 - \frac{7500}{917}x^3 + \frac{6000}{131}x^2 + \frac{80000}{917}x$

erfüllt alle Bedingungen ✓

c) $f(5) \approx 644{,}1$

Es waren maximal ca. 644 Personen erkrankt.

18 **Achterbahn**

a) Die zweite Nullstelle von f liegt an der Stelle $x \approx 12$. Ab 21 Uhr gilt also $f(x) \le 0$ und die Modellierung der Warteschlange mit der Funktion ist nicht mehr möglich.

b) $f(4) \approx 31{,}76$

Um 13 Uhr standen 32 Personen in der Warteschlange.

c) Gesucht ist das Maximum von f.

Aus $f'(x) = 0$ folgt: $x_1 \approx 1{,}8;\ x_2 \approx 5{,}3;\ x_3 \approx 9{,}9$

$f''(x_1) < 0;\ f''(x_3) < 0$

Also hat der Graph von f an diesen Stellen Hochpunkte.

Funktionswerte: $f(x_1) \approx 55{,}4;\ f(x_3) \approx 95{,}2$

Etwa um 19 Uhr war die Warteschlange mit 95 Personen am längsten.

Abbau der Warteschlange bis zu Adrians Position: $\frac{95}{30} \approx 3{,}17$ Fahrten

Bei der vierten Fahrt kann Adrian mit einsteigen, d.h., er muss $3 \cdot 15 = 45$ Minuten warten.

d) Die Gleichung $f(x) = 30$ hat die Lösungen $x_1 \approx 0{,}52;\ x_2 \approx 4{,}15;\ x_3 \approx 6{,}30$ und $x_4 \approx 11{,}67$.

Die Gleichung $f(x) = 60$ hat die Lösungen $x_1 \approx 7{,}83$ und $x_2 \approx 11{,}25$.

Ab 9 Uhr zeigt die Ampel für ca. eine halbe Stunde Grün, danach bis 13:09 Uhr Gelb. Zwischen 13:09 Uhr und 15:18 Uhr zeigt die Ampel wieder Grün. Um 15:18 Uhr schaltet sie auf Gelb und um 16:50 Uhr auf Rot. Um 20:15 Uhr zeigt sie wieder Gelb und um 20:40 Uhr Grün.

e) Die Gleichung $f'(x) = 10$ hat die Lösungen $x_1 \approx 1{,}43;\ x_2 \approx 6{,}07$ und $x_3 \approx 9{,}47$.

Um 10:26 Uhr, 15:04 Uhr und 18:28 Uhr verändert sich die Länge der Warteschlange um 10 Personen pro Stunde.

f) Gesucht ist zunächst die Wendestelle von f mit positiver Steigung.

Aus $f''(x) = 0$ folgt: $x_1 \approx 3{,}33;\ x_2 \approx 7{,}99$

Dem Graphen von f′ entnimmt man, dass nur an der Stelle x_2 eine positive Steigung vorliegt.

$f'(x_2) \approx 24{,}18$

Nun muss man noch prüfen, ob die erste Ableitung f′ ein Randmaximum hat. Hierfür kommt nur die Stelle $x = 0$ infrage.

$f'(0) = 72{,}5 > f'(x_2)$

Die Länge der Warteschlange nimmt also bei der Öffnungszeit um 9 Uhr am stärksten zu.

4 Eponentialfunktionen

Lösungen zu Seite 138

4 a) Anfangswert: $a = 4$
Wachstumsfaktor: $b = 3$
Funktionsgleichung: $f(x) = 4 \cdot 3^x$; x in Wochen
$f(5) = 4 \cdot 3^5 = 972$
Nach 5 Wochen beträgt die Fläche 972 m^2.
Verdopplungszeit:
$4 \cdot 3^x = 2 \cdot 4$; also $3^x = 2$ und damit $x \approx 0{,}63$.
Nach ca. 0,63 Wochen, also 4,4 Tagen, verdoppelt sich die Fläche des Algenteppichs.

b) Anfangswert: $a = 23\,000$
Wachstumsfaktor: $b = 0{,}8$
Funktionsgleichung:
$f(x) = 23\,000 \cdot 0{,}8^x$; x in Jahren
$f(5) = 23\,000 \cdot 0{,}8^5 = 7536{,}64$
Nach 5 Jahren ist der Pkw ca. 7537 € wert.
Halbwertszeit:
$23\,000 \cdot 0{,}8^x = 0{,}5 \cdot 23\,000$; also $0{,}8^x = 0{,}5$ und damit $x \approx 3{,}11$.
Nach etwas über 3 Jahren ist der Pkw nur noch die Hälfte seines Kaufpreises wert.

Lösungen zu Seite 139

9 Anfangswert: $a = 10$
Gleichung für Halbwertszeit:
$10 \cdot b^8 = 0{,}5 \cdot 10$; also $b = \sqrt[8]{0{,}5} \approx 0{,}917$
Damit erhält man:
$f(x) \approx 10 \cdot 0{,}917^x$; x in Jahren, f(x) in mg

Lösungen zu Seite 141

15 (1) $D = \mathbb{R}$; $W =]0; \infty[$
Für $x \to -\infty$ gilt $f(x) \to 0$.
Der Graph von f schmiegt sich dem negativen Teil der x-Achse von oben an.
Er verläuft durch die Punkte $(0|3)$ und $(1|6)$.

(2) $D = \mathbb{R}$; $W =]0; \infty[$
Für $x \to \infty$ gilt $f(x) \to 0$.
Der Graph von g schmiegt sich dem positiven Teil der x-Achse von oben an.
Er verläuft durch die Punkte $(0|3)$ und $\left(1\middle|\frac{3}{2}\right)$.

Der Graph von g geht aus dem Graphen von f durch Spiegelung an der y-Achse hervor.

Graphen:

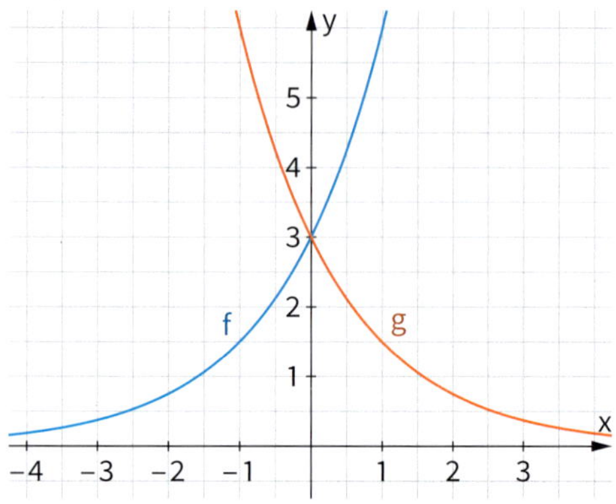

16 a) $g(x) = 2{,}5 \cdot 3^x$
b) $g(x) = 6^x - 4$
c) $g(x) = 0{,}5^{x+3}$
d) $g(x) = 4^{0{,}5 \cdot x} = 2^x$
e) $g(x) = 1{,}8 \cdot \left(\frac{5}{2}\right)^x$

17 Ansatz: $f(x) = a \cdot b^x$
a) $P(0|2{,}1)$; also $2{,}1 = a \cdot b^0$ und damit $a = 2{,}1$
$Q(1|0{,}7)$; also $0{,}7 = a \cdot b^1$ und damit $b = \frac{0{,}7}{2{,}1} = \frac{1}{3}$
Die Funktionsgleichung lautet:
$f(x) = 2{,}1 \cdot \left(\frac{1}{3}\right)^x$

b) $P\left(1\middle|\frac{3}{2}\right)$; also $\frac{3}{2} = a \cdot b^1$
$Q\left(3\middle|\frac{27}{8}\right)$; also $\frac{27}{8} = a \cdot b^3$
Division liefert: $b^2 = \frac{9}{4}$; also $b = \sqrt{\frac{9}{4}} = \frac{3}{2}$
Damit folgt $a = 1$.
Die Funktionsgleichung lautet:
$f(x) = \left(\frac{3}{2}\right)^x$

Lösungen zu Seite 145

9 a) $f'(x) = e^x$
b) $f(0) = e^0 - 2 = 1 - 2 = -1$ $\quad f'(0) = 1$
c) $f'(1) = e$; $f(1) = e - 2$
Gleichung der Tangente an der Stelle 1:
$y = e \cdot (x - 1) + (e - 2) = e \cdot x - 2$
d)

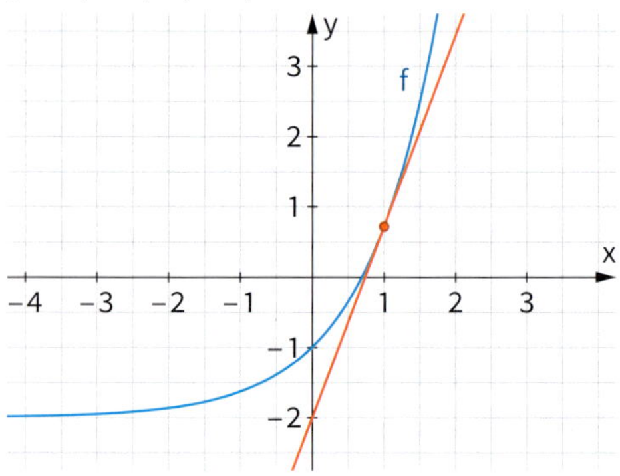

Lösungen zu Seite 147

10 a) $f'(x) = 1{,}5 \cdot e^{1{,}5x}$ $\qquad g'(x) = 3 \cdot \left(-\frac{1}{3}\right) \cdot e^{-\frac{1}{3}x} = -e^{-\frac{1}{3}x}$

b) Der Graph von f′ geht aus dem Graphen von f durch Strecken mit dem Faktor 1,5 in y-Richtung hervor.

f	f′
$D = \mathbb{R}$	$D = \mathbb{R}$
$W =]0; \infty[$	$W =]0; \infty[$
überall streng monoton wachsend	überall streng monoton wachsend
Für $x \to -\infty$ gilt $f(x) \to 0$; für $x \to \infty$ gilt $f(x) \to \infty$	Für $x \to -\infty$ gilt $f'(x) \to 0$; für $x \to \infty$ gilt $f'(x) \to \infty$
Achsenschnittpunkte: $S_y(0\,|\,1)$	Achsenschnittpunkte: $S_y(0\,|\,1{,}5)$

Der Graph von g′ geht aus dem Graphen von g durch Strecken mit dem Faktor $\frac{1}{3}$ in y-Richtung und Spiegelung an der x-Achse hervor.

g	g′
$D = \mathbb{R}$	$D = \mathbb{R}$
$W =]0; \infty[$	$W =]-\infty; 0[$
überall streng monoton fallend	überall streng monoton wachsend
Für $x \to -\infty$ gilt $g(x) \to \infty$; für $x \to \infty$ gilt $g(x) \to 0$	Für $x \to -\infty$ gilt $g'(x) \to -\infty$; für $x \to \infty$ gilt $g'(x) \to 0$
Achsenschnittpunkte: $S_y(0\,|\,3)$	Achsenschnittpunkte: $S_y(0\,|\,-1)$

c) $f'(0) = 1{,}5$; $f(0) = 1$
Gleichung der Tangente an der Stelle 0:
$y = 1{,}5 \cdot (x - 0) + 1 = 1{,}5x + 1$
$g'(0) = -1$; $g(0) = 3$
Gleichung der Tangente an der Stelle 0:
$y = -1 \cdot (x - 0) + 3 = -x + 3$

Lösungen zu Seite 149

4 a) $f(t) = 38\,000 \cdot 0{,}85^t$
$= 38\,000 \cdot e^{\ln(0{,}85) \cdot t} \approx 38\,000 \cdot e^{-0{,}1625 \cdot t}$

Halbwertszeit bestimmen:
$e^{\ln(0{,}85) \cdot t_H} = 0{,}5$; also $\ln(0{,}85) \cdot t_H = \ln(0{,}5)$
$t_H = \frac{\ln(0{,}5)}{\ln(0{,}85)} \approx 4{,}27$
Nach etwas über 4 Jahren ist das Auto nur noch die Hälfte seines Kaufpreises wert.

b) $f(t) = 5 \cdot 1{,}28^t = 5 \cdot e^{\ln(1{,}28) \cdot t} \approx 5 \cdot e^{0{,}2469 \cdot t}$
Zeitpunkt bestimmen:
$5 \cdot e^{\ln(1{,}28) \cdot t} = 30$; also $\ln(1{,}28) \cdot t = \ln(6)$
$t = \frac{\ln(6)}{\ln(1{,}28)} \approx 7{,}26$
Nach etwas über 7 Jahren wären 30 Hektar des Waldes von Schädlingen befallen.

Lösungen zu Seite 150

8 a) $120 \cdot e^{k \cdot 5} = 380$; also $e^{k \cdot 5} = \frac{19}{6}$
$k = \frac{\ln\left(\frac{19}{6}\right)}{5} \approx 0{,}23$
Die Funktionsgleichung lautet:
$f(t) \approx 120 \cdot e^{0{,}23 \cdot t}$; t in Tagen
Verdopplungszeit bestimmen:
$e^{0{,}23 \cdot t_V} = 2$; also $0{,}23 \cdot t_V = \ln(2)$
$t_H = \frac{\ln(2)}{0{,}23} \approx 3{,}00$
Der Bestand verdoppelt sich etwa alle 3 Tage.

b) $e^{k \cdot 3{,}5} = 0{,}5$; also $k = \frac{\ln(0{,}5)}{3{,}5} \approx -0{,}198$
Die Funktionsgleichung lautet:
$f(t) \approx 12 \cdot e^{-0{,}198 \cdot t}$; t in Stunden

Lösungen zu Seite 153

5 a) $f'(x) = 3 \cdot e^x + 3x \cdot e^x = (3 + 3x) \cdot e^x$
b) $f'(x) = 4 \cdot \sin(x) + (4x + 2) \cdot \cos(x)$
c) $f'(x) = 2x \cdot e^{-2x} + x^2 \cdot (-2) \cdot e^{-2x} = (2x - 2x^2) \cdot e^{-2x}$
d) $f'(x) = -\sin(x) \cdot \sin(x) + \cos(x) \cdot \cos(x)$
$= \cos^2(x) - \sin^2(x)$

6 a) $f'(x) = 3 \cdot e^x + (3x + 5) \cdot e^x = (3x + 8) \cdot e^x$
$f''(x) = 3 \cdot e^x + (3x + 8) \cdot e^x = (3x + 11) \cdot e^x$
b) $f'(x) = 2x \cdot e^{-x} + (x^2 + 1) \cdot (-1) \cdot e^{-x}$
$= (-x^2 + 2x - 1) \cdot e^{-x}$
$f''(x) = (-2x + 2) \cdot e^{-x} + (-x^2 + 2x - 1) \cdot (-1) \cdot e^{-x}$
$= (x^2 - 4x + 3) \cdot e^{-x}$

Lösungen zu Seite 155

14 a) $f'(x) = (3x - 5) \cdot e^{-x}$
$f''(x) = (-3x + 8) \cdot e^{-x}$
Aus $f'(x) = 0$ folgt: $x = \frac{5}{3}$
$f''\left(\frac{5}{3}\right) > 0$
Der Graph von f hat den Tiefpunkt $T\left(\frac{5}{3}\,\middle|\,-3e^{-\frac{5}{3}}\right)$.
b) $f'(x) = (x^2 + 2x - 15) \cdot e^x$
$f''(x) = (x^2 + 4x - 13) \cdot e^x$
Aus $f'(x) = 0$ folgt: $x_1 = -5$; $x_2 = 3$
$f''(3) = (9 + 12 - 13) \cdot e^3 = 8e^3 > 0$; also hat der Graph von f an der Stelle 3 einen Tiefpunkt.

15 a) Beispiellösung:
Beide Funktionen haben $x = 0$ als einzige Nullstelle. $x = 0$ ist einfache Nullstelle von f, aber doppelte Nullstelle von g. Somit gehört Graph (1) zu g und Graph (2) zu f.

Hinweis: Andere Argumente sind möglich, z. B. mithilfe des Globalverlaufs.

b) Hochpunkt des Graphen von g:
$g'(x) = (10x^2 + 20x) \cdot e^x$
$g''(x) = (10x^2 + 40x + 20) \cdot e^x$
Aus $g'(x) = 0$ folgt: $x_1 = -2$; $x_2 = 0$
$g''(-2) = -20 \cdot e^{-2} < 0$
Also: Hochpunkt $H(-2 \mid 40 \cdot e^{-2})$
Wendepunkt des Graphen von f:
$f'(x) = (-20x - 20) \cdot e^x$
$f''(x) = (-20x - 40) \cdot e^x$
Aus $f''(x) = 0$ folgt $x = -2$; dies ist Nullstelle von f'' mit Vorzeichenwechsel.
Also: Wendepunkt $W(-2 \mid 40 \cdot e^{-2})$
Der Hochpunkt des Graphen von g und der Wendepunkt des Graphen von f fallen zusammen.

Wiederholen für die Klausur

Lösungen zu Seite 159

1 e-Funktion ableiten

a) $f'(x) = 4 \cdot \left(-\frac{3}{4}\right) \cdot e^{2-\frac{3}{4}x} = -3 \cdot e^{2-\frac{3}{4}x}$

b) $f'(x) = 2x \cdot e^{1-2x} + (x^2 + 3) \cdot (-2) \cdot e^{1-2x}$
$= (-2x^2 + 2x - 6) \cdot e^{1-2x}$

c) $f'(x) = -2e^{-2x} + \sqrt{5}$

d) $f'(x) = -2 \cdot 2 \cdot e^{2x+1} = -4 \cdot e^{2x+1}$

2 Graphen zuordnen

f	B	f hat an der Stelle 0 eine einfache Nullstelle mit Vorzeichenwechsel. Für $x \to \infty$ gilt $f(x) \to \infty$; für $x \to -\infty$ gilt $f(x) \to 0$.
g	D	g hat an der Stelle 0 eine doppelte Nullstelle ohne Vorzeichenwechsel. Für $x \to \infty$ gilt $g(x) \to \infty$; für $x \to -\infty$ gilt $g(x) \to 0$.
h	C	h hat an der Stelle 0 eine einfache Nullstelle mit Vorzeichenwechsel. Für $x \to \infty$ gilt $h(x) \to 0$; für $x \to -\infty$ gilt $h(x) \to -\infty$.
k	A	k hat an der Stelle 0 eine doppelte Nullstelle ohne Vorzeichenwechsel. Für $x \to \infty$ gilt $k(x) \to 0$; für $x \to -\infty$ gilt $k(x) \to \infty$.

3 e-Funktionen vergleichen

a)

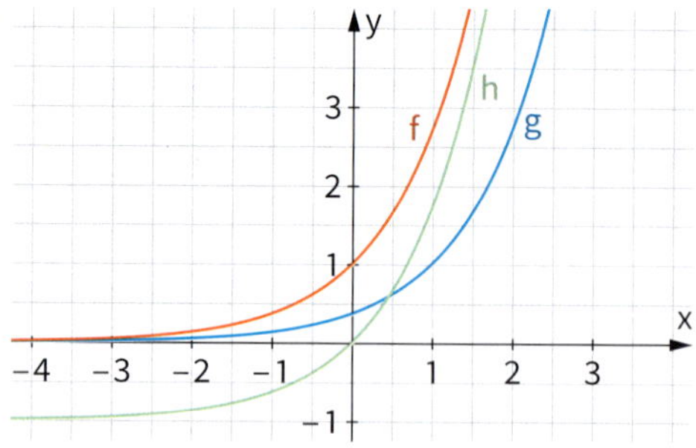

Der Graph g geht aus dem Graphen f durch Verschieben um eine Einheit nach rechts hervor.
Der Graph h geht aus dem Graphen f durch Verschieben um eine Einheit nach unten hervor.

b) Aus $g(x) = h(x)$ folgt $e^{x-1} - e^x = -1$;
also $e^{x-1} \cdot (1 - e) = -1$ und damit $e^{x-1} = \frac{1}{e-1}$.
Daraus erhält man:
$x - 1 = \ln\left(\frac{1}{e-1}\right)$; also $x = 1 + \ln\left(\frac{1}{e-1}\right)$

4 Tierpopulation

a) Ansatz: $f(t) = a \cdot e^{k \cdot t}$
$f(0) = 800$; also $a = 800$
$f(10) = 2500$; also $2500 = 800 \cdot e^{k \cdot 10}$ und damit
$e^{k \cdot 10} = \frac{25}{8}$ bzw. $k = \frac{1}{10} \cdot \ln\left(\frac{25}{8}\right) \approx 0{,}1139$
Somit erhält man die Funktionsgleichung:
$f(t) \approx 800 \cdot e^{0{,}1139t}$; t in Jahren

b) Prozentuale Wachstumsrate:
$\frac{f(t+1)}{f(t)} = \frac{800 \cdot e^{0{,}1139 \cdot (t+1)}}{800 \cdot e^{0{,}1139t}} = e^{0{,}1139} \approx 1{,}12 = 112\,\%$
Das jährliche Wachstum beträgt 12 %.
Verdopplungszeit: $t_V \approx \frac{\ln(2)}{0{,}1139} \approx 6{,}08$
Die Verdopplungszeit beträgt etwa 6 Jahre.

5 Alter von Whisky

Parameter k bestimmen: $k = \frac{\ln(0{,}5)}{12{,}3} \approx -0{,}0564$
Damit erhält man als Funktionsgleichung:
$f(t) \approx a \cdot e^{-0{,}0564t}$; t in Jahren
Der Whisky weist nur noch 30 % des ursprünglichen Tritiumgehaltes auf, also gilt: $\frac{f(t)}{a} = 30\,\% = 0{,}3$
Daraus folgt $e^{-0{,}0564t} = 0{,}3$; also $t \approx 21{,}36$.
Der Whisky ist etwa 21 Jahre alt.

6 e-Funktion untersuchen

a) Nullstellen: Aus $f(x) = 0$ folgt: $x = 4$

Extremstellen: $f'(x) = \left(\frac{3}{2} - \frac{1}{2}x\right) \cdot e^x$

Aus $f'(x) = 0$ folgt: $x = 3$

Dies ist eine einfache Nullstelle von f′ mit Vorzeichenwechsel. Also ist $x = 3$ eine Extremstelle von f.

b) Die Gleichung $f'(x) = \frac{3}{2}$ hat die Lösungen $x_1 = 0$; $x_2 \approx 2{,}82$.

$f(0) = 2$ $\quad f(2{,}82) \approx 9{,}90$

$g(0) = 2$ $\quad g(2{,}82) \approx 6{,}23$

Da $f(2{,}82)$ und $g(2{,}82)$ nicht übereinstimmen, scheidet diese Stelle für den Berührpunkt aus. Somit ist $B(0\,|\,2)$.

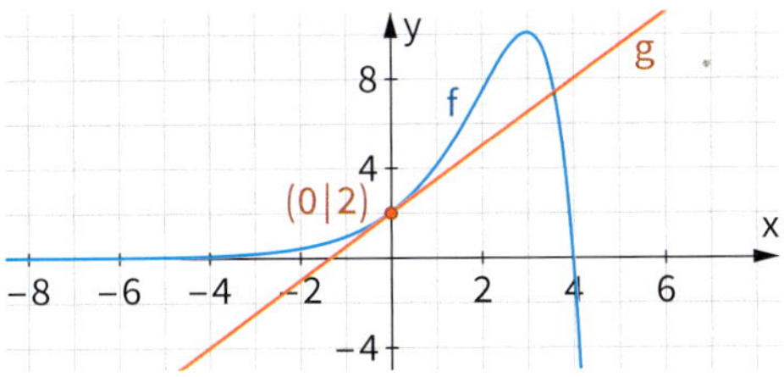

5 Trigonometrische Funktionen

Lösungen zu Seite 163

4 a) 0,8704 b) 0,8231 c) −0,2672 d) −0,9033
e) 0,3875 f) −0,0332 g) −0,8918 h) 0,1478

Lösungen zu Seite 163

8 a) $x = \frac{5}{18}\pi \approx 0{,}873$ b) $x = \frac{2}{3}\pi \approx 2{,}094$
c) $x = \frac{25}{18}\pi \approx 4{,}363$ d) $\alpha = 90°$
e) $\alpha = 240°$ f) $\alpha = -270°$

Lösungen zu Seite 165

19

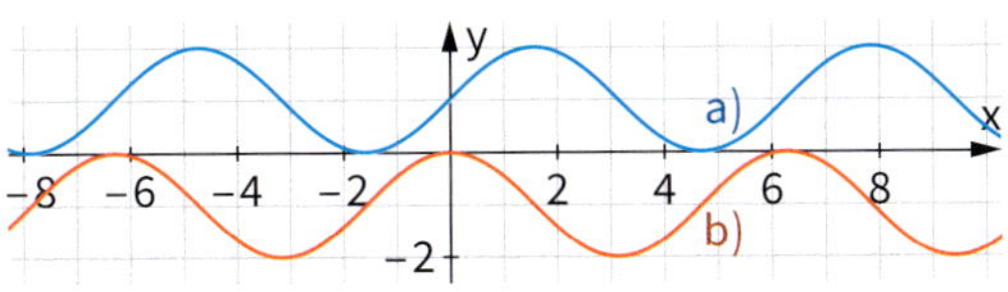

20

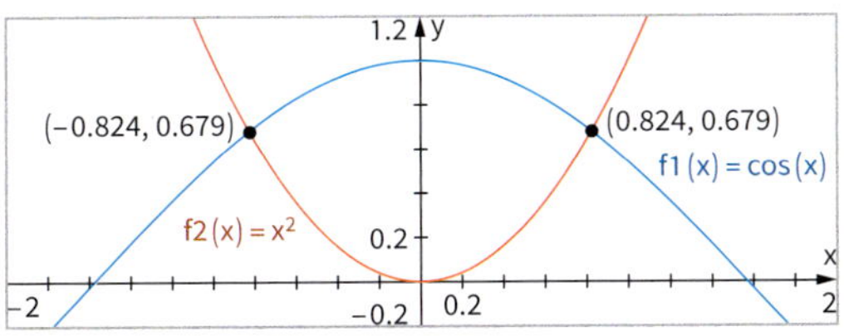

Lösungen zu Seite 167

5 a) Strecken mit dem Faktor $\frac{1}{3}$ in y-Richtung,
dann Strecken mit dem Faktor $\frac{1}{2}$ in x-Richtung,
dann Verschieben um eine Einheit nach rechts,
dann Verschieben um 4 Einheiten nach oben

b) Strecken mit dem Faktor 2 in y-Richtung und Spiegeln an der x-Achse,
dann Strecken mit dem Faktor $\frac{2}{\pi}$ in x-Richtung,
dann Verschieben um 2 Einheiten nach links,
dann Verschieben um 2 Einheiten nach unten

c) $f(x) = \sin\left(2x + \frac{\pi}{4}\right) = \sin\left(2 \cdot \left(x + \frac{\pi}{8}\right)\right)$
Strecken mit dem Faktor $\frac{1}{2}$ in x-Richtung,
dann Verschieben um $\frac{\pi}{8}$ Einheiten nach links

Lösungen zu Seite 168

7 a)
- $y_{min} = -1$; $y_{max} = 1$; also $d = 0$; $a = 1$
- $p = 2$; also $b = \pi$
- $c = 1$

Damit erhält man: $f(x) = \sin(\pi \cdot (x - 1))$

b)
- $y_{min} = -1{,}5$; $y_{max} = -0{,}5$; also $d = -1$; $a = 0{,}5$
- $\frac{p}{2} = 5$; also $b = \frac{\pi}{5}$
- $c = 2{,}5 + 5 = 7{,}5$

Damit erhält man: $f(x) = 0{,}5 \cdot \sin\left(\frac{\pi}{5} \cdot (x - 7{,}5)\right) - 1$

Lösungen zu Seite 171

4 a) $f'(x) = -\sin(x) - 6x$ b) $f'(x) = \cos(x) + \sin(x)$
c) $f'(x) = \sin(x) + 1$

5

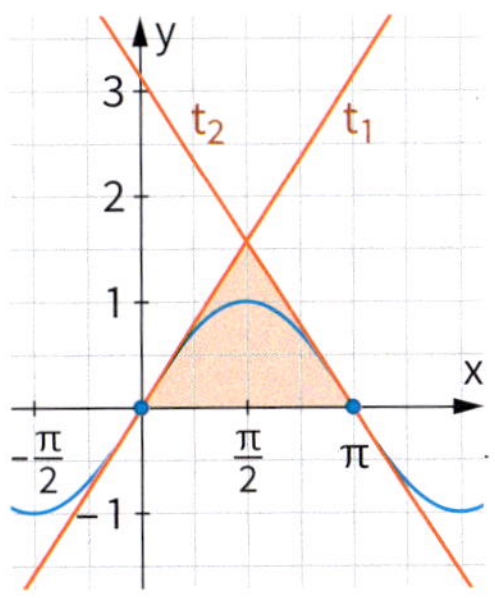

$f(x) = \sin(x)$; $f'(x) = \cos(x)$

$f'(0) = 1$; $f(0) = 0$

Tangente an der Stelle 0:
$t_1(x) = 1 \cdot (x - 0) + 0 = x$

$f'(\pi) = -1$; $f(\pi) = 0$

Tangente an der Stelle π:
$t_2(x) = (-1) \cdot (x - \pi) + 0$
$= -x + \pi$

Schnittstelle mit der x-Achse:
Tangente t_1: $x_1 = 0$ Tangente t_2: $x_2 = \pi$

Schnittpunkt der Tangenten:
Aus $x = -x + \pi$ folgt: $x = \frac{\pi}{2}$

Damit erhält man den Schnittpunkt $S\left(\frac{\pi}{2}\,\middle|\,\frac{\pi}{2}\right)$.

Flächeninhalt des Dreiecks:
$A = \frac{1}{2} \cdot \pi \cdot \frac{\pi}{2} = \frac{\pi^2}{4} \approx 2{,}4674$

Wiederholen für die Klausur

Lösungen zu Seite 159

1 Gradmaß und Bogenmaß

α	180°	360°	36°	22,5°	18°	1°
x	π	2π	$\frac{\pi}{5}$	$\frac{\pi}{8}$	$\frac{\pi}{10}$	$\frac{\pi}{180}$
x	3,142	6,283	0,628	0,393	0,314	0,017

α	84°	$\frac{180°}{\pi} \approx 57{,}3°$	20°	3600°	270°
x	$\frac{7\pi}{15}$	1	$\frac{\pi}{9}$	20π	$\frac{3}{2}\pi$
x	1,466	1	0,349	62,832	4,712

2 Graphen von Sinusfunktionen zuordnen

A – (4) In der ersten Abbildung ist der Funktionsgraph von $f(x) = \sin(2 \cdot x)$ dargestellt, da der Graph der Sinusfunktion hier um den Faktor 2 in x-Richtung gestaucht ist.

B – (2) In der zweiten Abbildung ist der Funktionsgraph von $f(x) = \sin(x + 2)$ dargestellt, da der Graph der Sinusfunktion hier um zwei Einheiten nach links verschoben ist.

C – (1) In der dritten Abbildung ist der Funktionsgraph von $f(x) = \sin(x) + 2$ dargestellt, da der Graph der Sinusfunktion hier um 2 Einheiten nach oben verschoben ist.

D – (3) In der vierten Abbildung ist der Funktionsgraph von $f(x) = 2 \cdot \sin(x)$ dargestellt, da der Graph der Sinusfunktion hier um den Faktor 2 in y-Richtung gestreckt ist.

3 Funktionen bestimmen

$f(x) = 3 \cdot \sin(2 \cdot (x - 5)) - 7$

4 Allgemeine Sinusfunktion

a) Strecken mit dem Faktor 3 in y-Richtung,
dann Strecken mit dem Faktor $\frac{1}{4}$ in x-Richtung,
dann Verschieben um π Einheit nach links

b) Strecken mit dem Faktor 0,5 in y-Richtung und Spiegeln an der x-Achse,
dann Strecken mit dem Faktor 3 in x-Richtung,
dann Verschieben um 2 Einheiten nach unten

c) $f(x) = \sin(4x - \pi) = \sin\left(4 \cdot \left(x - \frac{\pi}{4}\right)\right)$
Strecken mit dem Faktor $\frac{1}{4}$ in x-Richtung,
dann Verschieben um $\frac{\pi}{4}$ Einheiten nach rechts

5 Ableitung einer Sinusfunktion

a) Der Graph von f geht aus der Sinuskurve durch Strecken mit dem Faktor $\frac{1}{2}$ in x-Richtung hervor.

b) Graphen betrachten:

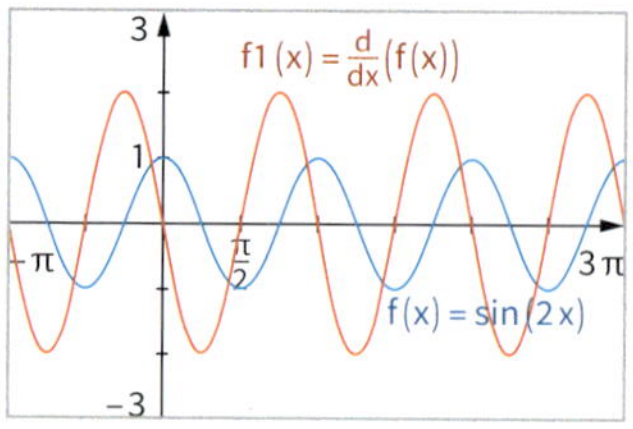

Vermutung: $f'(x) = 2 \cdot \cos(2x)$
Begründung:
Die Ableitung der Sinusfunktion ist die Kosinusfunktion. Da der Graph von f eine x-Richtung gestreckte Sinuskurve ist, ändern sich die Steigungsdreiecke für die Sekantensteigungen wie folgt: Durch den Faktor $\frac{1}{2}$ ist die Kathete in x-Richtung nur noch halb so lang, die Kathete in y-Richtung bleibt aber gleich. Daher verdoppeln sich die Sekantensteigungen, weshalb bei der Ableitung ein Faktor 2 hinzukommen muss.

6 Ableitung einer Kosinusfunktion

a) siehe Teilaufgabe c)

b) $f'(x) = (-1) \cdot (-\sin(x)) = \sin(x)$

c)

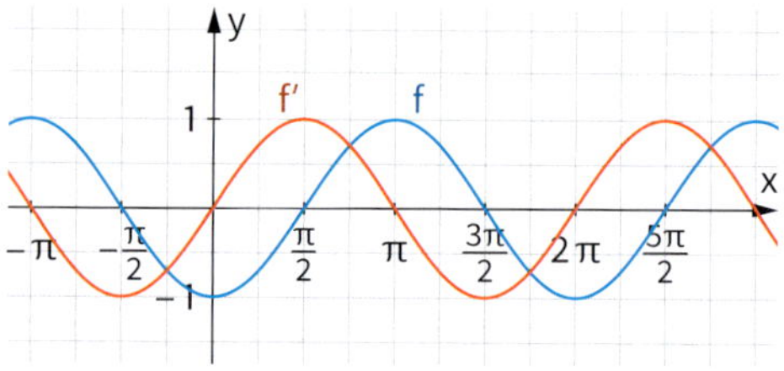

Der Graph von f′ zeigt an jeder Stelle die Steigung des Graphen von f an dieser Stelle an. Ist f′ positiv, so wächst der Graph von f; ist f′ negativ, so fällt der Graph von f.
Die Extremstellen von f sind die Nullstellen von f′. Bei einem Hochpunkt des Graphen liegt ein Vorzeichenwechsel von + nach – vor, bei einem Tiefpunkt des Graphen liegt ein Vorzeichenwechsel von – nach + vor.
Die Nullstellen von f sind gleichzeitig Wendestellen von f, also Extremstellen von f′.

d) Der Term gibt die mittlere Änderungsrate von f im Intervall $\left[\frac{\pi}{2}; \frac{\pi}{2} + h\right]$ an.
Für $h \to 0$ nähert sich dieser Term dem Grenzwert $f'\left(\frac{\pi}{2}\right) = \sin\left(\frac{\pi}{2}\right) = 1$, also der lokalen Änderungsrate von f an der Stelle $\frac{\pi}{2}$.

6 Folgen und Reihen

Lösungen zu Seite 177

8 a) Explizite Bildungsvorschrift: $a_n = 11 \cdot n$
Rekursive Bildungsvorschrift:
$a_1 = 11;\ a_n = a_{n-1} + 11$ für $n > 1$

b) Explizite Bildungsvorschrift: $a_n = 10 \cdot \left(\frac{1}{2}\right)^{n-1}$
Rekursive Bildungsvorschrift:
$a_1 = 10;\ a_n = \frac{1}{2} \cdot a_{n-1}$ für $n > 1$

9 Rekursive Folge: $a_{n+1} = 2 \cdot a_n + 1$ mit $a_1 = 2$
Berechnete Folgenglieder a_1 bis a_{10}:

n	1	2	3	4	5	6	7	8	9	10
a_n	2	5	11	23	47	95	191	383	767	1535

Graph der Folge:

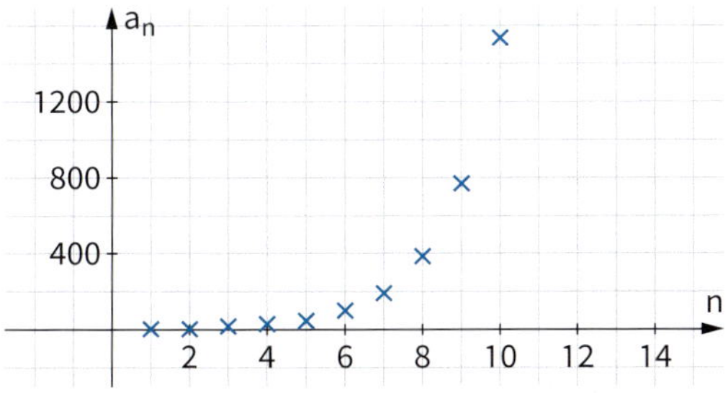

Lösungen zu Seite 180

8 (1) Folgenglieder: 5, 10, 20, 40, 80, …
Typ: Geometrische Folge
Startwert: $a_1 = 5$; Quotient: $q = 2$
Explizite Darstellung: $a_n = 5 \cdot 2^{n-1}$
Rekursive Darstellung:
$a_1 = 5;\ a_n = 2 \cdot a_{n-1}$ für $n > 1$

(2) Folgenglieder: 8, 5, 2, −1, −4, …
Typ: Arithmetische Folge
Startwert: $a_1 = 8$; Differenz: $d = -3$
Explizite Darstellung: $a_n = 8 - 3 \cdot (n-1)$
Rekursive Darstellung:
$a_1 = 8;\ a_n = a_{n-1} - 3$ für $n > 1$

(3) Folgenglieder: 9, 3, 1, $\frac{1}{3}$, $\frac{1}{9}$, …
Typ: Geometrische Folge
Startwert: $a_1 = 9$; Quotient: $q = \frac{1}{3}$
Explizite Darstellung: $a_n = 9 \cdot \left(\frac{1}{3}\right)^{n-1}$
Rekursive Darstellung:
$a_1 = 9;\ a_n = \frac{1}{3} \cdot a_{n-1}$ für $n > 1$

(4) Folgenglieder: −6, 1, 8, 15, 22, …
Typ: Arithmetische Folge
Startwert: $a_1 = -6$; Differenz: $d = 7$
Explizite Darstellung: $a_n = 7n - 13$
Rekursive Darstellung:
$a_1 = -6;\ a_n = a_{n-1} + 7$ für $n > 1$

Lösungen zu Seite 183

4 (1) Verhalten für $n \to \infty$: Der Term $\frac{5}{n}$ geht gegen 0.
Grenzwert: $\lim\limits_{n\to\infty} a_n = 100$
Die Folge ist konvergent.

(2) Geometrische Folge mit $q = 1{,}4 > 1$
→ exponentielles Wachstum
Die Folge ist divergent.

(3) Geometrische Folge mit $q = \frac{1}{3}$
→ Beträge der Folgenglieder werden kleiner.
Grenzwert: $\lim\limits_{n\to\infty} a_n = 0$
Die Folge ist konvergent.

Lösungen zu Seite 185

4 a) $s_1 = 2{,}5$
$s_2 = 2{,}5 + 25 = 27{,}5$
$s_3 = 2{,}5 + 25 + 250 = 277{,}5$
$s_4 = 2{,}5 + 25 + 250 + 2500 = 2777{,}5$
$s_5 = 2{,}5 + 25 + 250 + 2500 + 25\,000 = 27\,777{,}5$
$s_6 = 2{,}5 + 25 + 250 + 2500 + 25\,000 + 250\,000$
$= 277\,777{,}5$

b) Arithmetische Reihe mit der arithmetischen Folge (a_n): Startwert: $a_1 = 6$; Differenz: $d = 5$
$61 = a_1 + (n-1) \cdot d = 6 + 11 \cdot 5$; also $n = 12$
$s_{12} = 12 \cdot 6 + \frac{12 \cdot 11}{2} \cdot 5 = 402$

Wiederholen für die Klausur

Lösungen zu Seite 191

1 **Folgenglieder berechnen**

a) $a_2 = 17;\ a_3 = 27;\ a_4 = 37;\ a_5 = 47;\ a_6 = 57;\ a_7 = 67;$
$a_8 = 77;\ a_9 = 87;\ a_{10} = 97$

b) $a_2 = 0{,}5;\ a_3 = 0{,}05;\ a_4 = 0{,}005;\ a_5 = 0{,}0005;$
$a_6 = 0{,}00005;\ a_7 = 0{,}000005;\ a_8 = 0{,}0000005;$
$a_9 = 0{,}00000005;\ a_{10} = 0{,}000000005$

c) $a_2 = 0;\ a_3 = -1;\ a_4 = -3;\ a_5 = -7;\ a_6 = -15;$
$a_7 = -31;\ a_8 = -63;\ a_9 = -127;\ a_{10} = -255$

2 Arithmetische Folge

$a_4 = 15;\ a_5 = 19$

d bestimmen: $d = a_5 - a_4 = 19 - 15 = 4$

a_1 bestimmen:

$a_4 = a_1 + 3d \Rightarrow a_1 = a_4 - 3d = 15 - 3\cdot 4 = 3$

Explizite Darstellung:

$a_n = a_1 + (n-1)\cdot d = 3 + (n-1)\cdot 4$

$a_{50} = 3 + (50-1)\cdot 4 = 3 + 196 = 199$

$a_{100} = 3 + (100-1)\cdot 4 = 3 + 396 = 399$

3 Rekursive und explizite Darstellung

a) $a_n = 13\cdot n;\ a_1 = 13$ und $a_n = a_{n-1} + 13$
Die Folge ist divergent.

b) $a_n = n;\ a_1 = 1$ und $a_n = a_{n-1} + 1$
Die Folge ist divergent.

c) $a_n = 2\cdot n - 1;\ a_1 = 1$ und $a_n = a_{n-1} + 2$
Die Folge ist divergent.

d) $a_n = \frac{2}{10^{n-1}};\ a_1 = 2$ und $a_n = \frac{a_{n-1}}{10}$
Der Grenzwert ist 0.

e) $a_n = 3 + \frac{1}{10^n};\ a_1 = 3{,}1$ und $a_n = \frac{a_{n-1} - 3}{10} + 3$
Die Folge hat den Grenzwert 3.

f) $a_n = \frac{n}{n+1} = \frac{n+1-1}{n+1} = 1 - \frac{1}{n+1}$
Die Folge hat den Grenzwert 1.

4 Grenzwert bestimmen

a) $a_n = \frac{3n-2}{n+1} = \frac{3\cdot(n+1) - 3 - 2}{n+1} = 3 - \frac{5}{n+1}$

$\lim\limits_{n\to\infty} a_n = 3$

b) Beispiele: $a_n = 2 + \frac{1}{10n};\ b_n = 2 - \frac{3}{5n}$

5 Entwicklung des Kapitals beschreiben

a) $K_1 = 250$

$K_2 = 250 + 250\cdot 1{,}015$

$K_3 = 250 + 250\cdot 1{,}015 + 250\cdot 1{,}015^2$

$\vdots$

$K_{10} = 250\cdot(1 + 1{,}015 + 1{,}015^2 + \ldots + 1{,}015^9)$

$= 250\cdot\frac{1 - 1{,}015^{10}}{1 - 1{,}015} \approx 2675{,}68\ €$

b) $K_n = 250\cdot\frac{1 - 1{,}015^n}{1 - 1{,}015} = 250\cdot\frac{1}{-0{,}015} + 250\cdot\frac{-1{,}015^n}{-0{,}015}$

$= 16\,666{,}\overline{6}\cdot(1{,}015^n - 1)$

6 Abbau eines Medikaments

a) $s_1 = 5$

$s_2 = 0{,}6\cdot 5 + 5$

$s_3 = 0{,}6^2\cdot 5 + 0{,}6\cdot 5 + 5$

$a_n = 0{,}6^{n-1}\cdot 5$ mit

$s_1 = a_1;\ s_2 = a_1 + a_2;\ s_3 = a_1 + a_2 + a_3$

(a_n) ist eine geometrische Folge mit $q = \frac{a_n}{a_{n-1}} = 0{,}6$.

Somit ist (s_n) eine geometrische Reihe.

$s_n = 5\cdot\frac{1 - 0{,}6^n}{0{,}4} = 12{,}5\cdot(1 - 0{,}6^n)$

$s_5 = 11{,}528;\ s_{10} \approx 12{,}424;\ s_{13} \approx 12{,}484$

b) $\lim\limits_{n\to\infty} s_n = 12{,}5$

Bei einer langfristigen Einnahme des Medikaments befinden sich unmittelbar nach der Einnahme 12,5 mg im Körper.

7 Verschachtelte Dreiecke

a) $a_1 = 12;\ a_2 = 6;\ a_3 = 3;\ a_4 = 1{,}5;\ a_5 = 0{,}75$

b) $U_1 = 36;\ U_2 = 18;\ U_3 = 9;\ U_4 = 4{,}5;\ U_5 = 2{,}25$

c) Für die Höhe gilt: $h = \sqrt{a_n^2 - \left(\frac{a_n}{2}\right)^2} = \frac{1}{2}\cdot\sqrt{3}\cdot a_n$

Für den Flächeninhalt gilt: $A_n = \frac{1}{4}\cdot\sqrt{3}\cdot a_n^2$

$A_1 = \sqrt{3}\cdot 36;\ A_2 = \sqrt{3}\cdot 9;\ A_3 = \frac{9}{4}\cdot\sqrt{3};$

$A_4 = \frac{1}{4}\cdot 2{,}25\cdot\sqrt{3};\ A_5 = 0{,}140625\cdot\sqrt{3}$

Stichwortverzeichnis